合成孔径雷达设计技术

Design Technology of Synthetic Aperture Radar

鲁加国 著

国防工业出版社

·北京·

图书在版编目(CIP)数据

合成孔径雷达设计技术 / 鲁加国著 . —北京：
国防工业出版社,2017.5(2023.1 重印)
ISBN 978-7-118-11261-0

Ⅰ.①合… Ⅱ.①鲁… Ⅲ.①合成孔径雷达—设计—研究 Ⅳ.①TN958

中国版本图书馆 CIP 数据核字(2017)第 097562 号

※

国防工业出版社出版发行
(北京市海淀区紫竹院南路 23 号　邮政编码 100048)
北京虎彩文化传播有限公司印刷
新华书店经售

*

开本 710×1000　1/16　插页 4　印张 24　字数 431 千字
2023 年 1 月第 1 版第 2 次印刷　印数 2001—2300 册　定价 99.00 元

(本书如有印装错误，我社负责调换)

国防书店:(010)88540777　　发行邮购:(010)88540776
发行传真:(010)88540755　　发行业务:(010)88540717

致 读 者

本书由中央军委装备发展部**国防科技图书出版基金**资助出版。

为了促进国防科技和武器装备发展,加强社会主义物质文明和精神文明建设,培养优秀科技人才,确保国防科技优秀图书的出版,原国防科工委于1988年初决定每年拨出专款,设立国防科技图书出版基金,成立评审委员会,扶持、审定出版国防科技优秀图书。这是一项具有深远意义的创举。

国防科技图书出版基金资助的对象是:

1. 在国防科学技术领域中,学术水平高,内容有创见,在学科上居领先地位的基础科学理论图书;在工程技术理论方面有突破的应用科学专著。

2. 学术思想新颖,内容具体、实用,对国防科技和武器装备发展具有较大推动作用的专著;密切结合国防现代化和武器装备现代化需要的高新技术内容的专著。

3. 有重要发展前景和有重大开拓使用价值,密切结合国防现代化和武器装备现代化需要的新工艺、新材料内容的专著。

4. 填补目前我国科技领域空白并具有军事应用前景的薄弱学科和边缘学科的科技图书。

国防科技图书出版基金评审委员会在中央军委装备发展部的领导下开展工作,负责掌握出版基金的使用方向,评审受理的图书选题,决定资助的图书选题和资助金额,以及决定中断或取消资助等。经评审给予资助的图书,由中央军委装备发展部国防工业出版社出版发行。

国防科技和武器装备发展已经取得了举世瞩目的成就,国防科技图书承担着记载和弘扬这些成就,积累和传播科技知识的使命。开展好评审工作,使有限的基金发挥出巨大的效能,需要不断地摸索、认真地总结和及时地改进,更需要国防科技和武器装备建设战线广大科技工作者、专家、教授,以及社会各界朋友的热情支持。

让我们携起手来,为祖国昌盛、科技腾飞、出版繁荣而共同奋斗!

国防科技图书出版基金
评审委员会

国防科技图书出版基金
第七届评审委员会组成人员

主 任 委 员	潘银喜
副主任委员	吴有生　傅兴男　赵伯桥
秘 书 长	赵伯桥
副 秘 书 长	许西安　谢晓阳
委　　　　员	才鸿年　马伟明　王小谟　王群书
（按姓氏笔画排序）	甘茂治　甘晓华　卢秉恒　巩水利
	刘泽金　孙秀冬　芮筱亭　李言荣
	李德仁　李德毅　杨　伟　肖志力
	吴宏鑫　张文栋　张信威　陆　军
	陈良惠　房建成　赵万生　赵凤起
	郭云飞　唐志共　陶西平　韩祖南
	傅惠民　魏炳波

前 言

合成孔径雷达(Synthetic Aperture Radar,SAR)概念的提出距今已超过一个甲子,在这个甲子中,国外 SAR 技术得到了迅速发展,已广泛应用于军事、国民经济以及其他领域,已使 SAR 成为对地观测的一种有效手段。

国内对 SAR 的研究源于 20 世纪 70 年代,盛于 20 世纪 90 年代。近 20 年来,国内 SAR 技术在诸多方面取得了长足的进步。微波与数字技术的飞速发展,使 SAR 实现了高分辨率、多波段、多极化、多平台以及多种工作模式下目标信息的获取,成为电磁感知的重要手段之一;航空、航天与导弹技术的发展,促使 SAR 应用在卫星、飞机和导弹上。今天,SAR 已经从单纯的机载、星载发展到弹载、艇载;从两维成像发展到三维成像;从十米量级分辨率发展到亚米量级分辨率。这颗雷达皇冠上的明珠正发出更加璀璨的光彩,在军事侦察监视及民用微波遥感等方面发挥着不可替代的作用。

本人有幸参与和见证了这一历史进程,也对实际工程研制过程中缺乏合适的 SAR 系统工程参考专著感触颇深。鉴于此,本书在以往论著的基础上,立足于工程实践和 MTI(动目标指示),侧重于 SAR 系统设计技术方面的阐述,并力求将最新的研究方法和研制成果融入其中,供读者参考。

本书在内容结构上共分为 7 章:第 1 章绪论在介绍 SAR 基本概念的基础上,讨论了不同装载平台 SAR 的应用,提出了影响 SAR 未来发展的新技术。第 2 章讨论分析了 SAR 总体设计技术,讨论了常规雷达及 SAR 方程,SAR 工作模式。结合工程设计,讨论了不同装载平台的雷达系统设计所遇到的难点和关键要素。第 3 章天线系统在分析天线基本参数的基础上,分析了平面阵列天线,重点举例分析了微带贴片、偶极子和波导裂缝等天线辐射单元,给出了相应的最新研究成果。第 4 章发射系统在分析收发组件基本功能、收发组件分类和典型收发组件的基础上,重点讨论了收发组件的电信设计、结构设计、电磁兼容,以及环境适应性,同时,提出了收发组件的新技术和新应用。第 5 章接收系统详细地分析了模拟直接、锁相和直接数字三种频率合成器。本章也详细介绍了宽带波形产生的设计,包括基于 DDS(直接数字式频率合成器)直接波形信号产生、并行 DDS 结构中频波形信号产生、基于数字基带波形信号产生、多路拼接波形信号产生及子带并发宽带波形信号产生等五种方法。第 6 章信号处理系统简述了 SAR 回波信号、时域和频域两类算法,重点分析了 RD、CS、$\omega - k$ 和 SPICAN 算法的特点和流程。为了提高成像精度,文中分析了基于原始回波数据来精确估计多普勒参数,及基于传感器、回波数据和图像数据的运动补偿。介绍了作者及研究团队在高分辨率成像、地面动目标检测(Ground Moving Target Indicator, GMTI)、海面动目标检测(Marine Moving Target Indicator, MMTI)和空中动目标检测(Air Moving Target Indicator, AMTI)等方面的研究成果。第 7 章图像情报处理系统从情报应用需求出发,在 SAR 图像目标检测、目标变化检测、目标识别和多源 SAR 图像融合等方面进行了技术探讨,展示了在国产 SAR 图像数据上的最新情报处理成果。本章从情报应用的目的出发,重点强调技术流程和处理结果。针对当前图像情报处理在工程化应用、目标智能识别和图像情报应用系统等方向上的技术瓶颈,文中进行了技术展望。

随着现代科技的发展,可以预见 SAR 将向超高分辨率、宽观测带、动目标检测与动目标成像等技术趋势发展。相信通过本书的阐述与总结,使读者能够管中窥豹,略见一斑,对 SAR 的未来发展有更进一步的思考和认识。

本书在撰著时努力做到原理性与工程性并重,从工程实现性角度系统论述 SAR 的原理、总体设计及各分系统设计,同时对图像情报处理等进行了研究和介绍。最后,感谢中国电子科技集团公司第三十八研究所 SAR 系统研究团队,他们的刻苦工作和丰硕成果极大地丰富了本书的内容;感谢吴曼青院士创建了这支 SAR 系统研究团队和在研究团队成长中所付出的心血;感谢张长耀、葛家龙、张卫华、江凯研究员等在 SAR 领域的辛勤开拓。在本书写作过程中,得到了朱庆明、汪洋、张绪锦、谈璐璐、李彤、李明荣、解启宁、汪伟、李刚、戴跃飞、方立军、刘张林、邓海涛、陈仁元、钟雪莲、刘春静、方志红、赵洪立、吴涛、王莉、刘长清等同志的讨论和帮助;王小谟院士、陆军研究员在写作过程中的鼓励和细心指导,在此深表谢意。另外由于作者水平有限,书中错误在所难免,恳请读者批评指正。

鲁加国
2016 年 8 月

目 录

第1章 绪论 ... 1
1.1 概述 ... 1
1.2 发展现状与应用 ... 3
1.2.1 星载SAR ... 4
1.2.2 机载SAR ... 7
1.2.3 弹载SAR ... 11
1.2.4 地基SAR ... 12
1.2.5 SAR应用 ... 14
1.3 特点与新技术 ... 16
1.3.1 SAR特点 ... 16
1.3.2 数字阵列技术 ... 18
1.3.3 MIMO技术 ... 19
1.3.4 微波光子技术 ... 20
1.3.5 微型化技术 ... 21
参考文献 ... 21

第2章 合成孔径雷达总体 ... 23
2.1 概述 ... 23
2.2 基本原理 ... 24
2.2.1 实孔径与合成孔径 ... 25
2.2.2 回波信号 ... 27
2.2.3 聚焦和非聚焦处理 ... 29
2.2.4 相干信号积累 ... 32
2.3 雷达方程 ... 34
2.3.1 常规雷达方程 ... 34
2.3.2 SAR方程 ... 35
2.4 雷达系统参数 ... 37
2.4.1 频率与极化 ... 38
2.4.2 天线与通道数 ... 40
2.4.3 天线尺寸 ... 48
2.4.4 分辨率与观测带 ... 49

2.4.5 脉冲重复频率 50
2.4.6 模糊度 54
2.4.7 波位设计 57
2.5 成像工作模式 59
2.5.1 条带模式 59
2.5.2 扫描模式 62
2.5.3 聚束模式 65
2.5.4 滑动聚束模式 68
2.5.5 马赛克模式 70
2.5.6 TOPS 模式 73
2.6 动目标工作模式 76
2.6.1 地面动目标检测模式 76
2.6.2 海面动目标检测模式 81
2.6.3 空中动目标检测模式 84
2.7 SAR 总体设计关键要素 88
2.7.1 天线罩 88
2.7.2 系统高效率 95
2.7.3 热设计 103
2.7.4 运动误差测量与补偿 111
2.7.5 成像实时性 116
参考文献 120

第3章 天线系统 123
3.1 概述 123
3.2 天线设计分析 124
3.2.1 基本参数 125
3.2.2 天线口径尺寸 126
3.2.3 扫描特性 129
3.2.4 内定标 131
3.3 天线阵列分析 132
3.3.1 阵列结构 132
3.3.2 平面阵列 137
3.3.3 宽带阵列 139
3.3.4 阵列互耦 145
3.3.5 阵列误差 147

3.4 天线辐射单元 …………………………………………………… 151
　3.4.1 微带贴片天线 …………………………………………… 151
　3.4.2 偶极子天线 ……………………………………………… 158
　3.4.3 波导裂缝天线 …………………………………………… 160
3.5 机载天线结构 …………………………………………………… 165
　3.5.1 机载天线环境条件 ……………………………………… 166
　3.5.2 机载天线结构设计 ……………………………………… 166
3.6 星载天线结构 …………………………………………………… 168
　3.6.1 星载天线环境要求 ……………………………………… 168
　3.6.2 天线结构与机构设计 …………………………………… 169
参考文献 ………………………………………………………………… 172

第4章 发射系统 …………………………………………………… 173
4.1 概述 ……………………………………………………………… 173
4.2 基本要求 ………………………………………………………… 174
　4.2.1 幅相精度 ………………………………………………… 174
　4.2.2 幅相一致性 ……………………………………………… 174
　4.2.3 阵面适装性 ……………………………………………… 175
　4.2.4 可靠性 …………………………………………………… 177
4.3 基本功能 ………………………………………………………… 178
　4.3.1 T/R组件分类 …………………………………………… 178
　4.3.2 典型T/R组件 …………………………………………… 179
4.4 T/R组件设计 …………………………………………………… 181
　4.4.1 电信设计 ………………………………………………… 182
　4.4.2 结构设计 ………………………………………………… 189
　4.4.3 电磁兼容 ………………………………………………… 192
　4.4.4 环境适应性 ……………………………………………… 196
4.5 T/R组件器件 …………………………………………………… 199
　4.5.1 放大器件 ………………………………………………… 200
　4.5.2 微波控制器件 …………………………………………… 202
　4.5.3 波束及时序控制器件 …………………………………… 208
4.6 T/R组件制造 …………………………………………………… 210
　4.6.1 壳体 ……………………………………………………… 210
　4.6.2 基板 ……………………………………………………… 211
　4.6.3 微组装 …………………………………………………… 213
　4.6.4 密封 ……………………………………………………… 215

4.6.5 测试与调试 ………………………………………………………… 215
参考文献 ………………………………………………………………………… 217

第5章 接收系统 ………………………………………………………………… 219
5.1 概述 …………………………………………………………………………… 219
5.1.1 接收机分类 …………………………………………………………… 220
5.1.2 基本参数 ……………………………………………………………… 221
5.2 接收机技术 …………………………………………………………………… 223
5.2.1 模拟解调接收机 ……………………………………………………… 223
5.2.2 数字解调接收机 ……………………………………………………… 224
5.2.3 去调频接收机 ………………………………………………………… 228
5.2.4 多波段接收机 ………………………………………………………… 228
5.2.5 多通道接收机 ………………………………………………………… 229
5.2.6 单片接收机 …………………………………………………………… 230
5.3 频率源技术 …………………………………………………………………… 232
5.3.1 模拟直接频率合成器 ………………………………………………… 233
5.3.2 锁相频率合成器 ……………………………………………………… 234
5.3.3 直接数字频率合成器 ………………………………………………… 236
5.3.4 频率合成器的抗振特性 ……………………………………………… 238
5.4 宽带波形产生技术 …………………………………………………………… 239
5.4.1 基于DDS直接波形产生 ……………………………………………… 240
5.4.2 并行DDS结构中频波形信号产生 …………………………………… 241
5.4.3 基于数字基带波形产生 ……………………………………………… 241
5.4.4 多路拼接波形信号产生 ……………………………………………… 244
5.4.5 子带并发宽带波形 …………………………………………………… 245
参考文献 ………………………………………………………………………… 245

第6章 信号处理系统 …………………………………………………………… 247
6.1 SAR信号处理方式 …………………………………………………………… 247
6.1.1 时域相关法 …………………………………………………………… 247
6.1.2 频域匹配滤波法 ……………………………………………………… 248
6.1.3 频率分析法 …………………………………………………………… 248
6.2 工作模式及其信号性质 ……………………………………………………… 248
6.2.1 方位向天线扫描模式 ………………………………………………… 248
6.2.2 距离向天线扫描模式 ………………………………………………… 251
6.2.3 二维天线扫描模式 …………………………………………………… 251

6.3 SAR 成像 ····· 253
 6.3.1 SAR 回波 ····· 253
 6.3.2 成像算法 ····· 253
 6.3.3 条带模式成像算法 ····· 255
6.4 多普勒参数估计和运动补偿 ····· 262
 6.4.1 多普勒参数估计 ····· 262
 6.4.2 运动补偿 ····· 266
6.5 典型实例 ····· 269
 6.5.1 高分辨率成像 ····· 269
 6.5.2 GMTI ····· 275
 6.5.3 MMTI ····· 283
 6.5.4 AMTI ····· 286
6.6 SAR 信号处理机 ····· 293
 6.6.1 系统架构 ····· 293
 6.6.2 处理架构 ····· 294
 6.6.3 开发架构 ····· 296
 6.6.4 处理模块 ····· 297
 6.6.5 信号处理机 ····· 300
参考文献 ····· 303

第7章 图像情报处理系统 ····· 305
7.1 概述 ····· 305
7.2 目标检测 ····· 306
 7.2.1 强散射目标检测 ····· 306
 7.2.2 结构性目标检测 ····· 309
 7.2.3 目标参数提取 ····· 310
 7.2.4 典型实例 ····· 313
7.3 目标变化检测 ····· 319
 7.3.1 预处理 ····· 320
 7.3.2 差异图获取 ····· 321
 7.3.3 差异图分割 ····· 322
 7.3.4 人工辅助情报分析 ····· 322
 7.3.5 毁伤评估 ····· 323
 7.3.6 典型实例 ····· 324
7.4 目标识别 ····· 330
 7.4.1 模板匹配识别 ····· 331

  7.4.2 统计模式识别 …………………………………………… 334
  7.4.3 典型实例 …………………………………………………… 338
 7.5 多源 SAR 图像融合 …………………………………………… 339
  7.5.1 图像融合方法 ……………………………………………… 339
  7.5.2 融合效果评估 ……………………………………………… 340
  7.5.3 典型实例 …………………………………………………… 340
 7.6 技术展望 ……………………………………………………… 352
  7.6.1 算法工程应用研究 ………………………………………… 353
  7.6.2 目标图像电磁仿真和智能目标识别研究 ………………… 353
  7.6.3 SAR 图像情报处理系统研究 ……………………………… 355
 参考文献 …………………………………………………………… 357
缩略语 ……………………………………………………………… 359
彩图 ………………………………………………………………… 365

Contents

Chapter 1　Introduction ·· 1
　1.1　Overview ·· 1
　1.2　Developments and Applications of Synthetic Aperture Radar ············ 3
　　1.2.1　Space – Borne SAR ·································· 4
　　1.2.2　Airborne SAR ······································· 7
　　1.2.3　Missile – Borne SAR ································ 11
　　1.2.4　Ground – Based SAR ································ 12
　　1.2.5　Applications of SAR ································ 14
　1.3　Characteristics and Advanced Techniques ·························· 16
　　1.3.1　Characteristics of SAR ······························ 16
　　1.3.2　Digital Array Technique ···························· 18
　　1.3.3　MIMO Technique ·································· 19
　　1.3.4　Microwave Photonics Technique ······················ 20
　　1.3.5　Miniaturization Technique ·························· 21
　References ··· 21

Chapter 2　Overall Considerations of SAR System ······················ 23
　2.1　Overview ·· 23
　2.2　Principle of SAR ·· 24
　　2.2.1　Real Aperture and Synthetic Aperture ················ 25
　　2.2.2　Echo Signal ······································· 27
　　2.2.3　Focus and Unfocus Processing ······················ 29
　　2.2.4　Coherent Signal Integration ························ 32
　2.3　Radar Equation ··· 34
　　2.3.1　Conventional Radar Equation ······················· 34
　　2.3.2　SAR Equation ····································· 35
　2.4　Radar System Parameters ···································· 37
　　2.4.1　Frequency and Polarization ························ 38
　　2.4.2　Antenna and Number of Channels ··················· 40
　　2.4.3　Antenna Size ····································· 48

         2.4.4   Resolution and Swath Width ································ 49
         2.4.5   Pulse Repetition Frequency ······························· 50
         2.4.6   Ambiguity Considerations ································· 54
         2.4.7   Beam Positions Design ···································· 57
   2.5   Imaging ·· 59
         2.5.1   Stripmap Mode ·· 59
         2.5.2   Scan Mode ·· 62
         2.5.3   Spotlight Mode ·· 65
         2.5.4   Sliding Spotlight Mode ····································· 68
         2.5.5   Mosaic Mode ··· 70
         2.5.6   TOPS Mode ··· 73
   2.6   Moving Target Indication Mode ·· 76
         2.6.1   Ground Moving Target Indication Mode ················· 76
         2.6.2   Marine Moving Target Indication Mode ················· 81
         2.6.3   Airborne Moving Target Indication Mode ··············· 84
   2.7   Key Factors of SAR Design ·· 88
         2.7.1   Antenna Radome ·· 88
         2.7.2   High System Efficiency ······································ 95
         2.7.3   Thermal Design ··· 103
         2.7.4   Motion Error Measurement and Compensation ········ 111
         2.7.5   Real–Time Imaging ·· 116
   References ·· 120
Chapter 3   Antenna Sub–System ·· 123
   3.1   Overview ·· 123
   3.2   Antenna Design and Analysis ··· 124
         3.2.1   Basic Parameters ··· 125
         3.2.2   Antenna Aperture Size ······································ 126
         3.2.3   Scan Characteristics ··· 129
         3.2.4   Internal Calibration ·· 131
   3.3   Antenna Array Analysis ·· 132
         3.3.1   Array Structure ··· 132
         3.3.2   Planar Array ··· 137
         3.3.3   Wideband Array ·· 139
         3.3.4   Array Coupling ··· 145
         3.3.5   Array Error ·· 147

3.4 Radiating Elements of Antenna ……………………………… 151
   3.4.1 Microstrip Patch Antenna ……………………………… 151
   3.4.2 Dipole Antenna ………………………………………… 158
   3.4.3 Slotted Waveguide Antenna …………………………… 160
3.5 Airborne Antenna Structure …………………………………… 165
   3.5.1 Environmental Conditions of Airborne Antenna ………… 166
   3.5.2 Structural Design of Airborne Antenna ………………… 166
3.6 Space – Borne Antenna Structure ……………………………… 168
   3.6.1 Environment Requirements of Space – Borne Antenna …… 168
   3.6.2 Antenna Structure and Mechanism Design ……………… 169
References ……………………………………………………………… 172

Chapter 4 Transmitter System ……………………………………… 173
4.1 Overview ………………………………………………………… 173
4.2 Basic Requirements ……………………………………………… 174
   4.2.1 Amplitude and Phase Precision ………………………… 174
   4.2.2 Amplitude and Phase Consistency ……………………… 174
   4.2.3 Mounting Adaptability of Antenna Array ……………… 175
   4.2.4 Reliability ……………………………………………… 177
4.3 Basic Functions ………………………………………………… 178
   4.3.1 T/R Module Classification ……………………………… 178
   4.3.2 Typical T/R Modules …………………………………… 179
4.4 T/R Module Design ……………………………………………… 181
   4.4.1 Electrical Design ………………………………………… 182
   4.4.2 Structural Design ………………………………………… 189
   4.4.3 Electromagnetic Compatibility ………………………… 192
   4.4.4 Environmental Adaptability …………………………… 196
4.5 Components and Devices of T/R Module ……………………… 199
   4.5.1 Amplifier ………………………………………………… 200
   4.5.2 Microwave Control Device ……………………………… 202
   4.5.3 Beam Steering and Time Sequence Control Device ……… 208
4.6 Manufacturing and Packaging …………………………………… 210
   4.6.1 Shell Body ……………………………………………… 210
   4.6.2 Substrate ………………………………………………… 211
   4.6.3 Micro – Assembly ……………………………………… 213
   4.6.4 Sealing …………………………………………………… 215

  4.6.5 Test and Debugging ·· 215
 References ··· 217
Chapter 5 Receiver System ·· 219
 5.1 Overview ·· 219
  5.1.1 Receiver Classification ·· 220
  5.1.2 Basic Parameters ··· 221
 5.2 Receiver Technology ··· 223
  5.2.1 Analog Demodulation Receiver ···································· 223
  5.2.2 Digital Demodulation Receiver ···································· 224
  5.2.3 Dechirp Receiver ·· 228
  5.2.4 Multi – Band Receiver ··· 228
  5.2.5 Multi – Channel Receiver ·· 229
  5.2.6 Monolithic Receiver ··· 230
 5.3 Frequency Source Technology ·· 232
  5.3.1 Direct Analog Frequency Synthesizer ····························· 233
  5.3.2 Phase – Locked Frequency Synthesizer ··························· 234
  5.3.3 Direct Digital Frequency Synthesizer ····························· 236
  5.3.4 Anti – Vibration Characteristics of Frequency Synthesizer ··· 238
 5.4 Wide – Band Waveform Generation Technology ························ 239
  5.4.1 Direct Waveform Generation Based on DDS ···················· 240
  5.4.2 Parallel DDS Structure IF Waveform Generation ··············· 241
  5.4.3 Digital Baseband Based Waveform Generation ················· 241
  5.4.4 Multiplex Splicing Waveform Generation ························ 244
  5.4.5 Sub – Band Concurrency Wideband Waveform ················· 245
 References ··· 245
Chapter 6 Signal Processing Sub – System ································· 247
 6.1 SAR Signal Processing Methods ·· 247
  6.1.1 Time Domain Correlation Method ································ 247
  6.1.2 Frequency Domain Matched Filter ································ 248
  6.1.3 Frequency Analytic Approach ····································· 248
 6.2 Operating Modes and Signal Properties ································· 248
  6.2.1 Antenna Scan Mode in Azimuth Dimension ···················· 248
  6.2.2 Range Antenna Scan Mode in Range Dimension ··············· 251
  6.2.3 Two – Dimensional Antenna Scan Mode ························ 251

6.3 SAR Imaging ……………………………………………… 253
 6.3.1 SAR Echo ……………………………………………… 253
 6.3.2 Imaging Algorithm ……………………………………………… 253
 6.3.3 Stripmap Mode Imaging Algorithm ……………………………… 255
6.4 Doppler Parameter Estimation and Motion Compensation ………… 262
 6.4.1 Doppler Parameter Estimation ………………………………… 262
 6.4.2 Motion Compensation …………………………………………… 266
6.5 Typical Examples ……………………………………………… 269
 6.5.1 High Resolution Imaging ……………………………………… 269
 6.5.2 GMTI ……………………………………………………………… 275
 6.5.3 MMTI ……………………………………………………………… 283
 6.5.4 AMTI ……………………………………………………………… 286
6.6 Signal Processor ………………………………………………… 293
 6.6.1 System Architecture …………………………………………… 293
 6.6.2 Processing Architecture ……………………………………… 294
 6.6.3 Development Architecture …………………………………… 296
 6.6.4 Processing Module …………………………………………… 297
 6.6.5 Signal Processor ……………………………………………… 300
References ……………………………………………………………… 303

Chapter 7 Image Intelligence Processing Sub-System ……………… 305

7.1 Overview ………………………………………………………… 305
7.2 Target Detection ………………………………………………… 306
 7.2.1 Strong Scattering Target Detection ………………………… 306
 7.2.2 Structural Target Detection ………………………………… 309
 7.2.3 Target Parameter Extraction ………………………………… 310
 7.2.4 Typical Examples ……………………………………………… 313
7.3 Target Change Detection ………………………………………… 319
 7.3.1 Pre-Processing ………………………………………………… 320
 7.3.2 Difference Image Acquirement ……………………………… 321
 7.3.3 Difference Image Segmentation ……………………………… 322
 7.3.4 Artificial Aided Intelligence Analysis …………………… 322
 7.3.5 Damage Assessment …………………………………………… 323
 7.3.6 Typical Examples ……………………………………………… 324
7.4 Target Recognition ……………………………………………… 330
 7.4.1 Template Matching Recognition ……………………………… 331

	7.4.2	Statistical Pattern Recognition	334
	7.4.3	Typical Examples	338
7.5	Multi-Source SAR Images Fusion		339
	7.5.1	Image Fusion Methods	339
	7.5.2	Fusion Effectiveness Evaluation	340
	7.5.3	Typical Examples	340
7.6	Outlook		352
	7.6.1	Engineering Application Research of Algorithms	353
	7.6.2	Research of SAR Target Image Electromagnetic Simulation and Intelligent Target Recognition	353
	7.6.3	Researchof SAR Image Intelligence Processing Sub-System	355
References			357
Acronyms			359
Color Pictures			365

第1章 绪 论

1.1 概述

合成孔径雷达(Synthetic Aperture Radar, SAR)是一种成像雷达,它通过雷达装载平台和被观测目标之间的相对运动,在一定的积累时间内,将雷达在不同空间位置上接收的宽带回波信号进行相干处理获得目标二维图像,从而使人们真正地看到了目标的真实图像。

目标二维图像的分辨率通常用距离向和方位向分辨率来表示。对于 SAR 系统,在距离向,它利用发射大时宽带宽积的线性调频信号,采用脉冲压缩技术来获取高分辨率,即距离向分辨率是通过发射并接收线性调频信号进行脉冲压缩来提高分辨率的,这一点与常规雷达是一致的;在方位向,它通过作匀速直线运动的同一雷达传感器以一定的脉冲重复频率在间隔位置上发射和接收脉冲信号,然后将接收的回波信号进行相干处理获得高分辨率,或者说利用目标和雷达的相对运动形成的轨迹来构成一个合成孔径以取代庞大的阵列实孔径,从而达到高分辨率的目的。

如图 1-1 所示,雷达距离向分辨率通常定义为能区分的两目标点之间的最小距离。如果接收到距离较远点的回波脉冲前沿的时间比距离较近点回波脉冲的后沿时间迟,那么可认为该两点可以区分。因此,两个可分辨点的分辨率为

$$\Delta R_{\mathrm{g}} = \frac{\Delta R_{\mathrm{s}}}{\sin\eta} = \frac{c\tau_{\mathrm{p}}}{2\sin\eta} \qquad (1-1)$$

式中:τ_{p} 为信号的脉冲宽度;c 为光速;η 为入射角。

可见,为了达到较高的距离向分辨率需要脉冲宽度非常窄,这会导致雷达系统平均功率大幅降低,使系统观测目标的回波信噪比不满足最低要求。为了回避这个问题,在 SAR 中通常采用脉冲压缩技术,从而,可以用较长的脉冲实现高分辨率和高信噪比。

在 SAR 系统中,发射的线性调频脉冲信号可表示为

$$\mu(t) = \mathrm{rect}\left(\frac{t}{\tau_{\mathrm{p}}}\right) \mathrm{e}^{\mathrm{j}2\pi\left(f_{\mathrm{c}}t + \frac{1}{2}kt^2\right)} \qquad (1-2)$$

式中:τ_{p} 为信号的脉冲宽度;f_{c} 为载波的中心频率;k 为线性调频斜率。则该信号的带宽 $B = k\tau_{\mathrm{p}}$。在经过匹配滤波后,将脉冲的宽度 τ_{p} 压缩至 $1/B$,分辨率则

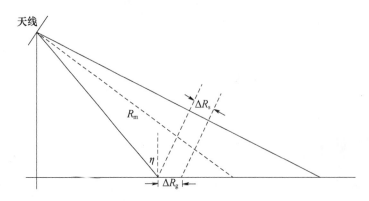

图 1-1 距离分辨率示意图

提升至

$$\Delta R_g = \frac{c}{2B\sin\eta} \quad (1-3)$$

在方位向分辨率方面,SAR 利用雷达天线随着平台运动形成阵列天线,实际的天线作为合成孔径天线的单元,在运动过程中按顺序采集、记录目标的回波信号,然后,在信号处理中补偿天线在不同位置的波程差引起的相位差,使一个点目标的多个回波信号同相叠加,进行方位向压缩,实现方位向的高分辨率。

如图 1-2 所示,雷达移动的距离是 L_s,天线的方位向尺寸为 D。最大合成孔径长度由实际天线的波束宽度 θ_B 以及目标距离 R 决定,即从天线波束开始照射目标到离开目标,走过的距离 L_s 为最大合成孔径长度,即

$$L_s = \theta_B R = \frac{\lambda R}{D} \quad (1-4)$$

对于合成孔径天线,应考虑信号的发射和接收是双程传播,任意两阵元至目标的相位差是单程传播的两倍,则合成孔径天线的等效波束宽度为

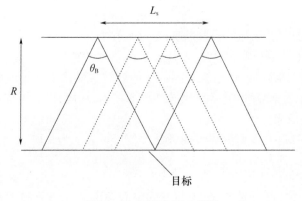

图 1-2 合成孔径示意图

$$\theta_s = \lambda/2L_s \qquad (1-5)$$

则通过合成孔径处理,方位分辨率提升为

$$\Delta R_{az} = \theta_s R = \frac{\lambda R}{2L_s} = \frac{\lambda R}{2} \cdot \frac{D}{\lambda R} = \frac{D}{2} \qquad (1-6)$$

合成孔径能得到的方位分辨率与目标距离无关,这是容易理解的,由于距离越远,则有效合成孔径越长,从而形成的波束也越窄,它正好与因距离加长而使方位向分辨单元变宽的效应相抵消,可保持方位向分辨单元的大小不变。

从上述分析可以看出,SAR 是一种高分辨率雷达,合成孔径长度等效为大天线孔径尺寸,将雷达天线波束覆盖区域的回波信号收集后进行相干处理就可以得到高分辨率的二维图像。从广义上来讲,SAR 也是一种分布式雷达,将一个合成孔径上顺序采样替代孔径上的分布式天线口径。

1.2 发展现状与应用

SAR 技术的发展最初源于军事侦察对雷达的高分辨率要求。1951 年 6 月,美国 Goodyear 宇航公司的 Carl Wiley 首先提出用多普勒频率分析的方法来改善雷达的角度分辨率,同时,伊利诺伊大学控制实验室独立用非相参雷达进行试验,验证了多普勒频率分析法改善雷达角度分辨率的可行性[1],这标志着 SAR 技术的诞生。1978 年 6 月 27 日,美国国家航空航天局喷气推进实验室(JPL)发射了世界上第一颗载有 SAR 的海洋卫星 Seasat-1[2],开启了人类研究和使用 SAR 的新纪元。经过 50 多年的发展,国内 SAR 技术取得了长足的进步,已经从最初的单频段、单极化、单模式、单一平台、固定入射角等向多频段、多极化、多模式、多平台、多视角、高分辨、干涉、多用途等方向发展,也促进了 SAR 技术向更深、更广的应用领域发展。

根据 SAR 装载平台的不同,SAR 可以分为机载 SAR、星载 SAR、弹载 SAR 和地基 SAR 等。其中,机载 SAR 具有很强的机动性,便于获取地面不同区域场景的高分辨图像,典型的机载 SAR 系统包括有:德国宇航中心(DLR)的 E/F-SAR、FGAN-FHR 的 PAMIR 和无人机上搭载的 ARTINO,美国 Sandia 实验室的 miniSAR、Lynx,日本的 PISAR 等。与机载 SAR 相比,星载 SAR 的轨道从几百千米到几万千米,"视野"远大于机载 SAR。星载 SAR 能够一次获取上百千米的观测图像;成像区域不受领空主权的限制,可以飞越国界成像,便于获取对方大纵深的战略区域图像;卫星平台的高稳定性简化了成像处理,便于获得高质量图像。弹载 SAR 是 SAR 应用于进攻武器的典型案例。通过实时获取的图像与弹载数据库的模板比对,计算出导弹飞行误差,实时对误差进行修正来击中预定目标。为了不同的观测目的,其他平台的 SAR 系统,如航天飞机载 SAR、飞艇载 SAR、地基 SAR 等也有很大发展,大大拓展了 SAR 的用途。一些新型的 SAR

体制,如干涉 SAR、极化 SAR、SAR/GMTI 和双/多基地 SAR 等,更进一步丰富了 SAR 获取目标信息的能力,满足了各类用户的不同需求。

1.2.1 星载 SAR

星载 SAR 具有全球的高分辨成像能力,能够以固定的重访周期对地表进行动态观测和监视,且超越了空间限制,与机载 SAR 相比,它的测绘带更宽,可以对全球进行重复性观察。星载 SAR 可以准确地、大范围地查明被侦察区域内军事、政治、经济等战略目标的基本情况,如导弹基地、海/空军基地、兵营、工业设施等;监视重要目标和兵力部署的变化情况,如地面部队的大规模集结,大中型飞机、舰船等目标的活动情况等;可以对世界范围内的"热点"地区进行及时侦察。星载 SAR 是一种及时、可靠的军事情报来源,通过对星载 SAR 侦察获取资料、数据、图像的分析,可以获取大量的军事情报,如及时发现战争征候;为军工科研生产、军事训练、国防建设提供情报依据;为战略武器提供打击目标的情报并核查打击效果。星载 SAR 也是一种精确、快速的军事测绘手段,通过对 SAR 图像的加工处理,可以提供多种用途的军事测绘图,为现代武器装备和精确制导武器提供打击目标的位置,并提供目标区匹配制导用的雷达影像基准图。

自 1978 年美国成功发射第一颗 SAR 卫星 Seasat-1 以来,星载 SAR 受到许多国家的重视,并争相开发自己的星载 SAR 系统。苏联于 1991 年发射了 Almaz-1 雷达卫星,日本于 1992 年发射了第一颗地球遥感卫星 JERS-1,加拿大 1995 年发射了雷达卫星 Radarsat-1,欧洲航天局 1991 年和 2002 年分别发射了欧洲遥感卫星 ERS-1 和环境卫星 Envisat 等,这些星载 SAR 系统和美国的航天飞机成像雷达 SIR 系列,在军事和民用领域都发挥了重要作用。2000 年航天飞机雷达地形测量系统(SRTM)的成功运行,引起了全球范围的极大关注。

近 10 年来,星载 SAR 更是得到快速发展,如 2006 年日本发射了载有 L 波段相控阵雷达(PALSAR)的先进陆地观测卫星 ALOS,2007 年意大利发射了"宇宙-地中海观测小卫星星座系统(Cosmo-SkyMed)",德国发射了陆地 SAR 卫星(TerraSAR-X),加拿大发射了雷达卫星-2(Radarsat-2)等。截至目前,全球大约有 20 个星载 SAR 系统在轨工作。未来 10 年,美国计划发展约 10 个星载 SAR 系统,欧洲航天局计划发展约 16 个星载 SAR 系统,德国计划发展约 6 个星载 SAR 系统,加拿大计划发展约 3 个星载 SAR 系统,日本计划发展 3~5 个星载 SAR 系统,这些计划的发展和实施将进一步推动星载 SAR 技术的发展和在各个领域的深入应用。

表 1-1 列出了已发射的部分典型星载 SAR 的概况。

第1章 绪论

表1-1 典型星载SAR系统一览表[3-8]

生产国	卫星型号	发射日期	工作频率/GHz(波段)	分辨率 方位×距离/m	天线极化	天线类型
美国	Seasat-1	1978	1.275(L)	25×25	HH	微带平面阵列
	Sir-A(航天飞机)	1981	1.278(L)	40×40	HH	微带阵
	Sir-B(航天飞机)	1984	1.282(L)	(17~58)×25	HH	微带阵
	Sir-C/X-SAR	1993,1994	9.6(X),1.25(L),5.3(C)	25/13×30	全极化	微带/裂缝波导的有源相控阵
	Lacrosse系列	1988,2005	L/X	标准模式:1.0 宽扫模式:3.0 精扫模式:0.3	双极化	大型抛物面天线
	RADAR-1	2002	X	1×1	全极化	抛物面反射器
	LightSAR	2002	1.257(L)	(3~100)×(3~100)	HH	平面阵列
俄罗斯	Almaz-1	1991	3.125(S)	10~15(距离) 8~12(方位)	HH	裂缝阵
	Almaz-1B	1998	C/X	5~60	VV	缝隙波导
欧洲航天局	ERS-1/2	1991,1995	5.25(C)	26.3×30	全极化	裂缝阵
	Envisat-1	2002	5.331(C)	10×30	单极化:HH 或 VV 双极化:HH-HV,VV-VH	有源相控阵
	Sentinel-1	2014	5.405(C)	干涉:5×20 5×5 20×40		平面相控阵

(续)

生产国	卫星型号	发射日期	工作频率/GHz(波段)	分辨率 方位×距离/m	天线极化	天线类型
德国	TerraSAR-X TanDEM-X	2007 2010	X	聚束:1 条带:3 扫描:16	全极化	有源相控阵
	SAR-Lupe	2006—2008	X	0.5	不详	抛物面天线
加拿大	Radarsat-1	1995	5.3(C)	(8~100)×(8~100)	HH	裂缝波导相控阵
	Radarsat-2	2007	5.405(C)	(3~100)×(3~100)	HH,HV,VH,VV	有源相控阵
日本	JERS-1	1992	1.275(L)	18×18	HH	微带阵
	ALOS-1	2006	1.270(L)	10×10	HH,HV,VH,VV	有源相控阵
意大利	COSMO-SkyMed	2007—2010	X	1×1	HH,HV,VH,VV	有源相控阵
以色列	TECSAR	2006	X	1×1	双极化	抛物面网状反射天线
印度	RISAT-1	2012	C	3×3		有源相控阵

星载 SAR 总体发展情况为：①星载 SAR 系统的分辨率越来越高，由最初的 20~30m 发展到目前的 0.5~1m，未来将向 0.1~0.3m 高分辨率跨越；②星载 SAR 系统已由单一极化发展到多极化；③星载 SAR 系统的观测带宽越来越宽，由最初的 100~200km 发展到目前的 1000km 以上，并且在较高的分辨率情况下实现大观测带宽；④星载 SAR 系统的工作模式越来越多，从最初的条带 SAR 模式，发展到现在的聚束 SAR、ScanSAR、TopSAR 等众多成像模式，并且干涉 SAR（InSAR）、极化干涉 SAR（PolInSAR）、地面动目标检测模式（GMTI）也成为星载 SAR 系统的研究重点。

1.2.2 机载 SAR

机载 SAR 是 SAR 技术发展的基础，在 SAR 系统的发展中起着重要作用。自 20 世纪 60 年代中期装备在 RB-47H 和 RB-57D 飞机上开始，机载 SAR 经过 50 多年的发展，已经成为军事侦察、监视的重要设备。目前，多波段、多极化、多功能机载 SAR 技术发展迅速，同时，以 E-8A 和 E-8C 为代表的机载远程战场侦察系统推动了 SAR/MTI 多模式技术的发展和应用，并且具有高分辨率 SAR 成像、GMTI、地面运动目标成像，以及对空目标监视等多种功能的机载 SAR/MTI 已经应用于有人机、无人机的侦察监视系统中。

机载 SAR 的军事应用主要是探测敌方纵深军情，包括远距离侦察敌方炮兵阵地、坦克和部队集结区，侦察对方较前沿的机场及飞机类型，侦察对方交通枢纽如火车站或军港内停泊的军舰和运兵船，采用高分辨率模式对敌方的武器装备进行成像识别，对被轰炸后的敌方军事设施进行打击效果评估等。

机载 SAR 还可以应用于洪水、地震、森林、火灾、雪崩等灾害的监视和态势的评估与救援，土地与地形的测绘与规划，地质矿藏的勘察，水利资源的开发利用，农林分布的常态统计，海洋污染、海藻生长和冰山分布的监测等领域。

无人机 SAR 系统是机载 SAR 系统的重要组成部分，其主要优点有：无需机组人员进入严密设防的危险区域，最大限度地减少了参战人员的伤亡，也无需因营救被俘的机组人员而付出巨大代价；在严密设防的区域，不管是有人机还是无人机要做到不被击落都是十分困难的，然而，无人机的单价比有人机低得多，无人机不用考虑受机组人员生理条件的限制，能在超长续航时间和高机动条件下执行飞行任务；无人机可以渗透式临空近距离探测，大大提高了对地面目标的观测能力。表 1-2 和表 1-3 分别给出了典型的有人飞机载 SAR 和无人机载 SAR 系统。

表1-2 典型有人飞机载 SAR 系统一览表[9-15]

名称/型号	国家	用途	频段/GHz	分辨率/m	生产商	现状
AN/APG-76	美国	多功能三维成像	Ku(16.5~16.6)	0.3~1	Northrop Grumman Norden System Div.	正在生产,使用中
AirSAR	美国	各种先进SAR技术的试验机	P/L/C	R:3.75/7.5 A:1	NASA的JPL	使用中
YSAR/YINSAR	美国	小型、低成本SAR,用于干涉	2.1/9.9	1.5×0.5(YSAR) 0.75×0.1(YINSAR)	Brigham Young 大学	使用中
ADTS	美国	先进检测技术传感器	33.56	0.3×0.3	林肯实验室	使用中
AN/APY-3	美国	联合监视目标攻击	X(8~10)	3.7(SAR模式)	Northrop Grumman Norden System Div.	美空军装备,已升级为AN/APY-7
ASARS-2	美国	监视侦察传感器	X	1(聚束) 3(条带)	Raytheon	使用中
AER-Ⅱ	德国	新技术验证	X(10)	1×1	德国FGAN	使用中
E-SAR	德国	试验新技术和信号处理算法	P/L/C/X	—	德国DLR	安装在Dornier Do-228飞机上
PAMIR	德国	试验型机载SAR平台	X(9.45)	0.1×0.1	德国FGAN-FHR研究所	试验阶段,安装在Transall C-60飞机上
AES-1	德国	干涉SAR系统	X	0.5×0.5	德国DLR	使用中
DESA	德国	试验系统	X		德国Dornier	正在研发中

（续）

名称/型号	国家	用途	频段/GHz	分辨率/m	生产商	现状
ASTOR	英国	对地面战争和对敌方主力部队进行跨境侦察	X	0.3	Raytheon Systems Ltd.	使用中
Raphael–TH/SLAR 2000	法国	高质量测绘	S(E/F)	3	Thales Airborne Systems	使用中
EMISAR	丹麦	高性能成像,干涉SAR	L/C	2/4/8	丹麦DCRS	使用中
PHARUS	荷兰	验证系统	C	3×3 3×1	FEL;National Aerospace Laboratory;Delft University of Technology	使用中
CARABAS系列	瑞典	高性能成像,探测隐藏和伪装目标	VHF	3×3(CARABASI, CARABASII)1×2 (CARABASIII)	FOA (Defense Research Establishment)	使用中
PI–SAR	日本	高分辨率成像	X/L	1.5(X) 3(L)	日本通信研究实验室(CRL); 日本宇宙开发事业局(NASDA)	使用中

表1–3 典型无人机载SAR系统一览表[9–10,16]

型号	国家	工作波段	分辨率/m	工作模式	生产商	装备及现状
Lynx	美国	Ku	条带:0.3~3.0 聚束:0.1~3.0	条带、聚束、GMTI、相干变化检测(CCD)	Sandia 国家实验室	已装备于I–GNAT无人机,还可装载于Predator、Prowler II无人机,也可装载于有人机
MiniSAR	美国	Ku	0.1	条带模式,聚束模式	Sandia 国家实验室	正在生产,服役

9

(续)

型号	国家	工作波段	分辨率/m	工作模式	生产商	装备及现状
TESAR	美国	Ku	0.3~1.0	非中心条带图 传统条带模式 伪聚束SAR模式	Northrop Grumman	已载于Predator无人机,机上实时成像,用1.5Mb/s Ku数据链经卫星中继传到地面站
HISAR	美国	X	宽域搜索:24 条带:6 聚束:1.8	宽域MTI模式 宽域搜索模式 同时SAR/GMTI 聚束SAR模式 海面监视模式 空对空模式	Raytheon	已载于Global Hawk无人机及其他多种飞机平台。1997年已生产14个系统交付使用,基本单价约400万美元。机上实时处理和图像显示
AN/APS-144	美国	I/J	MTI搜索:75 聚束:0.3 条带:1	远程搜索;近距离搜索; 聚焦模式(3km测绘带或3km聚束SAR)	ALL Systems	已完成一系列试飞测试,如1991年装在Amber无人机上进行搭载飞行测试,1992年在UH-60直升机上测试等
STacSAR	美国	J	0.5~50(可编程)	条带模式,聚束模式,MTI	Lockheed Martin	已于1996年开始按计划进行飞行测试,图像数据通过实时数据链下行传到地面站
EL/M-2055	以色列	Ku	高分辨SAR图像	条带模式,聚束模式,MTI	ELTA Electronics Industries, Ltd.	已装载于Searcher无人机。可机上实时成像,并通过机上数据链实时传送到地面站
EL/M-2057	以色列	—	高分辨率	条带模式,聚束模式,MTI	ELTA Electronics Industries, Ltd.	可载于无人机,直升机和轻型飞机,可机上实时成像
SWIFT SAR	法国	G/H	可选择控制	—	Thales	根据合同要求,已于1994年成功试飞
QUASAR	西班牙	Ku	—	条带模式,聚束模式,GMTI	西班牙国家航天技术研究所(INTA)	在研,计划载于MILANO中空长航时无人机
MINI-SAR	荷兰	X	条带:0.3~1 聚束:0.05	条带模式,聚束模式,MTI	TNO Physics and Electronics Laboratory	在研,可载于小型无人机或电动滑翔机上

机载 SAR/MTI 总体发展情况为：①机载 SAR 系统的分辨率越来越高,由最初的 3~5m 发展到目前的 0.1~0.3m,并且由最初的机上存储原始回波数据,发展到目前的机上实时图像处理；②在多功能上,由最初的单一成像功能,发展到目前的成像功能兼有地面动目标检测(GMTI)、海面动目标检测(MMTI)及低空动目标监视功能；③在成像多模上,具有同时 SAR/MTI、条带 SAR、聚束 SAR 等模式；④在多波段上,由最初的单一波段对地物目标观测发展到目前的多波段对地物目标同时观测,例如,P/X 双波段、P/L/C/X 四波段等。

1.2.3 弹载 SAR

近年来,随着雷达高分辨率成像技术、微电子技术和微波毫米波集成器件的日益成熟,弹载 SAR 系统也得到了迅猛发展。惯性导航系统(INS)/景象匹配组合导航系统是为提高巡航导弹和弹道导弹等较长距离的导航精度和增强导弹自主性而发展起来的一类组合导航系统,这类组合导航系统除了能实现高精度导航外,对地形跟踪、地形回避和威胁回避等也具有重要意义。

由于弹载平台对制导雷达的体积、功耗和成本有较高的要求,SAR 导引头大多选取 X、Ku、Ka、W 等高频段,其中,已装备和在研的导弹又以毫米波段的导引头最为常见,如英国 MBDA 公司研发的"硫磺石"(Brimstone)反坦克导弹采用 3mm 波段雷达导引头,雷声公司研制的 8mm 合成孔径导引头,径向距离分辨率为 3m,但可以通过多普勒波束锐化以及攻击弹道的优化设计得到同样为 3m 的方位向分辨率,能实现对感兴趣区域的二维高分辨成像。如表 1-4 所列,是国外弹载 SAR 成像制导系统的一览表。

表 1-4 国外弹载 SAR 成像制导系统的一览表[17-20]

SAR 系统	国家	应用背景	主要作用	主要参数
雷声公司 X 波段 SAR 导引头	美国	反舰导弹	分辨、识别海面目标	分辨率 15m×15m；攻击地面目标的飞行试验中,4 发导弹均直接命中
雷声 Ka 波段 SAR 导引头	美国	对地导弹	数字景象区域相关制导	分辨率 3m×3m
WASSAR 导引头	美国	空地导弹	探测固定和时敏目标	分辨率小于 1m×1m；成像速率 2Hz
Hammerhead 项目 SAR 导引头	美国	空地导弹	辅助导航	制导精度：圆概率误差小于 3m
洛勒尔公司小型 SAR 导引头	美国	制导炸弹	低成本精确末制导	Ku 波段,不良天气条件下可使 Mk84 炸弹达到 3m 精度

(续)

SAR 系统	国家	应用背景	主要作用	主要参数
动态战术导弹 SAR 试验床	美国	对地应用	验证成像算法、运动补偿方法和自聚焦方法	Ka 波段,分辨率 0.15m×0.15m,双圆极化发射接收,俯仰、方位四通道单脉冲接收,可工作于多普勒锐化(Doppler Beam Sharpening,DBS)模式、聚焦 SAR 模式、MTI 模式
SAR-逆单脉冲制导系统	美国	空地应用	载机用 SAR,导弹具备双站成像雷达雏形	载机用 SAR,导弹安装非相参接收机,利用逆单脉冲跟踪原理实现
EADS 红外/mm 波双模导引头	德国	空地导弹	地面目标自动检测	载频 94GHz;双极化;宽带
EADSmm 波 SAR 导引头	德国	对地导弹	辅助导航;动静目标探测	载频 35GHz;双极化;LFMCW 体制
达索、汤姆逊 CFS SAR 匹配制导系统	法国	对地导弹	辅助导航;目标探测	载频分别为 35GHz、94GHz
MLRSphase Ⅲ 子弹头 SAR 导引头	英国	—	攻击装甲或运动目标	毫米波段;DBS 成像模式
RBS15 Mk3 导弹导引头	瑞典	反舰导弹	识别舰船目标	可识别靠海岸停泊的军舰
"SWORD"导弹 SAR 导引头	以色列	—	恶劣电子干扰下作战,多目标攻击选择	微波波段;分辨率 15m×15m

将 SAR 系统应用于导引头是近年来的研究成果,弹载 SAR 的发展情况为:①随着电子元器件和制造工艺水平的提高,弹载 SAR 的频率由 X、Ku 波段向 Ka、W 波段提升,雷达系统体积不断地减少、重量不断地降低;②SAR 导引头由单一成像功能发展到成像兼有单脉冲末制导功能,使导弹具备打击地面固定目标、地面动目标和海面动目标能力;③SAR 导引头由单一具有条带 SAR 模式成像向条带 SAR、聚束 SAR、大前斜 SAR、前视 SAR 和 DBS 成像等多种工作模式发展,不同工作模式要求不同的分辨率,但都需要较高的定位精度;④弹载 SAR 由常规雷达体制向有源相控阵体制发展,由低成本向高性能兼低成本发展。

1.2.4 地基 SAR

近几年雷达干涉测量技术成功从星载 SAR 应用到地基 SAR(Ground Based Synthetic Aperture Radar,GB-SAR)中,从而可以获取小范围观测区域表面的高空间分辨率的形变信息。通常,地基 SAR 系统在一个短的时间间隔可获取一幅监测区域的高空间分辨率的雷达影像图,这些雷达影像图具有很好的时间和空间相关性,并且具有较高的空间分辨率,可实时观测活跃物体(如火山)的形变信息。

GB-SAR 基本原理是通过雷达发射信号来获得目标观测区域的距离向高分辨率信息;利用雷达在线性导轨上滑动,达到合成孔径的目的,获得目标观测区域的方位向高分辨率信息。对于获取的观测区域二维雷达影像数据,利用干涉测量技术计算不同时刻目标观测区域反射雷达回波信号的相位差来得到目标观测区域表面的形变量。通过在不同时间点对目标区域的重复观测获取时间序列干涉数据用于形变监测,可达到精度为毫米级的形变监测结果,是对局部区域形变监测的一种有效手段。

与机载和星载 SAR 不同,GB-SAR 系统是位于地面的某种平台上,而 SAR 成像需要雷达与目标之间的相对运动以获取方位向上的高分辨率。所采用的几种 GB-SAR 平台有:滑轨式平台,天线通过在滑轨上滑动来形成合成孔径效应;拖车式,拖车由牵引车牵引运动形成合成孔径效应;车载式,把 SAR 系统放置在工程车里,天线放置在车顶上方,车沿道路运动即可形成合成孔径效应。

地基 SAR 系统的高度稳定性和良好的图像分辨率是获得高精度差分干涉测量的前提。目前,地基 SAR 差分干涉测量系统绝大多数采用基于步进频率连续波信号体制,这种体制可以很好地满足系统的高度稳定性和高分辨率图像的要求。表 1-5 列出了已使用的部分典型地基 SAR 的概况。

表 1-5 典型地基 SAR 系统一览表[21-24]

生产国	型号	工作频率	分辨率方位×距离	用途
欧盟	LISA	500MHz~18GHz	亚毫米级	火山监测
意大利	IBIS-L	16.6~16.9GHz	4.5mrad×0.5m	形变监测和灾害预警
澳大利亚	SSR	X 波段,带宽 100MHz	±0.2mm	监测
荷兰	FastGBSAR	Ku 波段,中心频率 17.2GHz,带宽 300MHz	4.4rad×0.5m	形变监测
法国	PoSAR	X 和 Ku 波段	—	形变监测
西班牙	UPCSAR	X 波段,带宽 120MHz		形变监测

地基 SAR 系统的特点是具有区域性、定点、连续监测;可以在安全距离内、以非接触测量方式获取被监测危险区域的形变数据;采集所得信息为区域性大面积的形变信息,相比单点的形变信息更有助于变形或者灾害的理解和预测。地基 SAR 的研究情况为:①地基 SAR 系统原理样机成功研制,并开展了一系列监测实验;②通常采用步进频率连续波信号体制,新的信号体制在探索和研究

之中,系统的监测精度由最初的厘米量级发展到毫米量级;③地基 SAR 的大规模应用尚需工程牵引。

1.2.5 SAR 应用

1. 军事应用

随着 SAR 系统技术的发展,从分辨率上看,从几十米级发展到米级、分米级;从极化方式上看,从单极化到多极化、全极化;从波段上看,已从米波波段、微波波段发展到毫米波波段、亚毫米波波段;应用上包括了军用、民用、科学研究;从平台上看,已延伸到无人机、直升机、固定翼有人机、卫星和导弹。SAR 系统为了达到不同需求,一般通过天线波束调度实现不同的工作模式,例如条带 SAR、聚束 SAR、SCANSAR、动目标检测(GMTI)。针对上述变化和发展,从图像中解译或者提取所需要信息,信息的种类众多,例如,军用情报、地图测绘、海洋气象水文、地质、林业和物体形变等。正是由于 SAR 集高分辨率、穿透性(微波低频段)、全天候、全天时工作能力于一身的特点,确立了 SAR 在军事领域中的地位,使之成为获取军事目标信息不可缺少和不可替代的传感器。

1) 军事情报

在军事情报获取方面,SAR 扮演着非常重要的角色,不同装载平台的 SAR 在军事应用上有着不同的特点。

星载 SAR 作为战略情报侦察手段,主要侦察对方的军事动向、军事目标、部队集结、战争效果评估等重要的战略信息,为指挥决策系统提供可靠的情报。不同频段、不同极化和不同分辨率的星载 SAR 在军事应用上发挥不同的作用。

有人机和无人机机载 SAR 系统,由于平台的高机动性和时间的连续性,可弥补卫星观测的缺陷,同时,机载平台 SAR 研制周期短、新技术应用快,不仅可以实现超高分辨率,而且,还可以进行大面积搜索,促进了机载 SAR 系统在军用战术侦察上的应用。

弹载 SAR 将获得飞行中沿途地物的实时图与导弹上预装订的基准图进行配准比较,可以得到导弹相对于目标或预定弹道的纵向或横向偏差,并控制导弹飞向目标。弹载 SAR 末制导系统能有效地提高中远程攻击武器的末段制导精度,是当前雷达导引头研制的一个热点。

低频段 SAR 能发现隐蔽和伪装的目标,如观测伪装的导弹地下发射井、观测云雾笼罩地区的地面目标等。

2) 动目标检测

战场信息不仅要确认敌方阵地位置、设施和兵力的部署情况,而且还要掌握敌方的坦克、装甲车、机动火炮、移动式导弹发射架、直升机、巡航导弹以及敌方部队的调动、后勤补给的活动情况,SAR 可以将运动目标从地物场景中提取出来,实现对运动目标的监视。与固定目标不同,运动目标具有一定的径向速度,也就是具有一定的多普勒频率,同时,成像飞行期间运动目标还可能走出成像单元,动目标检测的核心任务是消除固定杂波,即消除地物杂波,将运动目标仍保留在图像中。将 SAR 成像技术和运动目标检测技术(包括 AMTI 和 GMTI)结合起来,既能获得场景的高分辨率 SAR 图像,又能检测场景中的运动目标,这一点在实际应用中显得尤为重要。

3)军事测绘

SAR 成像也是一种精确、快速的军事测绘手段,通过对 SAR 图像的加工处理,可以提供多种用途的军事测绘图(地形图比例尺 1∶10000 及 1∶50000),如快速绘制和修测境外地区、"热点"地区及周边地区作战指挥的基本用图,为现代武器装备和精确制导武器提供打击目标的位置,以及目标区匹配制导用的雷达影像参考图。

4)海洋气象水文环境探测

雷达图像对海面结构非常灵敏,可据此对风场、波浪和海流及其相互作用的行为、机制和结果进行定性定量分析,进行海洋气象水文作战环境探测。不同的海洋类型有不同的海面、海岸线地貌等特征,雷达发射的电磁波对特有的海面海浪几何结构、海面粗糙度等参数很敏感,产生后向散射差异,使得 SAR 可用于中尺度海洋特征检测、大尺度海洋特征识别,如水团、锋面等,同时,海面以下运动目标(例如水下运动的潜艇)的运动会引起海面状态的变化,这一变化也会导致雷达图像特征的变化。

2. 民事应用

SAR 的不同波段、不同极化状态的雷达入射波对同种地物的探测效果各不相同,可以获取地物对不同波段的回波响应,以及线极化状态下同极化与交叉极化信息,更准确地探测目标特征,可以广泛应用于资源环境调查、灾害监测、农业估产、地质水文勘查、工程勘测、海洋监测等方面,例如,监测洪涝、干旱、风暴潮等主要自然灾害,资源勘察,环境监测和海洋研究等。

1)地质勘探

SAR 图像能提供十分丰富的地质构造、岩性、隐伏地质体等地质矿产信息,尤其对火山、陨击、大断裂等地质构造探测,以及构造带控制下的金属矿床探测等。随着 SAR 极化、干涉技术的发展,SAR 可以进行地壳形变、地震孕育、板块运动及地面沉降的测量和研究。

2)海洋研究

SAR 可以全天候、全天时地对海面和极地海冰进行成像观测并取得连续的数据,用于监视海洋运输、全球性气候变化(包括重大气候的预测)。海洋表面的溢油导致海面表面粗糙度的降低,减少了后向散射,SAR 是用来监测海面溢油污染、天然溢油膜,勘探普查海洋油气最有效的方法。

3) 林业研究

SAR 通常工作于微波波段,不同的工作频率,微波信号对植物及地表反射和穿透特性不同,SAR 能提供丰富的植被和土壤信息,可以估测植被树高、森林蓄积量和森林生物量等。可以识别林种、森林灾害、林密度、年龄、健康情况等,监测采伐活动。特别是在多云雨雾的热带、亚热带地区及高纬度地区的森林,进行生物量估测。

土壤水分是植物生长的基本条件,因此,土壤水分估测是一值得关注的问题,SAR 也可用于土壤水分估测和土壤分类。一方面具有穿透特性,即对植被和土壤具有一定的穿透能力,另一方面雷达后向散射系数对土壤含水量和土壤类别非常敏感。

4) 形变监测

SAR 差分干涉测量技术在形变监测领域取得了广泛应用,如对大坝、桥梁和高塔等人造建筑物稳定性的高速率动态监测,对地表沉降、山体滑坡、雪崩、冰川位移和火山活动等自然灾害现象的长时间监测和预警。机载 SAR、星载 SAR 和地基 SAR 都可以用于形变监测和预警。星载 SAR 系统一般采用重轨干涉技术来实现对地表形变的监测,重访时间长,难以实现对形变区域的定点连续监测。机载 SAR 系统一般采用双天线干涉技术来实现对地表形变的监测,监测形变精度较差。地基 SAR 通常用于区域性和定点连续形变监测,具有较好的灵活性与可操作性、非接触、分辨率高、费用相对低廉等优点。

1.3 特点与新技术

越来越多的应用领域表现出对宽观测带、高分辨率、高精度、实时获取与处理、及时更新的 SAR 观测数据的迫切需求。一些正在出现和将要出现的新技术、新方法将为传统的 SAR 系统赋予新的生命力,这些新技术、新方法深受研究人员的重视。

1.3.1 SAR 特点

从雷达设备组成上来看,SAR 与其他种类雷达没有什么区别,但是在平台装载方式、雷达系统及情报处理方式上却拥有自己的特点。

1. 雷达装载方式

对于 SAR 来说,装载平台种类较多,例如卫星、飞机和导弹等,SAR 通常装载平台(卫星平台例外)的两侧,对地(海)远距离观测成像工作时,雷达的波束指向一般与飞行方向垂直,指向装载平台的两侧,在一些工作模式中,例如聚束和前斜视等模式,雷达的波束指向将偏离飞行的垂直方向。为了满足 SAR 的多模式工作:小型 SAR 的天线面积一般在 $1m^2$ 以下,它大多数安装在无人机和导弹平台上,天线一般安装在无人机和导弹平台的前部;大型 SAR 的天线面积一般在十几平方米以下,通常将天线安装在飞机的两侧,或者机腹下部,以便减少飞机机身对天线辐射性能的影响,同时增大对地观测视角范围。卫星平台大多数使用大型 SAR,雷达天线面积在几平方米到几十平方米,在卫星发射状态,雷达天线处于收拢状态,在轨时进行天线展开。

不管什么装载平台,其基本功能就是为 SAR 系统提供必要的资源,保障雷达正常工作,并且把雷达的处理结果传回地面。这些通常称为雷达对平台需求五要素:几何尺寸、重量、功耗、运动参数测量和通信数据率。

2. 雷达系统

SAR 是通过平台运动产生虚拟大孔径天线来获得方位向的高分辨,而常规雷达(特别是地面雷达)方位向的分辨率即为实孔径分辨率,这也是两种体制雷达的主要差异。这种差异体现在雷达系统上,常规雷达发射一串脉冲,目标反射回来,经过信号处理就可以探测目标,而 SAR 需要多次发射多次接收,收集一个期望孔径的信号后,再进行信号处理,才能获得全孔径雷达图像。同时,SAR 分系统也有自己的特点。

在天线上,虽然常规雷达与 SAR 系统存在因距离分辨率不同而导致的瞬时带宽差异,但为了提高电子对抗能力,常规雷达通常需要在较宽的频段范围内进行跳频工作,因此,两者对天线带宽的需求是一致的;在天线副瓣电平指标上,为减少干扰功率从副瓣区域进入雷达接收机,常规雷达通常要求天线的接收副瓣电平在 -30dB 以下。对于机载预警探测雷达,为减小强地物杂波对目标探测性能的影响,通常要求天线具有 -35dB 以下的低副瓣电平。对于 SAR 系统,虽然较高的天线副瓣影响图像模糊度和地面动目标检测能力,但用于 SAR 天线副瓣电平一般控制在 -20dB 左右。有条件时,还需要进一步降低天线副瓣电平。

在收发通道上,常规雷达一般瞬时带宽窄(通常 2.5~20MHz),SAR 系统的信号带宽较宽(通常在 400MHz 以上)。因接收通道信号带宽的差异,SAR 系统接收机的瞬时动态范围(以接收机噪声电平为基准)较常规雷达接收机低 20~30dB,但考虑到目标特征和脉冲压缩特性,就瞬时动态而言,SAR 系统接收机与常规雷达是近似一致的。

在波形设计上,常规雷达采用的信号波形多为线性调频、非线性调频、相位编码、频率步进等。为了实现距离高分辨率,SAR 特别强调系统的带宽特性和较好的脉冲压缩效果,通常采用线性调频信号,有时也可采用步进频脉冲信号。为了获得更高的分辨率,例如厘米级,波形子带合成也是一种较好的方法,它可以有效降低宽带波形设计难度。

在频率源上,为提高雷达系统信噪比,特别是提高在强杂波里的动目标检测性能,常规雷达基本采用全相参体制,同样,全相参体制也是 SAR 工作的基础和前提,方位向高分辨率就是相参积累的结果,相干积累与频率源稳定度密切相关,也就是说,成像分辨率与频率源稳定度密切相关,频率源的随机起伏频率误差将影响回波信号的相位特性,使得 SAR 系统方位分辨率恶化,频率源的正弦起伏频率误差将导致脉压后成对回波的出现,影响图像质量。相对于常规雷达,SAR 系统需要进行长时间脉冲积累,同时,SAR 装载平台具有较强的随机特性,因此,SAR 系统频率源更关注于频率的抗振特性和长时间的相位稳定性。

在信号处理上,常规雷达与 SAR 系统的共同点是都需要进行距离脉冲压缩,而方位向处理则存在较大的差异。常规雷达在方位向的积累主要是为了能够在频域上区分开目标和杂波并获得一定的增益,SAR 系统强调相参积累以获得方位向的角度高分辨。除此之外,SAR 雷达不同工作方式需采用相应的算法体制,例如 SAR、ISAR、INSAR、GMTI 等。在动目标信号处理上,它们的共同点都是先进行距离向脉冲压缩,其次是进行杂波的抑制,再进行动目标的检测和提取。不同的是 SAR 系统通常采用相参合成获得角度高分辨率,常规雷达相参合成获得频率分辨率。在目标方位测角上 SAR 雷达通常采用多基线干涉,常规雷达则利用窄波束特性或和差波束等方法测角。

3. 情报处理方式

常规雷达(不包括气象等特种雷达)工作方式较为单一,主要测量出目标的距离、高度和方位信息,形成目标的航迹。目标的稳定跟踪是非常重要的。

SAR 信号处理输出的两维图像,在图像处理上,将复杂的 SAR 图像转化为可用的情报,从 SAR 图像中快速解译、检测和识别出目标,特别着重实现在强干扰、强散射、高密度电磁信号的图像中实现对小目标的检测和提取。

在与其他传感器融合上,不但包括不同平台的成像雷达图像的融合,而且还应包含无源探测器和其他传感器,诸如红外、光学、声学等传感器的信息融合。

1.3.2　数字阵列技术

数字阵列技术(即收/发数字波束形成(DBF)技术)提供的空域、时域、频域等多维信息,将提升雷达系统的性能,简化雷达系统的构成,已成为未来雷达的发展趋势之一。数字阵列技术在目标探测雷达中已获得了成功的应用,如果将它与 SAR 技术结合起来,将大大提升成像系统的性能和功能[25]。

数字阵列技术能够实现射频信号功率在观测带内的灵活分配,相对于只采用方位向单发多收的多通道技术或只在距离向做接收数字波束形成技术,它可实现一种新型的自适应SAR成像模式,使SAR系统可以在条带、聚束、扫描、GMTI、干涉等不同模式之间切换,也可以利用雷达采集的同一组回波数据处理出不同模式的成像结果,使系统具有同时多模式工作能力,这种观测效能的提升,对于受卫星重访周期制约的星载SAR系统来说意义更大,不难预测,数字阵列技术是未来SAR的重要发展方向之一。

数字阵列技术可以有效缓解传统星载SAR中方位向高分辨率与宽观测带宽之间的矛盾,实现高分辨率宽观测带(HRWS)成像,其实现方式主要有方位向数字阵列技术和距离向数字阵列技术两种,也可以结合这两种技术进一步提高系统性能。利用方位向数字阵列技术可大大缓解常规SAR/MTI系统中最小可检测速度与盲速之间的矛盾,提升SAR/MTI的性能。利用数字阵列技术还可实现同时多模式多任务工作。此外,数字阵列技术提供了同时多波束自适应形成能力,可以对抗多种电子干扰。当检测到某种干扰信号时,通过在天线方向图的合适方向上置零,能在信号处理阶段削弱干扰;数字阵列技术还可在波束扫描间变化发射波形,从而具有低截获概率的能力,因此,数字阵列SAR具有更强的抗干扰能力和战场生存能力。

数字阵列SAR理论与技术的发展经历了从接收DBF SAR、收/发DBF SAR到DBF MIMO SAR的演变过程,即数字化、软件化技术与收发分置体制以及分布式系统结构逐步融合的过程。基于数字阵列技术收发分置体制的分布式SAR系统,不仅可以完成单一平台难以完成的任务,而且还可以获得更多、更为丰富的目标信息。融合了收发分置体制和分布式系统结构后,雷达系统增加了可靠性和灵活性,适合于多种不同场合的应用,如连续监视、宽观测带和高分辨成像等。

与常规SAR系统相比,数字阵列SAR系统简化,并具有较明显的性能、功能优势。但是,如果要充分发挥这些优势,还存在一些技术问题要解决,主要包括雷达系统的高密度集成、宽带数据传输与处理技术等。随着这些问题的解决,数字阵列技术SAR系统性能的提高和功能的提升将会得以实现。

1.3.3 MIMO技术

近年来发展起来的多发多收(Multi-Input, Multi-Output, MIMO)雷达通过多天线同时发射、多天线同时接收的工作方式能够获得远多于实际天线数目的等效观测通道,在目标检测、参数估计以及雷达成像等方面,具有优于传统体制雷达的系统性能,因此逐渐受到雷达领域专家和学者的广泛关注。MIMO技术与SAR相结合,为解决常规SAR面临的方位向高分辨与宽观测带相互矛盾以及慢速运动目标检测等实际问题提供了新的技术途径。

MIMO-SAR的概念具有以下4个含意:①多个发射/接收天线分布在运动

平台之上;②发射端多天线同时独立地发射多个波形,波形之间可以是相互正交或不相关;③接收端多天线同时独立地接收观测带回波,并能够通过一组滤波器分离出各个发射信号的回波;④信号处理时,通过联合处理多观测通道的回波数据来提高 SAR 系统性能。

按照 MIMO 雷达的分类方法,MIMO–SAR 可以分为同平台 MIMO–SAR 和分布式 MIMO–SAR 两类。同平台 MIMO–SAR 的主要特点是所有发射和接收天线均安装在同一运动平台上;而分布式 MIMO–SAR 最主要的特点是发射和接收天线分别放置在不同的运动平台上,通过雷达组网的方式构成分布式 SAR 系统,双基地 SAR 就是一种特例。

经过多年的发展,在 MIMO 雷达理论和应用方面均取得了丰硕成果,但是关于 MIMO–SAR 的研究还相对较少,在系统概念、理论模型、成像策略与方法以及性能评估等方面仍然缺乏完整的理论体系,许多关键技术还有待进一步突破和完善,其中包括正交波形集优化设计、阵列构型优化设计以及综合成像处理技术等。MIMO–SAR 特殊的收发模式及其波形分集特点,使得现有的 SAR 成像算法难以直接应用,因此,探索适用于 MIMO–SAR 的成像处理策略和成像方法是今后需要解决的重要课题。

目前,MIMO–SAR 成像技术的研究还处于理论探索的起步阶段,但是其潜在的体制优势已经受到国内外学者的广泛关注。可以预计,MIMO–SAR 将同时在 SAR 和 GMTI 应用、无人机编队多基地 SAR 成像应用、雷达通信一体化应用等方面发挥重要作用。

1.3.4 微波光子技术

微波光子技术是伴随着半导体激光器、集成光学、光纤波导和微波单片集成电路的发展而产生的一种新兴技术,是微波和光子技术结合的产物,它在微波信号的产生、传输和处理等方面具有潜在的应用前景。为了克服常规的 SAR 系统所存在的不足,研究人员已经开始研究微波光子技术在 SAR 系统中的应用,微波光子技术在 SAR 中的应用将成为一个新领域。

将微波信号调制到光载波上,利用光纤进行微波信号远距离传输,早已在通信中得到应用,光纤的优点已经受到雷达界的关注,设计人员在相控阵系统中引入了微波光子技术,如用光纤作为雷达的数据和信号传输线,用光真实延迟线构成光波束形成器等。常规雷达系统通常都是采用金属波导、同轴电缆等作为微波信号传输线,用电子移相器实现天线波束形成与控制,它们不但体积大、重量重、易受干扰,而且价格昂贵。用光纤代替同轴电缆作为传输媒介,用真实时间延迟取代电子移相器来实现波束形成与控制,消除了因采用金属波导和同轴电缆而致使阵列背面产生拥挤的现象,大大减小系统尺寸和重量。

微波光子技术与相控阵技术的结合产生了光控相控阵技术。在光控相控阵中,将射频信号调制到光载波上,并经不同光路径传输到天线单元,在光域进行波束形成和控制将出现许多人们期望的效果。众所周知,光域是非色散的,在非常宽的微波频带上,不会出现因频率变化引起路径传播时间的变化。光器件是一种非导电的传输媒介,光器件中的光对电磁干扰有很好的抗干扰能力,同时,对连接器的串扰几乎为零,这些显著优点是微波器件无法实现的。还有光器件对干扰的不敏感性和耐用性,特别适合在机载和星载 SAR 中的应用。

微波光子技术在 SAR 中的应用,由光链路实现远程控制发展到利用光路系统控制天线阵列单元的幅度和相位,进而利用光路系统来实际分配天线单元的射频信号,是未来研究重要方向之一。目前,研究最多的是采用微波光电子技术实现大瞬时带宽真实时间延迟线,这种延迟线除具有尺寸小、重量轻、成本低等特性外,还具有很大的带宽。光延迟线等光器件的性能提升和环境适应性将是未来的研究重点。

1.3.5 微型化技术

常规 SAR 系统体积大、能耗高、造价贵,限制了 SAR 的大规模使用。而现代飞行器的形式和任务需求越来越多样化,急切希望 SAR 能够安装于更小更轻的平台上,这对 SAR 的微型化提出了迫切需求。

微型 SAR 系统一般采用两种体制:一种是脉冲体制;另一种是连续波体制。脉冲体制的 SAR 系统复杂,体积和重量大,要实现微小型化需要采用新技术、新器件、新材料,并对系统结构进行优化设计才能逐步实现。连续波体制的 SAR 是调频连续波技术与 SAR 技术的结合,兼有连续波雷达和 SAR 的优势——小体积、低成本、低功耗、高分辨率,是微型 SAR 技术发展的一个重要方向。

SAR 系统微小型化具有很多优点,除体积小、重量轻、技术含量高、研制周期短、制造费用低,还能够较快地采用新技术、易于改型、研制规模小、生产效率高、适应性强、便于管理、风险性低,因此,发展和应用前景非常广阔。SAR 系统微小型化还是实现深空微波探测的重要技术途径之一。

目前,微小型 SAR(例如千克量级)的研究还处于验证小型化、低成本可行性的阶段,远没有大规模发展和应用。随着高速数字信号处理技术、运动测量技术的发展及各种新的 SAR 成像算法的研究,微型 SAR 必将进入一个高速发展时期。

参考文献

[1] SHERWIN C W, RUINA J P, RAWCLIFFE R D. Some early developments in synthetic aperture radar systems[J]. IRE Transactions on Military Electronics, 1962, 6(2): 111 – 115.

[2] JORDAN R L. The Seasat – A synthetic aperture radar system[J]. IEEE Journal of Oceanic Engineering, 1980,5(2):154 – 164.

[3] HORN R,NOTTENSTEINER A,REIGBER A,et al. F – SAR – DLR's new multifrequency polarimetric airborne SAR[C].[S. l.]:2009 IEEE International Geoscience and Remote Sensing Symposium,2009.

[4] WERNINGHAUS R,BUCKREUSS S. The TerraSAR – X mission and system design[J]. IEEE Transactions on Geoscience and Remote Sensing,2010,48(2):606 – 614.

[5] CIMINO J,ELACHI C,SETTLE M. SIR – B – the second Shuttle Imaging Radar experiment[J]. IEEE Transactions on Geoscience and Remote Sensing,1986 (4):445 – 452.

[6] JORDAN R L,HUNEYCUTT B L,WERNER M. The SIR – C/X – SAR synthetic aperture radar system[J]. Proceedings of the IEEE,1991,79(6):827 – 838.

[7] 朱良,郭巍,禹卫东. 合成孔径雷达卫星发展历程及趋势分析[J]. 现代雷达,2009 (4):5 – 10.

[8] 王腾,徐向东,董云龙,等. 合成孔径雷达的发展现状和趋势[J]. 舰船电子工程,2009 (5):5 – 9.

[9] 张昆辉. 机载雷达手册[M]. 北京:国防工业出版社,2013.

[10] 曲长文,何友,龚沈光. 机载SAR发展概况[J]. 现代雷达,2002,24(1):1 – 10,14.

[11] LOU Y L,KIM Y,EDELSTEIN W,et al. Current status of the NASA/JPL airborne synthetic aperture radar (AIRSAR)[C].[S. l.]:Optical Science,Engineering and Instrumentation'97,1997.

[12] LUNDGREEN R B,THOMPSON D G,ARNOLD D V,et al. Initial results of a low – cost SAR:YINSAR [C].[S. l.]:Geoscience and Remote Sensing Symposium,2000.

[13] HEER C,LINK J. A potential German contribution to the LightSAR program[C].[S. l.]:Geoscience and Remote Sensing Symposium Proceedings,1998.

[14] CHRISTENSEN E L,DALL J. EMISAR:a dual – frequency,polarimetric airborne SAR[C].[S. l.]Geoscience and Remote Sensing Symposium,2002.

[15] NAKAMURA K,WAKABAYASHI H,NAOKI K,et al. Observation of sea – ice thickness in the Sea of Okhotsk by using dual – frequency and fully polarimetric airborne SAR(Pi – SAR) data[J]. IEEE transactions on geoscience and remote sensing,2005,43(11):2460 – 2469.

[16] STEEGHS T P H,HALSEMA D,HOOGEBOOM P. MiniSAR:a miniature,lightweight,low cost,scalable SAR system[C]. Tokyo:Proceedings CEOS SAR workshop 2001,2001.

[17] MALENKE T,OELGART T,RIECK W. W – band – radar system in a dual – mode seeker for autonomous target detection[J]. Proc. EUSAR,Cologne,Germany,2002.

[18] NEUMANN C,SENKOWSKI H. MMW – SAR seeker against ground targets in a drone application[C]. [S. l.]:EUSAR. 2002.

[19] 彭岁阳. 弹载合成孔径雷达成像关键技术研究[D]. 长沙:国防科学技术大学,2011.

[20] 秦玉亮. 弹载SAR制导技术研究[D]. 长沙:国防科学技术大学,2008.

[21] NOFERINI L,PIERACCINI M,MECATTI D,et al. Using GB – SAR technique to monitor slow moving landslide[J]. Engineering Geology,2007,95(3):88 – 98.

[22] HERRERA G,FERNÁNDEZ – MERODO J A,MULAS J,et al. A landslide forecasting model using ground based SAR data:The Portalet case study[J]. Engineering Geology,2009,105(3):220 – 230.

[23] 黄其欢,张理想. 基于GBInSAR技术的微变形监测系统及其在大坝变形监测中的应用[J]. 水利水电科技进展,2011,31(3):84 – 87.

[24] 王鹏,邢诚. 基于GB – SAR的建筑物微变形测量研究[J]. 测绘地理信息,2012,37(5):40 – 43.

[25] LU Jiaguo. The technique challenges and realization of space – borne digital array SAR[C].[S. l.]:Synthetic Aperture Radar(APSAR),2015 IEEE 5th Asia – Pacific Conference on. IEEE,2015:1 – 5.

第 2 章 合成孔径雷达总体

2.1 概述

SAR 系统是一种装载于运动平台上工作的雷达系统,与平台、地面处理等共同组成成像监视系统,根据装载平台的不同,可分为:装载于空间平台(卫星、航天飞机等)的空间 SAR 系统;装载于飞机平台(有人机、无人机等)的机载 SAR 系统;以及其他运动平台(例如导弹等)。不同的装载平台,对 SAR 系统的设计要求是有区别的,但 SAR 系统的主要技术和组成是基本相同的。以 SAR 为主的信息系统通常由三部分组成,如图 2-1(a)所示,包括雷达系统、平台与数据链系统、地面数据处理与控制系统。

平台与数据链系统的基本功能是为 SAR 系统提供必要的资源,保障雷达正常工作,并且把雷达的处理结果传回地面。提供的资源包括装载雷达几何尺寸、重量、功耗、运动参数测量和通信数据。同时,完成数据处理、记录等功能。

地面数据处理与控制系统主要完成 SAR 图像情报处理、数据记录、显示与控制等功能。若在平台上进行了 SAR 实时处理,则地面 SAR 图像情报数据处理主要是对 SAR 图像进行辐射校正、几何校正、目标情报提取等后处理工作;若在平台上未进行 SAR 实时处理,则地面 SAR 图像数据处理要先对下传的原始数据进行 SAR 成像处理,然后进行 SAR 图像情报处理。数据记录主要是完成 SAR 图像数据的录取工作。显示与控制一方面是进行 SAR 图像显示工作,另一方面是对 SAR 系统工作状态进行控制,通过数据通信向平台上的 SAR 系统发出各种控制指令。对于装载导弹平台的 SAR 景象匹配导引头,为了缩短雷达观测到控制导弹运动方向的时间,一般情况下,雷达系统在导弹平台上完成信号处理和图像处理,将信息直接送给导弹控制系统,遥测系统代替了数据链系统,通常没有地面数据处理系统。

SAR 系统通常由天线系统、发射系统、接收系统、信号处理系统和图像预处理系统组成,如图 2-1(b)所示。

天线系统实现导波到空间电磁波的转换,在目标方向汇聚辐射能量,并接收从目标区域反射回来的目标信号。

在发射状态下,发射系统将小功率信号进行放大,输出额定的功率至天线系统;在接收状态下,将微弱的回波信号进行低噪声线性放大,输出符合要求的

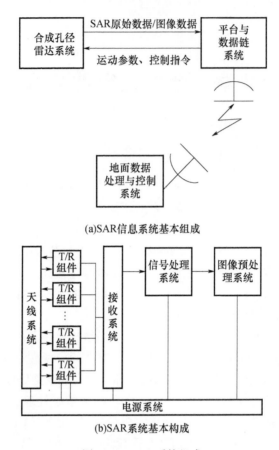

图 2-1 SAR 系统组成

信号至接收系统。

接收系统主要作用是放大和处理雷达的回波信号,对回波信号进行滤波,并为雷达系统提供高性能发射波形,同时为雷达系统提供同一时间基准和相位基准。

信号处理系统因不同的工作方式而不同,如果在平台上进行实时成像处理,平台不仅要完成 SAR 原始数据采集及预处理,还要完成 SAR 实时成像处理工作。若在地面站进行实时成像处理,平台上的信号处理工作是 SAR 原始数据采集及部分预处理。

图像情报处理就是将复杂的 SAR 图像转化为可用的情报,从 SAR 图像中快速解译、检测和识别出目标。

2.2 基本原理

SAR 采用小口径雷达天线沿一直线轨迹匀速运动,进行雷达回波的空间合成(相干积累),来获得高的方位分辨率,距离向高分辨率通过宽带脉冲压缩技术实现。

2.2.1 实孔径与合成孔径

图 2-2 中对比了实孔径天线与合成孔径天线的目标信号采集过程,如果把实孔径天线划分成许多小单元,则每个单元接收回波信号的过程与合成孔径天线在不同位置上接收回波的过程十分相似。不同的是,实孔径天线各个单元同时接收目标回波信号,直接进行波束合成;合成孔径天线对同一目标的信号不是在同一时刻得到的,而是在平台运动过程中,接收不同时刻目标信号,再进行信号处理,每个位置上的信号由于目标到雷达之间的距离不同,其相位和幅度也不同,这样形成的图像不像实孔径雷达直接得到,而是进行相干处理才能获得。

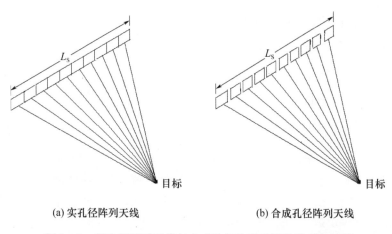

(a) 实孔径阵列天线　　　　(b) 合成孔径阵列天线

图 2-2　实孔径阵列天线与合成孔径阵列天线信号采集过程

假设在长为 L_s 的合成孔径上采样了目标 T 的 N 个回波信号,在每个采样点上均记录下接收信号的幅度和相位,假设每个位置上回波幅度相同。在位置 i 上雷达回波经双程传输后的相移为 $-2kR_i$,这里 k 为波数,R_i 为目标 T 到位置 i 上雷达的距离。相干处理的任务就是对每个位置上回波相位进行补偿,将位置 i 上的回波电压 V_i 乘以 $e^{j\Phi_{T_i}}$,使每个位置上目标 T 回波相位包络对齐,即

$$\Phi_{T_i} - 2kR_i = \Phi_{T_n} - 2kR_n = \Phi_T(i,n = 1,2,\cdots,N \quad i \neq n) \quad (2-1)$$

然后,将所有位置的回波信号进行同相累加:

$$V = \sum_{i=1}^{N} e^{j\Phi_{T_i}} = N e^{j\Phi_{T_i}} \quad (2-2)$$

$$|V| = N$$

使目标 T 回波积累后的输出最大,这样起到了聚焦作用。对于与目标 T 不

同位置的另一个目标 S，由于到合成孔径距离不相等，采用式(2-1)中的相移序列 Φ_{T_i} 对目标 S 在合成孔径中不同位置处的回波信号进行相移，将不能得到相位相同回波信号，回波信号累加后就小于最大值 N，这样就可以分辨目标 T 和 S。

图 2-3 对实孔径天线和合成孔径天线进行了比较，如图 2-3(a)所示。天线口面上的所有辐射单元同时辐射信号，在空间形成具有一定增益的固定波束，固定波束等效为一个天线相位中心发射出来的，雷达在接收目标反射回来的信号时，依赖于到达天线口面的方向，每个天线单元截获的信号在相位上是不同的，天线的馈电系统将实时形成来自所有辐射单元信号的矢量和（相位和幅度），在所有信号同相时，输出的信号最大，当到达天线的路径相差一个波长时，输出的信号为零。

$$\theta_{\text{null}} = \pm \frac{\lambda}{L_a} \tag{2-3}$$

式中：L_a 为天线口径长度；λ 为雷达工作波长。

天线 3dB 角宽度可以近似为

$$\theta_b \sim \frac{\lambda}{L_a} \tag{2-4}$$

在距离 R 上的角度分辨率变为

$$W_a = R \frac{\lambda}{L_a} \tag{2-5}$$

如图 2-3(b)所示，合成孔径是通过沿飞行方向发射和接收雷达信号，通过存储雷达回波的幅度和相位来进行信号相干处理的。每个采样点就是合成孔径上的一个单元，当雷达经过合成孔径所需的长度后，就存储了足够的采样点，经过处理将形成顺序采集样本的矢量和。

雷达回波信号的相位就是等效于雷达天线与目标之间的双程路径对应发射信号波长的小数部分所对应的相位。

在某一段时间内，考量雷达回波信号的相位，就需要有一个稳定的参考源，用来与回波信号的相位进行比较，这就要求发射信号与参考信号是相参的，而且每个脉冲周期内要维持这种相参性。对脉冲与脉冲间相位差测量也要求参考频率保持不变，并且至少要维持一个合成孔径时间。

在发射态转为接收态后，由于每组连续采样样本要经历一个路径长度，会导致合成孔径在方位的某一个角度上有一个零点。

$$(\theta_{\text{null}})_s = \pm \frac{\lambda}{2L_s} \tag{2-6}$$

可以近似认为合成孔径天线 3dB 波束宽度为

$$(\theta_b)_s = \frac{\lambda}{2L_s} \tag{2-7}$$

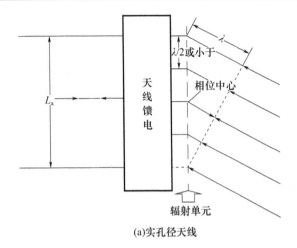

(a)实孔径天线

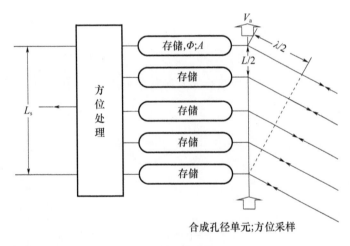

(b)合成孔径天线

图 2-3 实孔径和合成孔径天线

2.2.2 回波信号

假设雷达平台沿直线运动,由于飞机或者卫星移动,某个目标与雷达的路径长度产生变化,如图 2-4 所示。

目标到雷达的距离为 r,考虑一个最小斜距为 r_0,则有

$$r^2 = r_0^2 + x^2 \tag{2-8}$$

$$r = (r_0^2 + x^2)^{1/2} = r_0 \left(1 + \frac{x^2}{r_0^2}\right)^{1/2} \tag{2-9}$$

则可展开为

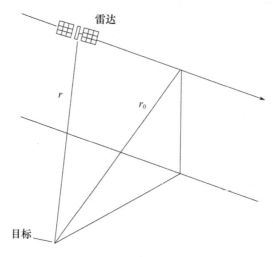

图 2-4 SAR 的坐标系

$$r = r_0 \left(1 + \frac{1}{2}\frac{x^2}{r_0^2} - \frac{1}{8}\frac{x^4}{r_0^4} + \cdots \right) \approx r_0 + \frac{x^2}{2r_0} \quad (2-10)$$

由于经过距离 r 双重传播造成的发射与接收波形的相位差为

$$\Phi(x) = -\frac{2r}{\lambda} \cdot 2\pi = -\left(\frac{2r_0}{\lambda} \cdot 2\pi + \frac{2x^2}{2r_0\lambda} \cdot 2\pi\right) = \Phi_0 - \frac{2\pi x^2}{r_0\lambda} \quad (2-11)$$

在式(2-11)中,负号表示由于路径长度增加带来的相位延迟,可以看出相位是关于 x 的二次函数,如图 2-5 所示。

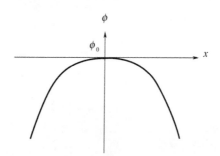

图 2-5 回波的相位和 x 的函数关系

SAR 的原理是利用前后连续的回波序列的相干性,实现方位向大尺寸天线的辐射效果,从而获得高的方位分辨率。

把相位当作时间的函数,则可以得到多普勒频率 f_d,即

$$\Phi(t) = \Phi_0 - \frac{2\pi v^2 t^2}{r_0 \lambda} \quad (2-12)$$

式中:v 为平台移动速度,因此有

$$f_d = \frac{1}{2\pi}\frac{d\Phi}{dt} = -\frac{2v^2 t}{r_0 \lambda} = \frac{2v}{r_0 \lambda}x \qquad (2-13)$$

因此,相位的二次函数可以表示成多普勒频率变化的一次函数,如图 2-6 所示。

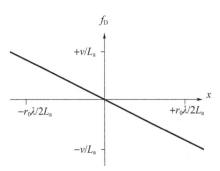

图 2-6 多普勒频率和 x 的函数关系

雷达天线的波束覆盖范围为 $\pm r_0\lambda/2L_a$,L_a 为天线方位向尺寸,相应的多普勒频率的范围为 $\pm v/L_a$。

回波相位的匹配可以认为是在频率域进行匹配滤波处理。这和雷达脉冲压缩中的线性调频信号的匹配滤波十分相似,因此,通常被称作方位向压缩。

多普勒历程可以通过多普勒中心和多普勒频率来精确确定。上文中的推导使用了一系列的近似,例如,认为雷达沿直线路径行驶,并且,忽略了雷达在发射和接收脉冲时产生的运动。这种近似带来的误差很小,同时,在星载平台下,相对于卫星飞行速度下的地球自转引起的误差也可以忽略。

2.2.3 聚焦和非聚焦处理

若要使式(2-11)中方位向距离导致的双程相位变化小于 $\pi/2$,可以认为

$$\frac{2\pi x^2}{r_0 \lambda} = \frac{\pi}{2} \qquad (2-14)$$

$$x = \pm\frac{\sqrt{r_0 \lambda}}{2} \qquad (2-15)$$

由式(2-15)可得合成孔径长度为 $\sqrt{r_0\lambda}$。如果将 SAR 天线的相参回波信号简单积累,而不进行移相,这就称为非聚焦合成孔径。这里合成孔径的单向波束宽度为

$$\frac{\lambda}{\sqrt{r_0\lambda}} \qquad (2-16)$$

天线的波束覆盖范围为

$$\frac{r_0\lambda}{\sqrt{r_0\lambda}} = \sqrt{r_0\lambda} \qquad (2-17)$$

考虑到 SAR 中仅由一个单元完成发射和接收，来回的相移均在形成有效辐射方向图中起作用，因此实际分辨率还要加入 $\sqrt{2}$ 的因子，也就是

$$\sqrt{\frac{r_0\lambda}{2}} \qquad (2-18)$$

从另一方面来说，如果孔径长度超过 $\sqrt{r_0\lambda}$，那么，回波信号的相位可能经过了多个周期，必须要通过处理将相位进行修正并精确匹配，使这些相位对于一个给定的目标是同相的，这就是聚焦合成孔径。

从多普勒波束锐化的角度来看，非聚焦合成孔径等于是一个稳定的滤波器，而聚焦合成孔径则等价于一个跟踪滤波器，它跟踪了整个孔径的多普勒频率的线性变化，如图 2-6 所示。

基于非聚焦合成孔径的星载系统分辨率的典型值为几百米，这对于大多数成像雷达应用来说过于粗糙，因此聚焦处理被广泛使用。

方位向和距离向两维分辨率的简单推导如下。

假设对目标 T_0 进行成像（即精确地提供了回波信号的正确相位权重）。考虑第二个目标 T_1，计算其双程相位误差，并且，假设其等于 $\pi/2$，如图 2-7 所示。

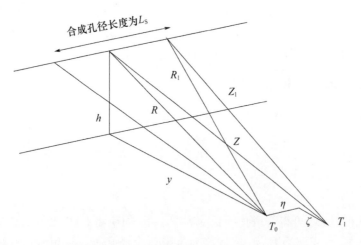

图 2-7 方位分辨率和距离分辨率推导的几何示意图

则路径误差为

$$\delta = (R-Z) - (R_1 - Z_1) = (Z_1 - Z) - (R_1 - R) \qquad (2-19)$$

$$R_1^2 = R^2 + \frac{L_s^2}{4}$$

$$Z^2 = (R+\zeta)^2 + \eta^2$$

$$Z_1^2 = (R+\zeta)^2 + \left(\frac{L_s}{2} - \eta\right)^2$$

通过展开可得

$$R_1 = R\left(1 + \frac{L_s^2}{4R^2}\right)^{1/2} \approx R + \frac{L_s^2}{8R} \tag{2-20}$$

$$Z = (R+\zeta)\left[1 + \frac{\eta^2}{(R+\zeta)^2}\right]^{1/2} \approx R + \zeta + \frac{\eta^2}{2(R+\zeta)}$$

$$Z_1 = (R+\zeta)\left[1 + \frac{\left(\frac{L_s}{2}-\eta\right)^2}{(R+\zeta)^2}\right]^{1/2} \approx R + \zeta + \frac{\left(\frac{L_s}{2}-\eta\right)^2}{2(R+\zeta)}$$

因此

$$\delta = (Z_1 - Z) - (R_1 - R) = \frac{\left(\frac{L_s}{2}-\eta\right)^2}{2(R+\zeta)} - \frac{\eta^2}{2(R+\zeta)} - \frac{L_s^2}{8R} \tag{2-21}$$

$$= -\frac{L_s\eta}{2(R+\zeta)} - \frac{L_s^2}{8R(R+\zeta)} \cong -\frac{L_s\eta}{2R} - \frac{\zeta L_s^2}{8R}$$

令式(2-21)中两部分均为 $\lambda/8$ ($\pi/2$ 双程相位误差),则有

$$\eta = \pm \frac{\lambda R}{4L_s} \tag{2-22}$$

$$\zeta = \pm \frac{\lambda R^2}{L_s^2} \tag{2-23}$$

最大合成孔径长度 L_{s0} 取决于实际的波束宽度,而实际的波束宽度又取决于实际的孔径长度 L_a,如图 2-8 所示。

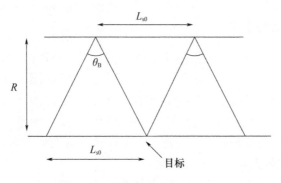

图 2-8 最大合成孔径长度 L_{s0}

$$\theta_B = \frac{\lambda}{L_a}, L_{s0} = R\theta_B = \frac{\lambda R}{L_a} \tag{2-24}$$

将其代入式(2-15)可得

$$x = \frac{\lambda R}{2L_{s0}} = \frac{L_a}{2} \qquad (2-25)$$

式中：L_a 为天线方位向口径尺寸。

从式(2-25)可以看出，最大可达到的方位分辨率正好等于实际孔径大小的一半。也就是说，小天线反而能获得高分辨率。

第二种得出式(2-25)的推导方法则更为简单，如下所述：

离雷达距离 x 的点目标的多普勒频率为

$$f_d = \frac{2vx}{r_0 \lambda} \qquad (2-26)$$

相应的方位向尺寸为 Δx 的目标的多普勒频率为

$$f_d = \frac{2v\Delta x}{r_0 \lambda} \qquad (2-27)$$

合成孔径的多普勒分辨率为合成孔径时间 T 的倒数，其中

$$T = \frac{L_{s0}}{v} = \frac{\lambda r_0}{vL_a} \qquad (2-28)$$

因此可得到与式(2-25)相同的结果

$$\Delta x = \frac{r_0 \lambda}{2v} \cdot \frac{vL_a}{\lambda r_0} = \frac{L_a}{2} \qquad (2-29)$$

第三种方法同样也可以得到同样的结果，采用方位角的变化($\Delta\theta$)来考虑

$$\Delta x = \frac{\lambda}{4\sin(\Delta\theta/2)} \qquad (2-30)$$

由于 $\Delta\theta = \lambda/L_a$，再通过近似处理，可得同样的结果。该式在聚束模式中会非常有用。

2.2.4 相干信号积累

以正侧视状态工作的星载 SAR 系统为例，讨论 SAR 相干信号积累。首先分析该雷达系统工作时的空间几何关系，如图 2-9 所示，设星载 SAR 系统沿平行于地面的 x 轴作匀速运动，雷达波束向正侧下方辐射，天线波束瞄准线和雷达水平面之间的夹角 φ 称为倾斜角。视角 $\theta = 90° - \varphi$，φ 一般为 20°~55°，雷达平台运动使天线波束进行扫描，在地面上的印迹称为波束"脚印"，波束"脚印"在地面形成的成像条带称为观测区域。

SAR 获取距离向信息的方法以及距离分辨率的定义与实孔径雷达完全一致。

SAR 是在不增大天线口径尺寸的情况下，采用信号处理方法改善星载 SAR 方位分辨率。换言之，SAR 通过相对于目标(点 A)移动真实天线波束"合成"获

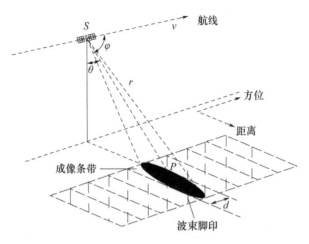

图 2-9 正侧视 SAR 空间几何图像

得其高方位分辨率,如图 2-10 所示。现在设 SAR 载体以速度 v 向前运动,那么 SAR 由空间点 C_1 匀速运动到点 C_n。显然,目标点 A 到雷达的距离 R_i ($i=1,2,\cdots,n$) 也随之变化。在这个过程中,SAR 在空间点 $C_1,C_2,\cdots,C_n$ 发射相干脉冲,由于每个发射脉冲的空间点 C_i ($i=1,2,\cdots,n$) 与目标点 A 之间的斜距不同,造成雷达在各空间点获取的回波信号的相位互不相同,分别是 $-\frac{4\pi}{\lambda}R_1$, $-\frac{4\pi}{\lambda}R_2,\cdots,-\frac{4\pi}{\lambda}R_n$,如果能够对各空间点回波信号的相位进行补偿,将回波在求和点同相叠加,那么就形成了聚焦于目标点 A 的合成孔径阵列,这种处理方式称为相干信号积累。相干信号积累是 SAR 获得高方位分辨率的基础。

从图 2-10 可以看出,所谓相位补偿实质上就是对每个空间点来说,从目标点 A 到空间点的各个回波历程必须相等,即

$$R_1 = R_2 = \cdots = R_n$$
$$R_i = R_{i-1} + L_i, i = 1,2\cdots,n \quad (2-31)$$

式中:L_i 为补偿值。由于卫星的运动速度已知,因此,地面上目标点至各空间点反射信号的相位是能够预测的,基于这一点,对各空间点的回波信号可以进行相位补偿,在 SAR 系统中,相位补偿通过信号处理方式实现。

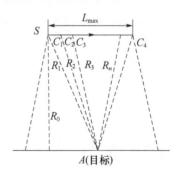

图 2-10 合成孔径形成过程

由图 2-10 可知,实际天线孔径越小,目标受到 SAR 天线照射的时间越长,最大合成孔径尺寸也越大,因此,SAR 方位分辨率越高,即雷达具有小口径尺寸天线时,可以在远距离上获得高的方位分辨率。由于从每个合成

孔径(聚焦系统)的中心回波路径不同,引起回波的相位不同,这些回波信号相位需要校正,SAR系统相干信号处理就是将n次校正后的回波信号相加(n是沿飞行方向合成孔径数量),从广义上来讲,也就是SAR系统聚焦的过程。

2.3 雷达方程

2.3.1 常规雷达方程

对于雷达来说,若天线将发射的功率P_t全向地辐射出去,则在距离雷达R处的球面上的功率密度为

$$\frac{P_t}{4\pi R^2} \quad (2-32)$$

如果功率不是全向辐射,而是由增益为G_t的发射天线辐射出去,则在最大增益方向上的功率密度变为

$$\frac{P_t G_t}{4\pi R^2} \quad (2-33)$$

在距雷达R处的目标,经上述功率密度的电磁波照射后,电磁波将反射回来,在雷达处得到目标后向散射波的密度是

$$\frac{P_t G_t}{4\pi R^2} \cdot \frac{\sigma}{4\pi} \cdot \frac{1}{R^2} \quad (2-34)$$

式中:σ为目标的雷达散射截面积,通常称为后向散射系数,定义为目标在雷达方向上单位立体角的反射功率对单位面积入射功率之比的4π倍。若目标能够完全反射入射功率,目标的雷达散射截面积就等于截取入射波功率的面积。

由接收天线截获的回波信号功率S就等于上述功率密度与天线孔径有效面积A_r的乘积,即

$$S = \frac{P_t G_t}{4\pi R^2} \cdot \frac{\sigma}{4\pi} \cdot \frac{1}{R^2} \cdot A_r \quad (2-35)$$

接收天线孔径有效面积定义为

$$A_r = \frac{G_r \lambda}{4\pi} \quad (2-36)$$

将式(2-36)代入式(2-35),得

$$S = \frac{P_t G_t G_r \lambda^2 \sigma}{(4\pi)^3 R^4} \quad (2-37)$$

在通常情况下,雷达的收发天线是共用天线,$G_t = G_r = G$。

这样,得到雷达回波信号功率的通用方程,即

$$S = \frac{P_t G^2 \lambda^2 \sigma}{(4\pi)^3 R^4} \tag{2-38}$$

在雷达系统设计时,通常要考虑多种损耗因素的影响,这种影响通常用一个参数——系统损耗因子 $L(L>1)$ 来表示,并对式(2-38)进行修正,即

$$S = \frac{P_t G_t G_r \lambda^2 \sigma}{(4\pi)^3 R^4 L} \tag{2-39}$$

式中:G_t 为雷达天线发射增益;G_r 为雷达天线接收增益;P_t 为雷达发射平均功率;λ 为雷达工作波长;σ 为目标后向散射系数;L 为雷达系统综合损耗;R 为目标与雷达的距离。

2.3.2 SAR 方程

与常规雷达相比,SAR 还需考虑两个方面问题:一是关于 σ 的表达;二是回波信号在合成孔径时间内的相干积累效应。

据雷达目标散射理论,可以得到

$$\sigma = \sigma^\circ A \tag{2-40}$$

式中:σ° 为地面目标的归一化后向散射系数;A 为地面散射单元的有效面积,即

$$A = \rho_a \cdot \rho_{rg} \tag{2-41}$$

式中:ρ_a 为方位分辨率;ρ_{rg} 为地距分辨率,地距分辨率就是距离分辨率在地面上的投影。

$$\rho_a = \frac{1}{2}\left(\frac{\lambda}{L_s}\right) \cdot R = \frac{1}{2}\left(\frac{\lambda}{T_a V_s}\right) \cdot R \tag{2-42}$$

式中:L_s 为合成孔径的长度,$L_s = T_a V_s$,这里 T_a 是回波信号相干积累时间,V_s 是 SAR 的运动速度。于是

$$\sigma = \sigma^\circ \cdot \rho_a \rho_{rg} = \sigma^\circ \frac{1}{2}\left(\frac{\lambda}{T_a V_s}\right) R \rho_{rg} \tag{2-43}$$

式(2-43)是单个回波所接收到的信号,对于 SAR,在时间 T_a 内相干积累了 $n = T_a F_r$ 个回波信号,这里 F_r 是发射脉冲的重复频率,因此回波信号增加了 n 倍。

在考虑相干积累的情况下,将式(2-43)代入式(2-39),即

$$\begin{aligned}S &= \frac{P_t G_t G_r \lambda^2}{(4\pi)^3 R^4 K_s} \sigma^\circ \frac{1}{2}\left(\frac{\lambda}{T_a v_s}\right) R \rho_{rg} \\ &= \frac{P_t G^2 \lambda^3 \sigma^\circ F_r \rho_{rg}}{2(4\pi)^3 R^3 v_s} \cdot \frac{1}{L} \end{aligned} \tag{2-44}$$

人们通常关心的不是雷达接收到的功率电平,而是关心接收到的信噪比 S/N,其中

$$N = kT_s F_n B_n \tag{2-45}$$

式中:k 为波耳兹曼常数,$k = 1.38054 \times 10^{-23}$ J/K;B_n 为噪声等效带宽,单位为 Hz;T_s 为接收系统的噪声温度;F_n 为噪声系数。

在 SAR 系统中,线性调频脉压信号的匹配接收关系为 $\tau = 1/B_n$,其物理意义为距离压缩后的脉冲宽度 τ 近似等于噪声等效带宽 B_n 的倒数。而 SAR 系统中发射的平均功率与峰值功率关系为

$$P_{av} = \tau F_r P_t = \frac{F_r}{B_n} P_t \qquad (2-46)$$

由式(2-44)、式(2-45)和式(2-46)可得 SAR 方程为

$$\text{SNR} = \frac{P_{av} G^2 \lambda^3 \sigma^\circ \rho_{rg}}{2(4\pi)^3 R^3 v_s k T_s F_n L} \qquad (2-47)$$

式中:P_{av} 为平均发射功率;G 为天线单程增益(收发共用);R 为斜距;ρ_{rg} 为地距分辨率;v_s 为装载平台速度;λ 为波长;k 为玻耳兹曼常数;T_s 为噪声温度;F_n 为噪声系数;L 为系统损耗。

SAR 系统中常用等效噪声散射系数(Noise Equivalent Sigma Zero,NEσ_0 NESZ)来表示系统的灵敏度,并作为雷达系统的一个主要指标,其定义为 SNR = 0dB 时的平均后向散射系数。由式(2-47)可知,等效噪声散射系数的表达式为

$$\text{NE}\sigma_0 = \frac{2 \times (4\pi)^3 R^3 k T F_n V_{st} L_s}{P_{av} G^2 \lambda^3 \rho_{rg}} \qquad (2-48)$$

系统灵敏度是 SAR 系统的核心参数,下面以星载 SAR 系统为例,讨论 SAR 系统的灵敏度。

由式(2-48)可看出,随着距离分辨率的提高,在系统其他参数不变的情况下,系统灵敏度变差。如果要保持一定的灵敏度指标,就必须采取一些措施,如增大系统的功率孔径积,或降低平台运行高度。平台高度降低可以在一定视角情况下缩短斜距 R,有效提高系统的灵敏度,具体分析如下。

(1)随着距离分辨率的提高,一般方位分辨率也在同步提高,两者之间一般是匹配的。众所周知,在条带 SAR 模式中,理论上方位分辨率就是天线方位向孔径尺寸的一半,因此,方位分辨率的提高需减小方位孔径尺寸,天线孔径面积、增益也会减小。要使天线增益不减小或减小很少,须加大距离向孔径尺寸,其结果是距离向波束宽度变窄,观测带随之变窄。

(2)对于卫星平台来说,依靠太阳能电池帆板将太阳能转换为电能,实现能源供给,因此提供的总能源有限,总能源的大小依帆板面积和转换效率而定。在 SAR 卫星的有效载荷中,由于受到总能源的限制,通过增加发射功率来提高系统灵敏度是有限的。

(3)降低轨道高度,在视角不变的情况下,缩短了斜距,可以提高灵敏度。但同样视角范围情况下的可观测范围也会减小,影响 SAR 卫星的覆盖性能,必

须进行折中设计。

依据 SAR 方程式(2-48),SAR 系统设计时需要进行综合考虑,系统设计过程就是各参数优化和折中的过程。

2.4 雷达系统参数

以星载 SAR 系统为例,说明 SAR 系统设计的基本参数。星载 SAR 系统的主要参数包括任务参数以及系统性能参数。任务参数包括覆盖范围、重访周期、视角范围、寿命周期等;系统性能参数包括频率、极化、功率、天线增益、噪声系数、损耗及反映图像质量的有关参数。星载 SAR 系统的设计是根据任务要求,对雷达系统参数进行合理分配和仿真设计,由于星载 SAR 系统参数之间的相互关联性很强,可以通过仿真折中和系统参数优化。图 2-11 是常规星载 SAR 系统的设计流程和任务分解。

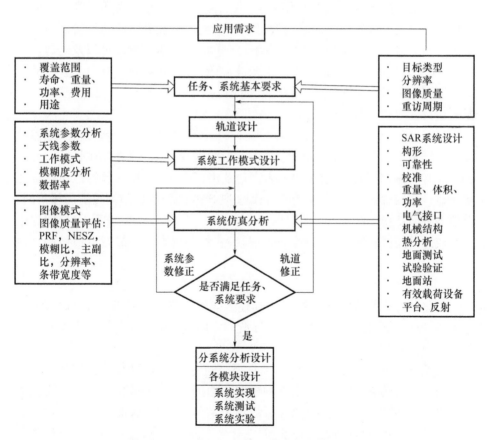

图 2-11 星载 SAR 系统设计流程和任务分解

2.4.1 频率与极化

1. 工作频率

微波能量的损失或衰减是介质导电率和雷达频率的函数。一般来说,频率越高,介质的衰减作用越大,有效穿透率越低。也就是说,对于相同的目标和空间分辨率,如果波长短,SAR 图像的地物、地貌的详细外表特征更明显,但穿透性能较差,如 Ku、X 波段,SAR 图像色调比较亮,纹理特征较容易提取,可获取目标细微结构信息;如果波长长,SAR 图像能够穿透叶簇和地表,发现隐蔽目标,揭示叶簇和地表下的结构,但提供外表特征的能力较差,如 VHF/UHF 波段,SAR 图像呈灰色或暗色,纹理特征不明显,难以获取目标细微结构特征。

频率选择首先要考虑大气传输窗口。雷达信号穿透大气层(星载平台还要考虑电离层)时会产生相位失真、极化旋转和损耗等,电磁能量的传播损失主要是由于大气中氧和水气分子、云雾和雨雹等吸收电磁能量。

频率的选择还与 SAR 的应用有关(是对陆地观测,还是海洋观测),不同的应用其观测区域或者目标的后向散射系数不同。被观测区域的后向散射系数取决于所照射地域的物质常数(导电率、介电常数)和表面粗糙度以及电磁波频率、极化和入射角。从微波波段到毫米波波段,介电常数和导电率对频率的依赖关系变化明显。根据"瑞利准则",平面粗糙度小于 $\lambda/8\sin\theta$ 时(λ 是波长,θ 是入射角),可以视为一个平面。

目前,已研制的 SAR 系统大多工作于 Ku、X、C、L、P 等几个频段。从这些波段图像结果可以看出,Ku、X 波段 SAR 图像中地物的细微结构清晰可见,地表特征非常明显,但不具有植被和地表穿透能力;C 波段 SAR 图像的地表特征比较明显,也没有植被和地表穿透能力;L 波段 SAR 图像中地物的轮廓仍然清晰,但地表细微特征不明显,不过其具有一定的植被穿透能力;P 波段 SAR 图像中只有成片的亮区和暗区,地表特征表现较差,但其具有较强的穿透植被和地表的能力。

2. 极化形式

极化是电磁波的偏振特性,用来描述天线将导波变为空间自由电磁波的边界属性,或者说极化就是天线表面上导波和空间自由电磁波共用边界上的电磁矢量方向。

在低分辨率情况下,当发射和接收都用同一种线极化时,分布式目标交叉极化回波比同极化回波弱,产生这种现象的原因如下:一是在一个长时间观测周期内,目标散射行为主要受照射区域镜面散射中心影响,而对于线极化入射波,镜面反射回波只有同极化分量,而没有交叉极化分量;二是由于目标尺寸远大于波长,致使目标姿态的微小改变都会引起散射中心回波相对相位的显著变化,因此,目标回波的极化将在两次观测之间因目标散射中心相对位置的改变而呈现出明显的变化。

在高分辨率情况下,对于分布式目标而言,由于分辨单元面积缩小,目标回波与雷达分辨单元相对应,而每个分辨单元一般只包含为数不多且相距很近的几个散射中心,因此,目标回波极化对于目标姿态的敏感度较之低分辨率情况大大降低,同时,对目标回波描述的模糊性也减小了。目标回波极化中包含了目标结构信息,同极化和交叉极化的回波强度要取决于目标的结构形式,如果能较好地利用这些极化信息,就会增强目标分类或识别的能力。

在高分辨率多极化 SAR 图像中,复杂结构形式的目标可获取多个散射中心的多极化散射参数,从中提取各散射中心极化信息,并通过极化散射信息判别散射中心形状属类,再将各散射中心形状按其在 SAR 图像中的位置组合,从而形成复杂目标识别构形。基于极化散射矩阵分解的目标识别和分类方法是高分辨率、多极化雷达图像目标识别研究较多的一种方法,该方法把目标看成多个简单散射体的组合,通过这些散射体极化散射矩阵的分解判断其互易性、对称性、旋转角以及螺旋方向等。

相比于单极化 SAR 系统,多极化 SAR 系统具有多个通道,因此单极化图像可以看作多极化图像的一个通道。从直观上看,从单极化到多极化是一个通道增多、信息量增加的过程。为了定量地分析和评价信息量的增加程度,需要定义一个能够准确反映 SAR 图像信息的变量。由于噪声的影响,SAR 测量数据可以看作随机变量。对于一组随机变量中包含的信息量,信息论是一种成熟的研究工具。

例如,利用 SAR 系统区分不同类型的地物,可以利用典型地物的可分性来定量分析信息量的变化情况,可分性可以看作信息量的一个度量。理论上,可分性越高,则检测、分类、识别效果越好。图 2-12 显示了在不同的极化方式下几种典型地物之间的可分性度量值。可以看出,总体上随着极化通道的增多,地物之间可分度增加,表明获得的信息量增多。可以将可分性度量作为中间量,联系极化模式和检测、分类、识别性能,并进行定量评估。

通常,多极化的成像 SAR 系统能提供更多的目标后向散射特性,即能获取比单极化 SAR 更多的信息,有利于分类和识别目标。

众所周知,交叉极化的产生过程称为变极化,变极化效应与目标的形状、结构及材料特性紧密相关。均匀分布地物目标(如岩石、土壤、农田、草地、水面等)的变极化效应比较弱,即交叉极化散射比同极化散射系数小,通常小 6~10dB。而对一些表面起伏较大的粗糙地物目标(如树林、灌木丛等)或具有复杂外表的硬目标(如轮船、汽车、坦克、飞机等)的变极化效应较强,具有较大的交叉极化散射系数,若这类目标位于均匀分布地物场景中,则该场景交叉极化

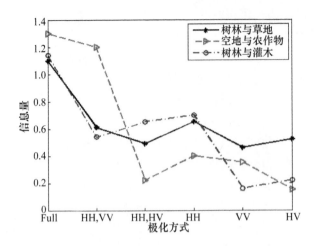

图 2-12 典型地物在不同极化方式下的信息量

SAR 图像将呈现大的明暗对比特征,粗糙地物或复杂外表硬目标在交叉极化 SAR 图像上比较亮,均匀分布目标在交叉极化 SAR 图像上则比较暗,这一特征将有利于某些目标的检测与识别,例如,森林砍伐区域边界的确定、海面船只的检测与识别等,这往往是军事侦察所需要的。由此可见,在系统灵敏度和分辨率足够的情况下,对于同一块区域同极化 SAR 图像可显示大面积目标结构、材料分布信息,而交叉极化 SAR 图像则主要显示目标表面结构突变、材料特性及组成非均匀变化信息,将两者进行融合可提高 SAR 图像目标检测和识别能力。

2.4.2 天线与通道数

1. 天线形式

众所周知,天线形式是雷达系统机械、电信和热性能的基础,也决定着雷达系统的环境适应性、电磁兼容性、可靠性和成本。这里主要讨论天线形式。

SAR 工作模式与天线体制密切相关:一般情况下,条带模式要求天线波束固定,不需要扫描;扫描模式要求天线波束在距离向有扫描能力;聚束模式要求天线波束在方位向具有扫描能力;TopS 模式要求天线在距离和方位向同时具有扫描能力;干涉模式在单航线上获得高程图,要求天线具有双通道接收能力,并且双通道对应的两副天线在测高方向要有一定的基线距离,基线距离决定测高精度;动目标模式大多数要求天线在方位向具有两个或者两个以上的通道,通道数量、通道间距与动目标性能有关。天线波束扫描可由机械扫描和电控扫描等方式实现。从几何外形来看,SAR 天线主要有反射面天线和平面阵列天线两大类。表 2-1 给出了雷达工作模式与可选天线形式对应关系。从表 2-1 中可以看出,对于 SAR 基本模式——条带模式,由于其波束指向不变,表 2-1 中所列天线都可以满足该要求,而其他模式则需要对天线扫描或通道数附加要求。

表 2-1 SAR 工作模式与天线形式对应关系

工作模式	条带模式	扫描模式	聚束模式	TopS 模式	动目标模式	干涉模式	备注
波束要求	固定	距离向扫描	方位向扫描	距离与方位向扫描	方位向多通道	高程向两通道	
反射面天线	√	机械扫描	机械扫描	机械扫描	两副天线	两副天线	
反射面天线(开关切换多馈源)	√	√	机械扫描	机械扫描+开关切换	两副天线	两副天线	波束跃度较大
反射面天线(相控馈源)	√	√	机械扫描	机械扫描+电扫描	两副天线	两副天线	扫描范围小
集中馈电阵列天线	√	机械扫描	机械扫描	机械扫描	多通道	两副天线	
相控阵天线	√	√	√	√	多通道	两副天线	

注:表中√表示 SAR 工作模式可以选用的天线形式

反射面天线由最初的单馈源单波束反射面天线发展出多馈源多波束、开关切换馈源组、相控馈源反射面等。为了得到足够的功率口径积,反射面天线通常要求发射机具有较高的功率输出能力。

平面阵列天线分为两大类:集中馈电平面阵列天线和平面相控阵天线。集中馈电平面阵列天线由于馈线损耗问题,通常应用于频率低、对天线效率要求不高的地方;平面相控阵天线由于灵活的波束控制、可靠性高等优势,已广泛应用于不同装载平台 SAR。

对于机载 SAR,相对于卫星而言,由于平台对载荷体积和重量的限制稍小,因此其天线选择自由度较大。

在无人机和导弹等小型平台中,由于其需求的模式相对简单,通常采用集中馈电的反射面天线或平板阵。集中馈电的天线通过三维转台完成距离和方位向扫描,实现 SAR 系统的条带、扫描和聚束功能,也可以实现 GMTI 功能。

在星载 SAR 系统中,大多数天线要求具备两维扫描能力。对于低成本、小型卫星 SAR,首选是采用反射面天线方式,聚束和扫描模式可以采用卫星整体转动方式来实现。但是,随着相控阵技术的发展,相控阵天线已经成为星载 SAR 天线的主要选择,辐射单元主要有平面波导裂缝天线和微带天线等多种形式。

1) 反射面天线

反射面天线典型组成框图如图 2-13(a)所示,天线系统包含了反射面、馈源、环行器、收/发保护开关和馈电传输线等。发射状态,发射机的射频信号通过环行器,经传输线进入反射面天线初级馈源、照射反射面形成高定向性波束向空间辐射;接收状态,回波信号由高增益反射面天线收集,馈入初级馈源,由空间电磁波转入导行电磁波信号,经过环行器和收发保护开关,最终进入接收机。

天线方向图形状由反射面、初级馈源设计获得。天线在方位向和距离向扫描由机械转动机构,或者平台转动来实现。在 SAR 应用中,该类天线适合于小型机载和弹载平台上使用,也有在卫星平台上成功应用的先例。该类天线优点是体积小、重量轻、效率高,利用机械扫描来满足系统要求的波束扫描。该类天线还有一个优势是:在馈源上的简单变化就可以实现双线极化、单/双圆极化,同时,可以在馈源上的设计实现双/多波段共口径。

不过,其缺陷也是明显的:集中馈电情况下,系统设计无冗余,射频链路中每个单机都存在单点故障的可能,一旦失效则整个系统失效。集中馈电发射功率大,存在微波打火击穿、星载环境微放电和高电压放电等风险。

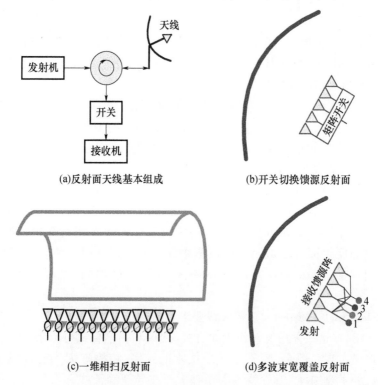

图 2-13 反射面天线

对于反射面天线,也可以采用机械扫描和电扫描相结合的方式,一维扫描由转台机械转动实现,另一维利用馈源阵开关切换,可以得到不同波束覆盖,如

图2-13(b)所示。该类天线由于馈源阵间距和数量限制,存在波束扫描步进角大、扫描角较小的缺陷。相对于二维机械扫描反射面天线而言,该类天线的切换开关是关键,一方面需要尽量减小插入损耗、切换时间,另一方面需要考虑大功率的切换可靠性问题。

对于上述一维电扫描而言,还可以采用抛物柱面形式,采用相控馈源阵,实现一维电扫描方式,如图2-13(c)所示。天线在俯仰聚焦,通过赋形得到需要的垂直面方向图,而抛物柱面在水平面只起反射作用。该类天线一般是采用多个较大功率的T/R组件,实现系统所需要的功率孔径积,这就回避了单个高功率发射机的可靠性风险,提高了可靠性。在水平面,通过控制T/R组件的幅度和相位实现波束扫描和赋形。

反射面天线还可以实现一维机械扫描加一维宽覆盖,如图2-13(d)所示。一般采用多个馈源,发射赋形宽波束,而接收则为同时多波束,由不同接收馈源组合方式实现不同的波束覆盖宽度要求。接收多波束可以通过多波束形成网络实现,也可以在数字域完成。

2) 平面阵列天线

平面阵列天线包括集中馈电平面阵列天线和相控阵平面阵列天线。集中馈电二维机械扫描平面天线的组成与反射面天线相类似,只是其天线辐射面由反射面改为平面阵列天线。平面阵列天线可以是缝隙波导天线阵、微带贴片天线阵或印刷振子天线阵,辐射单元由馈电网络进行功率合成/分配,通过不同的加权方式得到需要的方向图。

相控阵平面阵列天线可以分为一维相控阵天线和二维相控阵天线。

一维相控阵天线是指在一维方向上通过控制相位使天线波束扫描,另一维是固定波束,固定波束可以通过机械等方式进行扫描。

一维机械扫描加一维电控扫描平面阵天线通常在水平向通过馈电网络构成一维线阵,俯仰面采用大功率、低损耗移相器构成无源相控阵,大功率发射机集中馈电,或者是每根线阵端接大功率T/R组件,构成一维有源相控阵。这样,俯仰向通过控制移相器进行相控扫描,方位向则利用机械转台,实现波束扫描。

一维机械扫描加一维宽覆盖平面阵天线一维采用功率分配/合成网络,实现发射宽波束、接收多波束,从而获得波束覆盖能力,如图2-14(a)所示。在发射时,通过波束形成网络实现俯仰面波束赋形;在接收时,通过多波束形成网络得到堆积多波束,覆盖范围与发射波束相对应,多波束可以在射频上形成,也可以在数字域形成。同样,另一维如果需要波束扫描,一般采用机械方式实现。图2-14(b)中给出了一维固定波束天线线阵的可选形式,包括缝隙波导线阵、微带贴片线阵、振子线阵和其他形式的线阵,其合成馈线损耗决定了天线效率。

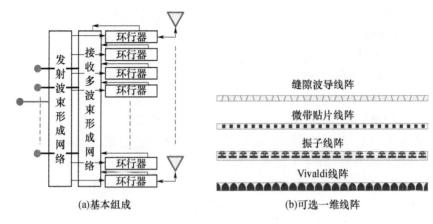

图2-14 俯仰宽覆盖平面阵列天线

二维相控阵平面阵列天线是通过控制移相器得到波束在二维空间扫描需要的相移值,实现波束二维扫描。二维相控阵天线具有波束灵活、可靠性高的特点,因此,在不同装载平台上越来越多地应用。

尽管相控阵天线具有灵活的波束扫描能力,但是也必须受限于基本物理规律,其波束只能在实空间内扫描,实际上,大都在60°扫描范围内工作。

2. 通道数

传统的星载SAR通常采用单通道的工作体制。单通道体制系统中,方位分辨率和距离向观测带宽度是一对突出矛盾,为突破这一限制,通常增加系统采集的信号独立样本数。如果采用多通道方法,就可以增加系统采集信号的维数,在保持一定方位分辨率的前提下,可以扩展观测带宽,或在保持一定观测带宽的前提下提高方位分辨率,这种方法在一定程度上缓解了高分辨率和宽观测带之间的矛盾。

1) 单发单收

条带模式是常规单发单收(SISO)体制下的经典模式,其直接利用固定指向的波束进行照射,实现照射区域的连续成像,如图2-15所示。为了满足高分辨成像的需求,通常采用聚束工作模式,此时方位向的波束中心始终指向成像区域的中心,进而获得大于天线方位向波束宽度所能获得的多普勒带宽以实现方位向的高分辨率成像,如图2-16所示。另一种经典的成像模式是ScanSAR模式,它是通过在距离向扫描获得大观测带,然而,由于特定目标的波束照射时间减少,会导致分辨率下降,如图2-17所示。为了在获得高分辨率的同时实现大观测带的成像,在传统SAR系统上,提出了滑动聚束、马赛克、TOPS等模式。然而,受单发单收系统本身固有的空间和能量分布的限制,还是无法破解高分辨率与大观测带的矛盾。

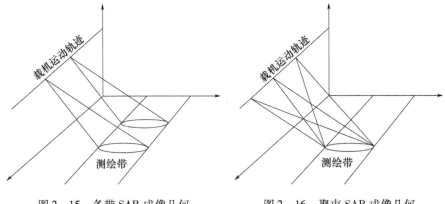

图2-15　条带SAR成像几何　　　图2-16　聚束SAR成像几何

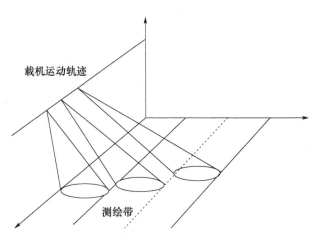

图2-17　ScanSAR成像几何

2）单发多收

单发多收（SIMO）是指雷达形成多个接收波束，分别覆盖相邻的区域。单发多收体制包括单相位中心多波束体制（Single Phase Center Multi-Beam, SPC-MB），偏置相位中心多波束体制（Displaced Phase Centre Multi-Beam, DPC-MAB）；单相位中心多波束体制根据多个接收子波束的排列方向，可分为俯仰向多波束（Single Phase Center, Multiple Elevaton Beams, SPC-MEB）与方位向多波束（Single Phase Center, Multiple Azimuth Beams, SPC-MAB）以及一些扩展的模式[1]。

俯仰向多波束模式如图2-18所示，采用俯仰向的宽波束发射脉冲，实现距离向的宽幅覆盖，并用高PRF保证方位向的分辨率以及模糊比性能，这导致在距离向上出现盲区[2]（Blind Region），这些盲区将一个完整的大观测带分成若干个子观测带。在接收回波时，SPC-MEB利用网络形成多个俯仰向子波束来分别接收各子观测带的回波。由于这些子观测带及接收子波束之间的间隔非常小,SPC – MEB 模式存在着距离模糊的缺陷。

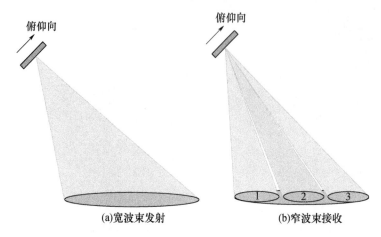

图 2 – 18　俯仰向单相位中心多波束示意图

方位向多波束模式(图 2 – 19)是一种方位向"宽发窄收"的模式,利用小孔径发射脉冲信号以实现方位向宽波束覆盖,并利用多个相邻的同相位中心窄波束接收回波。在此模式下的每个子波束只接收部分回波信号,因此 PRF 满足大于接收子波束对应的多普勒带宽即可。PRF 的降低可提高距离向观测带宽。此模式的弊端是存在波束间串扰,从而加大了系统的方位模糊。

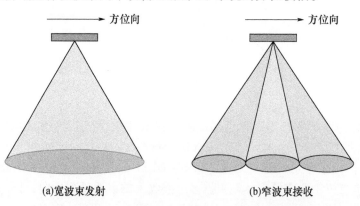

图 2 – 19　方位向单相位中心多波束示意图

偏置相位中心多波束模式同样是利用小天线孔径发射脉冲信号实现宽幅覆盖;在接收端,它利用方位向上多个具有偏置相位中心的宽波束来接收回波。通过这一方式,在一个脉冲重复间隔(PRI)内,可获得多个方位向采样点,从而通过降低系统 PRF 来实现距离向的宽观测带。如图 2 – 20 所示为偏移相位中心多波束示意图。

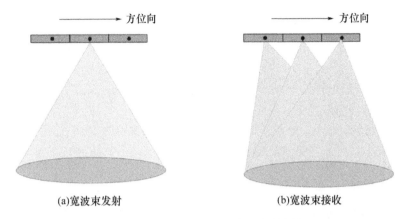

图 2-20 偏移相位中心多波束示意图

在二维(距离+方位)单发多收模式中,雷达系统天线一般由多个子阵组成,其中一个为收/发子阵,其余都为接收子阵。利用方位向多通道来降低 PRF,从而提高观测带宽;同时,还可在同一 PRF 下,使俯仰向发射波束覆盖多个子观测带,并通过控制俯仰向的零点指向(Null-steering)来分别获取子观测带回波。然而,由于存在发射波束的间隔,两个子观测带之间存在盲区,致使成像区域在距离向不连续。

高分辨率宽观测带模式也可以采用基于收发分离的天线结构形式,利用一个小孔径天线来发射脉冲,实现距离向与方位向的宽幅覆盖,在接收端,利用二维多孔径大天线接收回波,在方位向进行多通道重构处理,以消除由于 PRF 欠采样而导致的方位频谱混叠。在距离向利用多通道扫描接收(SCan-On-REceive,SCORE)处理[3],形成一个由观测带近端扫描到远端的高增益笔形波束,以弥补由于发射孔径面积较小而导致的增益损耗。

3) 多发多收

多发多收(MIMO)模式是一种多个发射天线和多个接收天线的结构形式。以星载 MIMO-SAR 系统为例,一般可以分为两类:分布式星载 MIMO-SAR 与紧凑式星载 MIMO-SAR。顾名思义,分布式星载 MIMO-SAR 是指每颗卫星分别发射正交编码波形,利用多基之间的关系,提高雷达性能。该系统最大的优点是减小了单基星载 SAR 载荷体积、重量和功耗的要求;基线之间距离较大,提高了干涉测量精度和动目标检测精度;增大了系统自由度,有利于实现高分辨率宽观测带。但缺点是各星之间需要严格的时间、空间和频率同步关系,增大了设计难度。而紧凑式星载 MIMO-SAR 是指使用多个子孔径天线,不同子孔径分别发射不同正交编码信号,利用孔径之间的关系,增加系统自由度,提高雷达性能。

2.4.3 天线尺寸

天线尺寸基本决定了 SAR 系统灵敏度和图像质量,同时,决定了有效载荷系统对卫星平台的体积、重量、功耗需求。在设计时,需要考虑多个方面的限制因素,特别是模糊度、分辨率、观测带、系统灵敏度($NE\sigma_0$)等方面。

1. 模糊度的限制

为避开发射干扰,满足距离向模糊度要求,目标回波必须在一个脉冲重复周期内接收和采集,因此 SAR 成像观测带斜距投影 W_s 必须满足

$$W_s < \frac{c}{2f_p} < \frac{cL_a}{4V_{st}} \qquad (2-49)$$

式中:c 为电磁波传播速度;f_p 为脉冲重复频率;L_a 为为天线方位向尺寸。

$$W_s = \theta_r R \tan\theta = \frac{\lambda R}{L_r} \tan\theta \qquad (2-50)$$

式中:θ_r、L_r 分别为天线距离向波束宽度和尺寸;θ 为天线波束入射角;R 为雷达与目标间的距离。将式(2-49)和式(2-50)合并可得,天线口径面积应满足

$$A = \frac{4V_{st}\lambda R}{C}\tan\theta \qquad (2-51)$$

由式(2-51)可知,为满足距离和方位模糊度要求,天线口径面积有最小值限制,且随着天线波束入射角和目标斜距的增加,最小面积需要增大。考虑到发射和星下点干扰、脉冲宽度、天线指向误差(含卫星姿态、变形误差)、地物高程差等因素的影响,满足模糊度限制的最小天线面积如式(2-52)所示,式中 $k = 4 \sim 8$(视误差情况取值)。

$$A_{\min} = \frac{kV_{st}\lambda R}{C}\tan\theta \qquad (2-52)$$

需要注意的是,并不是所有的星载 SAR 系统都需要严格满足最小天线面积的约束,它只是设计过程中的一个参考值。

2. 观测带和分辨率的限制

SAR 方位向天线尺寸 L_a 主要取决于系统对方位分辨率的要求,而天线距离向尺寸 L_r 需要综合考虑最小天线面积、天线增益、观测带宽度和系统输出信噪比等。有时,为了展宽距离向的天线波束宽度来获得较大的观测带宽,通常对距离向天线波束进行展宽处理,虽然这样会在一定程度上使天线增益有所下降,但其对系统总体性能的影响并不大。

在条带模式下,方位向天线尺寸 L_a 应该满足如下关系

$$L_a \leqslant \frac{2\delta_x}{k_r} \qquad (2-53)$$

式中:δ_x 为方位分辨率;k_r 为展宽因子。天线距离向尺寸 L_r 是由距离向观测带

宽决定的,关系式为

$$L_r \leq \frac{0.886\lambda R}{W_g \cos\theta} \quad (2-54)$$

式中:W_g 为距离向观测带宽;θ 为天线波束入射角;R 为雷达与目标间的距离。

3. $NE\sigma_0$ 的限制

由式(2-48)可看出,在分辨率确定的情况下,若要提高系统灵敏度,降低 $NE\sigma_0$,则需要增大发射平均功率、天线口径面积或提高天线效率。由于 $NE\sigma_0$ 与天线口径面积、天线效率的平方呈反比关系,因此增大天线口径有效面积或提高天线效率对提高系统灵敏度最为明显。

2.4.4 分辨率与观测带

1. 分辨率

瞬时信号带宽的设计取决于距离分辨率,图像中反映的是地距分辨率,它们之间存在关系式

$$\rho_{gr} = \frac{k_r \times k_1 \times c}{2B\sin\theta} = \frac{\rho_r}{\sin\theta} \quad (2-55)$$

式中:B 为瞬时信号带宽;k_r 为距离向成像加权展宽系数;k_1 为系统幅相频率特性引起的展宽系数;θ 为入射角;ρ_r 为距离分辨率。

在设计时,k_r、k_1 两个系数的取值很重要,一般情况下,经验值取 $k_r \times k_1 = 1.1$。

方位分辨率:根据 SAR 的基本原理有

$$\rho_a = \frac{\lambda}{2\theta_B} \quad (2-56)$$

式中:λ 为波长;θ_B 为合成孔径过程中地面目标所经过的天线波束的张角。显然,SAR 方位向的分辨率与雷达波的波束视角无关,但是,不同波位的合成孔径时间随波束的视角变化而不同。对同一条带,合成孔径时,通常使用同样长的时间,因此,近距处图像的方位分辨率较远距处图像的方位分辨率好。

距离分辨率:星载 SAR 的距离分辨率 ρ_r 取决于雷达系统的射频瞬时带宽,即

$$\rho_r = \frac{c}{2B} \quad (2-57)$$

同一带宽的星载 SAR 系统获得的图像在地距分辨率上是不同的,视角越小地距分辨率越低,视角越大地距分辨率越高。即在同一条带,在近距处地距分辨率差,在远距处地距分辨率好。

2. 观测带宽度

观测带宽度与方位分辨率之比是星载 SAR 系统设计中需要重点考虑的一

个参数,它能够综合反映出星载 SAR 的几何关系、系统参数之间的关系,相比之下,机载 SAR 系统就很少受到这个条件约束。通常情况下,从脉冲重复频率(PRF)设计这个角度来分析观测带宽度/方位分辨率,在实际应用中,这个比值在 10000 左右,也就是说 1m 分辨率下,观测带宽度在 10km 左右。但是,在高分辨率情况下,观测带宽度与方位分辨率之比,还需从灵敏度设计这个角度来考虑,仅从 PRF 设计的角度来考虑是不够的。

为满足一定的灵敏度要求,对系统的功率孔径积提出了严格要求,若要提高方位分辨率,势必要缩短天线的方位向孔径,同时,为保证系统的功率孔径积,就要加长天线距离向的孔径,距离向波束宽度随之减小,成像条带宽度也就减小了,观测带宽度/方位分辨率将变小。因此,在一定分辨率情况下,为保证系统灵敏度指标,观测带宽度/方位分辨率也存在一个上限。

为实现高分辨率、宽观测带工作,必须要找出克服这些相互制约因素的办法。多相位中心方位多波束是一个比较好的方法,例如,采用单发双收模式,实际方位向一共 3 个相位中心,如图 2-21 所示。中间的为发射相位中心,形成单发射波束;边上两个为接收相位中心,形成两个接收波束。图 2-21 中还表示出了单发双收工作可降低 PRF 的原理,实际 PRF 可降低 50%。

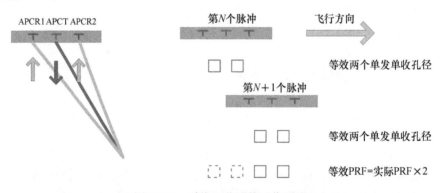

图 2-21 单发双收系统工作原理

采用单发多收还有一个好处,就是在占空比一定的情况下,PRF 降低,意味着脉宽可以增加,因此,每个脉冲发射的能量也就增加了,带来的好处就是信噪比提高,对于单发双收系统来说,将有 3dB 的信噪比得益。

2.4.5 脉冲重复频率

实际孔径波束覆盖区的多普勒带宽为 $\pm v/L_a$(图 2-22)。从采样理论可知脉冲重复频率(PRF)必须足够高,至少要大于多普勒带宽,即

$$\text{PRF} \geqslant 2v/L_a \tag{2-58}$$

式中:v 为平台的运动速度;L_a 为天线真实孔径的长度,即天线方位向尺寸。

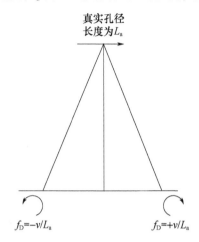

图 2-22 实际孔径的波束覆盖区的多普勒带宽

在距离向为了防止距离模糊,对 PRF 又有另一种限制(图 2-23)。对于侧视雷达来说就是

$$\text{PRF} < \frac{c}{2W_{\max}} \qquad (2-59)$$

对于星载系统来说,条件会变得稍微复杂。因为雷达总会同时收到超过一个由同一发射信号带来的回波信号,但是可允许一个观测带中所有回波在同一重复周期时间间隔内到达即可。

$$\text{PRF} < \frac{c}{2w_g \sin\theta} \qquad (2-60)$$

式中:θ 为天线波束入射角;w_g 为观测带宽度。

由此可见,一旦方位分辨率确定,PRF 的值就能确定,同时最大的观测带宽度也确定下来。这里假设天线波束在方位向和距离向均是理想的,没有任何副瓣,而实际上这是不可能的,因而,就会带来距离向模糊和方位向模糊的问题。对于星载 SAR 通常需要选择相应的 PRF,从而使接收和发射系统始终都保持在最低的模糊度。

从另一方面看,可以将 $v \cdot \text{PRF}$ 看成阵列天线中天线元的间隔,而为了抑制栅瓣,就可以得到和式(2-58)同样的结果。

对于星载 SAR 来说,式(2-58)和式(2-60)进行组合可以表述天线最小面积的限制。这样天线的距离向 L_r 和方位向尺寸 L_a 的乘积为

$$L_r \cdot L_a > \frac{4vr\tan\theta}{c} \qquad (2-61)$$

上述限制对于机载 SAR 来说通常不是问题,但对于星载 SAR 来说就限制

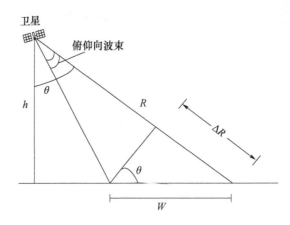

图 2-23　星载 SAR 系统中距离模糊对观测带宽度的限制

了观测带宽度。

PRF 是 SAR 最重要的参数之一,同时也会影响雷达其他参数的选择,并直接影响雷达性能,它与许多参数都有密切的关系。其中,影响 PRF 选择的参数有雷达平台的运动速度、天线长度、观测带宽、入射角、脉冲宽度、轨道高度等;PRF 的值也会影响到发射信号峰值功率、数据率等参数,并影响雷达距离模糊和方位模糊,所以选择合适的 PRF 在雷达设计中极为关键的。设计 PRF 需要考虑如下几个因素。

1. 多普勒带宽

对 SAR 系统来说,在方位向,PRF 相当于对目标的多普勒回波进行采样,如图 2-24 所示,雷达以速度 v 沿直线运动,对目标 T 进行探测。假设雷达在 B 点时,目标进入雷达主瓣,并于雷达运行到 E 点时离开,则雷达在 B 点与 E 点处获得目标 T 点的多普勒频移之差为 T 点在雷达回波中的多普勒带宽。为满足奈奎斯特采样定理,必须使

$$\mathrm{PRF} \geqslant B_a = \frac{v}{\rho_a} \qquad (2-62)$$

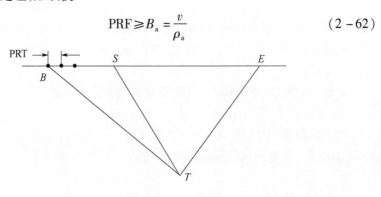

图 2-24　PRF 与方位向采样

2. 避开发射脉冲遮掩

星载 SAR 的收发脉冲往往相隔多个脉冲重复周期,返回到天线的回波信号有可能被后续发射脉冲信号遮掩,从而使接收机无法收到回波信号,所以,必须要使观测带内的回波信号完全落入接收窗内,如图 2-25 所示。

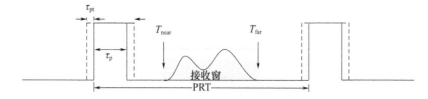

图 2-25 避开发射脉冲遮掩

假设雷达脉冲发射后需要经过 i 个脉冲重复周期才能接收到回波,则从图 2-25 可以看出,发射脉冲不落入回波接收窗的条件是

$$i \cdot \text{PRT} + \tau_\text{p} + \tau_\text{pt} \leqslant T_\text{near} = \frac{2R_\text{n}}{c}$$
$$(i+1) \cdot \text{PRT} + \tau_\text{p} + \tau_\text{pt} \leqslant T_\text{far} = \frac{2R_\text{f}}{c} \qquad (2-63)$$

式中:τ_p 为脉冲宽度;PRT 为脉冲重复周期;τ_pt 为脉冲保护时间;T_near 和 T_far 分别为观测带近端 R_n 和远端 R_f 的回波延时时间。由式(2-63)可得到 PRF 选择范围是

$$\frac{i}{2R_\text{n}/c - \tau_\text{p} - \tau_\text{pt}} \leqslant \text{PRF} \leqslant \frac{i+1}{2R_\text{f}/c + \tau_\text{p} + \tau_\text{pt}} \qquad (2-64)$$

3. 避开星下点回波

星下点回波的空间路径最短,且电磁波垂直入射时地面散射系数较大,雷达回波强,所以即使是在波束副瓣照射的情况下,回波的强度也相对较强,甚至可能淹没观测带内有用信号造成严重的模糊。所以需要通过选择 PRF,避免星下点回波的干扰,如图 2-26 所示。

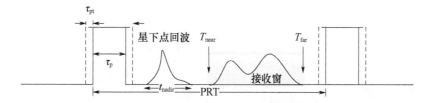

图 2-26 避开星下点回波示意图

假设 t_nadir 为星下点回波的延迟时间,且观测带近端回波延迟时间 T_near 与星下点回波的延迟时间 T_far 相差大于 j 个脉冲重复周期,避开星下点回波的约束条

件为

$$t_{\text{nadir}} + j \cdot \text{PRT} + \tau_p + \tau_{pt} \leq T_{\text{near}} = \frac{2R_n}{c}$$
$$t_{\text{nadir}} + (j+1) \cdot \text{PRT} - \tau_p - \tau_{pt} \geq T_{\text{far}} = \frac{2R_f}{c}$$
(2-65)

式中:$t_{\text{nadir}} = \frac{2H}{c}$,$H$ 为相对地面的高度,PRF 选择范围是

$$\frac{j}{2R_n/c - \tau_p - \tau_{pt} - 2H_r/c} \leq \text{PRF} \leq \frac{j+1}{2R_f/c + \tau_p + \tau_{pt} - 2H_r/c}$$
(2-66)

由上述三条限制条件,确定雷达工作视角后,就可以获得观测带的近端和远端,绘出在不同视角下可用 PRF 范围图,即"斑马图"。如图 2-27 所示为星载 SAR 斑马图实例。图 2-27 中深色的条带为发射信号的干扰,深色条带的宽度表示脉冲宽度再加上脉冲的前后各有 τ_{RP} 的保护时间;浅色的条带为星下点信号的干扰,浅色条带的宽带表示星下点回波的宽度(一般假设为脉宽的 2 倍),空白区域表示可以选择的范围,图中的竖线就是选择的 PRF,它的长带表示观测带的宽度(在图中表示为视角的范围)。可以看到,随着视角的增大,它的长度变短,这是因为同样宽的观测带宽在大视角下所需要的视角变化范围小。

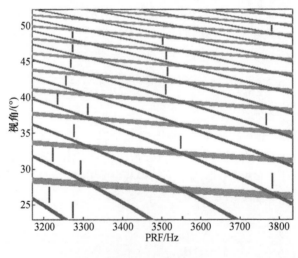

图 2-27 斑马图

2.4.6 模糊度

SAR 的模糊特性是指来自观测区外非人为干扰的其他回波信号与观测区内有用回波信号同时进入雷达接收机,经成像信号处理后一方面使雷达图像信噪比下降,另一方面在低反射区的雷达图像中可能会造成虚假图像。SAR 的模

糊特性既与观测带宽和方位分辨率有关,也和天线面积、方向图形状以及脉冲重复频率的选取有关。对于机载 SAR 系统,由于作用距离比较近,一般在一个脉冲重复时间内就能接收到回波,而且,脉冲重复频率一般都比方位多普勒带宽大几倍,因此,机载 SAR 的模糊问题不突出。星载 SAR 系统由于作用距离远,运动速度快,模糊问题表现比较突出。

衡量 SAR 系统模糊特性的指标是模糊度,即模糊信号功率与有用信号功率之比。通常在分析系统模糊性或者计算模糊比数值时,可以忽略距离向和方位向模糊信号之间的耦合。

1. 距离模糊度

距离模糊信号是指来自观测带以外的其他回波信号,它们与观测带内有用回波信号共同进入雷达接收机,经信号处理后造成雷达图像质量下降。如图 2-28 所示是距离模糊示意图,图中 T_p 为采样时间周期,R_t 为雷达至目标的距离,T_w 为目标记录窗,T_w' 为主瓣宽度。

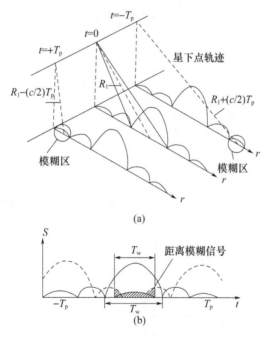

图 2-28 距离模糊示意图

距离模糊度 RASR 计算公式为

$$\text{RASR} = \frac{\sum_{i=1}^{N} S_{ai}}{\sum_{i=1}^{N} S_i} \tag{2-67}$$

式中：S_{ai}为回波记录窗内第i个采样点的模糊信号功率；S_i为回波记录窗内第i个采样点的有用回波信号功率。

2. 方位模糊度

方位模糊是由于某些角度上目标回波的多普勒频率与主波束的多普勒频率之差为脉冲重复频率的整数倍，造成多普勒频率折叠而引起的。方位向模糊主要是由于以 PRF 间隔对多普勒谱的有限采样造成的。因为目标回波谱是以 PRF 重复的，在主谱之外的回波信号将折叠到主谱区，如图 2-29 所示。图 2-29 中，B_D为多普勒带宽，B_P为信号处理带宽，f_P为脉冲重复频率。

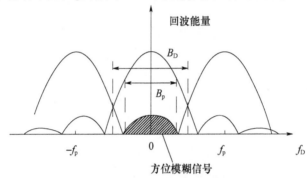

图 2-29 方位模糊示意图

这种模糊信号与所期望信号之比定义为方位模糊度，它可以用下面的公式计算

$$\mathrm{AASR} = \frac{\sum_{\substack{m=-\infty \\ m \neq 0}}^{\infty} \int_{-B_p/2}^{B_p/2} G^2(f_d + mf_p)\,\mathrm{d}f_d}{\int_{-B_p/2}^{B_p/2} G^2(f_d)\,\mathrm{d}f_d} \tag{2-68}$$

式中：G为天线方位向方向图；m的取值一般来说，取 -10~10 即可，因为在此区间以外的 m 对方位模糊比的影响已经非常小了。

计算方位模糊度的关键是计算天线方位向的双程远场天线功率方向图 G^2 与 f_d 的关系。对于均匀加权的天线孔径，天线功率方向图为

$$G = \left[\frac{\sin\left[\pi\left(\frac{L_a}{\lambda}\right)\sin\theta\right]}{\pi\left(\frac{L_a}{\lambda}\right)\sin\theta}\right]^2 \tag{2-69}$$

由 $f_d = \frac{2v_s}{\lambda}\sin\theta \approx \frac{2v_s}{\lambda}\theta$ 可得 $\sin\theta = \frac{\lambda}{2v_s}f_d$，带入 G 可得

$$G = \left[\frac{\sin\left[\pi\left(\frac{L_a}{2V_s}\right)f_d\right]}{\pi\left(\frac{L_a}{2V_s}\right)f_d}\right]^2 \tag{2-70}$$

则

$$G^2(f_d + mf_p) = \left[\frac{\sin[\pi(L_a/(2V_s))(f_d + mf_p)]}{\pi(L_a/(2V_s))(f_d + mf_p)} \right]^4 \quad (2-71)$$

式中:L_a 为天线口径尺寸;V_{st} 为卫星运行速度;f_d 为脉冲多普勒频率;f_p 为脉冲重复频率。

2.4.7 波位设计

波位设计主要包括距离向波束宽度、瞬时信号带宽以及观测带的位置等参数。对于星载 SAR 而言,有如图 2-30 所示的几何关系。

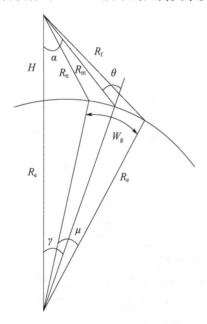

图 2-30 星载 SAR 几何关系图

从图 2-30 中不难看出

$$W_g \approx \frac{\theta_r R_m}{\cos\theta}$$

$$R_m^2 = (R_e + H)^2 + R_e^2 - 2R_e(R_e + H)\cos\gamma$$

$$R_m = \frac{\sin(\theta - \alpha) \times R_e}{\sin\alpha} \quad (2-72)$$

$$\theta = \arcsin\frac{(R_e + H) \times \sin\alpha}{R_e}$$

$$\alpha = \arcsin\frac{R_e \sin\theta}{(R_e + H)}$$

$$\gamma = \theta - \alpha$$

$$\alpha_n = \alpha - \frac{\theta_r}{2}$$

$$\alpha_f = \alpha + \frac{\theta_r}{2}$$

式中：R_m 为中心斜距；R_n 为近距；R_f 为远距；H 为卫星高度；R_e 为地球半径（6378.14km）；α 为中心视角（°）；θ 为中心入射角（°）；γ 为地心角；α_n、α_f 分别为近距和远距所对应的视角；θ_r 为扫描到某一波位时的距离向波束宽度；W_g 为观测带。

1. 距离向波束宽度

距离向波束宽度主要考虑地面观测带宽度 W_g，为使接收回波功率和数据率保持相对稳定，一般要求瞬时地面观测带宽度 W_g 不变，根据式（2-72），通过改变距离向波束宽度 θ_r 来保证所需的观测带宽度 W_g。事实上，W_g、ρ_{rg} 一定，数据率也不是一定的，数据率与回波窗宽带、采样率、脉冲重复频率和样本的比特位数有关。如果保持观测带宽带 W_g 一定，θ_r 与 $R_m/\cos\theta$ 是成反比的关系，实际上随着入射角的增大，$R_m/\cos\theta$ 要变大，θ_r 要变小。

2. 瞬时信号带宽

瞬时信号带宽主要与地距分辨率有关，它们有以下关系

$$\rho_{gr} = \frac{k_r \times C}{2B\sin\theta} \quad (2-73)$$

式中：ρ_{gr} 为地距分辨率；B 为瞬时信号带宽；k_r 为加权展宽因子；C 为光速。

可以看出，地距分辨率越高，瞬时信号带宽就会越大。如果为了保证 ρ_{rg} 一定，那么信号带宽需要经常进行变化，这样会给系统硬件的设计带来很大困难。为了减少系统的复杂性，对信号带宽进行了分段式设计，这样实际上距离向的分辨率并没有保持一直不变。

3. 观测带位置选择

在星载 SAR 系统参数选取的过程中，必须先根据系统方位分辨率和距离分辨率以及模糊比的要求来确定 PRF 的大致范围，然后再根据系统观测带宽度和视角要求，在斑马图的菱形区域内选取适当的波位，波位选择一般遵循以下几条原则：

（1）在方位模糊度得到保护的前提下，尽可能在低脉冲重复频率处选择观测带，以便减小数据率。

（2）尽可能使观测带的两端与发射信号或星下点信号干扰带之间留有足够的距离。

（3）当需要选择多条观测带时尽可能选择近似或等长度的观测带。尽量保证各观测带之间要有足够的重叠，为保证图像块之间的衔接，波位之间一般

考虑10%的重叠。

此外,在波位设计过程中,通常需要经过多次迭代,以便获得最佳性能参数。

2.5 成像工作模式

SAR 可以按照不同的方式进行工作,以便为不同的需要提供多种分辨率、观测带宽度或极化方式的雷达图像。SAR 系统的工作模式包括条带模式、扫描模式、聚束模式、滑动聚束模式、马赛克模式和 TOPS 模式等。常用的几种工作模式的特点如表 2-2 所列。

表 2-2 SAR 工作模式特点

序号	工作模式	对天线要求	连续成像能力	特点
1	条带模式	不扫描	有	传统成像模式,技术成熟
2	扫描模式	距离向扫描	有	能实现大幅宽成像,一般用于大范围普查,但方位分辨率较低,有较强的扇贝效应,且辐射校正较困难
3	聚束模式	方位向扫描	无	能实现高分辨率精细成像,但成像区域小,一般用于定点侦察监视
4	滑动聚束模式	方位向扫描	无	能实现较高分辨率成像,成像区域介于条带和聚束之间
5	马赛克模式	距离方位两维扫描	无	能实现高分辨率宽观测带成像,但以增大天线扫描范围为代价
6	TOPS 模式	距离方位两维扫描	有	以方位分辨率降低为代价实现大幅宽成像,通过方位向天线扫描消除扇贝效应

2.5.1 条带模式

条带模式(Stripmap Mode)是最基本的 SAR 工作模式[4-6]。在条带工作模式下,随着雷达平台的运动,天线波束指向保持正侧视不变,波束匀速地扫过地面。如图 2-31 所示是条带模式 SAR 的工作示意图。

由图 2-31 可以看出,当平台处于位置 A 和 C 之间时,目标 P 处于雷达波束内。当平台处于位置 B 时,目标 P 处于波束中心位置,此时形成的合成孔径长度近似为

$$L_s = R_0 \theta_a \quad (2-74)$$

式中:R_0 为 P 点到合成孔径中心的斜距;θ_a 为方位向波束宽度,近似为 λ/L_a,则

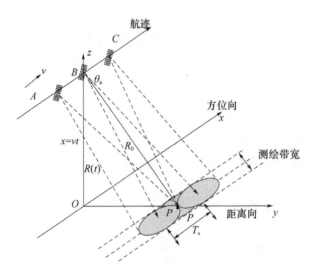

图 2-31 条带模式 SAR 工作示意图

合成孔径时间为

$$T_S = L_s/v \quad (2-75)$$

式中：v 为平台的运动速度。

(1) 信号模型。若 SAR 在飞行的过程中向地面发射的线性调频信号表示为

$$s(\tau) = \mathrm{rect}\left(\frac{\tau}{T_p}\right)\exp(\mathrm{j}2\pi f_0\tau + \mathrm{j}\pi k_\gamma\tau) \quad (2-76)$$

式中：T_p 为发射脉冲宽度；f_0 为发射信号载频；k_γ 为发射线性调频信号的调频斜率。则雷达接收到目标 P 的信号回波为

$$s(t,\tau) = \sigma \cdot \mathrm{rect}\left(\frac{\tau - 2R(t)/c}{T_p}\right)\exp\left(\mathrm{j}2\pi f_0\left(\tau - \frac{2R(t)}{c}\right) + \mathrm{j}\pi k_\gamma\left(\tau - \frac{2R(t)}{c}\right)\right)$$

$$(2-77)$$

式中：t 和 τ 分别为方位向和距离向的时间，通常称为"慢时间"和"快时间"。根据图 2-31 的几何关系，$R(t)$ 可以近似表示为

$$R(t) = \sqrt{R_0^2 + x^2} = \sqrt{R_0^2 + (vt)^2} \approx R_0 + \frac{v^2t^2}{2R_0} \quad (2-78)$$

式中：$x = vt$ 为雷达在方位向的坐标位置。

由式(2-76)~式(2-78)可知，回波信号与发射信号之间的相位差为

$$\phi = -\frac{4\pi R(t)}{\lambda} = -\frac{4\pi}{\lambda}R_0 - \frac{2\pi v^2 t^2}{\lambda R_0} \quad (2-79)$$

式中：第一项为斜距引起的固定相位项；第二项为随位置 x 变化的相位项。由相位变化而引起的空间多普勒频率为

$$f_{\mathrm{d}} = \frac{1}{2\pi} \frac{\mathrm{d}\phi}{\mathrm{d}t} = -\frac{2v^2 t}{\lambda R_0} \qquad (2-80)$$

线性调频斜率为

$$r = \frac{\mathrm{d}f_{\mathrm{d}}}{\mathrm{d}t} = -\frac{2v^2}{\lambda R_0} \qquad (2-81)$$

在整个合成孔径长度内,回波信号的多普勒频率带宽为

$$B_{\mathrm{d}} = f_{\mathrm{r}} T_{\mathrm{s}} = \frac{2v L_{\mathrm{s}}}{\lambda R_0} \qquad (2-82)$$

根据上述分析,得到条带模式方位向目标的方位频率历程如图 2-32 所示。

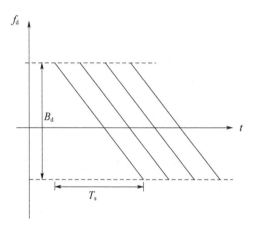

图 2-32 条带模式目标的方位频率历程

(2) 分辨率和观测带宽度。根据上述对目标方位向频率特性分析,可得理想条件下条带模式 SAR 方位分辨率为

$$\rho_{\mathrm{a}} = \frac{v}{B_{\mathrm{d}}} = \frac{L_{\mathrm{a}}}{2} \qquad (2-83)$$

条带模式 SAR 的观测带宽度与距离向波束宽度、天线视角、平台高度、雷达接收回波窗的大小等相关。如图 2-33 所示,以星载 SAR 几何关系为例,对条带模式的距离向观测带宽度进行分析。

图 2-33 中,雷达到观测带近端斜距 R_{n} 和远端斜距 R_{f} 可以分别表示为

$$R_{\mathrm{n}} = \sqrt{(R_{\mathrm{e}}+H)^2 + R_{\mathrm{e}}^2 - 2R_{\mathrm{e}}(R_{\mathrm{e}}+H)\cos(\eta_{\mathrm{n}}-\gamma_{\mathrm{n}})} = R_{\mathrm{e}} \frac{\sin\psi_{\mathrm{n}}}{\sin\gamma_{\mathrm{n}}} \qquad (2-84)$$

$$R_{\mathrm{f}} = \sqrt{(R_{\mathrm{f}}+H)^2 + R_{\mathrm{f}}^2 - 2R_{\mathrm{f}}(R_{\mathrm{f}}+H)\cos(\eta_{\mathrm{f}}-\gamma_{\mathrm{f}})} = R_{\mathrm{e}} \frac{\sin\psi_{\mathrm{f}}}{\sin\gamma_{\mathrm{f}}} \qquad (2-85)$$

式中:η_{n} 和 η_{f} 分别为近端和远端处的入射角;γ_{n} 和 γ_{f} 分别为近端和远端处天线的视角;ψ_{n} 和 ψ_{f} 分别为近端和远端处的地心角。

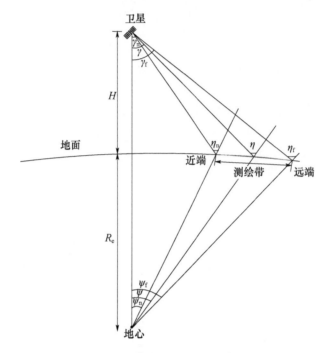

图2-33 条带模式星载 SAR 观测带示意图

因此,观测带内最大斜距宽度为

$$W_r = R_f - R_n \leqslant \frac{c}{2}T_w \qquad (2-86)$$

式中:T_w 为雷达接收窗长度。则地距观测带宽度可表示为

$$W_g = R_e - (\psi_f - \psi_n) \qquad (2-87)$$

2.5.2 扫描模式

扫描模式(Scan Mode)是为了实现宽观测带要求而提出的工作模式[7,8]。当 SAR 系统工作于扫描模式时,天线先在一个距离指向上发射脉冲并接收相应的回波,形成一个子观测带的回波数据块,然后跳转距离向波束指向再发射和接收,获取另一个子观测带的回波数据。如此反复,获得几个相邻且互相平行的子观测带的回波数据,经过成像处理和距离向拼接,就可以获取较条带模式更宽的观测带宽度。然而,扫描模式在一定程度上降低了雷达的方位分辨率。图2-34 给出了扫描模式的工作示意图。由图2-34 可以看出,在每个位置波束沿方位向地面覆盖长度远大于在驻留时间内该波束移动的距离。因此,只要合理分配各个位置波束的驻留时间就能得到全部组合观测带宽度上的无间隙的连续 SAR 图像。

扫描模式要求雷达系统具有一维波束快速扫描能力,使得天线波束可沿距

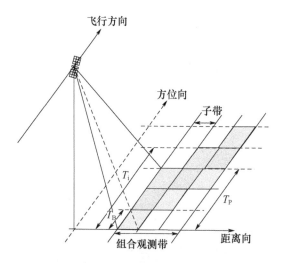

图 2-34 扫描模式工作示意图

离向在多个波位上交替工作。当 SAR 工作于扫描模式时,雷达天线先在一个波束指向上发射一系列的脉冲,并接收相应的回波。改变天线在距离向的指向,波束跳转到另一个指向后继续照射,每个波束指向对应的照射条带称为"子观测带",简称"子带"。跳转 N_s 次,场景在距离向上就存在 N_s 个子带,每个子带的宽度都近似等于同条件下条带模式的观测宽度,这样扫描模式距离向的观测带宽度都被扩大到了条带模式 SAR 的约 N_s 倍。

(1) 时序关系。扫描模式中,天线在一个子带内连续照射的时间被称为"驻留时间",记作 T_B;驻留时间内的采样数据为"驻留数据",同一子带内连续获得的驻留数据称为"驻留数据块"(Burst)[9]。天线在各子带内循环一次被称为"扫描周期",其时间长度称作"回归时间",记做 T_r。用 T_i 表示合成孔径时间。对于方位向单视的扫描模式系统,驻留时间、回归时间与合成孔径时间之间的关系可表示为

$$T_i = T_r + T_B \quad (2-88)$$

假设天线指向的切换时间为 T_c,各子带的驻留时间为 $T_{B,i}$,则对于具有 N_s 个子带的扫描模式系统,其信号周期表示为

$$T_r = \sum_{i=1}^{N_s} (T_{B,i} + T_c) \quad (2-89)$$

(2) 信号模型。扫描模式信号的发射接收方式与条带 SAR 一致,不同的是条带 SAR 信号的发射和接收是连续进行的,而扫描模式则是发射接收与波束切换交替进行的,其各个子带之间的回波信号是不连续的,同一个子带内的信号也呈现"分块不连续"的特点。通常的扫描模式的回波都是指向同一个子带内的回波信号,忽略天线方向图加权,其表达式为

$$s(t,\tau) = \sigma \cdot \text{rect}\left(\frac{\tau - nT_r}{T_B}\right) \text{rect}\left(\frac{\tau - 2R(t)/c}{T_p}\right)$$
$$\cdot \exp\left(j2\pi f_0\left(\tau - \frac{2R(t)}{c}\right) + j\pi k_\gamma\left(\tau - \frac{2R(t)}{c}\right)\right) \quad (2-90)$$

式中：k_γ 为线性调频信号的调频斜率；T_B 为波束驻留时间；T_r 为波束的回归时间；f_0 为发射的载频中心频率；R 为雷达与目标之间的距离。

扫描模式回波数据可以看成是截断的条带 SAR 回波数据。图 2 - 35 给出了扫描模式回波信号的多普勒历程。

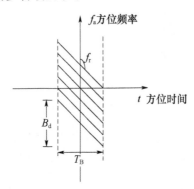

图 2 - 35 ScanSAR 目标的方位频率历程

（3）分辨率和观测带宽度。扫描模式的观测带宽为记做 SW，则
$$\text{SW} = R_e \cdot (\psi_{f,f} - \psi_{n,n}) \quad (2-91)$$

式中：R_e 为地球半径；$\psi_{f,f}$ 和 $\psi_{n,n}$ 分别为最远端子带的远端地心角和最近端子带的近端地心角。

扫描模式是通过牺牲方位向的分辨率来提高观测带宽度，在每个子观测带内，其距离向的数据特性和成像方法与条带模式基本相同。方位向的分辨率与多普勒处理带宽有关。扫描模式的多普勒处理带宽为
$$B_d = f_r \cdot T_B \quad (2-92)$$

式中：f_r 为多普勒调频斜率，T_B 为该子带的驻留时间。ScanSAR 的方位分辨率为
$$\rho_a = \frac{v_g}{B_d} = \frac{v_g}{f_r \cdot T_B} \quad (2-93)$$

式中：v_g 为波束在地面的运动速度，若每个子带的驻留时间 $T_B \gg T_c$，且各子带驻留时间都近似为 T_B，则
$$T_B \approx T_r / N_s \approx T_i / (N_s + 1) \quad (2-94)$$

因此，扫描模式方位分辨率与子带数之间的关系为
$$\rho_a = \rho_{a,\text{strip}} (N_S + 1) \quad (2-95)$$

式中:$\rho_{a,strip}$为同等条件下条带 SAR 的方位分辨率,即扫描模式方位向的分辨率较条带 SAR 下降了至少 N_S+1 倍。

(4) 扇贝效应。在扫描模式成像过程中,在方位向只选取目标的部分合成孔径数据进行成像。这种"截断"操作使得不同方位位置的点目标对应于天线方向图的不同部分,如图 2-36 所示。因此,扫描模式的图像幅度会受天线方向图幅度调制。这种扫描模式幅度图像在方位向会周期性地呈现不均匀的现象即所谓的"扇贝效应"(Scalloping Effect)[10,11]。如图 2-37 所示的是 TerraSAR-X 的经过辐射校正前的扫描模式图像,可以明显看出扇贝效应的存在。

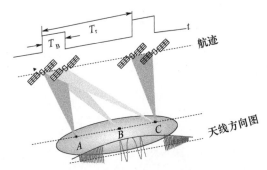

图 2-36 扫描模式扇贝效应产生机理

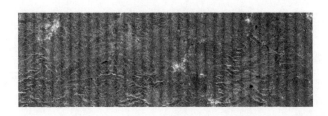

图 2-37 TerraSAR-X 的扫描模式 SAR 图像(辐射校正前)

扇贝效应具有如下特点:扇贝效应是沿方位向出现的,在距离向上延伸的范围是整个或部分子观测带;具有周期性,扇贝效应的空间间隔等于驻留时间内波束在方位向的运动距离;在相邻两个驻留数据块转换处产生的扇贝效应误差最大;扇贝效应误差大小取决于多普勒误差大小和成像处理机的处理方法。

为了改善扇贝效应的影响,可采取增加一个成像周期的扫描次数(方位向多视)或将方位向天线方向图主瓣形状设计得平坦一些等措施。

2.5.3 聚束模式

聚束模式(Spotlight Mode)是一种精细高分辨率成像模式[12,13],是实现小区域高分辨率成像的主要手段。它通过控制雷达方位向天线波束指向,使其对目标区域连续照射来获得较长的合成孔径时间,从而,可以获取一小块区域内普通条带模式难以达到的高分辨率图像。如图 2-38 所示的是聚束模式 SAR 的工作示意图。在整个合成孔径时间里,雷达天线不断调整指向,始终照射地面同一区域。这可克服条带模式中天线方位孔径长度决定的方位分辨率的限制,获取更长的合成孔径长度,得到更高的方位分辨率。

聚束模式和条带模式相比,在天线长度不变的条件下,其成像区域较小,即可以实现多个小场景的方位向高分辨率成像,还可以在单次成像过程中实现对同一区域的多视角成像,以提高目标的识别能力。

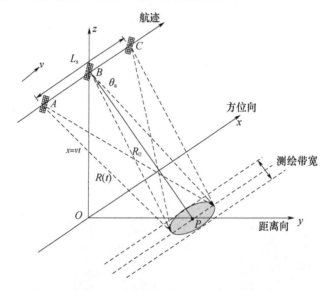

图 2-38 聚束模式 SAR 工作示意图

(1) 信号特征。在聚束模式下,雷达回波信号距离向频率历程与条带模式相同,但由于在成像过程中,成像区域内的目标始终处于雷达波束的照射之下,其方位向的频率历程与条带模式 SAR 不同。

以正侧视成像几何关系为例,对条带模式 SAR,方位向频率历程可用图 2-39 说明,x_1、x_2、x_3 分别为方位向不同位置的点目标,随着平台的运动,x_1、x_2、x_3 点依次进入和离开雷达波束照射区域,它们的方位频率历程都具有相同的合成孔径时间。相邻点频率历程之间的时间差 $\Delta t = \dfrac{\Delta x}{v}$,在同一时刻,频率相差为 $\Delta f_a = \dfrac{2v\Delta x}{\lambda R}$,所产生的方位带宽只与合成孔径时间 T_s 有关,为 $B = B_a = \dfrac{2v^2}{\lambda R}T_s$。

在聚束模式的成像过程中,照射区域内的点目标始终处于雷达波束的照射下,方位向的频率历程如图 2-40 所示。x_1、x_2、x_3 点方位频率历程的持续时间为平台飞过的合成孔径时间 T_s。与条带模式不同的是,各点的频率历程将具有

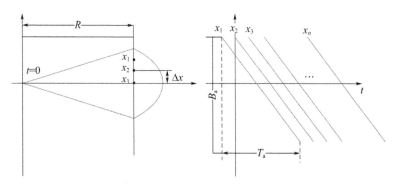

图 2-39 条带模式 SAR 方位向回波历程

相同的开始时间和结束时间。方位带宽不仅与合成孔径的时间有关,而且与成像区域的方位范围 W_a 有关,可表示为

$$B = B_a + B_d = \frac{2vW_a}{\lambda R} + \frac{2v^2}{\lambda R}T_a \qquad (2-96)$$

由式(2-96)可以看出,聚束 SAR 回波方位向多普勒带宽由两部分组成,其中 B_a 为回波信号的瞬时多普勒带宽,B_d 为点目标回波的多普勒带宽。

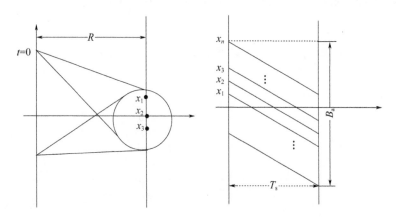

图 2-40 聚束模式 SAR 方位向回波历程

(2)分辨率。聚束模式 SAR 和条带模式 SAR 在方位分辨率的获得方式上有较大差别,聚束 SAR 最主要的特点就是方位向波束的可控,借此延长合成孔径时间。聚束模式 SAR 的方位分辨率为

$$\rho_a = \frac{1}{4}\frac{k_a\lambda}{\sin(\Delta\theta_a/2)} \qquad (2-97)$$

式中:k_a 为方位向处理后展宽因子;λ 为雷达工作波长;$\Delta\theta_a$ 为波束转动角度,即合成孔径时间内,雷达波束中心线转过的角度。

2.5.4 滑动聚束模式

滑动聚束模式(Sliding Spotlight Mode)是介于条带和聚束之间的SAR工作模式[14-16]。

条带模式工作时,雷达天线波束垂直于平台运动轨迹,指向固定方向。随着平台运动,天线波束脚印在地面上连续移动,就形成了条带成像。理论上,沿方位向成像照射的延伸没有限制,但是,天线长度限制了方位分辨率。

为了改善方位分辨率,聚束模式在整个数据采集期间控制天线波束指向地面同一点,增加有效的方位长度。然而,这种分辨率的改善,是以加长方位向波束照射时间为代价的。

滑动聚束模式,主要特点是控制天线波束指向一个远离成像场景中心的点,这有可能使方位成像宽度大于聚束模式,而方位分辨率优于条带模式。如果控制滑动聚束的天线波束指向地面照射中心,这就是纯聚束模式。如果控制天线波束指向无穷远点,就实现了条带模式。条带模式和纯聚束模式可以看作滑动聚束模式的两个特例。

如图2-41所示的是滑动聚束模式工作的示意图。其中,X_I为装载平台航迹,X为天线波束脚印长度,X_g为被照射的地面观测带长度。

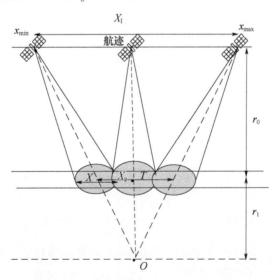

图2-41 滑动聚束模式SAR工作示意图

在滑动聚束模式中,滑动因子A定义为

$$A = \frac{r_1}{r_1 + r_0} = \frac{v_f}{v_s} \qquad (2-98)$$

式中:v_s 为平台速度;v_f 为天线波束在地面上的移动速度;r_1 为场景与聚焦点之间的最短距离;r_1+r_0 为传感器与聚焦点之间的最短距离。

滑动聚束模式必须在方位分辨率和方位成像宽度之间作权衡。

(1) 信号模型。假设发射的线性调频信号调频斜率为 K_r,射频的波长为 λ,脉冲持续时间为 T_p,方位时间为 t_a,距离时间为 τ,光速为 c,平台速度为 v_s。点目标 (t_0,r_c) 的回波为

$$s(t_a,\tau,t_0,r_c) = \exp\left[jK_r\pi\left(\tau - \frac{2R(t_a,r_c)}{c}\right)^2\right]\exp\left(-j4\pi\frac{R(t_a,r_c)}{\lambda}\right)$$

$$\cdot \mathrm{rect}\left[\frac{\tau - \frac{2R(t_a,r_c)}{c}}{T_p}\right]\mathrm{rect}\left[\frac{t_a - t_0/A}{L_b/v_s}\right] \qquad (2-99)$$

式中:$R(t_a,t_0,r_c) = \sqrt{r_c^2 + v_s^2(t_a-t_0)^2} \approx r_c + \Delta R$,$L_b$ 为在 R 处的波束脚印。由几何关系可知,滑动聚束的合成孔径场景中心点 T 的有效合成孔径长度 L_s 与波束脚印 L_b 的关系为

$$L_s = L_b \cdot \frac{v_s}{v_f} = \frac{L_b}{A} \qquad (2-100)$$

由于在滑动聚束模式中,$0 < A < 1$,因此 $L_b < L_s$。

由于波束指向在滑动聚束成像过程中连续变化,滑动聚束工作模式的回波的瞬时多普勒中心为方位时间 t_a 的函数,即

$$f_{dc} = \frac{2v_s}{\lambda}\sin\theta_s = \frac{2v_s}{\lambda}\frac{v_s t_a}{\sqrt{v_s^2 + t_a^2 + r_{rot}^2}} \qquad (2-101)$$

式中:θ_s 为斜视角。

SAR 回波信号的多普勒带宽由波束带宽和多普勒中心频率偏移组成

$$B = B_a + B_{shift} = T_a k_{a,r} + Tk_{rot} \qquad (2-102)$$

式中:T_a 为合成孔径时间;$k_{a,r} = -\frac{2v_s^2}{\lambda r}$ 为斜距矢量 r 处的多普勒频率;T 为总的成像时间;$k_{rot} = -\frac{2v_s^2}{\lambda r_{rot}}$ 为多普勒中心的变化率,与旋转中心斜距 r_{rot} 的选择有关;v_s 为平台速度。根据式(2-102),图 2-42 给出了滑动聚束 SAR 模式的信号回波多普勒历程。

可以看出,多普勒中心的线性变化会引起方位频谱的扩展,有时候甚至会远大于 PRF。

(2) 分辨率和观测带宽度。滑动聚束模式通过控制天线扫描速度来控制波束脚印在地面的移动速度,其扫描速度不仅与观测带中心作用距离和平台运动速度有关,还与波束脚印在地面的移动速度有关。在滑动聚束模式中,如果场景中心与航迹的最短距离为 R,则天线扫描速度为

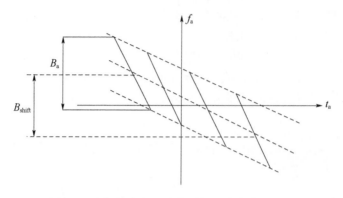

图 2-42 滑动聚束 SAR 信号的回波多普勒历程

$$\omega = \frac{\Delta\theta}{\Delta t} = \frac{v_s - v_f}{R} \qquad (2-103)$$

可见在天线扫描速度方面，条带模式是滑动聚束模式 $v_s = v_f$ 时的特例；聚束模式是滑动聚束模式 $v_f = 0$ 时的特例。

若天线扫描范围为 $(-\theta_{\max}, \theta_{\max})$，则滑动聚束 SAR 的方位向观测带宽度为

$$W_a = \frac{2\theta_{\max}}{|\omega|} + L_b \qquad (2-104)$$

在条带模式下 $(v_s = v_f)$，方位向观测带宽度没有限制；在聚束模式下 $(v_f = 0)$，方位向观测带宽度为 L_b；在滑动聚束模式下，方位向观测带宽度比聚束模式宽 $\frac{2\theta_{\max}}{|v_s - v_f|} v_f$。

SAR 的方位分辨率与雷达回波信号的方位向带宽相关，对滑动聚束 SAR 来说，其方位分辨率为

$$\rho_a = \frac{L_a}{2} \cdot \frac{v_f}{v_s} \qquad (2-105)$$

式中：L_a 为天线方位向口径尺寸；v_s 为装载平台的运动速度；v_f 为天线波束脚印在地面上的移动速度。

即滑动聚束 SAR 的方位分辨率是条带模式的 v_f/v_s 倍，可以看出，滑动聚束模式的分辨率不仅与天线的方位向尺寸有关，还与平台运动速度和波束脚印在地面的移动速度有关，可以通过控制波束脚印的速度来调整滑动聚束 SAR 的方位分辨率。

2.5.5 马赛克模式

马赛克模式(Mosaic Mode)是为了获取高分辨率、大覆盖面积的图像而提出的一种成像模式[17,18]。其实质上是聚束(滑动聚束)型扫描模式。它通过距

离向的多个子带扫描实现宽的成像观测带,在每个子带内通过聚束或者滑动聚束方式实现高的方位分辨率。

如图 2-43 所示的是马赛克模式工作的示意图。在马赛克模式中,天线在距离向扫描,以获得宽观测带的 SAR 图像,最初天线的波束指向宽观测带的近端并在那里驻留足够长的时间以合成一幅单波束照射区的 SAR 图像,然后指向下一个位置以合成那里的 SAR 图像,如此类推;在方位向,为了获得较高的分辨率,克服扫描模式 SAR 方位分辨率普遍不高的缺点,采用聚束成像或滑动聚束成像的模式,通过控制雷达天线照射区域在地面的移动,来获得较高的方位分辨率。

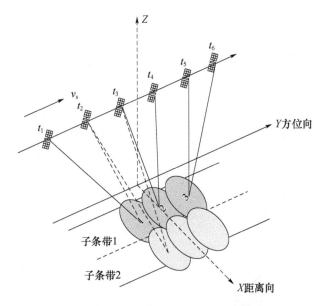

图 2-43 马赛克模式 SAR 工作示意图

(1) 时序关系。马赛克模式中,信号工作周期如图 2-44 所示。图 2-44 中,T 为信号周期,T_{d_i} 为波束在子观测带的驻留时间,T_c 为天线波位切换时间,N_B 为子观测带数。T 可以表示为

$$T = \sum_{i=1}^{N_B} T_{d_i} + T_c \tag{2-106}$$

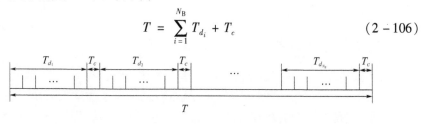

图 2-44 马赛克工作模式的一个信号周期

为了保证方位向上图像的连接,两次扫描周期之间必须有少量重叠,因此信号周期 T 不能超过一个合成孔径时间 T_s。

此外,对马赛克模式,若要求达到的方位分辨率为 ρ_a,方位向观测宽度为 W_a,子观测带数目为 N_B,对每一个子观测带的方位向波束来说,要达到的方位分辨率为 ρ_{a_req}:

$$\rho_{a\_req} = \frac{\rho_a}{N_B + 1} \quad (2-107)$$

若平台的速度为 v_s,那么在一个子观测带内,波束在地面上的滑动速度为

$$v_f = v_s \cdot \frac{\rho_{a\_req}}{\rho_{strip}} \quad (2-108)$$

式中:ρ_{strip} 为条带模式的分辨率。

波束在子观测带内的驻留时间为

$$T_d = \frac{W_a}{v_f} \quad (2-109)$$

(2) 信号特征。由马赛克模式的工作原理可知,每个马赛克单元均工作在聚束模式,其区别在于每个单元的多普勒中心频率不同,为实现场景照射的无缝衔接,各个马赛克单元存在重叠。图 2-45 给出了单个子带回波信号的多普勒历程。

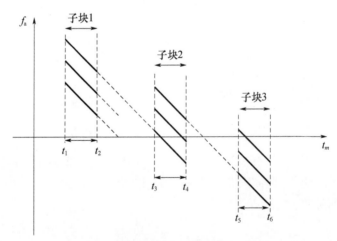

图 2-45 马赛克工作模式的回波信号多普勒历程

(3) 分辨率。马赛克模式下,地距分辨率和传统扫描 SAR 类似,与入射角以及发射信号带宽有关。而在方位向,虽然通过聚束或滑动聚束模式有效提高了分辨率,但是由于合成孔径时间被 N_B 个子观测带分割,所以与全孔径的聚束或滑动聚束 SAR 相比,方位分辨率至少变差了 $N_B + 1$ 倍。

2.5.6 TOPS 模式

扫描模式 SAR 因为具有宽观测带能力而被广泛应用。然而,由于扫描模式在每条子观测带内采用非连续的驻留数据块(Burst)工作方式,使得扫描模式的幅度图像在方位向会周期性地呈现不均匀的现象,即所谓的"扇贝效应"(Scalloping Effects)。同时,方位向天线波束的不完全照射使得系统方位模糊比(AASR)和 $NE\sigma_0$ 都随着目标方位位置的变化而发生明显变化,不利于后续的数据处理。

循序扫描地形观测(Terrain Observation with Progressive Scans,TOPS)模式是为了克服扫描模式的缺陷而提出的一种工作模式[19-21]。雷达波束不仅在距离向进行周期性的波束指向调整,而且在方位向波束进行从后往前的扫描来加快雷达获取地面信息的速度。这种独特的工作方式使得 TOPS 模式不仅能获得和扫描模式完全相同的宽观测带,而且能很好地克服扫描模式中明显的扇贝效应,同时也削弱了方位模糊比在方位向不一致的问题[22,23]。TOPS 模式的工作示意图见图 2-46。

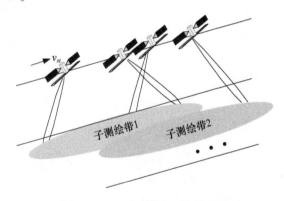

图 2-46 TOPS 模式工作示意图

在扫描模式工作模式中,为了能让雷达周期性地工作在各条子观测带上,一个完整的合成孔径时间被合理分割成若干个时间段并分别分配到各条子观测带上,各个子观测带分别成像。在 TOPS 模式下,雷达同样需要周期性地工作在各条子观测带中,但它通过方位向波束主动扫描的方式加快了雷达获取地面信息的速度,为雷达能周期性地工作在多条子观测带上提供了条件。

为了加快雷达获取地面信息的速度,方位向波束扫描方向和雷达装载平台运动方向一致,即从后往前(与聚束模式波束扫描方向相反),因此效果也与聚束模式相反,会引起方位分辨率的下降。然而,在同样的时间间隔内,TOPS 模式能获得到比标准条带模式 SAR 更长条带的数据。

(1) 时序关系。和扫描模式相似,星载 TOPS 模式也是采用非连续的驻留数据块(Burst)工作模式,TOPS 模式时序设置的最主要目的就是通过合理分配雷达在每个子观测带上的工作时间来保证每条子观测带 SAR 图像的连续性。TOPS 模式的时序设置与系统方位分辨率要求、扫描子带数、方位向波束宽度、波束扫描范围、扫描速度有关。

在确定 TOPS 模式信号时序关系之前,首先必须根据系统对方位分辨率要求来确定在每条子观测带上的方位向波束宽度 θ_b 和波束扫描速度 $\omega_{r,i}$。为了保证每个子观测带在方位向上都能实现连续成像,各条子观测带的 Burst 长度需要满足下式:

$$(\omega_{r,i} T_{b,i} - \theta_0) r_{0,i} + v_g T_{b,i} = (1 + \varepsilon) v_g \sum_{i=1}^{N_s} T_{b,i} \quad (2-110)$$

式中:$\omega_{r,i}$ 为第 i 条子观测带方位向波束扫描角速度;$T_{b,i}$ 为第 i 条子观测带方位向 Burst 长度;$r_{0,i}$ 为雷达到第 i 条子观测带中心的最短斜距;ε 为同一子观测带中两相邻 Burst 输出的有效成像区域之间的重叠率;N_s 为子观测带的条数。

(2)信号特征。TOPS 模式回波信号与条带模式以及扫描模式的差异主要体现在方位向上。在扫描模式中,方位向天线方向图是固定的,而在 TOPS 模式中,天线指向随着时间变化。

假设天线波束转动速率为 k_ψ,则在时刻 τ,波束中心指向为

$$\psi_{dc} = k_\psi \tau \quad (2-111)$$

天线指向的变化引入了一个多普勒中心变化率:

$$k_a = \frac{\partial \left(-\frac{2v_s}{\lambda} \sin(\psi_{dc}(\tau)) \right)}{\partial \tau} \approx -\frac{2v_s}{\lambda} k_\psi \quad (2-112)$$

因此,TOPS 模式的回波信号的多普勒历程与扫描模式不同,图 2-47 给出了 TOPS 模式下的回波信号多普勒历程。图 2-47 中,B_f、B_s 和 B_d 分别表示方位向瞬时带宽(即方位向波束带宽)、方位向 Burst 信号总带宽和点目标的有效多普勒带宽,T_d 和 k_R 分别对应方位向波束在目标上的驻留时间和方位向调频斜率,t_c 和 t_z 分别对应某点目标的波束中心时刻和多普勒为零的时刻。

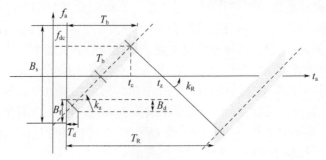

图 2-47　TOPS 模式信号的多普勒历程

(3) 方位分辨率。假设 SAR 平台的运动速度为 v_{st},方位波束扫描速度为 ω_r,此时随时间变化的方位向双程天线增益可以表示为

$$G_{a\_TOPS}(t) \approx G_0 \sin c^2 \left[\frac{L_a}{\lambda} \left(\frac{v_g t}{R_0} + \omega_r t \right) \right] \approx G_0 \sin c^2 \left[\frac{L_a}{\lambda} \frac{v_g t}{R_0} \left(1 + \frac{\omega_r R}{v_g} \right) \right] \tag{2-113}$$

式中:G_0 为常数表示天线增益;L_a 为方位向天线孔径长度;R 为雷达到目标的最短斜距;v_g 为不考虑方位波束扫描时波束在地面的移动速度。相对于传统的方位波束指向恒定的工作模式,TOPS 模式的天线方向图中引入了一个方位波束扫描因子(收缩因子),即

$$\alpha(R) = 1 + \frac{R\omega_r}{v_g} \approx \alpha(R_0) \gg 1 \tag{2-114}$$

式中:R_0 为雷达到观测带中心的最短斜距。此时,式(2-114)可以等效为波束指向恒定条带模式下的天线方向图,等效天线长度为 $L_e = \alpha L_a$,相应的方位分辨率为

$$\rho_{az} \approx \alpha L_a / 2 \tag{2-115}$$

在 TOPS 模式中,必须对波束的扫描速率 ω_r 进行一定的限制,使波束能满足对场景的连续覆盖。在子带中的目标的总信号带宽至少应该与子带之间目标的信号带宽相等。对于单个目标来说,在总的驻留时间内满足

$$B_T = k_a (T_B - T_D) \geq |k_R|(T_R - T_B + T_D) \tag{2-116}$$

式中:T_R 为回归时间,即天线在各子带内循环一次所需时间。

若假设每个子观测带的 T_B 相同,N_s 为子观测带数目,那么 $T_R = T_B N_s$,并且 $T_B \gg T_D$,则式(2-116)可近似如下

$$k_a T_B \geq |k_R|(N_s - 1) T_B \tag{2-117}$$

因此,k_a 的下限为

$$k_a = |k_R|(N_s - 1) \tag{2-118}$$

并且

$$\alpha = 1 + \frac{k_a}{|k_R|} = N_s \tag{2-119}$$

根据上述分析可看出,星载 TOPS 模式和扫描模式相同,都是通过牺牲方位分辨率来获取宽幅观测能力,随着子观测带 N_s 的增加,方位分辨率随之降低。对由 N_s 条子观测带以及具有 N_l 次多视的扫描模式系统,其能获得的最优方位分辨率为

$$\rho_{scan} \approx (N_l N_s + 1) \frac{L_a}{2} \tag{2-120}$$

在 TOPS 模式下,由式(2-115)与式(2-119)可知,其方位分辨率为

$$\rho_{\text{TOPS}} \approx N_1 \cdot \alpha \cdot \frac{L_a}{2} \approx N_1 N_s \cdot \frac{L_a}{2} \qquad (2-121)$$

由式(2-120)与式(2-121)可知,在相同的条件下,TOPS模式能获得较扫描模式稍优的方位分辨率。

2.6 动目标工作模式

根据被检测目标及其背景的特点,动目标工作模式一般划分为地面动目标检测模式、海面动目标检测模式和空中动目标检测模式。不同模式下的动目标检测与目标背景杂波特性、目标特性、雷达系统参数和信号处理方法紧密关联。

2.6.1 地面动目标检测模式

GMTI模式主要完成地面运动目标检测、定位与跟踪,获取运动目标的位置、速度、行进方向等信息。

具有GMTI功能的SAR/GMTI系统一般有两种工作体制。第一种是单通道GMTI体制。通过天线扫描进行动目标搜索,假设目标始终位于主瓣杂波外,通过主瓣杂波的滤除实现运动目标检测。单通道体制的优点是设备量及信号处理运算量小,缺点是低速动目标检测能力差且定位精度低,因此这种体制的GMTI系统通常应用在慢速小型运动平台上。第二种是单发多收多通道体制。采用全天线孔径发射,多个子天线孔径接收,利用多通道间静止杂波的特性进行杂波抑制,有效检测动目标。较单通道系统而言具有更低的动目标最小可检测径向速度(MDV)。同时通过通道分组,形成两种杂波抑制通道后,可以进行动目标高精度定位。多通道体制的缺点是设备量及信号处理运算量大,因此采用这种体制的SAR/GMTI雷达通常应用于大型机载或星载平台。

SAR/GMTI系统通常在侧视条件下工作,对航迹侧面的地面动目标进行检测。根据应用需求,GMTI通常有三种工作方式。

第一种是广域扫描方式。雷达波束以天线法向方向为中心,进行方位向大范围扫描,实现扫描区域的动目标搜索,通过连续的多次扫描可以获取动目标的航迹信息。图2-48给出了多通道系统对地广域扫描工作的示意图。

第二种是扇区跟踪方式。该方式是在广域扫描模式获得的地面大范围目标态势的基础上,为了实现对特定运动目标或重点区域的监视,采用的小扇区跟踪工作方式。该工作方式的特点是动目标跟踪数据率高,可以对机动性强的动目标进行跟踪。图2-49给出了多通道系统对地扇区扫描工作的示意图。

第三种是同时SAR-GMTI方式。该方式雷达天线波束控制和SAR成像方式一致,可以是条带成像方式或聚束成像方式。其特点是在检测到观测区域

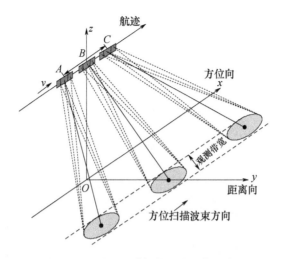

图 2-48 对地广域扫描方式工作示意图

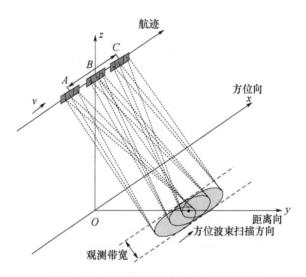

图 2-49 对地扇区扫描方式工作示意图

动目标的同时还可以对该区域进行成像,并获取该区域的地物信息和动目标信息。通过对运动目标的干涉定位处理,可以获得运动目标在 SAR 图像上叠加的图像,直观显示动目标在 SAR 图像上的位置信息。更进一步还可以对提取出来的动目标信息进行二次聚焦处理,得到动目标的成像结果,叠加至 SAR 图像。图 2-50 给出了多通道系统对地 SAR-GMTI 同时工作的示意图。

1. 信号特征

雷达平台与地面运动目标在斜距平面内的空间几何关系如图 2-51 所示。若 $t=0$ 时刻雷达平台位于 $(0,0)$ 处,并且雷达平台以速度 v_a 沿方位向运动,此

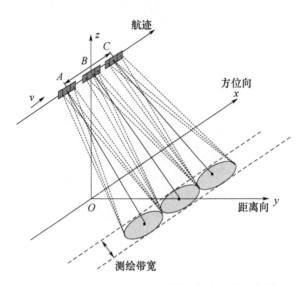

图 2-50　对地 SAR/GMTI 同时方式工作示意图

时运动目标 T 位于 (x_0,R_c)，该运动目标作匀速直线运动且运动目标的径向速度和方位向速度分别为 v_r 和 v_x。R_c 为该时刻运动目标到雷达平台飞行航迹的垂直距离，$t=0$ 时刻目标的位置 x_0 为其真实方位位置。

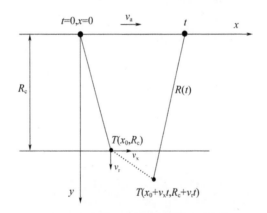

图 2-51　运动目标在斜距平面内的几何关系

假定 t 时刻雷达平台的坐标为 $(v_a t,0)$，而运动目标在斜距平面内的坐标为 $(x_0+v_x t,R_c+v_r t)$，那么 t 时刻平台与目标的相对瞬时距离为

$$R(t)=\sqrt{(x_0+v_x t-v_a t)^2+(R_c+v_r t)^2} \qquad (2-122)$$

运动目标回波信号的多普勒中心频率为

$$f_{dc}=-\frac{2}{\lambda}\frac{dR(t)}{dt}\bigg|_{t=0}=\frac{2x_0 v_a}{\lambda R_c}-\frac{2v_r}{\lambda}-\frac{2x_0 v_x}{\lambda R_c} \qquad (2-123)$$

由于运动目标存在额外的径向运动,因此其多普勒特征相对静止目标有一个额外的多普勒频率偏移量为

$$\Delta F = \frac{2v_r}{\lambda} \qquad (2-124)$$

式中:v_r 为动目标相对平台的径向(向站)速度;λ 为雷达工作波长。

2. 动目标最小可检测径向速度(Minimum Detectable Velocity,MDV)

由于地面运动目标的运动方向与雷达的运动方向存在未知性,目标相对雷达方向的径向速度分量可表示为

$$v_r = v_m \cdot \sin\beta \qquad (2-125)$$

式中:v_m 为目标运动速度;β 为目标运动方向与雷达运动方向的夹角。为了尽可能多地检测到不同速度及运动方向的目标,一般雷达系统具有较小的 MDV。GMTI 系统的 MDV 指标与雷达的波长、平台运动速度、天线口径及通道数有关。

对于单通道 SAR/GMTI 系统,动目标的检测主要是在"清洁区"进行,即杂波方位谱外检测。动目标处于清洁区的条件是其径向运动产生的多谱勒频移 f_d 大于雷达主瓣杂波的多普勒宽度 F_d。动目标的频移为

$$f_d = \frac{2v_r}{\lambda} \qquad (2-126)$$

多普勒杂波宽度为

$$F_d = \frac{2v_a}{d} \qquad (2-127)$$

可被检测的动目标最小径向速度为

$$\text{MDV} = \frac{\lambda \cdot v_a}{d} \qquad (2-128)$$

式中:λ 为雷达波长;v_a 为平台运动速度;d 为天线方位口径。

对于多通道 SAR/GMTI 系统,在检测动目标之前一般要进行杂波抑制,杂波抑制输出信号的信杂噪比是最小可检测速度的决定性因素。空时信号处理输出信杂噪比可表示为

$$\text{SCNR}_{out} = \text{SCNR}_{in} - L_p + G_{st} \qquad (2-129)$$

式中:SCNR_{in} 为由系统性能及场景决定的输入信杂噪比;L_p 为脉冲压缩等信号处理带来的处理损失;G_{st} 为空时处理得益(改善因子)。通常径向速度高的动目标具有较大的处理得益,容易被检测。而径向速度低的目标随着速度的变小,处理得益降低,甚至出现负得益,当低于检测阈值时则不能被检测。因此动目标的 MDV 则需根据系统参数、改善因子及检测 CFAR 阈值进行计算。

3. 方位测角精度

动目标的方位测角通常有两种方式,一是利用方位天线图的幅度调制特性进行质心定位,二是利用干涉测量来进行方位定位。前者通常应用于单通道

SAR/GMTI 系统，后者则应用于多通道 SAR/GMTI 系统。

对于单通道 SAR/GMTI 系统，天线一般工作在扫描模式。当波束完整扫过一个动目标，设天线波束为 θ 度，扫描速度为 ω，则扫过一个动目标的时间为 $T=\theta/\omega$。将完整时间 T 划分成 N 段，每段雷达天线波束对应方位角为 $\phi(n)$，$n=0\sim N-1$，在每段进行动目标检测。若动目标不在盲速区，理论上可以获得连续 N 个检测点及其对应幅度 $U(n)$。N 个检测点的动目标幅度 $U(n)$ 形成的幅度包络理论上和天线图一致。因此通过对这 N 点的波束方位角与幅度 $(\phi(n),U(n))$ 进行插值拟合，可得到更精确的最大幅度 $U(n_0)$ 点位置对应的方位角 $\phi(n_0)$，即动目标所在方位角。单通道 SAR/GMTI 的动目标定位误差主要取决于动目标 N 个检测点幅度特性和 N 的取值。一般情况下，方位测角的精度表达式为

$$\sigma_\alpha \max(B,V) \qquad (2-130)$$

式中：$B=\dfrac{k_1\theta}{\sqrt{N^x}}$，$V=\dfrac{k_2\theta}{x\sqrt{N}}$，$k_1$、$k_2$ 为常数，接近于 1，x 为动目标信噪比。

对于通道数为 M 的多通道 GMTI 系统，为了实现多通道杂波抑制和高精度干涉定位，通常将接收通道分成两组。为了优先确保动目标杂波抑制输出信杂噪比，分组的时候通常将通道号为 $1\sim M-1$ 的通道分为一组，通道号为 $2\sim M$ 的通道分为一组。此时两组接收通道空时处理输出的杂波抑制通道等效中心间距为 D_{ax}，则采用干涉法进行动目标方位定位的表达式为

$$X_a \approx \frac{\lambda R_c \phi}{2\pi D_{ax}} \qquad (2-131)$$

式中：ϕ 为干涉相位；R_c 为目标斜距；D_{ax} 为干涉基线长度。动目标方位测角的表达式为

$$\alpha_a = \arcsin\left(\frac{X_a}{R_c}\right) = \arcsin\left(\frac{\lambda \phi}{2\pi D_{ax}}\right) \qquad (2-132)$$

因此对于多通道 GMTI 系统，动目标方位测角主要与干涉相位有关。影响动目标干涉相位精度的最主要因素有两个：一是动目标所在像元的剩余背景杂波与噪声之和对动目标信号的影响；二是通道间校正后的残余相位误差。

4. 检测能力

动目标检测能力是发现概率、检测概率和虚警概率的综合。

动目标发现概率是从应用角度出发，对大量的运动目标能被检测到的比例进行的统计。在特定的动目标输入信噪比情况下，对于单通道 GMTI 系统，动目标因径向速度过低未能从主杂波区分离出来，或者因系统脉冲重复频率过低导致动目标信号方位频谱折叠落入主杂波区，均会导致动目标不能被检测。对于多通道 GMTI 系统，动目标径向速度过低会导致空时处理输出得益降低或负得

益,同时空时处理存在 PRF 盲速,发现概率可以定义为能被检测到的径向速度范围与 PRF 对应径向速度周期的比值。PRF 对应的径向速度周期为 $\dfrac{\text{PRF} \cdot \lambda}{2}$,结合动目标最小可检测速度的分析,动目标的发现概率可表示为

$$\eta = 1 - \dfrac{2 \cdot \text{MDV}}{0.5\text{PRF} \cdot \lambda} = 1 - \dfrac{4 \cdot \text{MDV}}{\text{PRF} \cdot \lambda} \qquad (2-133)$$

式中:PRF 为脉冲重复频率;MDV 为系统最小可检测速度;λ 为系统波长。

通常情况下关心的是在一定虚警概率下的目标检测概率,检测概率和虚警概率要求会影响 GMTI 系统信噪比与检测阈值等参数设计。

2.6.2 海面动目标检测模式

海面动目标检测(Marine Moving Target Indication,MMTI)模式对海面运动目标(如舰船、快艇、渔船等)进行探测,获取海面舰船目标的位置、速度、行进方向等信息,实现对海面目标的检测、跟踪和定位。

海面动目标的工作模式主要分为两种:一种是海面广域搜索模式;另一种是海面警戒监视模式。

海面广域搜索模式如图 2-52 所示,对海面进行大范围探测,获取广域范围内的海面舰船目标信息,对运动舰船目标建立航迹,同时保留海岸、岛屿等静态地标参照物。

图 2-52 海面广域搜索模式工作原理示意图

海面警戒监视模式如图 2-53 所示,是在海面广域搜索监视模式搜索到重点目标或进入重点海域的基础上,选择一个或若干个小范围重点海域,将天线波束中心对准监视的区域中心位置,选择扇扫角度,对重点目标或重点海域进行监视。在标准的工作状态下,雷达天线通过方位扫描对重点海域进行一定角度范围内的持续监视,对疑似目标进行高分辨率成像,获取目标的 ISAR 图像,并提供目标的二维轮廓和长宽尺寸。

1. 信号特征

在海面动目标检测模式下,目标信号特征与地面动目标模式类似,其多普

图 2-53　海面警戒监视模式工作原理示意图

勒特征相对静止目标有一个额外的多普勒频率偏移量,该偏移量与目标的相对径向运动速度成正比。

海面动目标检测与地面动目标检测的区别在于海杂波的特殊性。由于海面受到风力作用,海浪杂波存在着丰富的多普勒频移分量。海浪各散射体的径向速度具有一定的分布,使得海浪杂波的多普勒频率也有一定的分布。海浪杂波的多普勒频谱宽度直接和海况相关,海况越大,海杂波的频谱越宽。通常情况下,海杂波的多普勒频谱宽度可表示为

$$\sigma_f = \frac{2\sigma_v}{\lambda} \tag{2-134}$$

式中:λ 为雷达工作波长;σ_v 和 σ_f 为速度和频率的标准差。

根据海浪杂波的多普勒频谱宽度,就可以得出海浪杂波的去相关时间为 $\frac{\lambda}{2\sqrt{2\pi}\sigma_f}$。一般情况下,海浪杂波的去相干时间要远大于雷达脉冲重复周期,因此,在相邻的脉冲回波中,海浪杂波是相关的。

为了抑制海杂波,常用的方法是采用频率捷变技术,它是利用频率捷变条件下目标回波和海杂波在统计特性上的区别,降低目标和杂波的相关性,提高目标的积累得益。此外,频率捷变对目标的起伏也有影响,加快了回波起伏的速度,使其由慢速起伏(天线扫描期间不相关)变化为快速起伏(脉冲与脉冲之间不相关)。

通过采用合适的频率捷变规则,可以有效提高对海面目标的检测能力。由于目标的频率相关性与目标的径向尺寸有关,一般频率捷变的频率之差应至少大于一个波程差,则目标去相关的频率间隔为

$$\Delta f > \frac{c}{2d} \tag{2-135}$$

式中:c 为光速;d 为目标径向尺寸。

在频率捷变的情况下,积累得益主要来自于去除了固定频率下的起伏损失。频率捷变的增益 G_{FAT} 与积累脉冲数 N_e 及检测概率有关。捷变频增益不但

是积累脉冲数的函数,而且也是所要求的检测概率的函数;所要求的检测概率越高,要求增益也越大。一般情况下,当积累脉冲数超过一定数量时,其增益就趋向一个极值而不再增加。这一关系可以用经验公式准确地表示,即

$$G_{\text{FAT}} = [L_f(1)]^{1-\frac{1}{N_e}} \quad (2-136)$$

式中:$L_f(1)$ 为与发现概率有关的单脉冲起伏损失。

2. 作用距离

在 MMTI 模式下,海面目标主要是舰艇和船只,此时海杂波和视距限制是影响探测距离的主要因素。一般情况下,雷达采用脉冲体制,影响检测的主要因素是信号与杂波加噪声的比值,即信杂噪比(Signal to Clutter and Noise Ratio,SCNR)。

与信噪比计算类似,可以求出波束照射范围内一个脉冲所覆盖的海面杂波回波与噪声功率之比(杂噪比),它同样是距离 R 的函数

$$C/N = \frac{P_{av} G_t(\theta,\phi) G_r(\theta,\phi) \lambda^2 \sigma_c}{(4\pi)^3 KT_0 F_n C_B L_s R^4} \quad (2-137)$$

式中:P_{av} 为平均发射功率;$G_t(\theta,\phi)$ 为发射天线增益;$G_r(\theta,\phi)$ 为接收天线增益;λ 为系统工作波长;K 为波耳兹曼常数;T_0 为系统噪声温度;C_B 为带宽失配因子;L_s 为系统损耗;R 为作用距离;σ_c 为海杂波的雷达截面积,即

$$\sigma_c = R\sigma_{c0}\theta_a \left(\frac{c\tau}{2}\right) \sec\psi \quad (2-138)$$

式中:θ_a 为水平波束宽度;c 为光速;ψ 为擦地角;σ_{c0} 为对应不同擦地角的海面反射系数,其值与具体海情有关。

通过以上获得的杂噪比 C/N 及信噪比 S/N,即可求出不同距离下的回波信号的 SCNR,即

$$\text{SCNR} = \frac{S/N}{C/N + 1} \quad (2-139)$$

输出 SCNR 与要求的检测力因子对比,即可计算出雷达的作用距离。

3. 检测概率和虚警概率

海杂波特性受到风力、风向、雨水、浪涌、洋流等众多自然因素的影响,还取决于雷达系统的工作体制,如工作频段、采样率、工作带宽、发射脉冲宽度、极化方式、入射角度等。一般情况下,海面目标检测方法是基于统计信号理论的研究,通过大量实测数据拟合出不同环境下的海杂波统计分布模型,再根据统计分布模型的特征推导最优(或次最优)的恒虚警(Constant False Alarm Rate,CFAR)检测算法,从而实现对海杂波背景下的目标检测。

通常情况下,海杂波幅度一般服从瑞利分布、韦布尔分布、对数正态分布和 K 分布等。

2.6.3　空中动目标检测模式

空中动目标检测(Airborne Moving Target Indication,AMTI)模式主要探测空中运动目标,如飞机、导弹等,获取飞行目标的运动信息,如图 2-54 所示。检测背景中,地杂波与海杂波是不同,地杂波的强度非常大,从接收信号的时域上看,目标回波被地杂波完全淹没。地杂波是一种表面散射杂波,它的强度与雷达工作频率、雷达主波束的照射区域、雷达发射功率、天线的主副比、天线波束的入射角、单位面积上杂波的后向散射系数等因素有关。

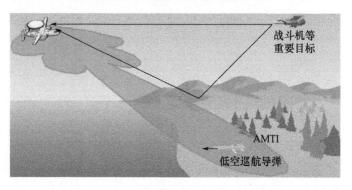

图 2-54　空中动目标模式示意图

机载 SAR/AMTI 系统对空中动目标检测的工作模式主要分为三种:边扫描边跟踪模式、搜索加跟踪模式、目标跟踪模式。

边扫描边跟踪(Tracking While Scan,TWS)模式在连续跟踪目标的同时,还继续对所有空域进行搜索,对搜索检测到的目标进行跟踪滤波,从而实现多目标同时跟踪。

搜索加跟踪(Tracking And Scan,TAS)模式根据雷达工作的需要同时进行搜索和跟踪任务,二者相互独立。与 TWS 不同的是,TAS 的搜索、跟踪数据率是不同的,而且对于跟踪不同的目标也可能是不同的。搜索加跟踪模式一般要求系统具有波束任意指向的捷变控制能力。

目标跟踪(Target Tracking,TT)模式可以细分为单目标跟踪(Single Target Tracking,STT)和多目标跟踪(Multiple Target Tracking,MTT)。STT 是对某个确定的目标或重点观测的目标进行跟踪,跟踪数据率非常高,所有的雷达资源都分配到该任务上,以保证能够按照足够的数据率来完成跟踪任务。MTT 是对多个确定的目标进行跟踪,一般来说,不同目标的重要等级可能是不同的,所分配的跟踪时间也是有差别的。

1. 信号特征

雷达探测空中目标时,主波束打地,主瓣杂波强;且波束地面脚印大,主瓣内距离模糊,在距离维度上目标被杂波淹没,仅从时域无法检测出目标,必须利用目标与杂波在速度维(频域)上的差异进行目标检测,即采用脉冲多普勒(Pulse Doppler,PD)雷达体制。

目标与雷达平台的相对位置和速度,决定了目标回波信号与杂波信号在距离-多普勒二维谱上的相对关系,也直接影响雷达的探测性能。由于星载雷达平台的运动速度非常高,远远大于机载运动平台,因此,机载 AMTI 和星载 AMTI 的信号特征有较大差别。这里以星载 AMTI 为例,介绍 AMTI 模式下的杂波特征。

图 2-55 给出了星载 AMTI 模式下杂波的多普勒示意图。可以看出,在不考虑地球自转的条件下,地面任意点反射的杂波多普勒频移为

$$f_{\text{dCmax}} = \frac{2v_{\text{R}}}{\lambda} \cos\theta_{\text{cone}} \qquad (2-140)$$

式中:v_{R} 为雷达平台运动速度;λ 为波长;θ_{cone} 为杂波散射点与卫星之间的连线与卫星速度之间的夹角,即锥角。

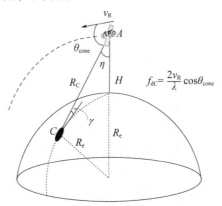

图 2-55 星载 AMTI 模式杂波多普勒示意图

由式(2-140)可以看出,当杂波散射点位于卫星运动轨迹地面投影曲线上,即图 2-55 中 AC 与 v_{R} 在同一个平面内,且杂波距离 R_{c} 等于视距时,其具有最大的杂波多普勒频率,即

$$f_{\text{dCmax}} = \frac{2v_{\text{R}}}{\lambda} \cos\theta_{\text{cone(min)}} = \frac{2v_{\text{R}}}{\lambda} \sin\eta_{\text{max}} = \frac{2v_{\text{R}}}{\lambda} \frac{R_{\text{e}}}{R_{\text{e}} + H} \qquad (2-141)$$

因此副瓣杂波范围为 $\left(-\frac{2v_{\text{R}}}{\lambda} \frac{R_{\text{e}}}{R_{\text{e}} + H}, \frac{2v_{\text{R}}}{\lambda} \frac{R_{\text{e}}}{R_{\text{e}} + H}\right)$。

在图 2-56 中,在天线主瓣照射方向与卫星平台速度方向所成锥角 θ_{cone} 给定的情况下,给出了目标在某一个给定平面(该平面区域与地面平行)内,但飞行方向不同时的几何关系示意图。此时,目标多普勒频率为

$$f_{\text{dT}} = \frac{2v_{\text{T}}}{\lambda} \cos\alpha\cos\gamma + \frac{2v_{\text{R}}}{\lambda} \cos\theta_{\text{cone}} \qquad (2-142)$$

式中：v_T 为目标运动速度；α 为 v_T 与 TD 之间的夹角；γ 为 AT 与 TD 的夹角；T 为目标位置；TD 为雷达到目标 AT 的视线在目标所在平面的投影。由于在给定主瓣照射方向时，θ_{cone} 为固定值，因此 $\dfrac{2v_R}{\lambda}\cos\theta_{\text{cone}}$ 为常数。对目标多普勒的分析，重点在于对 $\dfrac{2v_T}{\lambda}\cos\alpha\cos\gamma$ 的分析。

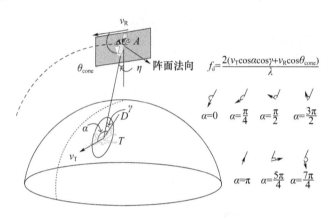

图 2-56　目标多普勒结构关系示意图

由上述分析可知，在星载平台的动目标检测条件下，由于地杂波覆盖的多普勒频率非常宽，使得目标检测区域大多都在很强的地/海杂波内，为了检测目标需先采用杂波抑制算法（如空时二维自适应处理（STAP）等）进行杂波抑制，再进行目标检测。

在杂波抑制过程中，需要选择适当的脉冲重复频率来有效提高雷达系统的杂波抑制能力，通过优化重频选择，一方面可以减少距离、速度的检测盲区，另一方面可以降低杂波强度，提高空时处理的杂波抑制效果。低重复频率的盲速区域较大，通常不具有速度测量的能力；中重复频率在距离和速度上都存在不同程度的模糊，距离模糊次数少于高重复频率，受副瓣杂波影响较大，在距离多普勒二维谱上存在明显的弯曲杂波区域；高重复频率在速度上没有模糊，但在距离上的模糊次数较多，虽然不会产生弯曲杂波，但主瓣杂波区域展宽，会影响到低速目标的检测，因此高重复频率通常应用于远距离、高速运动目标的检测。

2. 空中目标作用距离

对空中目标探测时，面临强地/海杂波环境，需要在距离多普勒二维谱上先抑制杂波再检测目标。因此，星载 AMTI 雷达对空中目标探测时一般采用脉冲多普勒体制。当雷达在副瓣杂波区检测目标时，雷达的探测距离主要取决于信号和杂波及噪声之和的比值，此时得到雷达作用距离方程为

$$R_{\max}^4 = \frac{P_{av}G^2\lambda^2\sigma_t}{(4\pi)^3 L_\Sigma kT_0 B_d F_n \left(\dfrac{S}{C+N}\right)_{\min}} \quad (2-143)$$

式中：P_{av} 为平均辐射功率；L_Σ 为雷达系统总损耗；B_d 为多普勒滤波器带宽；$\left(\dfrac{S}{N}\right)_{\min}$ 为多普勒滤波器输出的最小可检测信噪比；C 为杂波功率。杂波背景下的作用距离计算一般采用自由空间作用距离乘以一个由杂噪比 C/N 所导致的衰减因子 α 的方法，衰减因子 $\alpha = 1/\sqrt[4]{1+C/N}$。

3. 动目标最小可检测径向速度

AMTI 雷达系统直接测量到目标的多普勒速度，这个速度为目标速度在目标与雷达视线上投影的速度，通常称为目标的径向速度。该模式下杂波与目标竞争，为了检测目标需先采用杂波抑制算法（如脉冲多普勒（Pulse Doppler，PD）处理/空时自适应处理（Space-Time Adaptive Processing，STAP））进行杂波抑制，再进行目标检测。由于主瓣杂波具有一定的宽度且杂波能量大，通常在主瓣杂波频谱的一定范围内，即使采用杂波抑制算法处理后的信杂噪比仍然达不到检测要求，此时杂波谱分布与具体的算法设计决定了雷达系统的最小可检测速度。由目标径向速度及最小可检测速度对应的速度不可检测区的示意图如图 2-57 所示，其中目标径向速度为

$$v_r = v_T \cos\alpha \cos\gamma \quad (2-144)$$

假设以 $v_r^{detect\_min}$ 表示系统的最小可检测速度，那么对于以速度 v_T 飞行的空中目标，在给定擦地角 γ 的情况下，可以求解出目标的不可测飞行角度范围：

$$\begin{aligned}\alpha_1 &= \arccos \frac{v_r^{detect\_min}}{v_T\cos\gamma} \\ \alpha_2 &= \arccos \frac{-v_r^{detect\_min}}{v_T\cos\gamma}\end{aligned} \quad (2-145)$$

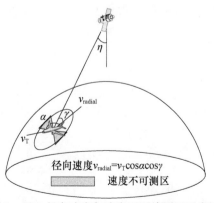

图 2-57　径向速度与速度不可检测区示意图

2.7 SAR 总体设计关键要素

2.7.1 天线罩

天线罩是一种保护天线或者雷达免受自然环境不利因素影响的罩壳。天线罩提供了一个界面,既保持了结构和空气动力特征,又保证了对天线的电气特性影响最小。天线罩是由天然或人造电介质材料制成的,或由桁架支撑的电介质壳体构成的一定形状电磁窗口。

地面和舰船上的天线罩,主要作用是保护雷达系统免受强风、酸雨、大雪、冰雹和烈日等产生的破坏性影响,保证系统有良好的工作环境并延长整个系统的寿命。航空飞行器上使用天线罩,在满足气动外形的前提下,能够在更恶劣的环境中,保持较高的结构强度,为雷达提供较好的环境,从而保证飞行器中雷达的正常工作。

1. 天线罩分类与性能

根据不同的特点和用途,天线罩可以分为以下几大类。

按照使用场合分类,天线罩可以分为航空天线罩、导弹天线罩、地面及舰载天线罩等。

按照结构形式分类,天线罩可以分为桁架式和薄壳式两大类。桁架式天线罩采用自行支撑式结构设计,整个结构由坚固的金属或介质材料刚性骨架结构覆盖可透波的薄膜或多层蒙皮。桁架式天线罩主要应用于大型的地面和舰载天线保护。薄壳式天线罩采用均匀或近似各向同性的电介质材料,一般构成平滑的被截割的球体或其他形状。薄壳式天线罩可分为刚性和充气式。

按照罩壁的横截面厚度和结构分类,天线罩可以分为均匀单层罩、A 夹层罩、B 夹层罩、C 夹层罩、多夹层罩,如图 2 - 58 所示。其中单层罩又可分为单层薄壁罩和单层半波长罩。薄壁罩是指罩壁的电气厚度小于 $\lambda/20$ 的情况;半波长罩是指罩壁的最佳电气厚度对应于相应的特定频率入射角为 θ 时,在介质材料中接近半波长的倍数。两者的反射系数一般都较小。单层罩可在较大的入

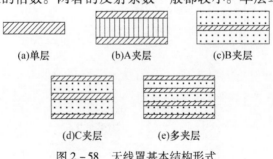

图 2 - 58 天线罩基本结构形式

射角范围内保持较大的透波系数和均匀的插入相移,它的特点是频带较窄、重量较轻。

A 夹层罩是由两层结构上比较致密、厚度很薄的蒙皮和一层较厚的低密度芯层组成的,芯层的厚度满足使内外蒙皮的反射基本相互抵消。A 夹层具有高的强度与重量比,多用于尺寸较小飞行器上的鼻锥形天线罩或是流线型吊舱天线罩。只要入射角不大于 70°,垂直和水平极化的传输系数,插入相移均可同时满足特定要求,从而实现较大功率传输和较低副瓣电平。

B 夹层罩是由两个具有适当介电常数、厚度的外蒙皮和一个匹配的高介电常数的芯层组成的,其夹层可等效为具有 1/4 波长外蒙皮的无反射透镜。但是,芯层的高介电常数材料通常增加了罩体的重量,相对于 A 夹层罩,B 夹层罩最大的优点是可以实现宽带特性。

C 夹层罩是由一个五层结构,包括两个蒙皮、一个中心蒙皮和两个中间芯层组成的。C 夹层罩透波性能较好,可在较大的入射范围内获得较高的传输性能,它可用于流线型罩。但是,插入相移随着入射角的变化剧烈,对天线的副瓣电平影响较大,仅适合于结构强度要求高的场合。

多夹层罩结构应用于高强度、宽频带和大入射角范围要求的情况时,往往采用七层、九层、十一层或更多层的复合夹层。

在天线罩的电气性能计算和评估中,往往使用以下一些电性能指标进行分析和比较:

(1) 传输系数。又称为天线罩透波率,在给定工作频段和天线一定的波束扫描角情况下,电磁波通过天线罩后,天线接收到的最大功率与没有天线罩时天线直接接收到的最大功率的比值,这个比值定义为传输系数。

(2) 插入相移。定义为透波射频电磁波的相位相对于不加天线罩时在同一点上的相位差。

(3) 闪烁瓣。闪烁瓣又称为反射瓣,它是天线波束扫描在罩介质壳体反射而在某一方向上形成的副瓣。因为随着天线在罩内连续的机械扫描或电子扫描,会引起天线辐射方向图的副瓣位置和幅度变化,这种副瓣定义为闪烁瓣。

(4) 瞄准误差。由于天线罩的影响,天线辐射的电磁波透过天线罩时,其幅度和相位特性发生畸变,导致在无限远处沿天线电轴方向与天线实际电轴方向之间的差值,这种差值定义为瞄准误差。

除了上述参数外,还有交叉极化电平、差波束零深抬高、波束宽度变化、平均副瓣电平变化和天线驻波系数等。

2. 天线罩分析方法

天线罩电性能分析方法主要有高频方法[24]、低频方法[25]以及混合方法[26]。高频方法的计算效率高而计算精度低;低频方法的计算精度高而计算效率低;混合方法是将高频和低频方法结合起来,优势互补,解决效率和精度兼顾的问题。

高频方法主要有几何光学法(Geometric Optics,GO)和物理光学法(Physical Optics,PO),主要用于解决电大尺寸天线罩的电性能分析问题,如10个波长或是更大尺寸的天线罩。基于几何光学近似的射线跟踪法(Ray Tracing ,RT)在早期的天线罩电性能设计和分析中被广泛采用。物理光学法是在几何光学法的基础上提出的根据入射电磁场来计算表面电磁流的一种高频方法,它适用于散射结构的曲率半径远大于波长的情况,主要有口径积分—表面积分法(Aperture Integration – Surface Integration,AI – SI)和平面波谱表面积分法(Plane Wave Spectrum – Surface Integration,PWS – SI)。

低频方法主要有矩量法(Mothod of Moment,MOM)和时域有限差分法(Finite – Difference Time – Domain Method,FDTD)等,这些方法的计算精度较高,但是计算量较大,计算效率低,一般只适用于电小尺寸天线罩电性能的分析计算。MOM法首先根据模型建立相应的积分方程,然后选择适当的基函数和检验函数建立矩阵方程来求解电磁辐射或散射问题。FDTD法直接以有限差分格式代替麦克斯韦微分方程,得到关于场分量的有限差分式,并用具有相同电参量的空间网格去模拟被研究对象。然后,选取合适场的初始值和计算空间的边界条件,得到含有时间变量的麦克斯韦方程的四维数值解,并且通过傅里叶变换还可以求得三维空间的频域解。

混合方法是将高频和低频方法结合起来,对天线罩口径的形式没有限制,可用于任意口径。对于机载火控雷达天线罩、SAR天线罩和宽带天线罩来说,罩内天线口径可以是任意形状,在计算这些天线罩的电磁特性时,混合方法是一种有效而实用的方法。

3. 机载SAR天线罩

一般情况下,机载SAR分两大类:一类是雷达重量在15~200kg之间,这类雷达作用距离相对较近,装载平台大多数是中小型无人机、直升机或者小型有人机。雷达天线通常安装在飞机机身的正下方,天线在方位上可以进行360°转动,在俯仰上大多数是机械转动,也可以是一维相扫。这类雷达的天线一般口径尺寸较小,通常小于0.8m(方位)×0.5m(俯仰),选择的天线罩形状大多数是圆柱形,天线罩底部形状是球冠形。

另一类是雷达重量在200~1000kg之间,有时会超过1000kg,这类雷达的作用距离较远,载机一般是中型有人机或者大型无人机,天线一般安装在载机机身的两侧,或者机身的正下方,这类雷达的天线在方位和俯仰上都能够进行电扫描。如果天线安装在机身的正下方,同时,满足雷达左右侧视工作,一般在俯视上采用机械(转动 180°)加电扫描方式来实现,这类雷达的天线口径较大,方位上长度在 0.4~12m 之间,天线罩形状大多数选择船形。

针对上述两类机载 SAR 天线罩,重点关注以下几个方面。

从理论上来讲,通过优化设计,机载天线罩有改善气动外形的作用。针对本书讨论的两类天线罩,很难实现这一点,这两类天线罩的引入,将会增加飞行阻力,因此,在天线罩设计过程中,要加强对飞机总体设计的沟通和讨论,并进行多次迭代,尤其加强理论仿真和风洞实验。

机载圆柱形天线罩属于法向入射(电磁波对罩壁的入射角小于 30°)的天线罩,这类天线罩设计较为简单,多数使用 A 夹层结构,对于机载 SAR 系统来说,A 夹层天线罩可提供足够的强度,且重量轻,电性能好。

机载船形天线罩属于大入射角(天线波束通常进行 ±60°扫描)天线罩,在大多数情况下,也采用 A 夹层天线罩。由于 A 夹层对极化很敏感,当垂直极化与水平极化有较大的相位差时,A 夹层天线罩的透波性能将显著降低。大入射角天线罩设计难度较大,往往会严重影响天线性能。

这两类天线罩在设计时,要充分考虑天线罩的刚度和强度,以便在恶劣条件下,天线和天线罩都能稳定正常工作。设计时,要重点考虑飞机在爆胎等极端情况下,天线罩与天线之间的几何关系;如果天线要进行大角度(±45°以上)扫描,设计时要考虑天线罩适应天线波束宽角扫描。

这两类天线罩一般不进行气密设计,在 20km 以下的空中,天线不会出现打火现象,即使天线采用集中馈电大功率传输线方式,也可以采用局部增压方式解决大功率打火问题。

4. 弹载 SAR 天线罩

导弹天线罩是导弹上一个特殊舱段,它既是导弹弹体的一个完整的舱段——导弹的头部,又在系统中起到保护导引头天线的作用,所以,它不但要满足导弹气动外形、导弹飞行时所承受的热载荷、机械载荷及恶劣环境的要求,还要满足导弹控制回路的电性能的要求。在制导系统中,天线罩的传输系数和瞄准误差十分敏感地依赖于材料的介电性能及其与温度、频率等关系。在超高声速飞行的环境条件下,气动加热使天线罩罩壁的温度急剧升高,瞬时加热速率可高达 120℃/s(不同弹道温度的变化不同),温度高达 1200℃,在导弹速度为马赫数 8~12 时,弹头局部温度达到 4000~8000℃。导弹天线罩所使用的材料大都是无机材料[27],如微晶玻璃、石英陶瓷、氧化铝陶瓷等,这些材料的介电常数和损耗角正切都是温度的函数,如石英陶瓷材料的介电特性变化,如图 2-59 所示。

材料介电性能的变化,最终影响到天线罩的电性能,图 2-60 给出了某型天线罩电性能随温度的变化关系。

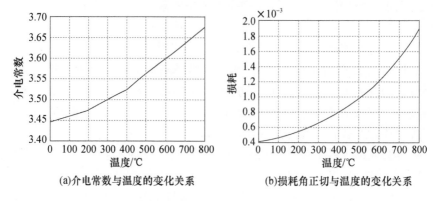

图 2-59 石英陶瓷材料的介电特性与温度的变化关系

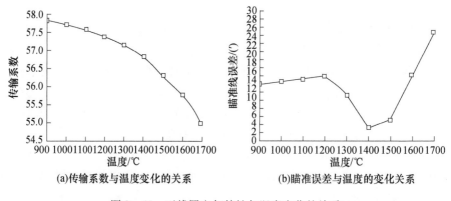

图 2-60 天线罩电气特性与温度变化的关系

1) 天线罩设计特点

弹载 SAR 天线罩在电信分析方法和理论基础上,与常规的天线罩没有区别,但在天线罩设计的系统考虑和工程实现上有自己的特点,这主要是弹载 SAR 天线罩通常都在各种温度下使用,有些在 1200℃ 以下使用,有些在 1200℃ 温度以上使用,环境条件差异很大,例如,常温下天线罩的透波率为 90%,在 800℃时,由于高速高温的影响,天线罩出现"烧蚀"现象,天线罩的透波率迅速降为 60%。在高温情况下,天线罩出现损耗的大幅增加,主要是由电极化损耗和迎风面材料物性变化所引起的。

在高速飞行环境下,材料厚度方向上存在极大的温度差,甚至发生物态变化,材料在不同的温度和物态下具有不同的介电特性,即介电常数和正切损耗发生了变化[28,29]。

天线罩外形设计。既要保证导弹空气动力学性能,又要保证天线罩雷达电性能,尤其要考虑导弹整个飞行过程的环境变化要素。

天线罩设计要关注导弹的飞行高度、飞行速度、飞行轨度等参数,合理地设计透波率等参数。在导弹飞行过程中所经历的温度范围内,综合设计透波率的分布,尽可能在雷达工作期间,有较为理想的透波率。

在选择天线罩材料时,不仅考虑电性能和材料的环境适应性,也要考虑天线罩的成形工艺、抗冲击性能和成本等。

2) 天线罩性能评价

高温下天线罩性能评价是非常重要的,传统天线罩的电性能评价主要是利用天线罩电性能测试系统进行天线罩常温条件下的测试,这样的测试无法模拟天线罩在高速飞行时的真实情况。高温条件下天线罩电性能的测试主要是在传统天线罩电性能评价系统的基础上,增加了天线罩加热系统,按照加热源以及方法的不同,高温条件下电性能的评价主要有以下几种方法。

(1) 石英灯加热评价法。该方法是通过石英灯加热器对天线罩进行加热来模拟超高声速导弹天线罩在飞行条件下的工作环境。考虑到测试精度,不可能在加热条件下对天线罩进行实时测量,因此,影响了测试的实用性。

(2) 太阳能加热评价法。太阳能电性能评价系统是利用太阳能作为热源,能进行实时测量,可提高测试精度。

无论是采用石英灯加热系统还是太阳能加热系统都需要花费较高的费用,科研人员一直在探索和研究采用软件评估法对超声速导弹天线罩电性能随温度的变化情况进行评估。

(3) 软件评估法。软件评估法是利用仿真软件对天线罩的电性能进行综合评价,其中,天线罩材料的介电常数、损耗角正切随温度变化特性作为仿真软件的输入参数,通过软件仿真,提取出天线罩的功率传输系数、瞄准误差和瞄准误差斜率随温度的变化情况。参数输入:输入天线工作频率、中心位置、方向图波束宽度、差波束分离角、天线罩材料电性能随温度变化等参数;根据输入参数,利用以射线理论为基础编制的仿真软件对天线罩电性能进行仿真。

3) 天线罩材料

由于陶瓷材料具有较高的力学性能、适宜的介电性能及较好的耐热性能而成为天线罩的首选材料之一[30]。除耐高温性能外,对天线罩材料的基本要求还包括:

(1) 透波性能。一般情况下,在 0.3~300GHz 范围内,电磁波单向透过率大于 70%。

(2) 稳定的高温介电性能。具有较低的介电常数($\varepsilon_r < 10$)和正切损耗 $\tan\delta < 10^{-2}$,ε_r 不随温度变化有明显的变化(如温升 100℃,ε_r 变化小于 1%),便保证在气动加热条件下,尽可能不失真地透过电磁波。

(3) 较低的线膨胀系数。瞬时的急剧温升在罩壁产生相当大的温度梯度,导致高的热应力,天线罩材料线膨胀系数过高将直接导致天线罩变形或损毁。

(4) 抗粒子云侵蚀。导弹飞行时,受到粒子云撞击,使天线罩表面变得粗糙不平。既影响天线罩的结构性能,使气动加热更为严重,又改变了天线罩的壁厚分布,影响其他性能。抗粒子云侵蚀是天线罩的一项重要性能。

重要的无机材料体系有以下几种:

(1) 氧化铝体系。氧化铝是最早应用于天线罩的氧化物陶瓷,其主要优点是强度高、硬度大、不存在雨蚀的问题,缺点在于热膨胀系数和弹性模量高将导致抗热冲击性能差,介电常数高并随温度变化过大将导致壁厚容差要求高,给天线罩加工带来困难。

(2) 微晶玻璃体系。微晶玻璃具有天线罩所需的综合性能:介电常数低、损耗小、耐高温、高强度、膨胀系数低,以及介电常数随温度和频率的变化不大,但其工艺复杂,成型和晶化处理难以控制。微晶玻璃高温天线罩材料已经成功应用于超声速中低空防空导弹天线罩上。

(3) 二氧化硅体系。二氧化硅材料主要是指石英玻璃、石英陶瓷材料与石英纤维织物增强二氧化硅复合材料,作为天线罩用材料,它的主要优点在于介电常数和介电损耗小、热膨胀系数低、稳定性好、熔点较高。石英陶瓷材料天线罩可以适合飞行速度在 Ma 数为 $3\sim5$ 的导弹,对于短时间高马赫速飞行的天线罩可以采用纤维增强的二氧化硅基复合材料。

(4) 氮化硅系。氮化硅基陶瓷是综合性能最好的材料之一,不仅具有优异的机械性能和热稳定度,而且具有较低的介电常数,它的分解温度为1900℃,能承受 Ma 数为 $6\sim7$ 飞行条件下的抗热和抗震。

(5) 氮化硼体系。氮化硼陶瓷具有比氮化硅陶瓷更好的热稳定性和更低的介电常数、介电损耗,它是为数不多的分解温度能达到3000℃的化合物之一,而且在很宽的温度范围内,具有极好的热性能和电性能的稳定性,但其机械强度偏低,抗雨蚀性不足,限制了其在天线罩上的应用。但是,采用氮化硅与氮化硼的复合制备材料具有更稳定的热物理性能、低介电常数和更高的力学性能,完全能承受高马赫飞行条件下对天线罩材料防热、承载、透波的要求。

陶瓷材料性能比较如表 2-3 所列。

表 2-3 陶瓷天线罩材料性能比较

性能	氧化铝	微晶玻璃	二氧化硅	氮化硅	氮化硼
常温密度/(g/cm^3)	3.9	2.6	2.2	3.2	2.0
常温弯曲强度/MPa	275	233	43	171	100
常温弹性模量/GPa	370	120	480	98	70
泊松比(0~800℃)	0.28	0.24	0.15	0.26	0.23

(续)

性能	氧化铝	微晶玻璃	二氧化硅	氮化硅	氮化硼
热传导系数	37.7	3.77	0.8	8.4	25.12
线膨胀系数/(10^{-6}/℃)	8.1	5.7	0.54	2.5	3.2
吸水率/%	0	0	5	20	0
抗热震性能	一般	较好	好	很好	很好
耐水性	很好	好	不好	较好	很好
高温稳定性	一般	一般	较好	好	很好

从表2-3可以看出，陶瓷材料具有较高的力学性能和较好的耐热性能，并具有适宜的介电性能，因此，陶瓷材料已成为导引头天线罩的首选材料之一。

先进导弹天线罩、高速飞行器材料必然向集耐高温、承载、透波和抗烧蚀等功能于一体，以及高强、轻质和薄壁的方向发展。基于新型高温陶瓷材料体系，开展低成本高性能的陶瓷基复合材料研究，或者从天线罩结构考虑，进行多层罩壁结构设计与制备的研究，制备宽频带高透波率导弹天线罩是今后发展的方向。

2.7.2 系统高效率

与其他平台相比，星载SAR对系统的高效率要求更严格，天线效率、T/R组件效率等参数与星载SAR系统指标密切相关。本节主要讨论与平台供电能力有关的雷达系统设计。

1. 高效率天线

对于阵列天线，设计的基本输入条件是天线的增益和方向图。天线增益由雷达正常工作所需的最小信噪比决定，其大小取决于天线面积和效率，在天线面积一定的情况下，效率的高低决定着增益的大小，同时，天线的长度和宽度必须满足系统模糊度、方位分辨率和观测带的要求。

大多数星载SAR天线都是以子阵为基本单元，根据SAR系统的需要及结构安装、折叠和展开等功能需要，将多个天线子阵，通过馈电激励/定标功分网络、电源、波控、延时线等组成结构和功能上相对独立的电气板——有源子阵模块。根据需要，再由这种独立的有源子阵模块在水平或垂直方向进行模块化组合，可任意扩展成所需的大型天线阵列，如图2-61所示。图2-61中给出了三种组合例子：二维大范围扩展、一维大范围加一维小范围扩展和一维扩展。

典型应用实例TerrSAR-X的双极化有源相控阵天线[31]，天线扫描范围是：±20(°)/距离向，±0.75(°)/方位向。其方位向包含12个长为400mm的有源线阵，每个线阵由一对16单元双极化波导裂缝阵和一个双极化T/R组件构成，距离向32行双极化线阵，间距为22mm。天线阵在方位向和距离向扫描

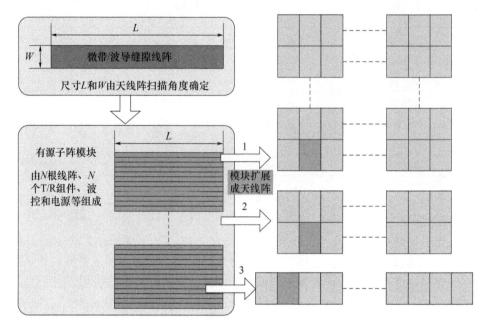

图 2-61　星载 SAR 天线模块化结构

到最大范围时,辐射方向图如图 2-62 所示,在方位向由于子阵的使用,天线扫描出现了栅瓣,如图 2-62(a)所示,该栅瓣值大小取决于聚束模式下方位模糊度的限制。

对于阵列天线而言,辐射天线主要有印刷振子天线、微带贴片天线、波导裂缝天线和开口波导等。对于印刷振子天线,具有宽带性能,单元带宽可以达到 50%,但是,由于天线单元剖面较高,子阵设计时,结合功分网络,天线的厚度将进一步增加,另一方面由于天线传输线形式的固有缺陷,天线效率较低,因此印刷振子天线通常不用在星载 SAR 系统中。

(1) 微带贴片天线阵。微带天线具有剖面低、体积小、重量轻、便于与有源器件集成等优势。目前,微带天线已经解决了带宽问题,通过多层和背腔等结构,微带贴片单元可以实现 20% 的带宽。在微带贴片天线线阵设计过程中,另一个重要的方面是馈电网络的选择,网络的选择需要与贴片天线相对应。对于分辨率较低的窄带天线阵,微带线阵可以采用串馈方式,这种馈电方式损耗低,网络占用空间小,但带宽相对较窄。而对于高分辨率 SAR 中的宽带天线,为了实现宽带特性,就需要并馈网络来实现宽阻抗带宽和方向图带宽,其缺点是损耗较大,网络占用空间大。

图 2-63(a)中是 X 波段双极化微带天线阵[32],天线阵由 16 根 16 单元子阵平行排列构成,天线单元采用双层贴片形式,拓展单元带宽,16 单元的子阵采用串并结合的馈电方式,拓展馈电带宽,天线阵带宽达到 1.3GHz。图 2-63(b)

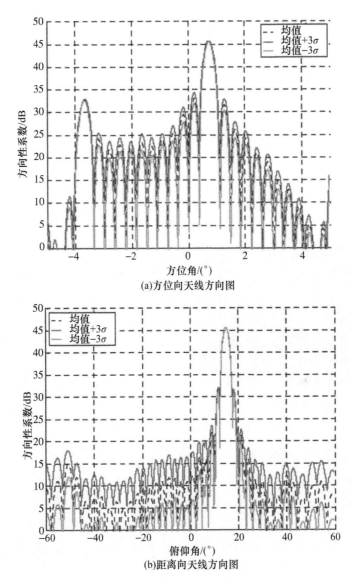

图 2-62　TerrSAR-X 两个主面最大扫描角时天线阵方向图

给出了天线阵效率测试结果,可以看出 1.3GHz 带宽内双极化阵效率大于 48%,平均效率达到 50%。

图 2-64(a)给出了一种 X 波段背腔式宽带单层微带贴片天线阵,16×16 单元一体化加工,子阵单元数为 8 个,即阵面由 14 行两列子阵构成。图 2-64(b)则给出了天线增益效率测试结果,在 9.0~10.2GHz 的 1.2GHz 范围内天线效率大于 65%,平均效率接近 70%,在 8.9~10.3GHz 范围内效率大于 60%。

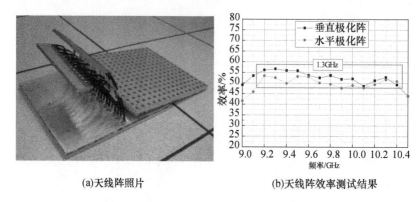

(a)天线阵照片　　　　　　　(b)天线阵效率测试结果

图 2-63　双极化双层微带贴片天线阵

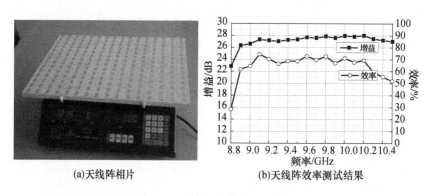

(a)天线阵相片　　　　　　　(b)天线阵效率测试结果

图 2-64　单层微带贴片天线阵

上述两种天线阵实际测试结果表明,微带天线阵带宽较宽,但是,由于馈线损耗的固有缺陷,带来效率的低下。根据宽带微带天线阵效率影响因素,随着子阵单元数的降低,天线效率逐渐提升,在 X 波段 16 单元子阵平均效率为 50%,而 8 单元子阵则上升到 70% 左右。因此,对于高分辨宽观测带的 SAR 天线而言,微带天线也是可选择的,尤其是在低频段,其轻质、低剖面的优势更加明显。

（2）波导裂缝天线阵。与微带天线阵相比,尽管波导裂缝天线体积、重量和带宽等都处于劣势,但其非常低的馈电损耗使其在较高频段,特别是 X 波段甚至更高频段的星载 SAR 中,具有明显优势。

早期的星载 SAR 中,诸如 ERS-1、SIR-C/D、Kosmos1870、Almaz、Radarsat-1 和 TerrSAR-X 等都采用了波导裂缝天线阵。Radarsat-1 如图 2-65(a)所示。随着碳纤维波导裂缝天线阵的成功研制,波导裂缝阵在重量和热变形方面得以明显改善,典型应用案例是德国的 TerrSAR-X 双极化天线阵,如图 2-65(b)所示,16 单元谐振线阵采用中馈方式,其工作带宽 150MHz,扩展带宽最大达到 300MHz,效率约 80%。

欧洲航天局研发的新一代 C 波段多极化 SAR 天线也采用了碳纤维波导裂缝天线,如图 2-65(c)所示,其设计沿用了 TerrSAR-X 技术,带宽仅 100MHz,效率大于 80%。

(a)RadarSat-1单极化天线　　(b)TerrSAR-X双极化天线　　(c)Sentinel-1双极化天线

图 2-65　波导裂缝天线

在波导裂缝谐振阵带宽展宽方面,研究人员将波导裂缝线阵谐振单元数减少并利用波导功分器馈电激励拓展带宽,实现了超过 1.3GHz 的工作带宽,并且充分利用了不同结构的脊波导,使辐射波导与馈电波导一体化,得到结构紧凑的宽带双极化波导裂缝天线阵。图 2-66 给出了 X 波段频率选择性双极化波导裂缝天线,带宽达到 660MHz,为了抑制同频段干扰,天线中集成了滤波器,天线采用了双极化一体化设计和整体加工方法,极大地减轻了天线重量和安装复杂度,天线效率大于 72%,平均大于 78%。

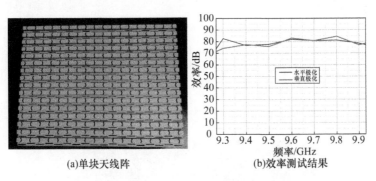

(a)单块天线阵　　(b)效率测试结果

图 2-66　频率选择性宽带双极化波导裂缝天线

图 2-67 是宽带单极化波导裂缝天线[33],该天线在单根天线线阵内部实现交叉极化自抑制,同样采用分组馈电方式,使天线同时具有宽带和高效的性能,天线在 8.9~10.1GHz 带宽内平均效率达到 81.3%。

(3) 开口波导天线阵。对于高分辨率、宽观测带 SAR,要求天线阵具备宽带、宽角扫描能力,这种天线阵不能再采用子阵级相控阵天线设计,而是采用单元级。天线单元可以选择微带贴片天线,也可以选择开口波导形式。对于开口

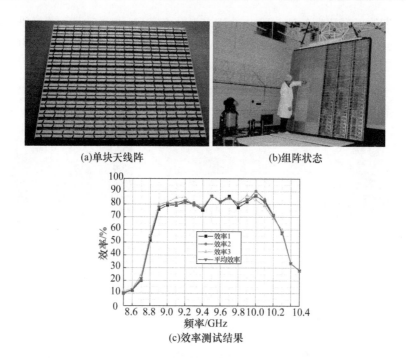

图 2-67 宽带单极化波导裂缝天线

波导天线阵,由于没有功率分配/合成损失,因此天线效率很高,天线损耗仅仅包含反射损耗和欧姆损耗,对于微带贴片天线还有介质损耗,一般情况下,单元级天线效率可以达到90%以上。

在 X 及其以上频段,开口波导仍然具有较大的优势。这是基于多单元馈电网络一体化设计加工的金属或复合材料开口波导,既可以作为天线使用,同时可以作为结构件使用,相控阵天线中的 T/R 组件、激励/定标功分器都可以集成于天线阵背部。

开口波导天线带宽可以实现超过 50% 的带宽性能,满足高分辨 SAR 的需

图 2-68 超宽带开口波导天线阵

求。图 2-68 是一种超宽带开口波导天线阵[34],带宽达到 8GHz,天线采用 8×8 单元与馈电网络一体化加工。显然,一体化加工的单元数量可以根据机械加工和焊接能力进一步扩大,如 16×16 或 32×32 单元等。

星载 SAR 天线带宽取决于辐射单元和馈电网络,效率主要取决于馈电网络损耗。表 2-4 给出了四种天线单元/阵性能和适用性。

表 2-4 天线单元/阵比较表

天线形式	印刷振子天线阵	波导裂缝天线阵	微带贴片单元	开口波导天线
可实现带宽	50%	13%	20%	50%
效率(X 波段)	与微带天线同	16 单元约 78% 8 单元约 81%	85%	85%
力学	依靠结构件	自身强度高	依靠结构件	自身强度高
热控难度	不易	技术成熟	不易	技术成熟
适用范围	—	C 波段及其以上	C 波段及其以上,宽观测带	X 波段及其以上,宽观测带

2. 高效率 T/R 组件

一般情况下,T/R 组件的实际组成随着雷达系统不同而略有差异,具体电路的复杂程度也不尽相同,但基本原理相差无几,主要由发射通道、接收通道、共用通道及电源调制电路和驱动控制电路等组成。T/R 组件的效率为

$$\eta = P \times D / (V_{D1} \times I_1 + V_{D2} \times I_2 + V_{D3} \times I_3) \tag{2-146}$$

式中:P 为组件输出脉冲功率;D 为组件脉冲工作比;V_{D1} 为发射功率放大器工作电压,包括驱动放大器和末级放大器;I_1 为发射功率放大器工作电流;V_{D2} 为接收低噪声放大器和驱动控制电路电压;I_2 为接收低噪声放大器和驱动控制电路电流;V_{D3} 为驱动控制电路电压;I_3 为驱动控制电路电流。

从式(2-146)可以看出,影响组件效率的因素主要是组件输出功率值和各路电源的电流值的大小。降低末级功率放射频输出到 T/R 组件输出端口的损耗、提高组件的输出功率 P 是提高组件效率的关键,其中提高末级功率放大器的电源调制电路的效率和降低射频输出脉冲功率的顶降也是提高组件效率的辅助手段之一。

在式(2-146)中,驱动放大器的电流在发射通道中占比较小,一般忽略不计,选用大功率和高效率的末级功率放大器是设计高效率 T/R 组件的首要任务,高效的末级功率放大器可减小发射功率放大器工作电流 I_1 值,对提高组件效率作用显著。当然,合理地选择低功耗的低噪声放大器和降低接收电源调制开关损耗可以有效减少 I_2 值,降低接收低噪声放大器和驱动控制电路电流 I_2 值对提高组件的效率也有一定的作用。驱动控制电路电流 I_3 值相比 I_1 值和 I_2

值较小,也可以忽略不计。

通常可从以下两个方面提高组件效率。

1) 提高组件的脉冲输出功率 P

提高组件效率首当其冲的办法是提高功率器件的效率,发射通道的耗能是影响组件效率的主要因素,而接收通道的耗能在组件总耗能占比相对较小。功率放大器一般采用 GaAs + PHEMT(赝配高电子迁移率晶体管)工艺的 MMIC 器件,将有效地提高功率器件的效率。

由于较大功率的需要,有时,需要采取合成的方式达到输出功率的要求,每个通道的输出功率由多片功率芯片合成后输出。简单易实现的合成方式有韦尔金森(Wilkinson)和 Lange 桥等方式,相比较而言,韦尔金森具有驻波好、损耗小、幅度相位一致性好、隔离电阻耐功率大等优点,缺点是尺寸相对较大,而 Lange 桥采用 GaAs MMIC 工艺,具有带宽宽、插损小、驻波好、体积小等优点,其缺点是隔离端电阻功率容量较小,在两条发射支路不平衡或有一边损坏的情况下,电阻性能将略有下降。

2) 提高二次电源转换效率

一般情况下,发射电源调制电路内置,即将电源调制电路置于组件内部,可以对功率芯片就近供电,减少电流损耗 I_1,提高二次电源的转换效率[35,36]。

发射通道漏极电源调制通常采用大功率 P 沟道 MOS 管实现。大功率 MOS 管的选型,主要考虑其击穿电压、导通电阻和允许的峰值电流,同时在封装形式上,裸芯片的形式可以减小电路布板面积。

减小 P 沟道 MOS 管的导通电阻。如前所述,功率放大器的供电由脉冲调制电路提供,脉冲调制电路的电源效率直接决定了组件的效率,而脉冲调制电路的电源效率与 P 沟道 MOS 调制管的开关损耗和导通电阻密切相关,降低导通电阻可以大大地提高脉冲调制电路的电源效率,进而达到提高组件效率的目的。

降低输出脉冲功率的顶降。由于功率芯片以脉冲方式工作,功率放大器的电源调制电路就需要有大容量的储能电容。若电容量大,开机的瞬间充电电流相应也增大;若电容量较小,射频脉冲的顶降将变大。设置合适的储能电容,尽可能减小线路上的分布电感对馈电效率的不良影响。通常允许脉冲内工作电压下降 5%,I_F 为单个末级功率芯片的最大脉冲电流,V_d 为漏极工作电压。这样,可以通过式(2 - 147)求得储能电容量为

$$C = \frac{I_F \times \tau}{V_d \times 0.05} \qquad (2 - 147)$$

提高接收电源调制电路效率。通过低噪声放大器调制电路的优化设计,降低低噪声放大器的工作电流 I_2,减少接收通道的功耗可以达到提高组件效率的目的。GaN 宽禁带半导体器件的特点是具有较高的击穿电场强度和较高热传

导率,可承受较高的工作结温且热稳定性好,具有较高的工作阻抗和较强的抗辐射能力[37],因此可以实现大功率输出和工作于更宽的工作带宽,可在28V高电压下工作和具有更高的工作效率,可见 GaN 器件可以有效节约二次电源,提高组件效率。

使用常规器件的 T/R 组件所能达到的典型效率指标见表2-5。图2-69给出了 L 波段、C 波段、X 波段和 Ku 波段 T/R 组件的实物照片。

表2-5 不同频段 T/R 组件典型指标比较

不同频段 典型指标	L 波段	C 波段	X 波段	Ku 波段
典型效率/%	45	28	25	20
测试输出功率/W	200	80	20	12
测试带宽	200MHz	700MHz	1GHz	2GHz
器件方式	MMIC + 分立器件(末级功放)	MMIC	MMIC	MMIC

注:输出功率是指使用单管而不采用功率合成的方式

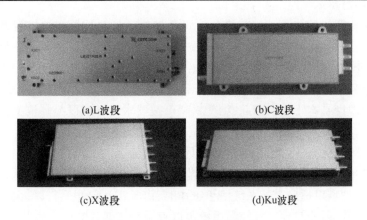

(a)L波段　　(b)C波段
(c)X波段　　(d)Ku波段

图2-69 T/R 组件实物照片

2.7.3 热设计

1. 星载 SAR 热控

星载 SAR 热控设计需要满足两方面基本要求:一是热控设计要满足系统工作时瞬时高热流密度下天线处于合适的环境温度,一般情况下,天线阵面热流密度达到 $0.51 \sim 2.5 kW/m^2$;二是热控设计要保证雷达系统在多模式下均能正常工作,为实现多种任务需求,需要消耗卫星平台的电能和重量资源[38,39]。通常,星载 SAR 在轨工作分为左侧视和右侧视两种工作状态,每一种工作状态又分别有高温和低温工况,不同工作状态下,天线阵面接受到的外热流差异很大,且不同工作模式时,T/R 组件等设备的热耗也不尽相同,热控设计需要覆盖所有的工况,确保每一种工作模式下,SAR 天线均能可靠地工作。

星载 SAR 热控设计的巨大挑战是如何解决高温工况下功率组件散热和低温工况下热补偿之间的矛盾。一般情况下,由于雷达系统工作时瞬时热流密度大,且不同模式下,外热流及自身发热量差异较大:高温工况时,要求热控系统具有非常高的散热能力,使得雷达系统中各个组件温度值不超过额定值;当雷达不工作时,热控系统的高散热能力会导致系统热量过分散失,造成环境温度过低,此时,又要求热控系统具备较大的温度补偿能力,常规的温度补偿采用电加热完成,但这会导致热控系统耗费大量电能,提高了热控系统的能耗,降低了有效载荷的效率[40]。

为避免采用常规高散热、高功率热补偿的传统热控方式,需积极探索高温下具有较高的散热能力,低温下又具有良好热量管控能力的热控方法。以下几种热控技术能够较好地解决高散热能力和低功率补偿之间的矛盾,以达到提高卫星热控效率的目的。

1) 热控技术

(1) 相变热控技术。相变热控技术是将相变材料放置在被控设备与外部环境之间,当相变材料与被控设备(发热部件)的界面温度升高到相变材料的熔点时,相变材料熔化并吸收与熔化潜热相当的热量,使界面温度保持在熔点温度附近;当界面温度由于内部或外部原因而下降时,相变材料凝固并放出潜热,维持界面温度基本不变。因此,相变材料可按要求设计成既是热沉又是热源的可逆系统,它适用于具有周期性工作特点的脉冲式热源。

(2) 可变热导热管。传统热管是具备高热导能力的传热元件,由于其蒸发和冷凝传热系数在一定的热流和温度范围内变化不大,其热导值可认为基本不变,这一特性难以适应雷达系统停止工作时,由于雷达停止工作时,会大幅度减小热量散失。可变热导热管控温系统可以克服传统热管的这一缺点。

(3) 回路热管展开辐射器。回路热管是一种两相流体回路,它是由一个高毛细力的蒸发器和液体补偿器、一个由普通光管组成的冷凝器、蒸气管和回路液体管等组成的。回路热管具有以下基本特点:远距离的高热量传输,高的反重力,细长的输运管道柔性好,具有可变热导的能力[41]。回路热管将 SAR 天线内部的热量传输到可展开的辐射器上,并利用柔性管道作为辐射器的可活动热关节,以实现辐射器的可展开功能。利用这种可展开的辐射器可以有效增加 SAR 天线的散热面积,从而增强其散热能力。

(4) 毛细抽吸两相液体回路系统。毛细抽吸两相液体回路(Capillary Pumped Loop,CPL)是一个以毛细力为驱动的两相流体回路。CPL 系统的蒸发器用于收集 SAR 天线内部的热量,再将冷凝器与热辐射器连接便可以将热量排散至空间。由于在冷凝器内是凝结换热,其换热系数很高,所以冷凝器一般用光管组成即可。为减少在冷凝器内的流动阻力,冷凝管路一般采用并联的方式。

以上几种热控措施需结合雷达系统结构、热耗大小、分布状况等来综合考虑予以确定。上述四种热控方式在冷却效率、可靠性、成本等方面的对比分析如表2-6所列。

表2-6 风冷与液冷的对比列表

对比项目\冷却方式	相变热控技术	可变热导热管	回路热管展开辐射器	毛细抽吸两相液体回路
冷却效率	低	中	较高	高
系统复杂度	简单	一般	较复杂	复杂
系统可靠性	高	较高	较高	一般
研制成本	便宜	一般	较高	高
环境适应性	好	较好	较好	一般

2) 热控的主要手段

SAR天线热控应能适应天线阵面在空间的冷热环境,为天线阵面提供良好的工作温度环境。热控由热控涂层、多层隔热组件、控温加热回路、相变热管、热敏电阻、导热填料等产品组成。

星载SAR天线热控设计的基本原理是采用热控措施合理构建系统,该系统与空间环境之间、系统内部设备之间的热交换,控制系统内设备的温度水平和温度分布如图2-70所示。

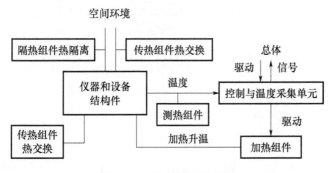

图2-70 热控原理示意图

相控阵天线外部热控制就是缩小表面温度的不均匀和波动,常用温度控制办法如下。

(1) 选用合适吸收发射比涂层。在选择合适涂层时,既要考虑到对天线辐射性能的影响,又要兼顾相控阵天线内部热控设计。

(2) 增加相控阵天线外包层热容量。保证相控阵天线表面温度相对稳定，但这往往受到结构材料和卫星质量的限制，固液相变材料是天线外包层理想的材料，它有足够大的熔解热，可以在日照区储存热量，在阴影区释放热量，从而减小表面温度的变化。

相控阵天线内部温度控制分为被动式和主动式两类。被动式主要采用真空隔热结构，选择温度变化小的散热面，合理分布内热源，使用相变材料增加设备热容量，选择合适的表面发射率，控制设备安装面的热阻，多层隔热材料保温，利用热管拉平温度等。被动热控的优点是简单可靠，缺点是调节温度能力较小，适合不了外热流和内热源大幅度变化。主动温度控制包括：辐射——当设备温度升高或降低时，能自动改变表面发射率，从而改变散热能力；传导——将天线内部设备的余热通过传导方式散至外表面，其热传导系统可以随设备的温度而变化；电加热——在天线的核心部件上安装薄膜形电加热器，当设备工作状态发生变化时，控制电加热电路，完成设备温度的调节。典型星载相控阵天线常规的热交换示意图如图 2-71 所示。

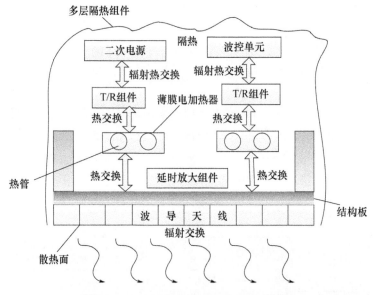

图 2-71　天线热控单机散热原理示意图

随着 SAR 系统雷达的规模和功耗越来越大，单一的热控方式难以满足需求，通常是多种热控方式同时使用。

3) 热设计

明确卫星的任务需求、卫星构形、相控阵天线的折叠方式和布局、轨道参数、天线功耗及其工作模式、设备的温度范围等约束条件后，合理、妥善地处理热控分系统与总体和其他分系统的接口。在满足总体技术要求的前提下，尽可能简化系统的组成和配置,减少系统的功耗和质量。

设计应具有可验证性,尽量选择成熟的或经过飞行考验的热控产品,确保系统的可靠性。相控阵天线一般以被动热控为主,对有特殊温度要求,被动热控又满足不了的,一般采用主动热控手段。在制定热控方式时切忌大而全,过多的热控措施会造成热控功能重复,热控过程过于复杂,既不经济又降低了可靠性。

热设计过程中重点关注的问题:

(1)热设计贯彻等温化设计理念。等温化热设计是一种理想的设计方法,是采用某些热控措施,使设备的热功耗分布进一步均匀化,减小设备的温度波动范围,适合于相控阵天线中部件组件功耗相差较大的情况。

(2)设计参数的选择。天线的温度除与T/R组件、二次电源的发热功耗有关外,还与天线分系统组成的组件和部件物理参数有关,如天线各组件、部件接触热阻系数、天线内部对流换热系数等。参数的选择对精确的热分析、热设计都是极为重要的。

(3)重要件热控单独设计。相控阵天线中一些重要件,因其重要性或温度要求的特殊性,需要对它们单独详细热设计和分析,例如展开机构。

(4)热网络方程及其修正。天线在轨工作的能量方程和运动方程十分复杂,非线性、非稳态、复杂的天线结构给分析带来极大的困难。常用的节点网络法(集点参数法),要靠一定经验积累,一般依据热平衡试验数据来修正热网络方程中的辐射因子和传导因子,使得分析计算结果尽可能与试验结果吻合。目前多采用统计回归法,由于修正系数过多,不仅计算工作量大,而且得到的结果往往不合理或者得不出结果,如何利用热平衡试验中非稳定试验数据尚需进一步研究。

(5)热控优化设计。相控阵天线热控方式设计时,首先考虑的是采用被动式还是主动式,可提供的质量和能源是热控设计首要关心的问题,也是热控方式选择的前提,采用何种热控措施要有优化分析和多种方式比较,同时从相控阵天线部件或单个组件着手进行优化,热控方式与相控阵天线构形和布局有直接相关,因此,相控阵天线热控优化设计,对于简化热控方式、降低成本、提高可靠性都有重要意义。

4)热设计的验证试验

相控阵天线热试验就是在地面空间模拟器内,近似复现在轨空间的热环境,对特定空间热环境的考验,检验其热性能。主要有热平衡试验与热真空试验。

这两类试验尽管在试验方法、使用设备、环境条件等方面有相同或相似的地方,但两类试验是有差异的,尤其是试验目的和控制参数上完全不同,不能将两者混淆。两类试验比较如表2-7所列。

表2-7 两类热试验比较

试验项目	热平衡试验	热真空试验
试验目的	验证热设计的正确性,考核热控分系统的能力;获取整星温度数据,修正热分析数学模型	暴露卫星在设计、材料和制造工艺上的缺陷,排除早期故障,评定整星的工作性能
试验模型	热控星(初样)、首发发射星(正样)	每发发射星(正样)
控制参数	外热流值。控制卫星外表面吸收的外热流值等同于卫星表面在太空中吸收的外热流值	温度。控制星上设备的温度,达到鉴定级或验收的温度水平
试验过程	按工况,施加外热流值和设置卫星工作模式,直至卫星达到热稳定,测出各部位的温度,然后转换成其他工况	按照循环剖面图,调整红外加热装置的功率或设备工作状态,使星上设备的温度达到实验规范要求的高低温度值,并保持一定时间进行电性能(功能)测试

从表2-7可见,两种热试验在试验目的、试验模型、试验过程和控制参数上均完全不同。特别要指出,热平衡试验是控制到达试验卫星表面的热流值,在该热流值下,试验直至达到热稳定,测量出星上各部位的温度,检验这些温度值是否在规定的范围内;而热真空试验是调节加热装置功率或改变设备的工作状态,使设备达到试验规范所要求的高低温度值,并保持一定时间,进行天线电性能测试,以检验设备之间的匹配性,发现工艺缺陷。

由于两种试验都必须在空间模拟器内进行,都要求真空、高低温环境,都要求安装加热装置,因此,通常情况下,两种试验合在一起进行,或先完成全部热平衡试验工况后,再进行规定循环次数的热真空试验;或者热平衡试验与热真空试验交叉进行。

2. 机载SAR热设计

机载SAR系统的环控形式,除了满足雷达本身的冷却需求,确保雷达设备始终处于良好的工作温度条件之下之外,还须重点考虑体积小、重量轻等特殊要求[42]。因此,在选择环控方式时,需从设备自身的冷却需求、特点和载机的结构、冷源等方面加以考虑。

一般而言,一维相控阵雷达适合用风冷方式,二维相控阵雷达更适合采用液冷方式。这主要是因为一维相控阵雷达天线中,一般T/R组件等发热设备沿天线长度方向排布,在热流密度不高的前提下,可以沿天线长度方向布置冷却风道,在实现天线冷却的同时,还保证了环控与结构的紧密结合。而二维相控阵雷达天线,在水平和竖直两个方向均有T/R组件布置,设备集成度大大提高,且风道要在两个方向上实现精确的风量分配难度较大,同时,风道需要占用较大的空间,对于载机来说,显然是难以接受的,此时,采用液冷方式是一种比较理想的选择。

对于吊舱等外挂 SAR,若载机提供环控保障,优选与载机相匹配的环控方式。如果采用液冷方式,需由载机平台提供冷却液,吊舱内的设备通过相应的液冷管路与载机二次冷却设备连接,形成冷却循环系统,这样可以最大限度地简化吊舱内设备;对于吊舱等外挂设备,若载机不提供环控保障,优选冲压空气直接冷却的风冷方式。

1) 风冷系统

风冷系统指的是采用风冷技术的一次冷却系统,具有重量轻、体积小、维护简单等特点,是机载 SAR 中优先考虑的冷却方式。风冷系统包括自然对流风冷系统和强迫对流风冷系统两种。一般来说,在器件局部热流密度小于 $3W/cm^2$ 且设备表面平均热流密度小于 $0.1W/cm^2$ 时,可采用自然对流风冷技术;当器件局部热流密度在 $3\sim15W/cm^2$ 且设备表面平均热流密度在 $0.1\sim0.5W/cm^2$ 时,需采用强迫对流风冷技术。一般情况下,机载风冷系统都采用强迫风冷技术[43]。

(1) 自然环境冷却。低速飞行飞机的设备舱温度较低,电子设备产生的热量可以直接散发到舱内空间或飞机构件上,再传到飞机外。

(2) 座舱排气冷却。利用飞机座舱排气冷却电子设备,是航空电子产品通常考虑的一种冷却形式。飞机座舱排气温度一般在 $0\sim35℃$ 之间,可以满足一般常规温度要求的雷达电子设备。需要注意的是:为了避免座舱排气中的水蒸气、盐雾和尘埃聚集在热交换器中,需要对座舱排气进行除湿和过滤。由于座舱排气流量有限,这种方式只适合发热量不大的雷达系统冷却。

(3) 环控系统冷却。飞机环控系统冷却和座舱排气冷却系统类似,都是采用机内较低温度的气体直接作为冷却电子设备的低温气体。这是一种采用较为广泛的机载风冷方式。但同样受飞机环控能力的限制,只适合发热量中等的雷达系统冷却。

(4) 冲压空气冷却。通常情况下,由于机外的环境是一个天然的低温冷源,因此,可以将机外的空气引入,对电子设备进行降温。采用该种冷却方式的风冷系统被称为冲压空气冷却系统。

2) 液冷系统

由于液体冷却介质的换热系数和热容量比空气要高得多,因此液冷系统较风冷系统具有更高的冷却效率。通常情况下,当器件局部热流密度大于 $15W/cm^2$、设备表面平均热流密度超过 $0.5W/cm^2$ 时,优先考虑对电子设备采用液体冷却方式进行冷却散热。

液冷系统由二次冷却系统、液冷管网、一次冷却系统等组成。一次冷却系统采用液体冷却介质实现对雷达电子设备的冷却,即液体冷却介质在供液泵的驱动下,通过热交换设备(通常采用冷板)进行换热,将电子设备产生的热量,转移到冷却介质中,使冷却介质温度上升,最终由二次冷却系统将冷却介质中的热量转移到飞机外,从而实现对雷达设备的冷却。机载液冷系统二次冷却最常用的方式有两种。

(1) 风冷系统冷却。考虑到冲压空气、蒸汽循环制冷等冷却方式具有较大的冷却能力,因此,可用这些方式作为液冷系统二次冷却的冷源。

(2) 飞机燃油冷却。由于飞机燃油具有很大的热容,雷达液冷系统二次冷却可将吸收电子设备热耗后冷却介质与飞机燃油进行热交换,将相应的热量传递给飞机燃油,完成对雷达设备的散热冷却。

两种冷却方式对比分析:机载雷达设备的冷却方式需综合考虑载机平台和发热设备本身的需求和特点。在风冷方式中,自然对流冷却是雷达设备冷却形式中最为简单的方法,它适用于发热量较小的器件,相对而言,该冷却方式具有结构简单、可靠性好、安全性高、价格便宜和便于维修等优点,但其传热能力有限。强迫风冷是航空电子设备冷却最常用的冷却形式之一,它具有原理简单、换热效率相对较高、成本较低、可靠性较高等特点,但由于冷却空气直接与雷达设备的元器件接触,要求空气必须清洁干燥,此外,该方式对设备部件的布置以及冷却空气的分配有一定的要求,系统较为复杂,体积较大。

液冷系统中,由于冷却液体导热系数、密度、热容均比空气大,因此,利用液体冷却可以很好地降低相关换热环节的热阻,冷却效率高。此外,使用液态冷却介质可以减小通往设备的流量和管路尺寸,可以实现对集中载荷和远距离载荷的良好冷却。该冷却方式的缺点是系统复杂,费用较高,一旦出现泄漏等故障影响大,且维修相对困难。风冷和液冷系统对比分析如表2-8所列。

表2-8 风冷与液冷的对比列表

对比项目 \ 冷却方式	自然风冷系统	强迫风冷系统	液冷系统
换热系数/W/(m²·k)	6~16	25~150	3500~11000
冷却效率	低	中	高
设备总热耗	小	中	大
设备体积	结构简单体积小	结构复杂,体积较大	结构紧凑,集成度高
系统可靠性	高	较高	一般
维修性	可维护好	维修性一般	系统复杂,维修成本高
研制成本	便宜	较高	高
环境适应性	较差	较差	较好

3) 机载天线热设计

机载天线热设计是保证天线性能和可靠性设计的一项重要内容。温度与元器件失效率的指数规律表明，随着温度的升高，失效率快速增加。因此，在进行热设计时，必须首先了解元器件、组件和部件的热特性。热设计的基本目的是满足天线电子设备可靠性的要求、满足天线电子设备预期工作的热环境要求、满足对冷却系统的限制要求。热设计的基本任务是在热源至热沉之间提供一条低热阻的通道，保证热量快速传递出去，即保证热控系统具有良好的冷却性能，同时，具有良好的可靠性、适应性、维修性和经济性。

在实际应用中，机载天线通常采用强迫风冷或者液体冷却方式，下面分别进行讨论。

（1）强迫风冷。强迫风冷关键在于通风管道压力设计，一般在风道的输入端口安装一个冲压空气进气控制阀门，调节控制冲压进气流量；在整流控制腔内，通过飞机发动机引入高温气体，使温度较低的冲压空气与温度较高的发动机引气充分混合，通过调节发动机引气阀门和冲压空气进气阀门，达到所需冷却空气的温度和流量，在该混合腔内完成对空气温度、湿度、压力的测定，并将测量的参数实时地传送给环控系统显示控制设备。

（2）液体冷却。液体冷却是一种比较好的冷却方法，大多数二维相控阵天线的冷却都采用这种方法。直接液体冷却就是冷却液体与发热的电子元器件直接接触进行热交换。热源将热量传给冷却液体，再由冷却液体将热量传递出去。在这种情况下，冷却液体的对流和蒸发是主要方式。间接冷却系统中的冷却液不与电子元器件直接接触，而是将电子元器件装在一个由液体冷却的冷板上，这个冷板既作为电子元器件的底盘，又作为热交换器。元器件的热量通过传导传至冷板，再由冷板传给冷却液，并由冷却液将热量带走。冷板做成夹层结构形式或用管子(冷却液通道)与冷板表面紧密接触，形成低热阻通路，达到有效冷却。

2.7.4 运动误差测量与补偿

机载平台由于飞行姿态变化比较大，雷达系统工作时间长，对合成孔径的长时间积累影响较大，运动测量与补偿是非常重要的，下面以机载 SAR 为例进行分析。

SAR 载机的运动误差包括偏离匀速直线平移运动和载机本身的转动两类。前者包括沿航向的加速度不为零(地速误差)，沿横向(即垂直于载机平均航迹)存在速度分量(径向速度分量)；后者指载机存在绕三个轴的偏航、俯仰和横滚角运动。地速误差和径向速度误差都会造成雷达回波信号中的方位向多普勒线性调频信号发生畸变，而载机的角运动则使天线姿态不稳定，这也会造成回波多普勒信号发生畸变。

运动误差造成的回波信号畸变包括以下几种:中心频率偏离(一次相位误差);调频斜率发生改变(二次相位误差);附加三次及更高次相位误差;附加周期性或随机性相位误差以及使回波幅度发生调制。其中一次相位误差只造成时间延时误差,对孤立点目标不会造成图像失真,但实际图像往往由许多点目标组成,一次相位误差将造成图像几何畸变,甚至局部分辨率下降;二次相位误差将造成压缩波形主瓣展宽及副瓣电平增高,这将使图像分辨率下降、轮廓模糊、造成假目标及目标几何尺寸比例失调;三次相位误差使压缩波形产生非对称畸变,也就是右侧副瓣电平升高,主瓣向左侧扩展,这将使图像分辨率下降,强点目标产生重影;更高次相位误差将使积分副瓣电平升高,造成假目标,轮廓模糊和重影。周期性相位误差及回波幅度调制产生成对回波,这也将使图像产生畸变[44]。

机载 SAR 运动补偿所需要的各种运动数据,由飞机上的惯性导航系统(INS)提供。由于 INS 有慢漂移现象,其导航误差随时间增加而变化,早期一般采用多普勒导航系统测得的速度数据校正 INS 长期工作的误差。然而 INS 系统总是安装在飞机上靠近质心的位置,而不是安装在天线伺服平台上,INS 参考中心和天线相位中心之间一般存在一段距离(称为杠杆臂),所以在运动补偿时必须考虑杠杆臂的影响。

飞机飞行时受气流的影响,存在绕机体三个坐标轴的角运动,特别是军用飞机出于自身安全的考虑,往往不可能进行长时间有规律的飞行,而需要进行某些机动,这将使机体发生一定的形变及振动,从而导致杠杆臂的长度及方位随时间变化,因此,较实用的方法是在天线平台上尽可能靠近天线相位中心的地方安装一个惯性测量单元(IMU)。通常情况下,在载机的运动过程中,以卡尔曼滤波器实时地进行 INS 与捷联式 IMU 数据融合,获得 SAR 运动补偿所需的导航信息。

SAR 运动补偿的目的主要包括:以地速补偿来消除地速变化造成的方位向畸变;以径向速度补偿来消除由于载机横向运动偏差造成的飞机与目标之间的距离变化引起的多普勒频率变化;以天线稳定平台补偿飞机的偏航、俯仰及横滚角的变化,保持天线波束指向预定的成像区域。由于径向速度补偿只能补偿飞机运动偏差的高频分量,天线稳定平台的精度也有限,因此,还需要一个杂波锁定电路来补偿径向速度的慢变分量及天线平台的剩余误差。

运动补偿通常有两种方法:一是利用相控阵天线波束扫描特性来直接补偿;二是利用稳定平台来补偿。稳定平台补偿不仅适用于机械扫描天线,同样适用于相控阵天线,它可以弥补相控阵天线扫描角度小的局限。一般情况下,机载大型相控阵天线采用电子稳定平台的方法来补偿。

1）基本组成

载机的运动误差可以分为两类：载机偏离理想航迹的平移误差；载机偏离理想姿态的角度误差。

运动补偿分系统的主要作用有两种：隔离载机的角运动，使天线波束指向稳定，消除载机姿态变化的影响；实时输出天线沿理想航向飞行速度和视线方向的线位移，送给信号实时处理系统，用于 SAR 运动补偿。运动测量与运动补偿系统工作原理框图如图 2-72 所示。

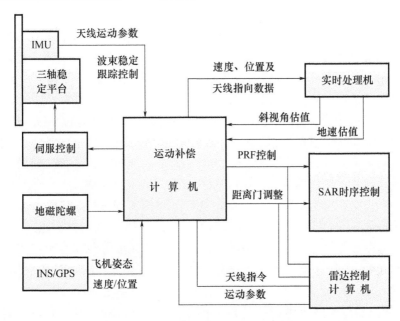

图 2-72　运动补偿系统工作原理框图

从图 2-72 中可以看出，运动测量与运动补偿系统由惯导/GPS 系统、运动补偿计算机、伺服控制和天线稳定平台组成。运动测量与运动补偿系统的主要参数有：

（1）工作模式。机载 SAR 主要工作模式有条带 SAR、聚束 SAR、GMTI 等。

（2）结构尺寸。表述对运动测量与运动补偿系统安装尺寸的要求。

（3）稳定平台最大转动范围。三轴转动范围，用角度表示。

（4）稳定平台最大角速度范围。针对不同的载机类型，其最大角速度范围是不同的。

（5）姿态稳定精度。补偿载机角运动后的剩余误差。

（6）稳定平台伺服带宽。表征稳定平台对载机角运动补偿的快速响应能力。

（7）沿理想航向速度精度。SAR PRF 控制对线运动补偿速度的精度要求。

(8) 视线方向的线位移精度。用于对距离波门精确调整。

2) 载体运动测量

导航就是引导航行的简称,是指将载体从一个位置引导到另一个位置的过程。导航的最基本要素就是载体的即时位置(坐标)、航行速度、航行方位(航向)或飞过距离等。以下是常用的主要导航方法,通过这些方法的应用或组合应用,可以对载体运动特性进行精确测量。

(1) 无线电导航。利用无线电波在均匀介质和自由空间直线传播及恒速两大特性,进行引导航行的一种方法。

(2) 多普勒雷达导航。这种测量方法,只需要机上设立雷达发射和接收装置便可测出地速的大小。再借助机上航向系统输出的航向角,将地速分解成沿北向和东向的速度分量,进而确定两个方向的距离及经度、纬度变化,也就确定了飞机的位置。

(3) 卫星导航。目前广泛应用的卫星导航是 GPS 全球定位系统、北斗导航系统和 GLONASS 全球导航系统。它们都是利用无线电波传播的直线性和等速性实施测距定位,以及利用载体与卫星之间的多普勒频移进行测速的导航方法。卫星导航由导航卫星、地面站和用户设备三大部分组成。

(4) 天文导航。利用空间的星体在一定时刻与地球的地理位置具有相对固定关系这一特点,通过观察星体,以确定载体位置的一种导航方法。

(5) 惯性导航。惯性导航是利用惯性测量单元测量载体相对于惯性空间的运动参数,并经计算后实施导航任务的。由加速度计测量载体的加速度,并在给定运动初始条件下,由导航计算机计算出载体的速度、距离和位置(经度、纬度);由陀螺仪测量载体的角运动,并经转换、处理,输出载体的姿态和航向。

(6) 组合导航系统。卫星导航能在全球范围内,全天候为用户提供高精度的位置和速度信息。与其他导航系统相比,卫星导航在精度上具有压倒性优势,但惯性系统完全自主的特性却是卫星导航所不具备的,所以,卫星导航与惯导相组合已成为导航系统的重要发展方向之一。卫星导航接收机收到卫星信号后即可工作,所提供的位置和速度或伪距和伪距率具有较高的精度。而惯性系统的位置和速度误差随航行时间而增长,因此,需要定期加以修正。将卫星导航的位置和速度数据用作对惯性系统的导航解的修正,则可大大提高惯性系统的精度。因此,在这种组合系统中,可以采用较低精度的惯性系统,而获得较高的导航精度。

3) 运动补偿

运动补偿的关键在于保持天线指向在地理坐标系中稳定,而天线安装在载机上,处于载机坐标系中,首先必须解决坐标转换的问题,然后再解决天线指向稳定问题。天线指向的稳定可以通过机械稳定、电子稳定或混合稳定(即一轴机械稳定,一轴电子稳定)的方式来解决。

坐标变换。一般情况下,稳定平台的工作过程如下:监控系统发出基于地理坐标系的天线指向指令(包括方位角和俯仰角,横滚角始终为零),稳定平台控制器根据惯性导航系统输出的航向和姿态信息进行坐标正变换,得到基于载机坐标系下的天线指向控制指令,稳定平台方位轴、俯仰轴和横滚轴驱动器根据此指令调整天线指向,这样天线指向就在地理坐标系下保持稳定。三个轴上安装的多极旋转变压器可以检测天线在载机坐标系下的天线角度,经坐标反变换后得到基于地理坐标系的实际天线指向角度,此角度可用于雷达后续的显示和实时补偿处理。

图2-73为载机运动与地理坐标系、载机坐标系关系示意图。当$t=0$时,载机位置S_0位于xO_2的平面内。载机的理想航迹是平行于Ox轴并在xOz平面内为一直线。载机的实际航迹则是绕该直线摆动的空间曲线。载机在t时刻,位于$S(t)$处,通过该点在平行于yOz的平面内作一直线,与观测带中心线交于P点,这条直线称作瞄准线。

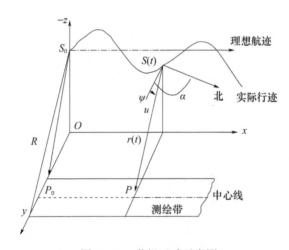

图2-73 载机运动示意图

机械式稳定平台。机械式稳定平台通常由稳定平台结构件、运动补偿电路、伺服驱动器等组成。机械式稳定平台通常分为两轴式和三轴式结构稳定平台。以两轴式结构为例,如图2-74所示[45]。稳定平台主要部件有角速率陀螺、方位驱动系统、轴承、角度传感器、方位/俯仰组合铰链、天线支架/俯仰框、俯仰驱动器等。在天线的背面安装加速度计,实时感应天线运动。

运动补偿计算机主要完成坐标转换的计算功能,根据监控器发送的方位、仰角和惯性导航系统送来的载机姿态角解算天线在载机坐标中的方位角和俯仰角。

进行运动补偿的前提是要获得高精度的运动测量数据。通常情况下,采用高精度小型 INS 组合,并在天线相位中心处装配 IMU 或加速度计与速率陀螺组合。为尽量保证长时间的工作稳定度,预测出速率陀螺的温漂特性,在运动补偿计算机中根据温漂特性确定需要补偿的偏差参数。通过高精度 INS 数据的传递校准,提供天线相位中心处运动测量数据的精度与可信度。

图 2 – 74 稳定平台结构示意图

此外需根据载机对应航线速度的变化,相应调整系统的 PRF,因此,需将 PRF 码送至时序控制电路,改变 PRF 以实现速度变化补偿。

在实际应用中,可利用多种导航数据,来校正 INS 自身长期工作时产生的数据发散现象。载机自带地磁陀螺,可确保航向角在一定的范围之内,此外实时信号处理可根据速度信息,从雷达回波数据提取出当前斜视角信息,参与对 INS 航向角的校正。

电子式稳定平台。电子式稳定平台是二维相控阵天线特有的功能,通常由运动补偿电路、波控电路等组成,运动补偿电路的功能与机械式稳定平台的运动补偿电路功能相同,负责导航解算和坐标转换,得出的方位向和距离向控制角度直接送给波控电路,控制移相器的相位码改变天线波束指向,实现天线波束稳定功能。

2.7.5　成像实时性

通常机载 SAR 和星载 SAR 可近似满足匀速直线飞行,且飞行高度基本保持不变,对于弹载 SAR 这种飞行条件常得不到满足。导弹运动的轨迹不是一条直线,而且还常伴随着高度和速度的变化,弹载平台的运动特点是:运动轨迹不是一条理想的直线,运动速度是变化的,即存在一定的加速度,飞行高度是变化的。弹载 SAR 导引头工作时间较短,一般不超过几百秒,成像实时性要求较高,大多数需要前斜视成像。以导弹 SAR 为例进行成像实时性分析。

弹载 SAR 成像的过程包括孔径数据的收集、信号处理、图像的几何校正及图像的后处理等,这些工作要在秒级时间内完成,要求弹载 SAR 具有较高的成像实时性。

弹载 SAR 工作时间短,需要根据雷达获得的图像信息,即时修正惯导误差和控制参数。采用景象匹配制导方式时,需要对图像进行高精度几何校正,以利于提高景象匹配制导精度。成像算法需适应弹体非匀速、非直线运动条件,

SAR 导引头通常工作在高速、大过载条件下,弹体的速度、高度等都在不断变化。导引头匹配导航时,需要雷达提供高精度的距离和多普勒信息,即不仅需要雷达提供高精度的图像,还需要雷达提供高精度的距离和多普勒信息,便于高精度匹配定位。

1. 回波信号的特点

弹载 SAR 成像处理的主要工作是针对导弹运动非匀速、非直线且高度变化选择合适的成像算法和系统工作参数。由于 SAR 平台高度在不断变化,雷达到照射区域的距离和合成孔径时间是变化的,即使是距离单元相同而方位不同的点目标,目标距离展开式中的系数也是不同的,对于有加速度的情况,系数的变化更为复杂。这种不同方位的目标距离表达式中系数的变化就反映了方位向信号多普勒参数的变化,多普勒参数的变化增加了成像处理和系统设计的难度。

在整个成像过程中,由于导弹的高度在不断降低,回波信号从雷达到照射区距离变化大,多普勒信号带宽大[46]。图 2-75 给出了典型下压段弹道雷达到照射区距离、合成孔径时间、多普勒中心频率、多普勒调频率与工作时间的关系。

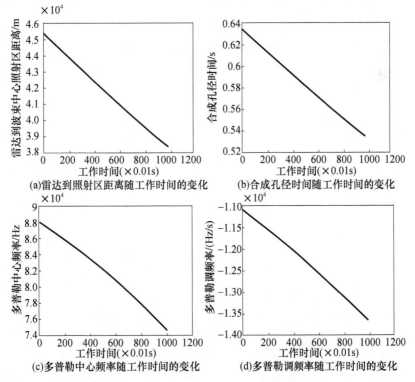

图 2-75 典型下压段弹道各参数与工作时间的关系

一般情况下,弹载 SAR 的天线尺寸比较小,全孔径处理可得到比较高的方位分辨率,理论上方位分辨率可达到 0.3～0.4m,实际上,用于景象匹配处理的实时图像不需要如此高的分辨率。因此,在满足一定方位分辨率的情况下,可以考虑采用全孔径的一部分来处理,即子孔径处理,选择的子孔径长度要求能满足方位分辨率和聚焦成像处理条件即可。在单个子孔径内,多普勒参数变化较小,可以采用相对简单的成像方法进行处理,成像处理后,一般要进行几何校正,以便获得与地面场景几何关系一致的图像。

2. 几何校正处理

装载在导弹上的侧视 SAR 在导弹下降飞行过程中,通常采用子孔径处理方法进行成像处理。不过成像过程中,弹体的高度不断降低,SAR 图像存在严重的几何失真。鉴于弹载 SAR 图像用于后续的图像匹配,图像的几何失真对图像的匹配定位有较大的影响。为提高图像匹配定位的精度,需要对弹载 SAR 图像进行几何失真校正。实际应用中,雷达系统误差、平台运动误差、目标测距误差、目标高度误差均会引起图像几何失真。

在几何校正时,需要建立子孔径时间内地面多个散射点在成像过程中几何关系模型,线段 MN 表示子孔径时间内雷达运动的路径,A 点表示子孔径的中心点。通常,在导弹下降飞行过程中,水平向和垂直向有一定的加速度变化,也就是说图中的线段 MN 不是严格的直线段,不过由于采用子孔径处理,子孔径时间较短,通常把线段 MN 近似看成直线段,即忽略加速度的影响。如图 2-76 所示是多点目标子孔径成像几何关系,如图 2-77 所示是多点目标在 XAY 坐标平面的等效位置示意图。

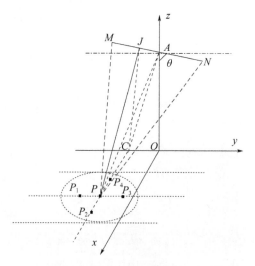

图 2-76 多点目标子孔径成像几何关系示意图

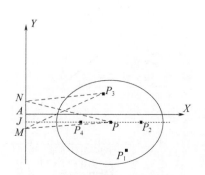

图 2-77 多点目标在等效成像平面中的示意图

从地面场景图像到最后需要的 SAR 图像,它们的对应关系可以通过两次转换得到,首先找到地面目标投影到等效斜平面的坐标关系,其次可以得出等效平面与最后 SAR 图像的坐标关系。通过获得 SAR 图像与地面点目标间的坐标变换关系,对图像进行重采样,即可完成几何校正。

3. 前斜成像分析

一般情况下,导弹的运动状态偏离 SAR 成像所要求的"理想轨迹",SAR 要求雷达平台作匀速直线运动,从导弹的航迹来看,运动误差是比较大的。导弹的高机动飞行不仅使得弹道偏离匀速直线运动,还出现横滚、俯仰和偏流等姿态变化,这种运动状态将会引起复杂的相位误差,使 SAR 成像分辨率下降,对比度下降,甚至发生散焦,对平台机动的运动补偿是弹载 SAR 技术应用的难点。同时,由于 SAR 成像具有数据量大、数据率高、信号处理复杂等特点,一般要求信号处理机具有强的处理能力。而弹载平台的信号处理机受到体积、功耗和成本的限制,对实时性和可靠性要求也更为严格[47]。

从成像的区域来看,虽然,弹载 SAR 在中程制导阶段弹道修正时,可以采用正侧视成像,但进入末制导阶段后,往往采用大斜视 SAR 成像模式。

如图 2-78 所示为前斜视成像几何关系图。前斜成像的方位分辨率与斜视角直接相关,斜视角越大,方位分辨率越小;而它的距离分辨率与斜视角无关,由信号的带宽决定。大斜视角条件下,成像时会产生严重的距离走动和距离弯曲现象。距离走动随斜视角增大而增大,且造成多普勒中心频率偏移,使得回波的二维频谱产生多普勒混叠;距离弯曲随斜视角的变化呈非线性变化,回波在距离多普勒域表现为双曲线,其结果是造成回波跨几个距离单元。由于距离弯曲的空变性,若不加以校正,SAR 成像时会造成点目标散焦。且随着斜视角的增大,通常可忽略的高次项距离偏移相位(主要是三次距离偏移)也需要补偿掉。距离走动和距离弯曲统称为距离徙动,就弹载 SAR 成像理论而言,距离徙动校正是影响大斜视角 SAR 成像性能的关键因素。

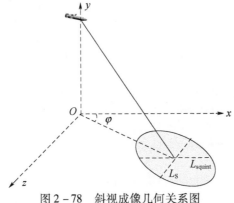

图 2-78 斜视成像几何关系图

前斜成像模式由于斜视角较大,距离和方位存在严重耦合,综合考虑算法性能和运算量大小,一般情况下,可采用改进 RD 算法。需要说明的是前斜成像模式的斜视角比较大,除了要对二次项相位进行处理之外,高次项的影响不能忽略,因此需要将高次项全补偿之后,方位信号才成为线性调频信号,而且,同一距离单元内各散射点调频率相同,不随方位变化。

4. 成像与景象匹配实时性

一般情况下,成像与景象匹配的步骤为:首先根据观测的目标航线制作基准图;其次是实时图像快速生成,并与基准图匹配,根据距离和多普勒反算导弹坐标;再次是根据连续反算的位置,利用卡尔曼(Kalman)滤波估算导弹位置,并计算与惯导位置之间误差;最后,对当前惯导修正误差,实时输出修正值。成像与景象匹配实时性设计时,重点关注以下几个方面。

SAR 导引头核心功能就是获取目标区域实时图像,以及图像相对导弹的相对位置,提高数据的更新率有助于提高匹配导航精度,减少处理延时时间有助于实现快速定位。图像数据的更新率一般在亚秒级,处理延时时间一般在秒级。

前面已指出,弹载 SAR 全孔径处理方位分辨率高,由于基准图精度限制,实际上匹配处理的图像在几米左右,因此,成像处理通常采用子孔径处理方法,一方面降低计算量,另一方面适应弹体非匀速、非直线运动条件。

在弹载 SAR 系统架构上,采用并行处理设计方法,多个 DSP 同时处理一块数据,减少处理时间,同时采用多板并行,提高数据更新率和系统可靠性。

为了提高匹配导航精度,尽量使用近期采集的高精度基准图,精度优于 5 ~ 10m;在距离向上,采用多视角图像,同时与基准图匹配;众所周知,成像距离越短,误差传递越小,因此,尽量选取大视角,使得成像距离短。

参考文献

[1] GEBERT N. Multi – channel azimuth processing for high – resolution wide – swath SAR imaging[D]. Karlsruhe, Germany: University of Karlsruhe, 2009.

[2] CURRIE A, BROWN M A. Wide – swath SAR[C]. [S. l.]: IEE Proceedings F – Radar and Signal Processing. IET, 1992, 139(2): 122 – 135.

[3] HEER C, SOUALLE F, ZAHN R, et al. Investigations on a new high resolution wide swath SAR concept[C]. [S. l.]: Geoscience and Remote Sensing Symposium, 2003.

[4] 刘永坦. 雷达成像技术[M]. 哈尔滨: 哈尔滨工业大学出版社, 1999.

[5] 保铮, 邢孟道, 王彤. 雷达成像技术[M]. 北京: 电子工业出版社, 2005.

[6] BROWN W M, FREDRICKS R J. Range – Doppler imaging with motion through resolution cells[J]. IEEE Transactions on Aerospace and Electronic Systems, 1969 (1): 98 – 102.

[7] MOORE R K, CLAASSEN J P, LIN Y H. Scanning spaceborne synthetic aperture radar with integrated radi-

ometer[J]. IEEE Transactions on Aerospace Electronic Systems,1981,17:410-421.

[8] MOREIRA A,MITTERMAYER J,SCHEIBER R. Extended chirp scaling SAR data processing in stripmap, scanSAR and spotlight imaging modes[C].[S.l.]:EUSAR 2000,2000:749-752.

[9] BAMLER R. Optimum look weighting for burst-mode and ScanSAR processing[J]. IEEE transactions on geoscience and remote sensing,1995,33(3):722-725.

[10] ELDHUSET K,WEYDAHL D J. Geolocation and stereo height estimation using TerraSAR-X spotlight image data[J]. IEEE Transactions on Geoscience and Remote Sensing,2011,49(10):3574-3581.

[11] META A,PRATS P,STEINBRECHER U,et al. TerraSAR-X TOPSAR and ScanSAR comparison[C]. [S.l.]:Synthetic Aperture Radar(EUSAR),2008 7th European Conference on. VDE,2008:1-4.

[12] MITTERMAYER J,MOREIRA A,LOFFELD O. Spotlight SAR data processing using the frequency scaling algorithm[J]. IEEE Transactions on Geoscience and Remote Sensing,1999,37(5):2198-2214.

[13] LANARI R,TESAURO M,SANSOSTI E,et al. Spotlight SAR data focusing based on a two-step processing approach[J]. IEEE Transactions on Geoscience and Remote Sensing,2001,39(9):1993-2004.

[14] MOREIRA A,MITTERMAYER J,SCHEIBER R. Extended chirp scaling algorithm for air-and spaceborne SAR data processing in stripmap and ScanSAR imaging modes[J]. IEEE Transactions on Geoscience and Remote Sensing,1996,34(5):1123-1136.

[15] MITTERMAYER J,Lord R,BORNER E. Sliding spotlight SAR processing for TerraSAR-X using a new formulation of the extended chirp scaling algorithm[C].[S.l.]:INTERNATIONAL GEOSCIENCE AND REMOTE SENSING SYMPOSIUM. 2003,3:III:1462-1464.

[16] OSSOWSKA A,SPECK R. Processing of sliding spotlight mode data with consideration of orbit geometry [C].[S.l.]:Photonics Applications in Astronomy,Communications,Industry,and High-Energy Physics Experiments 2009. International Society for Optics and Photonics,2009:75020O-75020O-6.

[17] NAFTALY U,LEVY-NATHANSOHN R. Overview of the TECSAR satellite hardware and mosaic mode[J]. IEEE Geoscience and Remote Sensing Letters,2008,5(3):423-426.

[18] SHUM H Y,SZELISKI R. Systems and experiment paper:Construction of panoramic image mosaics with global and local alignment[J]. International Journal of Computer Vision,2000,36(2):101-130.

[19] PRATS P,SCHEIBER R,MITTERMAYER J,et al. Processing of sliding spotlight and TOPS SAR data using baseband azimuth scaling[J]. IEEE Transactions on Geoscience and Remote Sensing,2010,48(2):770-780.

[20] DE ZAN F,GUARNIERI A M M. TOPSAR:Terrain observation by progressive scans[J]. IEEE Transactions on Geoscience and Remote Sensing,2006,44(9):2352-2360.

[21] META A,MITTERMAYER J,PRATS P,et al. TOPS imaging with TerraSAR-X:Mode design and performance analysis[J]. IEEE Transactions on Geoscience and Remote Sensing,2010,48(2):759-769.

[22] 席龙梅,盛磊,葛家龙. 星载滑动聚束SAR模糊特性分析与仿真[J]. 上海航天,2011,28(1):1-6.

[23] GEBERT N,KRIEGER G,MOREIRA A. Multichannel azimuth processing in ScanSAR and TOPS mode operation[J]. IEEE Transactions on Geoscience and Remote Sensing,2010,48(7):2994-3008.

[24] KILCOYNE N R. A two-dimensional ray-tracing method for the calculation of radome boresight error and antenna pattern distortion[R].[S.l.]:Ohio State Univ Columbus Electroscience Lab,1969.

[25] WU D C,RUDDUCK R. Plane wave spectrum-surface integration technique for radome analysis[J]. IEEE Transactions on Antennas and Propagation,1974,22(3):497-500.

[26] PUTNAM J M,MEDGYESI-MITSCHANG L N. Combined field integral equation formulation for inhomogeneous two and three-dimensional bodies:the junction problem[J]. IEEE Transactions on Antennas and

Propagation,1991,39(5):667-672.
- [27] 杜耀惟. 天线罩电信设计方法[M]. 北京:国防工业出版社,1993.
- [28] 彭望泽. 防空导弹天线罩[M]. 北京:宇航出版社,1993.
- [29] 戎华. 导弹天线罩技术简介[J]. 声学与电子工程,2003(3):36-39.
- [30] 刘丽. 天线罩用透波材料[M]. 北京:冶金工业出版社,2008.
- [31] STANGL M,WERNINGHAUS R,ZAHN R. The TerraSAR-X active phased array antenna[C]. [S. l.]:Phased Array Systems and Technology,2003.
- [32] 汪伟,李磊,张智慧. 星载合成孔径雷达双极化天线阵研究[J]. 遥感技术与应用,2007,22(2):166-172.
- [33] WANG W,ZHANG H,ZHANG Z,et al. Broadband antenna array for SAR applications[C]. [S. l.]:2014 IEEE Antennas and Propagation Society International Symposium (APSURSI),2014:1153-1154.
- [34] GAO W J,JIAO J J,HAN Y Z,et al. A compact broadband ridged-square-waveguide radiating element for phased array antennas in synthetic aperture radar applications[J]. Microwave and Optical Technology Letters,2012,54(3):829-833.
- [35] MARSH S P. MMIC power splitting and combining techniques[C]. [S. l.]:Design of RFIC's and MMIC's (Ref. No. 1997/391),IEE Tutorial Colloquium on. IET,1997:6/1-6/7.
- [36] OXNER E S. Power FETs and their Applications[M]. New Jersey:Prentice-Hall,Inc,1982.
- [37] MICOVIC M,NGUYEN N X,JANKE P,et al. GaN/AlGaN high electron mobility transistors with f τ of 110GHz[J]. Electronics Letters,2000,36(4):358-359.
- [38] 侯增祺,胡金刚. 航天器热控制技术:原理及其应用[M]. 北京:中国科学技术出版社,2007.
- [39] 闵桂荣. 卫星热控制技术[M]. 北京:中国宇航出版社,2009.
- [40] 江守利,苏力争,钟剑锋. 星载SAR天线热控技术现状及发展趋势[J]. 电子机械工程,2013,29(6):6-13.
- [41] 曲燕. 环路热管技术的研究热点和发展趋势[J]. 低温与超导,2009,37(2):7-14.
- [42] 苏向辉,许锋,昂海松. 飞机环境控制系统的现状与未来[J]. 航空制造技术,2002,(10):40-46.
- [43] 关宏山. 吊舱冲压空气环控系统研制[J]. 雷达科学与技术,2011(4):383-386.
- [44] 张澄波. 综合孔径雷达原理、系统分析与应用[M]. 北京:科学出版社,1989.
- [45] 严诺. 某机载雷达二维稳定平台结构设计[J]. 电子机械工程,2005,21(3):38-39.
- [46] 俞根苗,尚勇,邓海涛,等. 弹载侧视合成孔径雷达信号分析及成像研究[J]. 电子学报,2005,33(5):778-782.
- [47] 高烽. 合成孔径雷达导引头技术[J]. 制导与引信,2004,25(1):1-4.

第3章 天线系统

3.1 概述

天线是实现导波到空间电磁波的转换,在目标方向汇聚辐射能量,提高增益,接收则是汇聚从目标区域反射回来的目标信号。几乎所有类型的天线都被雷达采用过,包括反射面天线、集中/分布式阵列天线、相控阵天线和透镜天线等。对于常规的预警探测雷达来说,20世纪30年代早期VHF(甚高频)雷达用机械扫描的振子阵列天线。20世纪40年代雷达进入微波频段,引入了反射面天线,设计方法主要来自光学原理,多种机械旋转抛物面天线是性能价格比较高的雷达天线,也是应用最广泛的天线。20世纪60年代,相控阵天线开始出现在军事雷达领域。20世纪70年代,机械扫描的平面阵列天线开始使用,从本世纪初开始,大多数微波雷达都采用了相控阵天线。对于SAR来说,由于天线主要装载在空中、空间运动平台上,它更关心重量和体积。对于众多天线形式,从功能和性能上来讲,相控阵天线最具吸引力,它具有灵活的波束调度、赋形和高可靠性等优点,但与其他类型的天线相比,有源相控阵天线要昂贵和复杂。因此,降低相控阵天线的成本也是天线工程师的重要工作。

近年来,随着SAR分辨率的快速提高,怎样使图像越来越清晰,是雷达系统工程师面临的巨大挑战。天线高效率是雷达提高图像质量最行之有效的手段之一,宽带则是高分辨率的必备条件。

绝大多数天线辐射具有方向性,即其辐射功率有些方向大,有些方向小,天线辐射方向图是用图示的方法来表示天线辐射能量在空间的分布,它显示出天线在不同方向辐射功率的相对大小。方向图是天线最重要、最基本的参数,一般采用两个相互正交的主平面上的方向图来表示天线的辐射特性。天线辐射是否集中,可以用波瓣宽度这一特性参量来表示。通常,方向图中辐射强度为最大值一半的两个向径之间的夹角称为波瓣宽度,即3dB波束宽度,波瓣宽度越小,天线辐射越集中。方向图中一般有很多瓣,依次称为主瓣、第一副瓣、第二副瓣等,副瓣的最大值相对于主瓣最大值的比值称为副瓣电平,一般用dB表示,如图3-1所示。

天线的另一个重要特性参数是增益,它定义为在同一输入功率下,天线在最大辐射方向的辐射强度与理想的无方向性天线在同一点处的辐射强度的比

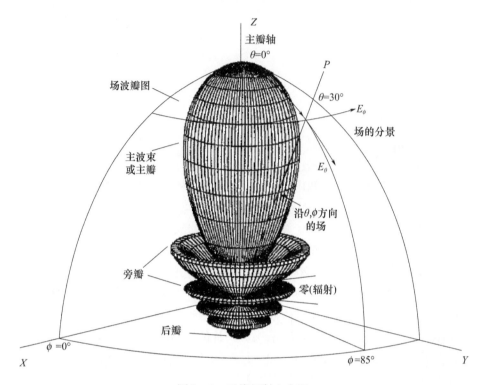

图 3-1　天线辐射方向图

值,它表征了天线辐射能量的集中程度,也考虑了天线本身由于损耗引起辐射能量的减小。有关天线特性的参量还有极化、输入阻抗、频带宽度、有效面积等。实现天线优良的辐射特性是一个系统工程,它涉及到电信设计与结构设计、加工制造和测试等方面。

反射面天线、集中/分布式阵列天线、相控阵天线等都成功地应用于 SAR,就 SAR 发展和应用来看,平面阵列天线将是一个重要方面,它分为常规平面阵列天线和平面相控阵天线。本章就平面阵列天线设计进行讨论。

3.2　天线设计分析

平面阵列天线在设计分析时,既要考虑 SAR 系统技术要求,又要考虑平面阵列天线的可实现性;既要考虑工程成本,又要考虑天线系统指标的实现;既要考虑天线阵列结构和天线单元,又要考虑到理论设计的不完善、加工装配和系统集成产生的多种误差源。相对于其他平台,星载 SAR 系统作用距离较远、尺寸大和重量轻,并要在恶劣的空间环境中高可靠地工作。这里以星载天线为例进行分析。

星载 SAR 系统产品经历地面、发射过程、在轨运行等环境。天线设计与仿真时,考虑这些环境条件的影响是天线研制过程中的重要环节。

众所周知,一定的天线功率口径积是星载 SAR 系统工作的前提,原则上是天线口径尺寸尽量大,功率尽量小,但是,实际设计时应综合考虑多种因素。天线波束形成和波束扫描能力是实现星载 SAR 系统多模式工作和提高观测能力的基础。高精度的内定标系统可以有效地保障星载 SAR 系统对地定量的观测。因此,需要从星载 SAR 系统和平面阵列天线实现的角度综合地分析天线口径尺寸、波束形成、扫描能力和内定标等性能参数,这些是星载 SAR 系统和星载 SAR 天线研究人员共同关心的问题。

3.2.1 基本参数

SAR 天线通常关心的基本参数如下:

(1) 工作带宽。平面阵列天线的工作带宽一般理解为瞬时工作带宽,与 SAR 的分辨率密切相关,工作带宽越宽,雷达的分辨率越高。从天线的基本原理来看,平面阵列天线就是改变阵列中天线单元的相位,使每个天线辐射的电磁波能量在空间某个期望点上同相叠加,从而实现阵列天线聚焦。在天线原理中,与电磁波入射方向垂直的平面定义为平面波前,当电磁波垂直于阵列(阵列法线)入射时,平面波前与天线阵列平行,补偿阵列各单元收发通道相位差后,就能实现阵列各单元电磁波的同相叠加,实现阵列聚焦。当电磁波非垂直方向入射时,由于平面波前与每一个单元的相位差是频率的函数,也就是说常规设计的相控阵天线性能与频率有关,其工作带宽受到一定的限制,因此在高分辨率 SAR 中,通常需要增加延时线,以消除或弱化宽带范围内波束色散效应。

(2) 扫描范围。SAR 要求天线的波束扫描范围与其工作模式有关,一般情况下,常规的条带模式不需要天线波束扫描(不考虑偏航牵引时),聚束模式需要天线波束具有方位扫描能力,而扫描模式要求天线具有距离向扫描能力,扫描角的大小需要根据平台的高度、观测视角、观测带宽及分辨率等来确定。通常情况下,具有广域动目标监视模式的 SAR 要求较大的波束扫描角,天线波束扫描范围在实现上,主要与天线单元选择、单元间距、单元排列方式和单元数量等有关。

(3) 波束宽度。平面相控阵天线的单个辐射单元幅度和相位是可以独立控制的,为了有效利用功率,提高雷达系统性能,一般发射状态下,天线阵列不进行幅度加权,必要的情况下仅进行相位加权,而接收状态则根据需要进行幅度和相位加权。在均匀分布情况下,天线波束宽度经验计算公式为

$$\theta_B = \frac{51\lambda}{L} \qquad (3-1)$$

式中:θ_B 为以度为单位的 3dB 波束宽度;L 为天线尺寸。当波束扫描到角度 θ_0 时,波束宽度经验计算公式为

$$\theta_B(\theta_0) = \frac{\theta_B}{\cos\theta_0} \qquad (3-2)$$

在幅度加权的情况下,天线波束宽度将会展宽。

(4)天线增益。天线增益定义天线在最大辐射方向的能量聚焦得益,经验计算公式为

$$G(\theta_0) = 10\lg\frac{A}{\theta_B\varphi_B} \qquad (3-3)$$

式中:θ_B,φ_B 分别为以度为单位的两个主平面 3dB 波束宽度;A 为常数,在 2600～3200 之间,A 的取值与加权的深度有关,一般情况下,等幅加权时 A 取值为 3200,−30dB 副瓣电平的幅度加权时 A 取值为 2800。

(5)副瓣电平。从理论上说,相控阵天线副瓣电平越低越好,设计时根据需要综合或优化得到期望的幅度相位分布,也就是说控制天线口径的幅度和相位分布,接近需求的分布就能够实现天线低副瓣,但由于各种误差客观存在并难以消除,限制了天线低副瓣的实现,同时,天线实现低副瓣是要付出代价的,例如,天线增益的降低、波束加宽、成本增加和加工精度提高等。

3.2.2 天线口径尺寸

星载 SAR 相控阵天线与常规的地面/机载雷达相控阵天线一样,在多种约束条件下,追求最大的天线孔径功率积、较低的天线副瓣电平和较低的成本价格等。

但是,在星载 SAR 系统中,天线尺寸设计是最为重要的设计参数之一,它既与模糊度密切相关,也与方位分辨率及观测带宽度等有关,并且,直接影响 SAR 系统分辨率、灵敏度和图像质量等参数。

(1)从模糊度角度考虑。SAR 天线的最小不模糊面积如式(3-4)所示,若卫星轨道高度为 632km,则 X 波段相控阵天线在满足模糊度设计要求下,满足模糊度要求的最小天线面积将随着天线视角增加而增加,如图 3-2 所示。

$$A_{\min} = \frac{kv_s\lambda R}{c}\tan\theta \qquad (3-4)$$

式中:θ 为天线波束入射角;v_s 为平台运动速度;R 为雷达与目标之间距离;c 为电磁波传播速度;λ 为雷达工作波长。

对于特定的功率口径积来说,尽量选择大的口径尺寸,以获得最大天线双程增益,减小发射功率,节约卫星能量资源。通常在最大视角(作用距离最远)情况下计算功率口径积。

在星载情况下,由于波束在照射区的移动速度(地速 v_g)要比平台速度(空

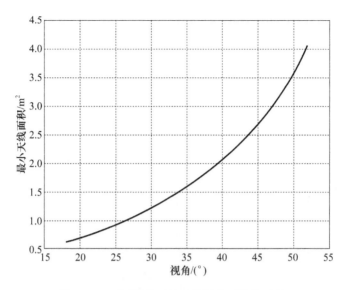

图 3-2 不同视角下的天线最小不模糊面积

速 v_s)慢,在计算方位分辨率时通常要乘以一个系数 $k_v = v_g/v_s \approx 0.9$,即使这样,星载 SAR 的方位分辨率还是非常接近天线方位口径的一半。例如,若要获取条带 3m 方位分辨率,则天线方位向尺寸应小于 6m;要实现条带 1m 方位分辨率,天线方位向尺寸应小于 2m。但是,在进行天线口径设计时,天线口径尺寸不宜选得过小,同时要考虑天线口径相位加权后的有效口径尺寸。

天线距离向口径尺寸还要满足观测带宽度的要求。观测带宽度取决于天线距离向波束宽度、回波窗宽度、距离向样本数和 A/D 采样频率等。当雷达系统的时序关系确定后,根据雷达信号的发射和接收的时序关系,以及相应的电磁波传播、散射和回波的几何关系来计算观察带宽度,具体地说,通过不同视角、入射角、近距、远距等来计算实际需用的距离向波束角宽度、回波窗时宽和 PRF 等。

星载 SAR 系统的方位和距离模糊度是关系图像质量的一项重要参数,在模糊度限制条件下,由式(3-4)可以得到不同 k 系数条件下的最小不模糊天线面积,图 3-3 分别给出了在轨道高度为 632km,系数 $k = 4, 5, 6, 8$ 时天线最小面积随入射角变化的曲线。由图 3-3 看出,在入射角为 62°(即视角 53°)时,当 $k = 6$ 时最小天线面积为 $A \geq 10.5 m^2$,当 $k = 8$ 时模糊度限制天线面积为 $A \geq 14 m^2$。若模糊度 $\leq -20dB$(方位、距离),且当选择 $k = 8$ 时,天线面积应该满足图 3-4 曲线关系 $A \geq 14 m^2$。

(2) 分辨率限制。在条带模式下,若分辨率为 δ_x,方位向天线尺寸 L_a 由式(3-5)求得

$$L_a \leq \frac{2\delta_x}{k_r} \tag{3-5}$$

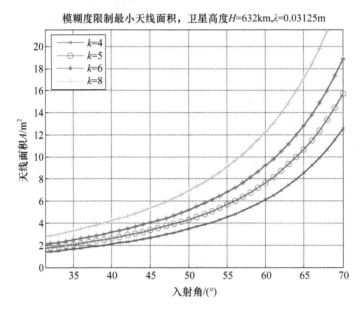

图 3-3　模糊度限制天线口径面积计算结果

例如，$\delta_x = 0.6\mathrm{m}, k_r = 1.2$ 时，由式(3-5)可得 $L_a = 1\mathrm{m}$。

（3）观测带宽限制：SAR 成像的距离向观测带宽是由实际工作时的距离向波束宽度决定的，如式(3-6)所示。

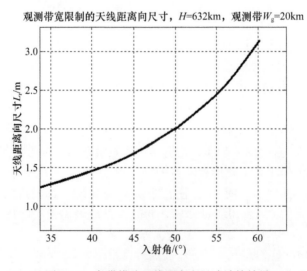

图 3-4　条带模式天线距离向尺寸计算结果

$$W_g = \frac{\lambda R}{L_r \cos\theta} \tag{3-6}$$

对于有源相控阵天线,距离向波束宽度可以根据观测带要求进行展宽处理。对于条带模式0.6m分辨率、15~20km观测带宽需求,仿真结果如图3-4所示,可以看出距离向天线尺寸在60°入射角时,$L_r > 3.2$m。

(4) 系统灵敏度限制。SAR图像信噪比与系统灵敏度有关,如式(2-48)所示,SAR系统灵敏度通常以等效噪声后向散射系数($NE\sigma_0$)表示,SAR图像信噪比要求越高,$NE\sigma_0$要求就越低。

在分辨率确定情况下,若要提高系统灵敏度,降低$NE\sigma_0$,则需要增大发射平均功率、天线口径面积或提高天线效率。由于$NE\sigma_0$与天线口径面积、天线效率的平方呈反比关系,因此,增大天线口径有效面积或提高天线效率对提高系统灵敏度效果最显著。

综上所述,天线口径尺寸受模糊度、分辨率、观测带、系统灵敏度$NE\sigma_0$等参数限制。为满足$NE\sigma_0$、模糊度要求,则要求较大的天线口径面积,而为达到分辨率、观测带宽要求,则要求天线较小的方位向和距离向尺寸,两者要求是相互矛盾的。因此,要想选择同时满足上述四项参数要求的天线尺寸非常困难,只能在各项指标间通过折中平衡,适当选择天线口径尺寸。

3.2.3 扫描特性

由于星载SAR系统有多种工作模式,如条带SAR、聚束(Spotlight)SAR、扫描SAR(ScanSAR)等,为满足不同工作模式下方位分辨率和不同视角下观测带宽度,需要在不同模式下进行方位向和距离向波束设计,形成星载SAR系统多模式工作所需的天线波束。一般情况下,天线阵面是矩形口径、矩形栅格,距离向波束设计除了考虑波束宽度、波束形状、副瓣电平和增益要求外,还要考虑距离模糊度要求。方位向波束设计除考虑实现系统所需的多种模式工作外,还要考虑波束形状、宽度、副瓣电平和增益。不同的工作模式要求天线有不同的波束宽度,例如星载SAR系统要实现条带1m和3m分辨率,1m分辨率的天线方位波束宽度是3m的3倍。天线在不同的视角上,如果要使观测带宽相同,天线距离向波束需要展宽。

在天线发射状态,由于T/R组件发射通道末端通常采用饱和式功率放大器,一般只采用相位加权,不进行幅度加权。在天线接收状态,为了获得较好的副瓣特性,通常采用幅度和相位同时加权。天线波束综合是天线波束在特定条件下的优化过程,距离向波束形成的目标是观测带内照射电平起伏最小、增益最大和有优良的副瓣特性(距离模糊比最小)。方位向波束综合的目标是波束宽度及波束宽度内电平起伏最小。

天线波束优化综合的方法有散焦法、边缘相邻单元反相馈电法、遗传算法及粒子群算法等[1,2]。其中前两种较为简单,但波束展宽效果较差,在获得特定展宽倍数情况下,展宽波束的波纹较大,且会导致副瓣电平的恶化。基于全局优化的遗传算法和粒子群优化算法是比较好的方法,可以分别对幅度和相位进行优化,也可以只对相位进行优化,优化的目标是波束宽度、形状、副瓣电平、增益等。遗传算法在对天线单元激励系数的优化方面具有较强的搜索能力。使用自适应算子可以加快收敛速度,收敛结果的平均值也略好于固定变异概率。

例如,选取天线单元数为120,间距为$0.688\lambda_0$,天线波束综合的结果如图3-5和图3-6所示。图3-5波束综合的目标是波束宽度为1°,副瓣电平为-30.5dB,波束扫描角为14.5°;图3-6波束综合的目标是波束宽度为2.5°,副瓣电平为-28dB,波束扫描角为-8.5°。

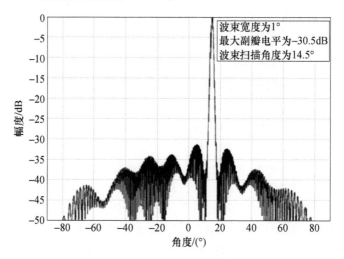

图3-5 1°天线波束综合的结果图

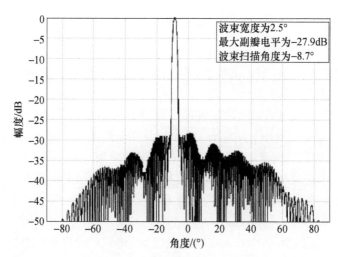

图3-6 2.5°天线波束综合的结果图

地面和机载相控阵天线通常需要较大的方位(±60°)和俯仰波束扫描角，星载SAR系统有所不同，在其常用的条带、聚束SAR、扫描SAR和GMTI工作模式中，都希望在距离向进行扫描(±20°左右)，以实现可变视角对地观测，只有聚束SAR、滑动SAR、马赛克SAR等模式要求波束在方位向具有一定的扫描能力。

3.2.4 内定标

由于星载SAR系统本身诸多参数的不稳定性，会产生对目标后向散射系数测量的误差。为了实现星载SAR系统对地面目标的定量测量，通常对系统进行外定标和内定标。外定标主要完成对SAR雷达系统传递函数和雷达天线方向图测试，也可兼顾测量SAR发射功率。内定标主要完成两大功能：增益、功率定标和雷达系统主要工作状态监测，即内定标是雷达系统完成正常工作所进行的校正，主要关心通道变化的绝对值，完成对SAR的接收通道增益，发射通道功率进行标定，同时，可对SAR的信号特性，如距离压缩主瓣宽度、峰值副瓣、积分副瓣等进行监测。

内定标兼有天线通道校正的功能，对有源天线系统多通道的传输特性变化进行监测，并给予实时补偿，使得各传输通道的幅相保持所要求的关系。如果仅从天线校正角度出发，采用基于快速傅里叶变换方法的波形校正在硬件上较为简单[3]，但是，考虑SAR内定标因素，则需要设备量较大的并馈校正网络。利用系统定标数据或特殊的工作状态(如对组件逐个检测)获取馈电网络每路的幅相分布，以实现对元器件及组件老化和失效的检测。内定标原理框图如图3-7所示。

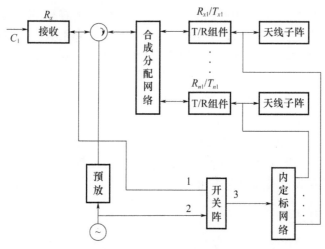

图3-7 内定标原理框图

发射功率与接收通道增益是采用分时测试的。其测试过程分三步,首先从 T/R 组件输出端耦合出信号,经内定标网络到开关阵,此时开关 1、3 两端接通,通过接收通道到达数据采集器,可得功率方程为

$$T_{x1} \cdot R_x \cdot k_1 = C_1 \qquad (3-7)$$

式中:k_1 为功率传递常数;T_{x1} 为 T/R 组件发射功率;R_x 为主接收通道增益;C_1 为采集数据。

其次,从信号源的输出端耦合出信号输入到开关阵,此时开关 2、3 两端接通,经过内定标网络、从 T/R 组件的输出口耦合输入信号,然后,在 A/D 输出口获得接收监测信号。其功率方程为

$$a \cdot R_{x1} \cdot R_x \cdot k_2 = C_2 \qquad (3-8)$$

式中:a 为信号源功率;k_2 为功率传递常数;R_{x1} 为 T/R 组件接收增益;C_2 为采集数据。

最后,从信号源的输出端耦合出信号输入到开关阵,此时,开关 1、2 两端接通,信号通过 1 端口输入到接收通道,在数据形成器获得监测数据。得到功率方程为

$$a \cdot R_x \cdot k_3 = C_3 \qquad (3-9)$$

通过三次测量结果可以得到收发系统的传递函数,其表达式为

$$R_{x1} \cdot T_{x1} \cdot R_x = \frac{C_1 \cdot C_2 k_3}{k_1 \cdot k_2 C_3} \qquad (3-10)$$

式中:R_{x1} 为单个 T/R 组件的接收增益;T_{x1} 为单个 T/R 组件的发射通道增益;R_x 为接收主通道增益。由式(3-10)可求出每个 T/R 组件的输出功率变化值,由式(3-9)和式(3-10)可求出 T/R 组件的接收增益。

对于 X 波段 32 单元相控阵天线,若 T/R 组件中的移相器和衰减器都是 6 位,利用上述内定标方法可达到的内定标精度优于 0.5dB,天线通道幅相校正精度为幅度均方根误差优于 0.12dB,相位均方根误差优于 1.8°。

3.3 天线阵列分析

平面阵列天线设计主要包括两个方面,阵列天线分析和辐射单元设计。前者主要是阵列形状、大小、单元间距、误差分析等,后者主要是针对天线应用环境、天线指标来设计天线辐射单元。

3.3.1 阵列结构

最为常见的天线阵列结构是矩形、圆形,天线阵列中单元排列方式主要有矩形栅格或三角形栅格等。这里主要讨论如图 3-8(a)所示的矩形栅格天线

阵列结构。

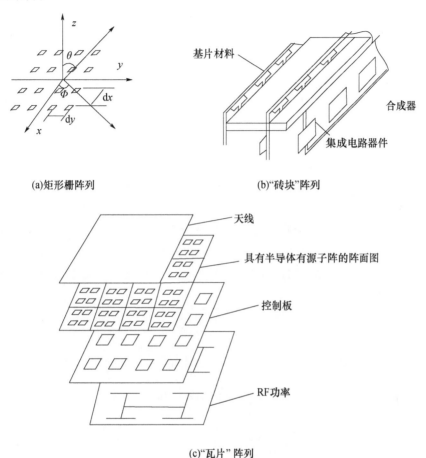

(a)矩形栅阵列　　　　(b)"砖块"阵列

(c)"瓦片"阵列

图 3-8　天线阵列结构

当阵列天线在厚度上要求不严格时,可用"砖块"结构,如图 3-8(b)所示。"砖块"结构最大的优点是给射频电路提供更大的空间,有利于热控(空气或液体冷却)设计,也便于维护。每个砖块内,射频电路可使用单片集成电路或混合集成电路。砖块结构的天线单元兼容性好,便于与振子等纵向尺寸大的天线单元相连接,与用于瓦片结构的平面印刷单元相比,这些单元具有较大的工作带宽,模块化设计时"砖块"阵列成品率高。

瓦片天线的主要优点是厚度薄,可以多层折叠,收拢状态体积小,适合星载 SAR 系统,易于与平台(例如飞机或导弹等载体)共形,在技术成熟的前提下,适合规模生产,大批量使用时可以大幅度降低成本。这种结构的缺点是为射频电路提供的空间小,天线单通道功率不宜太大,热设计难度大,集成工艺难度高,维护难度大,如图 3-8(c)所示。瓦片结构天线不易于实现大带宽,天线单元通常采用窄带贴片和其他印刷平面天线单元。

阵列天线结构决定馈电方式,馈电方式反过来对阵列天线结构有着重要的影响。将射频信号送到每个天线阵元的馈电形式有多种,图3-9(a)和(b)描述了等线长度并联馈电,这种馈电方式适用宽带平面阵列天线;图3-9(c)是采用了串联馈电方式,这种方式工作带宽受限;图3-9(a)、(b)、(c)三种馈电方式通常称为强迫馈电方式。图3-9(d)、(e)则为空间馈电方式。空间馈电的功率分配,除了天线边缘溢出和天线本身反射损耗外,因为不受传输电路的制约,所以损耗较小。空间馈电的天线一般体积大,天线所占空间也较大。

强制馈电可为天线阵元提供高度精确的功率分配,波导、空气带状线和微带功分器都是常用的馈电网络。前两种馈线损耗小但是体积、重量较大,微带功分器体积小但损耗较大。图3-9(a)为瓦片式天线结构的强制馈电网络,这种结构具有较短的馈电传输线,其构成的瓦片正方阵列有 N 个阵元,两阵元间的间隔在两个方向上都为 d,与每个天线阵元相连的传输线总长度为 $(N^{1/2}-1)d$。图3-9(b)为砖块式结构的强制馈电网络,传输线长度则与具体的功分器设计尺寸相关。

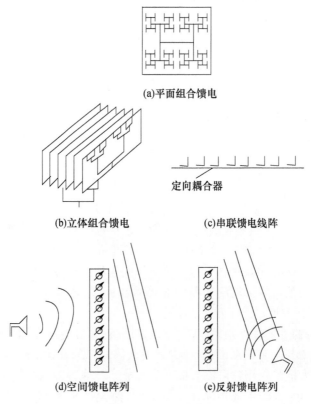

图3-9 阵列馈电

为了形成 SAR 多模式所需天线波束,必须把来自所有辐射单元或子阵模块的信号通过波束形成网络合成起来。有三种基本形式的波束形成网络,即射频(模拟)波束形成网络、数字波束形成网络和光纤波束形成网络。

(1)射频波束形成网络。射频波束形成网络技术成熟,一个波束对应一套射频波束形成网络,形成同时多波束时,其射频形成网络异常复杂,因此,一般同时形成的波束数目是有限的。

(2)数字波束形成网络。它可以灵活提供所需数目的同时波束。从传统的观点出发,为了处理所有天线阵元的信号,会带来设备量和处理时间的大幅增加。但是,随着微电子技术的快速发展,数字阵列技术不仅广泛地用于一维波束扫描场合,也大规模用于两维波束扫描的相控阵天线中。

(3)光纤波束形成网络。当成像雷达需要工作在一个极宽的瞬时宽带时,例如 3GHz 及以上的瞬时宽带,可用光纤来对阵元(或子阵)进行馈电。在这种光纤波束形成器中,光纤信号分配器用来对天线辐射单元的射频信号进行分配和时延量控制。这种方法的主要限制是把射频信号转换为光信号和将光信号转换为射频信号的转换损耗较大。一般来说,对每一次变换,转换器的损耗大约为 20dB。同时,天线的射频频率较高时,也大大提高了光纤波束形成器的实现难度。

对于射频馈电网络来说,空间馈电(空馈)很简单地将功率一次性地从馈源分配到天线口径上的各个阵元,而强制馈电却要用多级功率合成、分配网络。对高性能相控阵天线系统,这些功率合成、分配网络的每一级都必须在整个频带内进行阻抗匹配,否则,就会加大天线口径上的幅度和相位起伏。这些幅度和相位起伏直接影响天线性能,而这种频带内的起伏是难以通过通道校正来补偿的。

(1)串联馈电。图 3 - 10 给出了几种类型的串联馈电。图 3 - 10(a)是一端馈阵列,它对频率非常敏感,在单元数相同的前提下,这种馈电方式对相控阵天线的瞬时宽带限制最为严重,但是,将移相器改为具有时延特性的延迟线可以改善这一限制。

图 3 - 10(b)为中心馈电,它几乎具有与并联馈电网络一样的带宽,可以形成较好的天线方向图,但是,由于和差波束幅度控制的差异性,该网络无法同时获得优良的和方向图和差方向图;如果同时需要较好的和、差方向图,如图 3 - 10(c)所示的结构是一种理想方法,它是采用两个独立的中心馈电电路并以合成/分配网络来组合,可以对这两者的幅度分布进行独立的控制。为了有效工作,这两个馈电对应的幅度分布要求是正交的,也就是说,它产生的方向图应该是一个的峰值对着另一个的零位,而且口径分布分别为偶数和奇数分布。这种和、差方向图对于单一的成像模式的 SAR 是不需要的,通常出现在同时 SAR/GMTI 模式的 SAR 系统中。

如图 3-10(d)所示的馈电网络是最简化的一种,每个移相器都需要相同的调节,插入损耗随辐射单元数量的增加而增加,而且对相位调节的公差要求较高,这种类型馈电网络并不常用。

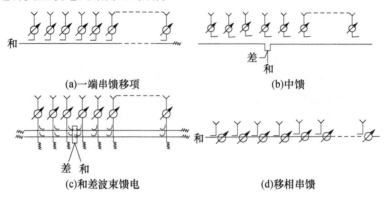

图 3-10 串联馈电网络

(2) 并联馈电。图 3-11 表示若干并联馈电系统,它们通常将几个天线单元组合成子阵,然后将这些子阵串联或并联形成平面阵列天线。图 3-11(a)为匹配组合馈电网络,各端口的不匹配反射和其他不平衡反射引起的反向能量被负载吸收,而同相位的射频信号返回到输入。如图 3-11(b)所示为电抗性组合馈电网络,它比匹配组合馈电网络简单,其缺点是它不能吸收不匹配引起的反射,这种反射可能引起部分二次辐射,并将恶化相控阵天线副瓣电平。如图 3-11(c)所示为电抗性带线馈电网络。如图 3-11(d)所示为复电抗性功率分配器,需要对移相器进行校正,否则口径反射的部分功率将产生二次辐射。

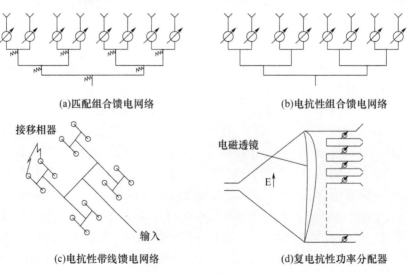

图 3-11 并联馈电网络

在SAR系统中,基于扫描范围考虑,设计的相控阵口径可以由众多子阵拼装而成,其馈电网络可以根据需要进行选择来构成平面阵列天线子阵。为了简化制造和装配,所有子阵设计应是一致的。一般情况下,天线阵列是通过对称的子阵组合来构成,所有的天线子阵可以进行适当的幅度和相位加权。

3.3.2 平面阵列

平面阵列相控阵天线基本功能是实现两维波束扫描。在球坐标系统,θ和ϕ两个参数确定单位半球面上的点。如图3-12所示,θ是相对法线的扫描角,ϕ为相对X轴的平面扫描角。图3-13是一种使波瓣和扫描影响形象化的简化方法,就是将半球上的点投影到一个平面上。该平面的轴为方向余弦$\cos\alpha_x$,$\cos\alpha_y$。对于半球上的任意方向,方向余弦为:$\cos\alpha_x = \sin\theta\cos\phi$,$\cos\alpha_y = \sin\theta\sin\phi$。

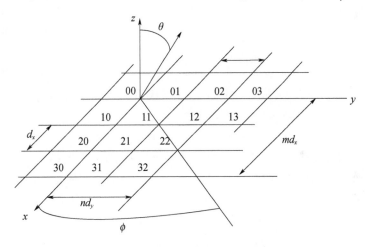

图3-12 平面阵列天线几何结构

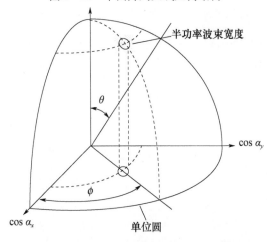

图3-13 半球上的点在阵列平面上的投影

扫描方向用方向余弦 $\cos\alpha_{xs}$,$\cos\alpha_{ys}$ 来表示,扫描平面由相对 $\cos\alpha_x$ 轴逆时针方向测量的 ϕ 角来确定,而且

$$\phi = \arctan\frac{\cos\alpha_{ys}}{\cos\alpha_{xs}} \quad (3-11)$$

扫描角 θ 取决于点($\cos\alpha_{xs}$,$\cos\alpha_{ys}$)至原点的距离,该距离等于 $\sin\theta$。为此,将此种表象称为 $\sin\theta$ 空间。$\sin\theta$ 空间的一个特性是天线波瓣形状不随扫描方向改变,波束扫描时,图形上的各点与波束最大值一样朝同一方向变化。

在单位圆 $\cos^2\alpha_x + \cos^2\alpha_y \leq 1$ 内,此区域称为实空间,能量辐射到半球。单位圆之外的无限大范围称为虚空间。虽说没有功率辐射到虚空间,但当阵列扫描,此概念对于观察栅瓣的运动是非常有用的。此外,虚空间中的波瓣图代表无用的能量,而且,它对阵列阻抗有影响。

最普通的单元排列通常采用矩形格或者三角形格,如图 3-12 所示,第 mn 阵元位于(md_x,nd_y),三角形格点可以看成每隔一个省去一个阵元的矩形格子点,通过要求 $m+n$ 为偶数值来确定阵元的位置。

采用方向余弦坐标系可以大大简化天线阵元扫描波控相位的计算。在这种坐标系中,波束控制方向($\cos\alpha_{xs}$,$\cos\alpha_{ys}$)确定的线性相位渐变,可以在每一个阵元相加,在第 mn 阵元的相位可以表示为

$$\phi_{mn} = mT_{xs} + nT_{ys} \quad (3-12)$$

式中:$T_{xs} = (2\pi/\lambda)d_x\cos\alpha_{xs}$ 为 x 方向的阵元之间的相移;$T_{ys} = (2\pi/\lambda)d_y\cos\alpha_{ys}$ 为 y 方向的阵元之间的相移。

二维阵列的阵因子可以通过将阵列中每一阵元在空间各点的贡献矢量相加来计算。对于扫描到方向余弦 $\cos\alpha_{xs}$ 和 $\cos\alpha_{ys}$,$M \times N$ 辐射单元天线阵列的阵因子可以表示为

$$E_a(\cos\alpha_{xs},\cos\alpha_{ys}) = \sum_{m=0}^{M-1}\sum_{n=0}^{N-1}|A_{mn}|\mathrm{e}^{\mathrm{j}[m(T_x-T_{xs})+n(T_y-T_{ys})]} \quad (3-13)$$

式中:$T_x = (2\pi/\lambda)d_x\cos\alpha_x$;$T_y = (2\pi/\lambda)d_y\cos\alpha_y$;$A_{mn}$ 为第 mn 阵元的幅度。

一个阵列天线可以想象成具有无限个栅瓣,不过希望实空间只有一个波瓣,即主瓣。对于矩形格阵列,栅瓣位于:

$$\cos\alpha_{xs} - \cos\alpha_x = \pm\frac{\lambda}{d_x}p$$
$$\cos\alpha_{ys} - \cos\alpha_y \pm\frac{\lambda}{d_y}q \quad (3-14)$$

式中:$p,q = 0,1,2,\cdots$。

在 $p = q = 0$ 处的波瓣为主瓣。就抑制栅瓣而言,三角形栅格子比矩形栅格更有效,对一定尺寸的口径而言,所需的阵元也较少。对于三角形栅格平面阵列,阵面有(m,n)阵元(其中 $m+n$ 为偶数),那么栅瓣位于:

$$\cos\alpha_{xs} - \cos\alpha_x = \pm \frac{\lambda}{2d_x}p$$

$$\cos\alpha_{ys} - \cos\alpha_y = \pm \frac{\lambda}{2d_y}q \quad (3-15)$$

式中:$p+q$ 为偶数。

在实际应用中,都期望扫描范围内除一个最大值,即主瓣外,其余均在虚空间。若阵元间距大于 $\lambda/2$,那么由于扫描,原来在虚空间的波瓣可能移入实空间。为了保证没有栅瓣进入实空间,阵元间隔的选定必须做到在最大扫描角 θ_m 下,栅瓣移动 $\sin\theta_m$ 都不会使它进入实空间。例如,如果要求每一扫描面都应偏离法线扫描 $60°$,那么在半径为 $1 + \sin\theta_m = 1.866$ 的圆内,就不可能有栅瓣。满足这一要求的方形栅格有

$$\frac{\lambda}{d_x} = \frac{\lambda}{d_y} = 1.866 \text{ 或 } d_x = d_y = 0.536\lambda$$

这样,每个阵元的面积为

$$d_x d_y = (0.536\lambda)^2 = 0.287\lambda^2$$

对于等边三角形格阵列,如下关系可以满足这一要求:

$$\frac{\lambda}{d_y} = \frac{\lambda}{\sqrt{3}d_x} = 1.866 \text{ 或 } d_y = 0.536\lambda, d_x = 0.309\lambda$$

由于每隔一个 mn 值放置一个阵元,所以每个阵元面积为:$2d_x d_y = 2(0.536\lambda)(0.309\lambda) = 0.332\lambda^2$。

为了达到同样的栅瓣抑制,与三角形栅格相比,方形栅格结构所要求的阵元约多 16%。在星载 SAR 相控阵天线设计中,考虑到扫描范围及对副瓣要求的特殊性,目前大都采用子阵级二维有源相控阵方式,即方位向是一个有源通道连接一个含多单元的线阵,而在距离向则是一个单元连接一个有源相控通道,实现距离向大角度扫描、方位向有限小角度扫描。另外,为了抑制方位扫描出现的栅瓣峰值电平,也可以采用子阵错位优化的方式[4],降低最大峰值栅瓣电平。

阵元相位是相控阵天线的波控计算机来完成初始相位的计算,阵元的实际相位还要考虑到微波器件、工作环境和阵元的实际位置所引起的诸多相位误差。对于大型相控阵阵列天线,必须经过布相计算才能确定阵元的相位,包括考虑内外定标。采用正交相位指令 mT_{xs} 和 nT_{ys} 有助于使计算量减少。一旦计算出对于给定波束指向的阵元间相位 T_{xs} 和 T_{ys},那么 T_{xs} 的整数倍可用于控制阵元的横行,T_{ys} 的整数倍可用于纵列,从而实现波束控制扫描。

3.3.3 宽带阵列

作为宽带阵列天线,通常有两种理解:一是阵列天线在宽频率范围内频率

捷变工作,工作频率带宽是窄带,这种工作方式主要是预警雷达为了抗有源电子干扰而使用的;二是阵列天线在瞬时宽带工作,保证雷达具有高分辨能力,传统的高分辨是指雷达将相邻的目标分辨开来,现代雷达除了这种分辨要求以外,有时,还需要将单个目标的各个局部分辨出。一般来说,雷达可以通过天线波束、距离门、多普勒滤波器等在距离、角度和速度上对目标参数进行高分辨检测,SAR 则可以形成目标的二维图像。本节只讨论宽瞬时带宽阵列天线,主要讨论宽带特性限制要素和展宽办法。

长度为 L_a 的相控阵天线,通常采用移相器控制波束扫描,当电磁波从阵列法线方向入射时,各阵元与频率无关,可以同相接收。当电磁波偏离法线某一角度时,通常是以雷达工作的中心频率来设置移相器的相位权值,因为天线具有一定带宽,当工作频率偏离中心频率时,由于设置移相器的相位权值没有变化,此时,天线波束指向就发生了偏移,即从平面相位波前至各阵元的相位差是频率的函数,波束指向随频率的变化出现了小角度扫描。采用移相器的相控阵天线都与频率有依赖关系,阵列的百分率带宽在扫描角为 θ_0 时为

$$\frac{\Delta f}{f} = \frac{0.886\lambda}{L_a \sin\theta_0} \qquad (3-16)$$

式中:L_a 为天线口径尺寸;f 为中心频率;Δf 为绝对带宽;λ 为工作波长;θ_0 为最大扫描角。

如图 3-14 所示,当一个电磁波从偏离法线方向入射时,在阵列的一个边缘比另一边缘先接收到信号,而且,必须经过一段时间后能量才能在所有阵元出现,造成同一脉冲无法完全同相叠加,这就是天线口径渡越时间引起的。口径渡越时间($T = L_a / C\sin\theta_0$)也从另一方面说明相控阵的带宽限制因素。

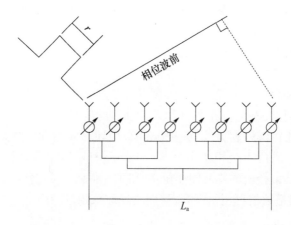

图 3-14 并馈阵列孔径信号到达时间示意图

第3章 天线系统

相控阵带宽受两种效应的限制——口径效应和馈电效应,就这两种效应而言,都是路径长度差约束了相控阵天线的瞬时带宽。对于并馈阵列(等路径长度),馈电网络不会因频率改变而造成相位变化,因此,唯有口径效应起作用。

(1) 口径效应。当电磁波从偏离法向入射到阵列时,对边缘阵元所要求的相位为: $\varphi = 2\pi L_a / \lambda \sin\theta_0$。式中分母有 λ,这表明所要求的相位与频率有关。只要改变频率,即使移相器不变,波束也会移动。对于等线路馈电,波束形状在空间不会改变,当频率增加时,波束朝法线方向运动。若用延时线取代移相器,通过延时线的相移将随频率的反方向变化,这就保证了波束指向不变。

当利用移相(与频率无关)来控制波束时,使波束指向 θ_0 方向时,与阵列中心相距 dx 阵元的相位为

$$\varphi = \frac{2\pi dx}{\lambda_1}\sin\theta_0 = \frac{2\pi dx}{c}f_1\sin\theta_0 \qquad (3-17)$$

在频率 f_2,同一相位是使该波束指向新的方向 $\theta_0 + \Delta\theta_0$,所以

$$\frac{2\pi dx}{c}f_1\sin\theta_0 = \frac{2\pi dx}{c}f_2\sin(\theta_0 + \Delta\theta_0) \qquad (3-18)$$

当频率变化甚小时,方向变化 $\Delta\theta_0$ 也小

$$\Delta\theta_0 = \frac{\Delta f}{f}\tan\theta_0 \qquad (3-19)$$

当频率变化量增加时,波束向法线方向偏移一角度,该角度与口径尺寸或波束宽度无关。波束实际扫描的角度与百分率带宽有关。通常,带宽因子用天线波束宽度来表示

$$带宽因子 K = \frac{带宽(\%)}{波束宽度(°)} \qquad (3-20)$$

限制带宽的经验准则一般是波束由频率变化所产生的扫描角不能超过波束宽度的 $\pm 1/4$,当然这一经验准则也可以根据工程设计难度和系统需要进行修正。

当扫描 60°时, $K = 1$;就法线波束宽度而言,此极限为

$$带宽(\%) = 波束宽度(°)(连续波,CW) \qquad (3-21)$$

例如,若阵列天线的波束宽度是 2°,根据此准则,可以允许频率有 2% 的改变。这样,当频率改变 2% 时,波束偏移 1/4 波束宽度。在扫描角较小时,这种影响也相应地减小,意味着阵列天线瞬时频带变宽。

式(3-19)适用于单一工作频率(CW)天线,并说明频率改变时,波束是发生偏移的。然而,SAR 基本上是脉冲工作,在这种情况下,对于扫描到 60° 的波束情况,它可以按照两倍于 CW 情况所允许的带宽来考虑,即

$$带宽(\%) = 2 倍波束宽度(°)(脉冲)$$

利用口径渡越时间来分析这一问题,口径渡越时间为

$$T = \frac{L_a}{C}\sin\theta_0 \quad (3-22)$$

若所用雷达脉冲等于口径渡越时间,即 $\tau = \frac{L_a}{C}\sin\theta_0$,则它等效于带宽(%) = 2 波束宽度(°)。若脉宽等于口径渡越时间,预期有 0.8 dB 的损失,较长的脉冲将有较少的损失,精确的损失大小取决于发射的具体射频信号。

上述讨论假定为等路径长度馈电情况,不过,要求馈电功率分配/合成网络提供完全相等的路径长度是不可能的,但路径长度彼此相差通常不会超过一个波长,路径长度差引起的相位误差可以通过对移相器来进行补偿。

(2) 馈电效应。不用等长度馈线馈电时,馈电网络将因频率变化而引入相位变化。对于一端馈串联阵列,改变频率时,辐射阵元的相位与馈线长度成比例地改变,所以,口径上相位呈倾斜线性变化,使波束产生了扫描,在相控阵天线中,这种现象大大地降低了工作带宽。

对于长度 L_a 的天线口径,传输线的色散特性使口径上产生线性相位变化,其边缘最大值为

$$\Delta\varphi_{\max} = \frac{\Delta f}{f}\frac{2\pi L_a}{\lambda}\text{rad} \quad (3-23)$$

式中:$\Delta f/f$ 为相对频率变化。由这样的口径相位线性变化所导致的波束扫描角为

$$\Delta\theta_0 = \frac{\Delta f}{f}\frac{1}{\cos\theta_0} \quad (3-24)$$

对于端馈串联馈电网络,既考虑馈电效应,也考虑口径效应,这种馈电方式总的频扫角度为

$$\Delta\theta_0 = \frac{\Delta f}{f}\tan\theta_0 \pm \frac{\lambda_g}{\lambda}\frac{\Delta f}{f}\frac{1}{\cos\theta_0}(\text{CW}) \quad (3-25)$$

中心馈电阵列可以看成两个端馈阵列的组合,因此,它具有两倍的波束宽度,如图 3-15 所示。改变频率时,口径的每一半各朝相反方向扫描,这种现象在频率变化不大时,会产生一个增益降低的较宽波束。当频率改变增大到一定的时候,波束将分裂为两个波束。从天线增益角度出发,中心馈电阵列的准则的工作带宽为

$$\text{带宽}(\%) = \frac{\lambda}{\lambda_g}\text{波束宽度}(°) \quad (3-26)$$

不过,从降低副瓣的角度来看,中心馈电阵列不是一种理想的方式。表 3-1 综合了几种馈电网络的带宽准则。

第3章 天线系统

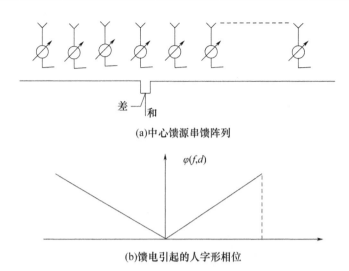

(a) 中心馈源串馈阵列

(b) 馈电引起的人字形相位

图 3-15　中心馈源串联馈电阵列

表 3-1　几种馈源网络的带宽准则

馈电网络	CW 工作带宽/%	脉冲工作带宽/%
等路径长度	波束宽度	2×波束宽度
端馈串联馈电	$\dfrac{1}{1+\dfrac{\lambda_g}{\lambda}}$×波束宽度	$\dfrac{2}{\left(1+\dfrac{\lambda_g}{\lambda}\right)}$×波束宽度
中心馈源串馈馈电	$\dfrac{\lambda}{\lambda_g}$×波束宽度	$2\dfrac{\lambda}{\lambda_g}$×波束宽度

注：波束宽度单位为度，λ_g 为波导波长，λ 为自由空间波长

　　为了克服这种现象，宽带阵列需要用延时线取代移相器，但由于目前延时线在体积、重量和成本等方面的原因，还没有办法取代移相器而大规模使用。

　　图 3-16 示出了用延时线构成阵列的几个基本电路结构。在图 3-16(a)中，延时线加在子阵级上，每个子阵列内依然是移相器控制子阵列波束扫描，这种方法可以一定程度展宽相控阵天线瞬时工作带宽。图 3-16(c) 是每个天线单元增加一个延时线，这种方法，可以得到较大的瞬时带宽。

　　图 3-16(b) 和 (d) 是一种"重叠"的子阵列结构，它利用微波光学多波束馈源来形成子阵阵列，在口径上形成光学子阵列重叠，每个子阵阵列辐射形成一个宽波束，从理论上来说，它具有较大瞬时带宽和较低副瓣能力。

　　对于上述几种方法，如果期望得到宽瞬时带宽，比较有效的办法是采用子阵技术，将相控阵的辐射阵元划分为子阵，在这些子阵中，加入延时线，如图 3-17 所示。子阵方向图变为阵元因子，移相器使子阵具有理想波束稳定性，控制与频率无关的延时线使阵因子扫描，所有子阵均按同一方式控制。总的辐射方向图是阵因子与阵元因子之积。例如,口径在一个平面分成 N 个子阵,在各子阵级都设置时延线,那么带宽就增加了 N 倍。

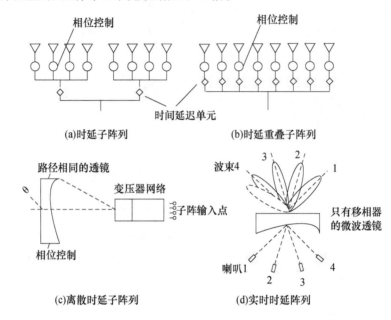

图 3-16　宽带阵列结构

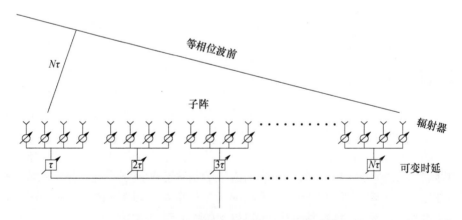

图 3-17　采用具有时延的子阵的相控阵列

星载 SAR 系统的距离分辨率主要由 SAR 系统的瞬时信号带宽、雷达天线视角和地面处理加权系数等决定。图 3-18 为在不同视角情况下,不同距离分辨率对应的瞬时信号带宽。显然,使用同一带宽的星载 SAR 系统获得的图像在距离向的分辨率是不同的,视角越小距离分辨率越低,视角越大距离分辨率越高,即在同一条带观测范围内,在近距处距离分辨率低,在远距处距离分辨率高。

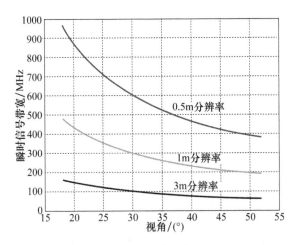

图 3-18 不同视角和分辨率情况下的瞬时信号带宽

对于星载有源相控阵天线来说,最大瞬时带宽受到天线孔径渡越时间 T_{a0} 的限制

$$T_{a0} = \frac{L_a \sin\theta}{c} \tag{3-27}$$

式中:L_a 为天线口径尺寸;c 为光速;θ 为天线波束入射角。在极限情况下,瞬时信号带宽通常还要严格一些,应满足如下关系

$$\Delta f \leqslant \frac{1}{4} \frac{c}{L_a \sin\theta} \tag{3-28}$$

对于常规的星载 SAR 相控阵天线,瞬时带宽只有 100MHz 左右,为了实现更宽的瞬时带宽,最有效的办法之一是在天线子阵上设置真实延时线,所需子阵数为

$$m \geqslant \frac{4\Delta f L_a \sin\theta}{c} \tag{3-29}$$

在子阵级加延时线能够有效降低宽带波束色散效应,但当需要在宽带范围内具有良好的副瓣特性时,还需要采用子阵级延时线与 T/R 组件内的小步进延时线相结合的方法。

3.3.4 阵列互耦

天线是一个能量变换器,它把导波能量变换为自由空间电磁波能量,这种变换的效率反映天线单元的阻抗匹配程度。阵列互耦通常将导致天线系统驻波变差,也就是阻抗失匹,这将导致入射到天线单元的电磁波反射回来。这种反射有两个缺点:一是损失天线的辐射功率,降低了天线效率;二是影响发射机(或者 T/R 组件)的正常工作。

对于不扫描天线,这种失配问题容易解决。对于相控阵阵列天线,由于阵列的扫描,辐射阵元的有源阻抗不断地变化,因而,阻抗匹配问题变得相当复杂。普通天线不匹配只影响辐射功率的大小,波束形状不会变化,但在相控阵天线扫描时,不匹配将导致天线波束形状发生变化。通常情况下,在法线方向完全匹配的天线,却在某一扫描角上出现严重的阻抗失配,导致大部分功率被反射回来。这种阵元阻抗和阵元波瓣图的变化是天线阵元之间互耦影响的结果。

众所周知,两部天线(或阵元)若彼此距离很远,它们之间耦合的能量是很少的,一个天线的存在对另一个天线辐射特性影响可以忽略。当天线彼此靠近时,它们之间的耦合增强。通常,耦合的强弱受到阵元间距离、阵元波瓣图、阵元附近构件等的影响。当一阵元放置在由许多阵元组成的阵列中时,耦合的影响较强,因而,阵列中该阵元的波瓣图和阻抗将发生剧烈变化,并且随着扫描角的变化而变化。

在实际阵列中,每一阵元都与所有其他阵元存在耦合关系,图 3-19 给出了几个阵元与中心阵元之间的耦合关系。一般情况下,相邻阵元的耦合影响最强,当阵列扫描时,相隔几个波长的阵元影响也会增强。

不同形式的阵元,其耦合影响差别也比较大。对反射板上的偶极子,阵元之间的耦合的大小随距离的增加而迅速减弱,5×5 的小阵列就能基本表示大阵列性能;对不带反射面的偶极子(或反射面中的双偶极子、裂缝),阵元间的耦合衰减慢,9×9 的小阵列是比较合适的;对开口波导阵,7×7 的小阵列就可以满足。若要求更精确地表示阵列性能,则需要具有更多阵元的阵列。

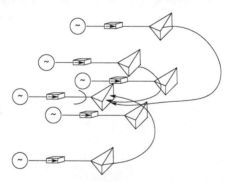

图 3-19 阵列天线单元之间耦合效应

通常,为方便起见,假定阵列为无限大,且具有均匀幅度分布,阵元之间为线性相位变化。这样,阵列中每一阵元都会经受几乎同样的环境,其中一个阵元的计算完全适用阵中所有阵元(阵列边缘单元除外)。这种假定使阵元阻抗变化的计算大为简化。

从能量方面考虑,具有等幅分布的完全匹配阵列的增益为

$$G(\theta_0) = \frac{4\pi A}{\lambda^2}\cos\theta_0 \quad (3-30)$$

式中:A 为天线有效面积;θ_0 为天线波束入射角;λ 为雷达工作波长。

如果假定阵列中 N 个单元的每一个对增益的贡献相同,那么一个阵元的增益为

$$G_e(\theta) = \frac{4\pi A}{N\lambda^2}\cos\theta_0 \quad (3-31)$$

若阵元失配,其反射系数 $\Gamma(\theta,\phi)$ 随扫描角而变,那么阵元增益图为

$$G_e(\theta) = \frac{4\pi A}{N\lambda^2}(\cos)([1-|\Gamma(\theta,\phi)|^2]) \quad (3-32)$$

从式(3-32)可以看出,阵元波瓣图包含有与阵元阻抗有关的信息。阵元波瓣辐射的总功率与传送到天线端口的功率之差就是反射功率,就扫描阵列的辐射波瓣图而言,由于天线扫描波瓣图反映了阵元波瓣图,所以,天线扫描增益损失就等于反射造成功率损失。

3.3.5 阵列误差

天线阵列的误差通常是指天线辐射阵元的幅度和相位与预定值之间的偏差,产生这种偏差的原因很多,包括天线阵面的制造、天线互耦计算或者实验不够精确、元器件性能不一致等误差。这些误差的存在,直接影响天线波束指向、副瓣电平、增益等参数。

当天线单元幅度或相位出现误差时,天线阵列辐射的能量会从主波束减少而转移到副瓣区。若误差为完全随机的,则产生随机副瓣;误差具有相关性时,副瓣能量将集中在远离主瓣的副瓣区域,且具有离散性,一般情况下,相关性误差产生数量较少的较高副瓣。

众所周知,天线远场方向图是天线中各阵元的辐射电磁波的矢量之和,各阵元的辐射电磁波是由预定幅度和相位值以及幅度和相位误差值共同作用的结果,也就是说,远场方向图是设计方向图与幅度相位误差产生的方向图之和,即

$$E_T(\theta,\phi) = E_{\text{design}}(\theta,\phi) + E_{\text{error}}(\theta,\phi) \quad (3-33)$$

一般情况下,在总的合成方向图中应分为三个部分:较低的噪声副瓣(由随机误差形成),几个大副瓣区(由相关性误差形成),主瓣与副瓣理论值(设计数据)。

1. 随机误差的影响

对于系统误差,可以在设计与制造过程中加以控制或补偿,这里仅就随机误差进行分析。由天线的基本原理可知,幅度和相位误差使主瓣增益减少,而

这一部分能量转入副瓣上。在随机误差影响下,其误差总体为

$$\sigma_\phi^2 = \sigma_\phi^2 + \sigma_A^2 \tag{3-34}$$

式中:σ_ϕ 为均方根相位误差,单位为 rad;σ_A 为均方根幅度误差,单位为 V/V。

天线以天线阵元为基本单元向远场辐射,为了确定天线阵列均方根副瓣电平(Mssl),将转移到副瓣的能量与 N 阵元阵列方向图的峰值作比较,这样 Mssl 为

$$\mathrm{Mssl} = \frac{\sigma_T^2}{\eta_a N(1-\sigma_T^2)} \tag{3-35}$$

式中:σ_T^2 为幅相误差;N 为阵列因子;η_a 为天线口径效率。

注意,在式(3-35)分母中,阵列因子 N 形成的增益因口径效率 η_a 减小而减少。主波束误差形成的功率损失系数为 $1-\sigma_T^2$。

例如:以一个 5000 阵元的阵列为例,口径效率为 70%,$\sigma_A = 0.1\mathrm{V/V}$,$\sigma_\phi = 0.1\mathrm{rad}$,那么 $\sigma_T^2 = (0.1)^2 + (0.1)^2 = 0.02$,则有

$$\mathrm{Mssl} = \frac{\sigma_T^2}{\eta N(1-\sigma_T^2)} = \frac{0.02}{(0.7)(5000)(0.98)} = 5.8 \times 10^{-6} = -52\mathrm{dB}$$

$$\tag{3-36}$$

此结果表明,该阵列的随机副瓣的均值电平比波瓣峰值低 52dB。0.1V/V 的幅度误差等效于 0.83dB 均方根的总幅度误差,0.1rad 相位误差为 5.7°。对于相控阵天线而言,产生幅度和相位误差的误差源是多方面的,例如移相器、馈电网络、辐射阵元和天线机械结构等。一般情况下,相控阵天线的所用阵元数越少,则误差要求越严格。

星载相控阵天线平面度的误差源主要有单个子阵模块天线的平面度误差、由多个子阵模块天线拼接成整个阵面产生的误差、T/R 组件与电源等散热导致阵面热变形误差及天线展开机构的展开误差等。它同样可分为随机误差和系统误差,单个子阵模块内的公差和较多的子阵模块安装公差可归为随机误差;热变形误差和天线展开机构误差可归为系统误差,这类误差在预测后一般要进行补偿,或使其随机化。天线阵面公差主要影响天线波束指向、副瓣电平、增益和波束宽度。在这里,主要考虑随机误差对天线波束指向和副瓣电平的影响。

假定天线副瓣指标为 R_T,则在预定角度上天线实际副瓣 $R < R_T$ 的概率为

$$P(R < R_T) = 1 - Q(h, A)$$

$$Q(h, A) = \int_h^\infty t I_0(At) \exp\left(-\frac{A^2 + t^2}{2}\right) \mathrm{d}t \tag{3-37}$$

式中:R 为预定角度上天线实际副瓣电平;R_T 为某一给定角度上的幅度值与主瓣峰值之比;σ_R 为副瓣电平的均方根误差;$I_0(At)$ 为第一类零阶贝塞尔函数。

$$t = \frac{R}{\sigma_R}, A = \frac{R_m}{\sigma_R}, h = \frac{R_T}{\sigma_R} \tag{3-38}$$

对于矩形口径平面阵列天线,副瓣电平的均方根误差和波束指向误差可以表示为

$$\sigma_R^2 \approx \frac{1}{2} \frac{\varepsilon^2}{(1-\sigma_\psi^2)\eta P m n} \tag{3-39}$$

$$\frac{\Delta\theta}{\theta} = \frac{\sqrt{(\varepsilon^2-1)}m}{2\pi\sqrt{P}} \frac{\sqrt{\sum_{-m_i}^{m_i} i^2 \eta_i^2}}{\sum_{-m_i}^{m_i} i^2 \eta_i} \tag{3-40}$$

$$\varepsilon^2 = (1-p) + \sigma_A^2 + p\sigma_\psi^2 \tag{3-41}$$
$$\sigma_A^2 = \sigma_\Delta^2 + \sigma_\mu^2$$
$$\sigma_\psi^2 = \sigma_f^2 + k^2[\sigma_x^2(\sin\theta\cos\varphi)^2 + \sigma_y^2(\sin\theta\sin\varphi)^2 + \sigma_z^2(\cos\theta)^2]$$

式中:p 为天线单元失效因子;η 为天线口面加权因子;m 和 n 分别为天线 X、Y 方向天线单元数;$\sigma_x,\sigma_y,\sigma_z$($Z$ 轴方向即阵面不平度)为天线阵面辐射元位置的均方根误差;σ_Δ,σ_f 分别为天线阵辐射元激励幅度和相位均方根误差;σ_μ 为阵中辐射元波瓣起伏均方根误差。

假定天线阵面积为 $192\lambda \times 64\lambda$,天线单元数为 320×108,不考虑辐射元失效、单元波瓣起伏和馈电幅相误差,天线单元位置误差只考虑 Z 轴方向(即阵面不平度),随机误差彼此独立且服从均值为 0 的高斯分布。针对上述分析进行了仿真,在 99.5% 概率下的仿真结果如图 3-20 和图 3-21 所示,对于 X 波段相控阵天线,其尺寸大概为 6m×2m,从图 3-20 和图 3-21 可以看出,当天线阵面均方根误差为 1.28mm 和均匀加权时,副瓣电平恶化 0.6dB 左右;-30dB 加权时,副瓣电平恶化 3.1dB 左右,波束指向偏差 0.0013°(主波束宽度 0.3°)。

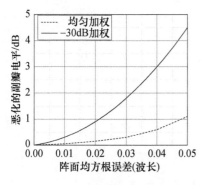

图 3-20 天线阵面公差对天线副瓣电平的影响

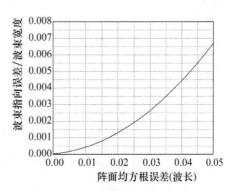

图 3-21 阵面公差对天线波束指向的影响

2. 随机相位误差与T/R组件数量

下面讨论天线阵列馈电的随机相位误差和T/R组件数量之间的关系:假设天线的理论设计副瓣电平为 $R_m = -30\text{dB}$,要求在99.6%概率下,实际副瓣电平为 $R_T = -24\text{dB}$,根据式(3-39)可以计算出副瓣均方根误差为 $\sigma_R = 0.01$,假设只考虑天线馈电的随机相位误差,不计其他误差,经仿真可以得到随机相位误差与T/R组件数之间的关系如图3-22所示。在99.6%概率下,达到副瓣电平 $R_T = -24\text{dB}$,如果T/R组件数是40,相位均方根误差是2°,如果T/R组件数是800,相位均方根误差是8.1°。从图3-22中可以看出,T/R组件数增多时,可以适当放宽对天线系统馈电随机相位误差的要求。

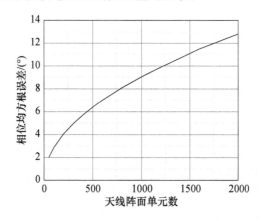

图3-22 随机相位误差与T/R组件数之间的关系

3. 随机相位误差与移相器位数

相控阵天线移相器的相位量化是天线随机相位误差的重要方面之一。相控阵天线大多数移相器是数字控制的,其相位调节精度是位数的函数。一方面,为了减少移相器体积、成本以及波控单元复杂程度,希望移相器具有较小的位数;另一方面,为了获得增益、副瓣和波束指向精度方面的高性能,又希望移相器有较多的位数。P位移相器的相位对应标准值的残留误差为:最大相位误差 $\sigma_{\max} \approx \pm \dfrac{\pi}{2^p}$,均方根相位误差 $\sigma_{\Delta_\varphi} = \dfrac{\pi}{\sqrt{3} 2^p}$。

对于大型天线阵列,因移相器量化误差带来的增益损失为 $\Delta G \approx \sigma_\phi^2 = \dfrac{1}{3} \dfrac{\pi^2}{2^{2p}}$,计算结果如表3-2所列,此结果统计上与幅度分布无关。

表3-2 增益损失与移相器位数之间的关系

移相器位数 p	2	3	4
增益损失 ΔG/dB	1.0	0.23	0.06

因此,从增益方面考虑移相器有四位就足够了,但是,对于均方根副瓣来说,相位量化降低了主波瓣的增益,所损失的能量分布到副瓣上,因此,相位量化对大型天线阵的波束指向影响不大。

3.4 天线辐射单元

能够应用于 SAR 的天线形式有很多,如微带贴片天线、偶极子天线、波导裂缝天线等。天线的选择主要取决于系统的需求,并根据电性能、结构、体积和成本等要求优化选择。本书针对平面阵列天线几种常用的天线单元进行分析讨论。

3.4.1 微带贴片天线

微带贴片天线是在带有导体接地板的介质基片上贴加导体薄片而构成的天线,它可以利用微带线、介质板线和同轴探针等进行馈电,在导体贴片与接地板之间激励起电磁场,并通过贴片四周与接地板间的缝隙向外辐射。通常情况下,介质基片的厚度与波长相比是很小的,因此,微带天线与普通天线相比,具有独特的优点:剖面薄,体积小,重量轻;具有平面结构,易于同馈电网络、有源电路及天线结构一体化设计;便于获得圆极化、双极化及双频段工作能力。其主要缺点是:单层微带贴片天线频带窄;在子阵应用中效率较低;展宽带宽的多层微带贴片天线加工工艺较为复杂,热性能稍差。

对于微带贴片天线来说,如果输入阻抗满足了频带的要求时,其他参数一般都能满足要求的。因此,通常以天线输入端的电压驻波比小于某一给定值所对应的频率范围作为微带贴片天线的频带宽度。常规微带贴片天线频带宽度为 1%~6%,基于多层或背腔单层微带贴片的频带宽度为 20%~30%[5],微带天线单元频带展宽最有效的方法是采用多层结构,在电路理论中,众所周知,采用参差调谐的紧耦合回路时,频带将会展宽,根据类似的原理,多层贴片构成的微带天线的带宽同样也会展宽。从另一角度来说,多层结构的微带天线,一层叠加一层,好像对数周期结构中的"有源区"一样,是实现宽带工作的有效方法。另一种较为有效的方法是采用背腔单层微带贴片天线,它是利用微带天线支撑结构,在贴片下方增加一个空气腔,等效 ε_r 降低,辅以腔体模式,来拓展天线带宽。这两种方法都可以获得微带贴片天线的宽带性能,都以增加天线厚度为代价。

1. 微带贴片天线分析

微带天线分析方法常用的有三种。

第一种方法就是利用传输线模型得出微带贴片天线的电流分布,在谱域得

出天线单元的口径场,再将其转换远场 $P(R,\theta,\varphi)$ 点处电场两个主平面方向图[5],即

$$F_\theta(\theta,0) = F_c(\theta,0) \frac{\cos\theta}{\left|\cos\theta - j\sqrt{\varepsilon_r - \sin^2\theta}\cot(K_0 h\sqrt{\varepsilon_r - \sin^2\delta})\right|} \cdot$$

$$\left|\cos\theta + \frac{(\varepsilon_r - 1)\sin^2\theta}{\varepsilon_r\cos\theta + j\sqrt{\varepsilon_r - \sin^2\theta}\tan(K_0 h\sqrt{\varepsilon_r - \sin^2\delta})}\right|$$

$$F_\varphi\left(\theta,\frac{\pi}{2}\right) = F_c\left(\theta,\frac{\pi}{2}\right)$$

$$\frac{\cos\theta}{\left|\cos\theta - j\sqrt{\varepsilon_r - \sin^2\theta}\cot(K_0 h\sqrt{\varepsilon_r - \sin^2\delta})\right|} \tag{3-42}$$

式中:$F_\theta(\theta,0)$ 为 $\theta=\theta,\varphi=0$ 时的天线方向图;ε_r 为相对介电常数;$F_c(\theta,0)$ 为贴片电流本身的远场在 $(\theta,0)$ 方向的方向图。其中

$$F_c(\theta,0) = \frac{\cos\theta\left(\frac{1}{2}K_0 b\sin\theta\right)}{\left(\frac{K_0 b}{\pi}\sin\theta\right)^2 - 1}$$

$$F_c\left(\theta,\frac{\pi}{2}\right) = j_0\left(\frac{1}{2}K_0 a\sin\theta\right) \tag{3-43}$$

从式(3-42)、式(3-43)可以看出,微带贴片天线方向图是贴片电流的傅里叶变换因子和来自格林函数的"微带因子"的乘积。在 $\theta=\pi/2$ 时,无论是 $\varphi=0$ 平面(E 面),还是 $\varphi=\pi/2$ 平面(H 面),微带因子总是为零。这是由于导体接地面的存在等效有一个电流的负镜像,结果使 $\theta=\pi/2$ 方向的电场为零。从式(3-42)、式(3-43)还可以看出,电流项与基板参数没有直接的关系,而是由格林函数导出的微带因子项直接与基板的介电常数和厚度有关。

第二种方法为分离变量法,例如空腔模型法,它是基于磁壁空腔的假设,用模展开法或者模匹配法来求解微带贴片天线的内场,再由等效原理通过天线的等效磁流分布求其外场。在由分离变量法求解过程中,空腔模型法适合于规则形状的薄微带天线,对于厚的微带基片,磁壁空腔的假设将不成立。

第三种方法就是从积分方程出发,利用空腔模型或者传输线模型给出等效磁流分布或贴片电流分布,然后将格林函数与源分布相乘,在源所在区域积分而得出总场。这种方法的优点是不通过解积分方程来得出场源(或等效场源)分布,而能够较严格地计入微带基片效应的结果。

对于复杂边界条件的微带天线,利用积分方程进行数值分析是一种理想选择,先导出满足边界条件的空域或者谱域格林函数,从而建立微带结构的电流积分方程,然后用数值技术求解。在积分方程所用的数值技术中,最常用的是矩量法(Moment – Method)。它的基本思想是把积分方程化为矩阵方程,然后用

代数方法求得近似解。

2. 微带贴片天线设计

微带贴片天线阵设计的第一步就是选择合适的辐射单元,根据天线阵面特点、指标要求以及加工难易程度,确定合适的辐射单元。如果需要满足两种线极化要求,天线单元结构必须具有两维对称性,显然方形和圆形等贴片都能满足这一要求。另外,从馈电形式来看,适用于双极化微带天线主要包括:双极化探针馈电多层微带贴片天线、共面微带线馈电的贴片天线和缝隙耦合双极化微带天线等形式。

关于微带天线方面的文献非常多,本书重点讨论分析角馈混合馈电双极化微带贴片天线单元、侧馈混合馈电双极化天线单元和侧馈缝隙耦合馈电双极化天线单元。

1)角馈混合馈电双极化微带贴片天线单元

采用共面微带角馈的双极化微带贴片天线阵,端口隔离有10dB的优势[6]。如图3-23所示的双点角馈方形微带天线相对于双点边馈方形微带贴片天线而言,在构成双极化微带天线阵中具有同样的优点。考虑到线阵中需要将双极化馈电两套网络安排在狭小的空间,此处,对天线单元采用混合馈电的方式[7]。

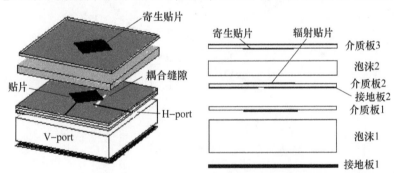

图3-23 混合馈电角馈双层贴片天线单元

天线单元分为5层,从下向上分别是金属接地板1、泡沫1、介质板1、介质板2、泡沫2和介质板3。其中辐射贴片及垂直极化馈线位于介质板2的上表面,介质板1和介质板2之间是开有耦合缝隙的金属膜,而水平极化馈线则居于介质板1下表面,展宽带宽的寄生贴片倒置于介质板3的下表面,该介质板位于其上还可以兼作天线罩作用。为了减小天线的后向反射,并且便于天线的安装,在介质板1下1/4波长处设置一个金属反射板,兼作天线安装的基座,中间用低介电常数的泡沫1作为支撑。

上述天线单元是一种宽带双极化微带贴片单元,经优化,工作在X波段,天线尺寸分别为: $a=9\text{mm}$, $b=9.7\text{mm}$, $W=1\text{mm}$, $L=8\text{mm}$, $S=2.95\text{mm}$,另外泡沫1的厚度为6.5mm,泡沫2的厚度取2.6mm。反射板尺寸为: $30\text{mm}\times30\text{mm}$。介

质板采用相同的材料,相对介电常数为2.94,厚度为0.508mm。图3-9(a)给出了该天线单元的 S 参数仿真结果。可见天线的水平极化和垂直极化两个端口反射损耗小于-10dB的带宽分别达到了14.5%和15.9%,分别覆盖了8.86~10.25GHz和8.74~10.25GHz范围,两个端口之间的隔离度在上述频率范围内优于-15dB。这一隔离度性能并不优越,主要是由于水平极化端口通过一个细长缝隙耦合,而这一耦合缝隙较大地改变了天线的结构对称性,造成对称分布的电磁场发生了畸变。

图3-24(b)和(c)给出了天线两个极化端口馈电时的辐射主极化及其交叉极化方向图,对于垂直极化端口,E 面交叉极化分量低于主辐射分量20dB,而 H 面稍差,交叉极化只有-15dB。对于水平极化端口,E 面和 H 面的交叉极化分量均低于主辐射分量19dB。天线单元计算增益值约为9.9dB。从两个端口馈电得到的辐射主极化与交叉极化方向图之间的比较可以看出,耦合缝隙降低了天线的交叉极化性能。

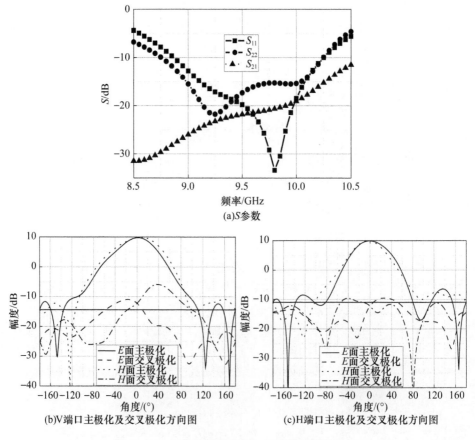

图3-24　角馈天线单元端口 S 参数和辐射性能

2) 侧馈混合馈电双极化天线单元

由于角馈方形微带贴片天线在构成天线阵时,其对角线尺寸相对于方形贴片边长增加了 $\sqrt{2}$ 倍,相应地减少了天线单元之间的空间,不利于宽带并馈网络的布置,相比较而言,方形贴片侧馈方式在这方面具有优势。天线的水平极化采用缝隙耦合馈电,垂直极化端口采用共面微带线馈电,天线的分层和介质材料与角馈方形微带天线完全相同,其透视及顶视图见图 3-25,天线的基本尺寸为:寄生方形贴片 10mm × 10mm,辐射贴片 9mm × 9mm,$W_1 = 2$mm,$W_2 = 1$mm,$L = 7.4$mm,$S = 2$mm,辐射缝隙偏离中心 3.4mm,耦合馈电微带短路线长 3.3mm,泡沫 2 的厚度为 2.7mm。图 3-26(a) 给出了天线的 S 参数计算值,图中的 S_{11} 表示共面微带馈电端口,即 V - 端口。S_{22} 表示缝隙耦合馈电端口,即 H 端口。可见天线单元两个端口反射损耗小于 -10dB 的带宽分别达到 15.2% 和 17.2%,频率范围包括了 8.75~10.19GHz 和 8.79~10.44GHz,两个端口之间的隔离达到了 -20dB。与角馈双极化微带天线单元相比,在主要频率范围内极化隔离明显地提高。

天线的辐射方向图在图 3-26(b) 和 (c) 中给出,图 3-26(b) 中是垂直极化端口激励时,天线的两个面的辐射主极化及其交叉极化方向图,在 E 面,交叉极化低于 -25dB,而 H 面则为 -17dB。对于水平极化端口图 3-26(c),其 E 面和 H 面的交叉极化分量相近,均低于主极化 23dB 左右。这些特性与角馈混合馈电双极化微带天线的相同,其原因都是耦合缝隙破坏了天线的两维对称性所造成。

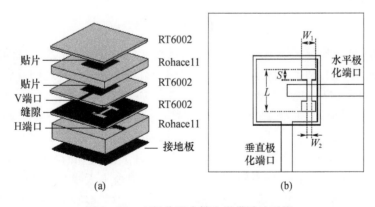

图 3-25 双极化混合馈电微带贴片天线

3) 侧馈缝隙耦合馈电双极化天线单元

当线阵单元数较少时,两种极化的馈电网络可以排列在同一层,天线单元的两种馈电可以都采用缝隙耦合形式,这样做的好处是辐射单元与馈电网络被开有耦合缝隙的接地板分开,两者相对独立,可以分别进行设计,这样便于对天

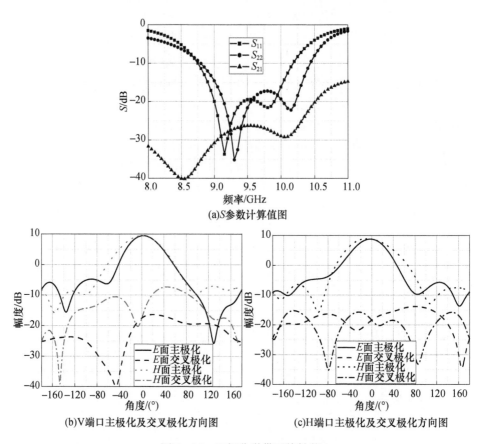

图 3-26　双极化微带天线性能

线的优化，同时排除了馈电网络的辐射。通常这种天线的两个耦合缝隙安排在贴片层的下一层，两个缝隙呈"T"形分布，耦合缝隙和辐射贴片之间具有一维对称性，如图 3-27(a)所示，天线分层结构如图 3-27(b)所示，典型实例应用于 X 波段的天线单元，主要尺寸为：端口 1 对应的耦合缝主缝宽 0.3mm，两头矩形 1mm×0.75mm，H 形缝总长 5mm，偏离中心 2mm；相对应端口 2 的尺寸分别是 0.3mm、1mm×1mm、4.5mm 和 2.5mm。辐射贴片大小 7.7mm×7.7mm，寄生辐射贴片 9.5mm×9.5mm，两者间距为 2.8mm。仿真所得天线的 S 参数见 H 端口主极化及交叉极化方向图图 3-28(a)，两个端口反射损耗小于 -10dB 的频率分别为：8.77~10.5GHz 和 8.7~10.67GHz，端口隔离度在带内达到了 -33dB。天线的辐射主极化及其交叉极化方向图在 H 端口主极化及交叉极化方向图图 3-28(b)和(c)中给出，可以看出，交叉极化在主瓣内都低于 -30dB。

针对上述微带天线单元，角馈混合馈电单元缺点是明显的，所占空间较大，不利于馈电网络布线。侧馈混合馈电单元在端口隔离和交叉极化抑制方面具

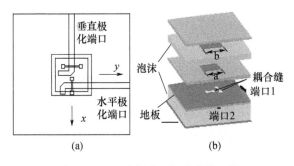

图 3-27 双缝耦合双极化微带天线

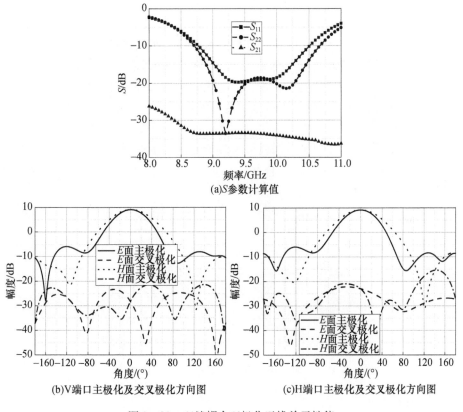

图 3-28 双缝耦合双极化天线单元性能

有优势,但由于单元间距较小,难以在同一平面布置两套并馈网络。侧馈缝隙耦合单元的介质层数较多,双路馈电性能受制造工艺影响较大,并且,双极化网络位于同一介质板的两面,线阵中两套网络之间的互耦将降低端口隔离度性能。因此,在子阵级宽带小型双极化二维相控阵天线应用中,采用侧馈与缝隙耦合馈电相结合的方式是比较合适的。

3.4.2 偶极子天线

并馈式阵列天线典型代表是偶极子平面天线阵,并馈功分网络通常有微带线、介质带状线和空气带状线等型式,该类天线微带振子阵的优点是微带馈电BALUN可以与微带功分器一体化集成于介质板同一表面,线阵加工简单,便于批量生产。

将一路射频信号按预定的要求分配到各个天线单元上,对天线单元间的互耦进行分析后合并到功分网络上一起考虑。对于1:N的功分/合成网络,当N较大时,通常用路的方法分析,这样单级功分网络器之间,传输线之间的影响就无法考虑,就导致理论上的仿真结果与实际测试结果有一定的差别。实现偶极子阵与功分网络一体化设计大多数都是采用理论和实验相结合的办法,利用口径场或者近场方法来分析天线口径幅相分布与理想偏差,然后再进行补偿。

偶极子平面阵列天线单元间的互耦比较大,互耦将改变天线单元的输入阻抗,使天线单元严重失配,这样就改变了天线的有效口径分布,由于互耦随频率发生变化,这给互耦的口径修正带来一定的困难。

1. 天线单元结构

图3-29是一种印制微带偶极子天线单元结构示意图,天线单元的输入端为微带线,可以与微带功分器一体化设计加工,这种偶子天线单元具有较好的宽带性能[8]。

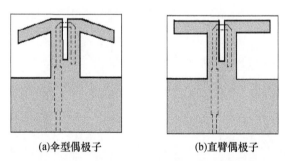

(a)伞型偶极子　　　　(b)直臂偶极子

图3-29　微带偶极子天线单元结构示意

2. 理论分析

根据所选定的天线单元形式,对其进行适当的简化,再利用电磁场理论和边界条件,建立精确的积分方程,下面扼要介绍印制偶极子天线阵的分析方法。

首先把微带偶极子天线单元等效为一定半径为 $r = (W+t)/4$ 的细圆柱偶极子天线,其中 W 为印制微带振子的宽度,t 为印制微带振子的厚度。

再假设偶极子天线单元的长度 L 远大于其宽度 W,则可忽略振子上的横向

电流分布影响,只考虑其沿振子臂的电流分布,故对整个天线阵建立起反应积分方程,即

$$-\int_0^L \boldsymbol{I}(l) \cdot \boldsymbol{E}_l^m \mathrm{d}l = V_m \qquad (3-44)$$

$$V_m = \int_v (\boldsymbol{J}_i \cdot \boldsymbol{E}^m - \boldsymbol{M}_i \cdot \boldsymbol{H}^m) \mathrm{d}v \qquad (3-45)$$

式中:E_l^m 为检验电流场 E^m 的 l 方向分量;V_m 为检验场对外部电流源的反应。

采用矩量法求解,将电流分布用一组沿细天线定义的基函数展开如下

$$\boldsymbol{I}(l) = \sum_{n=1}^N I_n \boldsymbol{F}_n(l) \qquad (3-46)$$

式中:I_n 为展开系数。令检验源函数为 $\boldsymbol{J}_m(l) = W_m(l)\boldsymbol{l}$

将式(3-46)代入式(3-44)、式(3-45)两式,写成矩阵形式为

$$[Z][I] = [V] \qquad (3-47)$$

式中,

$$Z_{mn} = -\int \boldsymbol{F}_n(l) \cdot \boldsymbol{E}_l^m \mathrm{d}l \qquad (3-48)$$

$$V_m = \int_m W_m(l)\boldsymbol{l} \cdot \boldsymbol{E}^i(l) \mathrm{d}l \qquad (3-49)$$

选择展开函数和检验函数均为分段正弦函数,其表达式为

$$\boldsymbol{F}_n(l) = \boldsymbol{l}_1 \frac{\sin\gamma(l-l_1)}{\sin\gamma(l_2-l_1)} + \boldsymbol{l}_2 \frac{\sin\gamma(l_3-l)}{\sin\gamma(l_3-l_2)} \qquad (3-50)$$

选择理想点电源激励(δ 激励),即

$$\boldsymbol{E}_i = \sum_{p=1}^P v_p \delta(l-l_p)\boldsymbol{l}_p \qquad (3-51)$$

把 $\boldsymbol{F}_n(l)$ 和 $\boldsymbol{E}_i$ 代入 Z_{mn}, V_m 表达式,即可求出 $[Z]$ 和 $[V]$

$$[I] = [Z]^{-1}[V] = [Y][V] \qquad (3-52)$$

由式(3-52)可以求出偶极子上的电流分布,进而计算出每个单元输入点的输入阻抗和整个天线阵面的辐射方向图。从以上的分析过程可以看出,用这些公式计算的仅是天线单元振子部分(含反射板)的输入阻抗及各天线单元振子(含反射板)间的互阻抗,对于带有平衡器的天线单元只需用相应的等效电路计算即可。

3. 典型实例

微波偶极子天线单元工作频带为 1.38~1.74GHz(相对带宽23%)、最大驻波比为 1.2[9]。初始设计参数如图 3-30 所示,其中 $W_1 = 80\mathrm{mm}$,$W_2 = 15\mathrm{mm}$,$W_3 = 5.86\mathrm{mm}$,$W_4 = 4.2\mathrm{mm}$,$L_1 = 24\mathrm{mm}$,$L_2 = 32\mathrm{mm}$。所用微带板厚度为 1.5mm,$\varepsilon_r = 2.55$。仿真所得驻波曲线及典型频率点的波瓣图分别如图 3-31 和图 3-32 所示。

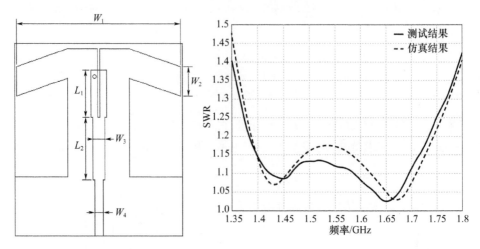

图 3-30 天线电路设计参数　　图 3-31 天线单元驻波曲线的仿真与测试结果

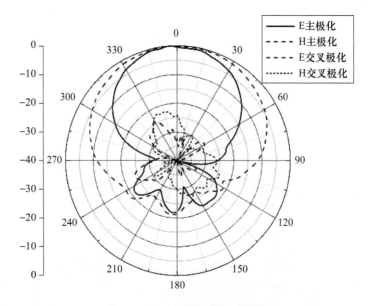

图 3-32 天线单元典型波瓣图

3.4.3 波导裂缝天线

对于传输 TE_{10} 模的标准矩形波导,其波导壁上产生的电流分布如图 3-33 所示。矩形波导常规的几种开缝形式如图 3-33 中的 1、2、3、4、5,位于波导中间的缝 1 和窄边直缝 2 由于没有切割表面电流而不能产生辐射,其他三种缝都因切割表面电流而产生辐射,其中以宽边纵向缝 4 和窄边斜缝 5 最为常见。为了缩小天线的体积和减轻天线的重量,常用的方法是把波导窄边尺寸减小为标准尺寸的 1/2 或 1/4。这种波导称为半高度或 1/4 高度波导。波导高度尺寸减小以后,纵向裂缝的谐振长度增加,从而使纵向裂缝天线的互耦影响变大。当波导尺寸降为 1/4 高度时,除了裂缝长度增加以外,裂缝在波导内所激发的前向和后向散射波也就不再相等了,使得纵向缝不能等效为并联单元。对于宽边纵向裂缝而言,它的激励强度随着裂缝中心线离波导宽边中心线距离的增加而增加,裂缝分布在波导宽边中心线两旁,如图 3-34 所示。

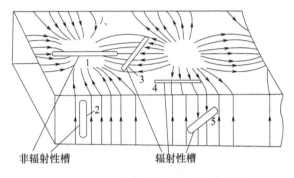

图 3-33 波导电流分布和开缝形式图

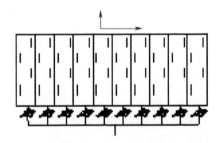

图 3-34 波导宽边裂缝阵

在扫描角较大或者是双极化阵共口径时,对波导宽边开缝天线阵需要压缩波导宽边尺寸,其直接方法是采用脊波导天线方式。其中,垂直极化采用单脊波导纵向裂缝天线阵,水平极化则采用波导窄边裂缝阵。为了降低传统倾斜裂缝阵交叉极化分量,可以采用金属棒[10]或膜片激励非倾斜缝,或者是脊波导倾斜缝隙天线[11]。

单脊波导纵向裂缝阵列有两种型式:对称单脊波导纵向裂缝阵和非对称单脊波导纵向裂缝阵,如图 3-35 所示。对于图 3-35(a)所示的对称单脊波导纵向裂缝阵,与标准波导相比,其宽边尺寸明显地减小,标准对称单脊波导的宽边尺寸约为 $0.58\lambda_0$。非对称单脊波导裂缝线阵也是机载一维宽角扫描相控阵天线理想辐射单元。

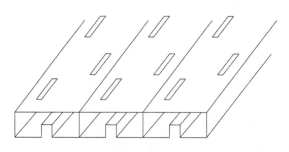

(a)对称单脊波导纵向裂缝阵

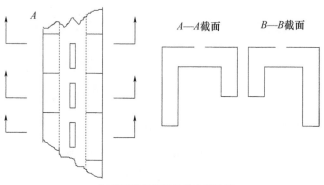

(b)非对称单脊波导纵向缝线阵

图 3-35 单脊波导纵向裂缝阵列

单脊波导裂缝线阵是由单脊波导上开设多个纵向缝，所有的纵向缝都在波导的宽边，如图 3-35 所示。由这种单元组成的天线有许多显著的优点，主要表现在无寄生副瓣，易于实现天线较低的副瓣电平，能满足相控阵天线进行宽角（±60°）电扫描等。这里以非对称单脊波导裂缝为例进行分析。

在分析 m 单元（m 个缝）非对称单脊波导纵向裂缝线阵（图 3-15）时，主要依据两个设计方程。

第一设计方程是：

$$\frac{Y_n^a}{G_0} = K_1 f_n \frac{U_n^s}{U_n} \tag{3-53}$$

式中，

$$K_1 = \frac{2K_t}{K_0} \sqrt{\frac{K_T^2}{\omega \mu_0 \beta_{10} G_0}}$$

$$f_n = \frac{\left(\frac{\pi}{2} K_0 l_n\right) \cos(\beta_{10} l_n)}{\left(\frac{\pi}{2} K_0 l_n\right)^2 - \left(\frac{\beta_{10}}{K_0}\right)^2} \cdot \frac{1}{\omega} \cdot \int_{-\frac{\omega}{2}}^{\frac{\omega}{2}} g\left(\frac{d_n}{\lambda}\right) \mathrm{d}x$$

$$K_T^2 = K_0^2 - \beta_{10}^2$$

第二设计方程是

$$\frac{Y_n^a}{G_0} = \frac{2f_n^2}{\dfrac{2f_n^2}{\dfrac{Y_n}{G_0}} + j\dfrac{\beta_{10}K_0^3}{4\pi K_T^4}\sum_{m=1}^{N}\dfrac{U_m^s}{U_n^s}g_{mn}} \qquad (3-54)$$

式中:Y_n^a 为缝导纳;G_0 为波导导纳;U_n^s 为激励电压;U_n 为波导模电压。互导纳有

$$g_{mn} = \int_{-K_0 l_m}^{K_0 l_m} \cos\left(\frac{z_m'}{\dfrac{4l_m}{\lambda_0}}\right) \cdot$$

$$\left\{\frac{l}{\dfrac{4l_n}{\lambda_0}} \cdot \left[\frac{\mathrm{e}^{-jK_0 R_1}}{K_0 R_1} + \frac{\mathrm{e}^{-jK_0 R_2}}{K_0 R_2}\right] + \left[1 - \frac{l}{\left(\dfrac{4l_n}{\lambda_0}\right)^2}\right] \cdot \int_{-K_0 l_n}^{K_0 l_n} \cos\left(\frac{z_n'}{\dfrac{4l_n}{\lambda_0}}\right)\frac{\mathrm{e}^{-jK_0 R}}{K_0 R}\mathrm{d}z_n'\right\}\mathrm{d}z_m'$$

1. 计算方法

上述建立的两个方程为非对称单脊波导纵向裂缝天线的设计奠定了基础,下面介绍设计举例,对于 X 波段 8 单元非对称单脊波导纵向谐振裂缝线阵,线阵的口径分布为台劳分布,设计参数为:副瓣电平为 $-28\mathrm{dB}$,等副瓣数为 5。具体设计和计算方法如下。

(1) 根据选定的口径分布,由相应公式直接算出线阵缝电压分布 U_n^s,预先给定 8 个缝一组的初始参数 $\left(\dfrac{d_n}{\lambda}, l_n\right)$,在不计互耦条件下,直接由 U_n^s 第一设计方程式(3-53)和孤立缝的自导纳求出一组比较合适的缝参数,作为迭代的初始参数 $\left(\dfrac{d_n^0}{\lambda}, l_n^0\right)$。

(2) 由第二设计方程式(3-54)知,要使所有缝电压同相,必须每个缝的有源电纳都为零,即式(3-54)的分母为实数,分母的虚部为零,这样对 8 单元裂缝线阵来说可以建立 8 个方程。继而则有下列等式

$$\frac{\dfrac{Y_p^a}{G_0}}{\dfrac{Y_n^a}{G_0}} = \frac{f_p}{f_n} \cdot \frac{U_p^s}{U_n^s} \cdot \frac{U_n}{U_p} \qquad (3-55)$$

式(3-16)是通过对第 n 个裂缝和第 p 个裂缝应用第一设计方程以后相比而得到的,根据式(3-16)可以得到 7 个方程,最后再加上匹配约束方程

$$\sum_{n=1}^{N} Y_n^a = N_0 \qquad (3-56)$$

这样刚好建立了 16 个方程的非线性方程组,关于 N_C 的选取,有一个基本

的原则,为了达到良好的匹配,当端馈时,$N_0 = 1$;当中馈时,$N_0 = 2$,当然在实际过程中也可以根据具体的情况来确定 N_0。

(3) 解非线性方程组,可以采用拟牛顿法解非线性方程,该方法与其他数值方法相比较,它速度快,稳定性好。

(4) 将经过一次迭代后解出的缝参数 $\left(\dfrac{d_n^1}{\lambda}, l_n^1\right)$ 与上次缝参数 $\left(\dfrac{d_n^0}{\lambda}, l_n^0\right)$ 比较,若误差大于设计要求值,再进行第二次迭代,直到满足设计要求为止。

2. 典型实例

根据计算步骤,对中馈 8 单元非对称单脊波导纵向裂缝线阵进行计算,线阵各项参数的计算结果如表 3-3 所列,根据表中数据加工了线阵样品,并且进行天线方向图的近场和远场测试,测试结果如图 3-36 所示。从测试结果来看,其副瓣电平在 -27.0 ~ -26.5dB 之间,天线线阵的辐射效率在 8.5% 的频带内优于 70%。

表 3-3 单元线阵设计参数

缝编号	左臂长 h_1	右臂长 h_2	缝长 l
1	0.1875	0.2281	0.4954
2	0.2416	0.1766	0.5018
3	0.1644	0.2586	0.5070
4	0.2683	0.1570	0.5098
5	0.1570	0.2683	0.5098
6	0.2586	0.1644	0.5070
7	0.1766	0.2416	0.5018
8	0.2281	0.1875	0.4954

$a = 0.4600, b = 0.1400, h = 0.0800$

注:表中长度单位为波长 λ

在 C 频段以上的高频段相控阵天线阵中,裂缝波导天线具有巨大优势。随着 SAR 系统性能的提升,不仅仅要求高分辨率,同时还要求宽观测带,因此,两维宽带宽角扫描 SAR 天线研究提上日程,除微带贴片、偶极子天线外,开口波导也是一个优选方式,尤其是在 X 及其以上波段,开口波导具有宽带[13]、强度高、易于机电功能一体化设计等优点,其 40% ~ 50% 的相对带宽远远满足 SAR 高分辨率的要求。

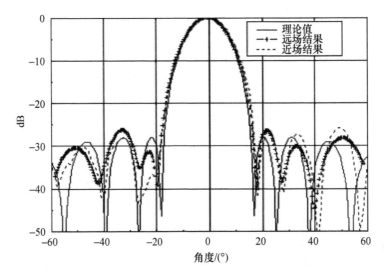

图3-36 单元非对称单脊波导裂缝线阵波瓣

3.5 机载天线结构

机载雷达天线结构设计是电性能的重要保证,也是机载雷达环境适应性设计的重要内容。环境适应性是指装备在其寿命期预计可能遇到的各种环境的作用下,能实现其所有预定功能、性能和不被破坏的能力,环境适应性是机载SAR系统装备的重要质量特性之一。对于无人机、直升机以及有人机来说,由于载机的特点不同,飞行高度和速度也不同,对SAR系统装备环境适应性要求也就不一样,因此,天线结构需要有针对性地进行环境适应性设计。

一般情况下,机载SAR除满足飞机规定的环境条件外,还要满足高温、低温、湿热、霉菌、盐雾、加速度、振动、冲击等方面的要求。还必须有足够的高强度辐射场(HIRF)防护能力,以防止飞机航电系统因直接或间接的HIRF影响造成雷达器件损坏和功能中断,也要防止雷达的辐射场影响飞机的航电系统,进而导致飞机发生事故。

载机飞行高度不同,其气压值将不同,一般情况下,SAR系统需要进行低气压工作状态设计。低气压带来的问题主要是电子设备散热困难和高电压、大功率打火,尤其是集中馈电的SAR天线,在高空工作情况下,需要考虑功率容量问题。对于相控阵雷达,由于使用了T/R组件,一般没有高电压设备和大功率微波传输线,低气压带来的主要问题是电子设备散热,如果雷达系统功率器件使用液冷散热,将不受低气压影响。采用自然散热的传输线和无源射频器件,虽然在高空低气压环境下自然散热能力下降,但其热耗小,高空环境温度低,采取加强自然散热设计措施,能够适应所要求的低气压环境。

3.5.1 机载天线环境条件

机载天线环境条件除电磁环境外,还包括机械环境和气候环境。

机械环境包括振动、冲击和加速度,机载振动频率范围一般为 5~2000Hz,最大振幅范围为 0.06~3.0mm,加速度范围为 1~10g,数值的大小是由飞机的类型、天线安装位置和方式决定的;冲击沿三个垂直轴六个方向达 15~30g 的加速度,脉冲持续时间为 10ms 左右;飞机作机动飞行中,有时由于气流突变,会使天线等电子设备承受加速度作用,范围为 1~18g。结构设计应保证天线不应有构件破裂、涂层剥落、机械损伤变形、固定连结件断裂、零部件脱出、设备与安装架分离等故障,以及出现结构变形、相对错位、裂纹和元器件触点移位等。

气候条件包括温度、高度、湿度、沙尘、霉菌和盐雾等。我国地域温差在 -57~48℃之间,冬夏温差达到 60℃,载机飞行高度造成近 80℃温差,最快温变达到 10℃/min;飞机从海平面上升到 10668m(35000ft)时,压力将从 101.32kPa 减至 24.84kPa 的低气压,位于非增压区的电子设备将受到低气压作用,如图 3-37 所示。由于载机平台的大范围机动,造成机载电子设备同样需要承受湿度、霉菌和盐雾等方面的严峻考验。

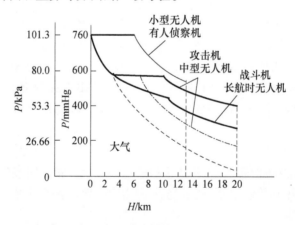

图 3-37　飞行高度与气压关系

3.5.2 机载天线结构设计

载机在起飞及飞行中产生的机械振动和冲击,可造成相控阵天线的阵面框架发生永久性结构变形,引起接插件等电连接器的弹性下降、连接螺栓断裂等累积疲劳破坏,导致机载天线性能暂时或者永久性下降。一般相控阵天线系统设备都是刚性安装在载机上，要用提高结构刚度的方法来提高它们的抗震能力。高的刚度同时也具有高的强度，因此，抗冲击能力也就相应提高了。如果使用增加结构阻尼的方法，将振动的机械能转变为结构或材料的热损耗，可以在很宽的频带内，对所有谐振峰实现衰减。

通常采取提高结构刚性的方式增强其抗振动冲击能力。在尽量减小系统重量的原则下，合理布置结构件加强筋，增加结构件整体刚性，避免采用悬臂结构，缩短支撑点间距，增加紧固点数量或强度等方式。

如果天线结构尺寸大，重量受到限制，在机载振动条件下，易出现阵面变形，设计时既要保证天线装配精度，又要保证天线阵面的抗振性能。天线主结构可以采用高模量的碳纤维复合材料，提高自身整体刚性和减轻重量。如果天线结构尺寸小，阵列天线阵面精度要求高，结构框架一般选择高强度的铝合金，增加桁高与增大惯性矩以增加刚度，同时，还要加强结构稳定性设计，提高整体结构刚度，增强抗振能力。

依据天线结构设计的力学环境及其评估准则等要求，需要对天线进行力学分析，包括强度分析、刚度分析、加速度分析、振动响应分析，以及载机巡航工况分析，并依据分析结果计算天线结构的安全裕度。

作为 SAR 系统，一般都是系统规模大，设备多，且雷达重量、尺寸空间、功耗等方面受到严格限制，雷达结构设计难度大，主要体现在以下几个方面：为了获得大的天线功率积，一般天线都是较大的口径，减重与刚度设计矛盾突出；对于相控阵天线，天线阵面、大量 T/R 组件、波束形成网络、延时放大组件、校正网络、矩阵开关、数据分配器、液冷分配器等众多单机及高低频电缆网、液冷管网等安装在天线框架上，高密度组装难度大。

针对天线轻量化设计难点，一般采取以下技术途径减轻系统重量：

在天线结构设计阶段，重点进行天线结构刚强度分析，对多个布局方式间不同设备/构件的外形、安装位置、固定形式、接口形式和维修性等要素进行分析比较。

采用组合一体化设计，减少零部件数量，降低总装的工作量和难度，减轻系统重量。

尽量选用铝合金、镁合金和钛合金等轻质量材料或者碳纤维等复合材料，必须要使用金属材料的模块盒体尽量采用高强度轻质量的铝合金（例如铝镁合金，碳硅铝合金）。液冷传输管道尽可能采用防锈铝或者不锈钢薄壁管。

在电子设备重量统计中，元器件的重量往往要占据较大的比例，各种元器件（包括印制板）的重量要占到 60%，因此，严格控制元器件的重量也是十分重要的。

3.6 星载天线结构

SAR 系统是重要的卫星有效载荷之一,有效载荷在卫星设计中起主导作用,卫星平台各分系统的设计都尽量优先考虑有效载荷对卫星平台的要求,有效载荷的设计也要尽量考虑卫星平台的能力[14,15]。在卫星设计中,努力做好有效载荷与平台的技术协调以便实现整体优化。

星载 SAR 系统一般由天线和中央电子设备(接收通道、频率源、波形产生、数据采集和数据压缩等)组成,天线安放在卫星本体上,属于舱外设备,中央电子设备安装于卫星舱内,天线相对于中央电子设备来说,工作环境的要求要严酷得多,下面就以有源相控阵天线为例进行讨论。

3.6.1 星载天线环境要求

像卫星的其他分系统一样,有源相控阵天线必须能适应发射段的力学环境和入轨后的空间环境要求。

(1) 力学环境。有源相控阵天线要求适应卫星发射阶段产生的振动、冲击、加速度、噪声等力学环境。为此,天线结构设计要有足够的强度和刚度,要进行模态分析,防止产生共振,造成有源相控阵天线的损坏。为了承受发射阶段力学环境条件,相控阵天线的展开机构需要锁紧,卫星入轨后再解锁。

(2) 失重状态。卫星在轨运行处于失重状态,而有源相控阵天线地面调试时,处于有重力作用状态。尽管采用气浮平台支持来模拟有源相控阵天线的失重状态,但天线的平面精度等性能在有重力与无重力状态还是有差别的,另外,天线的展开重复精度也带来平面度的差异。这些需要在设计中或地面调试中采取适当的措施,以确保在轨运行的有源相控阵天线性能在失重状态下能满足规定要求。

(3) 真空状态。对于相控阵天线来说,由于大量地使用 T/R 组件和延迟线,为了克服 T/R 组件和延迟线的腔体效应或者电磁干扰现象,有时会使用一些微波吸收材料,或者 T/R 组件、延迟线在生产制造过程使用一些复合材料胶,这些材料在真空状态下会出现出气、蒸发现象,这将对 T/R 组件和延迟线所使用的芯片产生污染、影响它们的寿命。真空放电还可能造成某些电路部件的损伤,二次电子倍增效应可能造成微波部件的损伤。在相控阵天线设计及制造中,对此类问题需要认真对待,才能确保适应真空状态要求。

(4) 温度变化。相控阵天线由天阵阵面、T/R 组件、延迟线、波控器、二次电源等众多设备组成,特别是 T/R 组件对其温度场有严格要求。卫星的外热流和内部热流变化都会使相控阵天线所处的温度场发生变化,需要采取热控手段才能保证适当温度变化要求。在电性能和结构设计的同时进行热设计,使有源发热元器件到部件或星体散热面的热阻小。其中,有些部位从电的角度要求绝缘,但从热的角度要求良好导热,为此,要采取专门的措施,例如采用氧化铍材料,可同时保证电绝缘和良好的热导性能。有些部位从电的角度不需要甚至不允许用良导体,为了将热引出就要采用专门的措施,例如,集中馈电天线中的发射功分网络中的内导体(空气介质板线网络)的热传导问题,就应考虑采用内外导体表面发黑(以增加损耗为代价)或者增加 $\lambda/4$ 短路柱等措施。

(5) 空间辐射环境。高能电子、质子和重离子对相控阵天线的表面和电子元器件都会造成损伤,单粒子翻转和锁定都会使 CMOS 电路出现故障。在相控阵天线设计和制造中,需要认真考虑这些因素,采取适当措施,使之适应空间辐射环境要求。

有效载荷一般是卫星的"耗能大户",因此,对重量、体积、功耗和可靠性等提出较高的要求。有源相控阵天线中包括大量 T/R 组件,T/R 组件中末级放大器的效率是相控阵天线射频功率转换效率的关键,广泛使用的 GaAs 单片放大器的效率在 40% 左右,新一代半导体 GaN 单片放大器转化效率将进一步提高,达到 50%~60%。对于相控阵天线,除了由天线辐射出去的电磁能量外,其他的能量全部变成为热量,增加热控负担,因此,提高天线整体效率是星载 SAR 天线永恒的追求。

3.6.2 天线结构与机构设计

结构与机构是相控阵天线的重要组成部分之一,在设计时主要关注以下几个方面:①环境条件,包括发射环境(主要是力学环境,如过载加速度、振动、冲击和噪声等)、轨道环境(真空、温度交变、粒子和紫外辐射、低轨道原子氧、变轨载荷等);②卫星构形设计,包括形状、最大包络尺寸(整流罩内允许空间)、天线布局、质心和转动惯量以及各种机(与卫星平台)、电(电磁兼容、绝缘、防静电、接地)、热(隔热、导热)的接口关系;③性能要求,包括刚度、固有频率(避免耦合,减小变形)、强度(静力和动力的响应应力不超过许用值)和变形(天线热变形限制、平台精度要求等);④重量;⑤机构的动作;⑥可靠性(尤其是机构的可靠性)。

在能承受上述环境条件和满足上述卫星构形和性能要求的前提下,结构设计安全裕度为

$$强度安全裕度 = \frac{许用载荷或应力}{设计载荷或应力} - 1 \qquad (3-57)$$

设计载荷 = 使用载荷 × 设计安全系数,设计安全系数通常取 1.5。
结构设计所需的最小安全裕度如表 3-4 所列。

表 3-4 结构设计最小安全裕度

材料	参数	最小安全裕度
金属	屈服强度	0.0
	极限强度	0.12
	稳定性	0.25
复合材料	首层失效	0.25
	承载强度	0.25
	稳定性	0.30

机构设计安全裕度

$$静力矩裕度 = \frac{驱动力矩 - 产生加速度所需的驱动力矩}{阻力矩} - 1 \quad (3-58)$$

$$动力矩裕度 = \frac{驱动力矩 - 阻力矩}{产生加速度所需的驱动力矩} - 1 \quad (3-59)$$

在各研制阶段所需的静力矩裕度和动力矩裕度如表 3-5 所列。

表 3-5 结构设计最小安全裕度

裕度类型	研制阶段	所需值
静力矩裕度	方案设计评审	1.75
	初始设计评审	1.30
	关键设计评审	1.25
	鉴定试验	1.0
动力矩裕度		0.25

1. 结构与机构设计分析

设计分析的目的是预示结构和机构的性能(刚度、强度、变形和安全裕度等)、设计优化。分析模型要能正确代表结构或机构的实际状况,模型中的关键部分应在以往的工程项目中经过实验验证,分析计算时,输入的机构和物理性能参数来自试验结果的统计值。

天线结构与机构分析和设计优化就是在性能安全裕度、质量之间寻求最优,因此,正确确定结构或机构的边界条件是非常重要的。并且,优化设计是建立在结构分析的基础上,结构分析包括动力分析和静力分析。动力分析最主要的手段包括模态分析、正弦振动、随机振动、噪声和冲击等响应分析。静力分析主要包括应力、应变、变形和稳定性等分析计算。

相控阵天线还应进行机构运动学和动力学分析,以确定机构的展开持续时间、展开运动轨迹、锁定时的角速度和展开锁定冲击等参数。

2. 结构与机构材料

用于天线结构与机构的材料主要有三类:金属材料、复合材料和辅助材料。天线结构与机构上常用的金属材料有铝合金、镁合金、钛合金、钢、铍及铍合金等。复合材料按用途可分为结构复合材料和功能复合材料,目前结构复合材料占绝大多数。结构复合材料主要用作承力和次承力结构,要求质量轻,强度和刚度高,能耐受一定温度,在某种情况下,还要求膨胀系数小,绝热性能好等。结构复合材料基本上由增强体和基体组成,增强体承担使用中的各种载荷,基体则起到粘接增强体系予以赋形并传递应力和增韧的作用。

复合材料所用基体主要是有机聚合物,也有少量金属、陶瓷及碳(石墨)。增强体是高性能结构复合材料的关键部分,在复合材料中起着增加强度,改善性能的作用。目前广泛应用的新型纤维状增强体品种有碳纤维(CF)、氧化铝纤维、碳化硅系列纤维、特种玻璃纤维等无机纤维,还有芳酰胺(芳纶或 Kevlar)纤维、PBO(聚对苯撑苯并双噁唑)纤维、超高分子质量聚乙稀(UHMWPE)纤维等有机纤维等。

复合材料的特点是比强度和比刚度高。用于天线结构和机构的纤维增强材料主要有玻璃纤维、碳纤维(石墨纤维)、凯夫拉纤维、硼纤维、碳化硅纤维等。高模量碳纤维/环氧树脂复合材料是目前重要的结构材料。这种材料相对密度小、弹性模量高、强度大、耐蚀性好;纵向热膨胀系数接近于零或达负值,保证在很宽温度范围内的尺寸稳定性及材料的可设计性。典型高模量碳纤维/环氧树脂单向复合材料的工程常数如表 3-6 所列。

表 3-6 典型高模量碳纤维/环氧树脂单向复合材料的工程常数(参考值)

参数	M40j/环氧	M60j/环氧
纵向拉伸模量/GPa	223	331
横向拉伸模量/GPa	6.98	8.01
剪切模量/GPa	3.87	4.16
泊松比	0.255	0.32

其他辅助材料主要包括胶粘剂、胶膜和泡沫胶。胶粘剂用于各种结构件的连接,胶膜用于夹层结构面板与夹芯和预埋件的胶接,泡沫胶(又称拼接胶)用于预埋件和后埋件与蜂窝夹芯的胶接以及蜂窝夹芯本身的拼接。

3. 结构和机构试验

试验包括结构件试验和机构展开组件试验。结构件试验主要有静力试验和动力试验。动力试验包括振动试验(模态、正弦振动、随机振动和冲击模拟实验),噪声试验和冲击试验。展开锁定机构试验包括磨合试验、常温常压下驱动力矩测试、常温常压和真空高低温下摩擦力矩测试和扭转表态刚度测试、动态等效刚度测试、电机的空间环境模拟试验等。压紧释放机构试验包括功能鉴定试验、承载能力试验、火工切割器环境和功能试验、带高摩擦涂层套在压紧力下的抗剪能力试验等。

完整天线试验包括展开试验、噪声试验、收扰状态模态试验、正弦振动试验、随机振动试验和展开状态模态试验等。

参考文献

[1] 陈国良,王煦法,庄镇泉,等.遗传算法及其应用[M].北京:人民邮电出版社,1996.
[2] 齐美清,汪伟,金谋平.基于粒子群算法的天线阵方向图优化[J].雷达科学与技术,2008,6(3):231-234.
[3] 鲁加国,吴曼青,陈嗣乔,等.基于FFT的相控阵雷达校正方法[J].电波科学学报,2000,15(2):221-224.
[4] 鲁加国,汪伟,齐美清.星载SAR相控阵天线栅瓣抑制技术[J].微波学报,2013,29(5):135-138.
[5] 钟顺时.微带天线理论与应用[M].西安:西安电子科技大学出版社,1991.
[6] BONADIMAN M,SCHILDBERG R,DA S LACAVA J C. Design of a dual-polarized L-band microstrip antenna with high level of isolation for SAR applications[C].[S. l.]:National radio science meeting. 2004:4376-4379.
[7] WANG W,LIANG X L,ZHANG Y M,et al. Experimental characterization of a broadband dual polarized microstrip antenna for X-band SAR applications[J]. Microwave and Optical Technology Letters,2007,49(3):649-652.
[8] 卢晓鹏,张玉梅,倪韡.一种用于机载SAR的UHF波段超宽带天线[J].雷达科学与技术,2004,2(1):57-60.
[9] 孙绍国,张玉梅,卢晓鹏.L波段宽带超低副瓣偶极子阵列天线研制[J].微波学报,2006,22(B06):5-10.
[10] HASHEMI-YEGANEH S,ELLIOTT R S. Analysis of untilted edge slots excited by tilted wires[J]. IEEE Transactions on Antennas and Propagation,1990,38(11):1737-1745.
[11] WANG W,JIN J,LU J G,et al. Waveguide slotted antenna array with broadband,dual-polarization and low cross-polarization for X-band SAR applications[C].[S. l.]:IEEE International Radar Conference,2005.
[12] 鲁加国.适于一维相控阵宽角扫描的非对称单脊波导裂缝线源[J].电子与信息学报,2001,23(2):175-180.
[13] 刘昊,鲁加国,黄年云,等.宽带端馈式同轴矩形波导天线单元的研究[J].电子学报,2003,31(9):1365-1367.
[14] 魏钟铨.合成孔径雷达卫星[M].北京:科学出版社,2001.
[15] IMBRIALE W A,GAO S,BOCCIA L. Space Antenna Handbook[M]. New York:John Wiley & Sons,2012.

第 4 章　发射系统

4.1　概述

发射机是将交流或者直流电能转换为微波能量,为雷达系统提供符合要求的射频信号,经馈线系统传输到天线并向空间辐射。不同的雷达体制对发射机提出了不同的要求,主要表现在雷达瞬时带宽、信号形式和对信号稳定度的要求不同。如脉冲压缩雷达为了增加作用距离,克服高峰值功率的限制,通常采用长脉冲宽度,为了获得高距离分辨率,提高目标特性的识别力,通常采用宽瞬时带宽信号,而动目标显示雷达则要求发射机的射频信号相位在脉间具有高的稳定度。一般而言,SAR 系统对发射机的基本要求为:

(1) 宽瞬时带宽。众所周知,SAR 系统是靠天线发射相干的脉冲序列进行孔径合成的,而脉冲序列的每一个脉冲均为相同的线性调频宽脉冲,接收时通过匹配滤波器将其压缩为窄脉冲来获得距离分辨率,SAR 系统的距离分辨率是由瞬时带宽决定的,同时,也要求发射机输出的微波信号具有良好的相位与幅度稳定性。

(2) 宽工作脉宽 τ。SAR 系统提高距离分辨率的方法是将天线发射的宽脉冲接收后压缩成窄脉冲 τ_0,且 $\tau_0 = 1/B$(或 $\tau_0 = 1/\Delta f$)。通常情况下 $\tau_{max} \approx 20 \sim 30 \mu s$,当发射机的瞬时带宽为 1GHz 时,$\tau_0 = 1 ns$,其脉冲压缩程度可达 $(2 \sim 3) \times 10^4$ 倍。

(3) 高脉冲重复频率。SAR 系统的脉冲重复频率与运动平台的速度、高度及天线孔径 L_a 等有关,为了避免频谱折叠造成方位模糊,通常采用较高的脉冲重复频率。如果改变 SAR 系统的观察视角,则其脉冲重复频率也需要随之改变。

(4) 高效率。SAR 系统使用场合都是运动的载体,如飞机、导弹、卫星等,而这些载体恰恰是能源紧缺的场所,甚至供电方式只能依靠蓄电池,因而千方百计提高发射机的效率就显得特别重要。

从 SAR 系统的角度来说,常用发射机有三类:电真空管发射机、固态发射机和分布式收发组件(T/R 组件),前两类已有大量文献和专著讨论过,这里不再讨论,本书着重讨论 T/R 组件设计。

4.2 基本要求

与常规雷达相比,SAR 系统对 T/R 组件有特定的要求,主要表现在宽带范围内的幅相精度和幅相一致性,以及适应空间平台需求的适装性和可靠性等。

4.2.1 幅相精度

对单个 T/R 组件的要求,幅相精度主要取决于 T/R 组件中的数控移相器和数控衰减器。

相位精度 E_Φ 是指通道相位 Φ 的实际值 Φ^r 和期望值 Φ^h 之差在 n 个控制态 $i(i=1,2,\cdots,n)$ 上的均方根值,即

$$E_\Phi = \sqrt{\frac{\sum_{i=1}^{n}(\Phi_i^r - \Phi_i^h)^2}{n}} \tag{4-1}$$

幅度精度 E_A 一般针对通道中的增益而言,是指通道增益 A 的实际值 A^r 和期望值 A^h 之差在 n 个控制态 $i(i=1,2,\cdots,n)$ 上的均方根值,即

$$E_A = \sqrt{\frac{\sum_{i=1}^{n}(A_i^r - A_i^h)^2}{n}} \tag{4-2}$$

幅度精度要求又常常直接表述为对数控衰减器的衰减精度的要求。

4.2.2 幅相一致性

幅相一致性用来表征多只 T/R 组件之间的幅相关系的,它除了取决于 T/R 组件中的相关器件外,还与通道中的各种不连续性密切相关。如果 m 只 T/R 组件的通道相位为 $\Phi_i(i=1,2,\cdots,m)$,则其相位一致性 C_Φ 为

$$C_\Phi = \sqrt{\frac{\sum_{i=1}^{m}(\Phi_i - \Phi_a)^2}{m}} \tag{4-3}$$

式中:Φ_a 为 Φ_i 的平均值,即 $\Phi_a = (\Phi_1 + \Phi_2 + \cdots + \Phi_m)/m$。

同样,幅度一致性也是针对通道中的增益而言,如果 m 只 T/R 组件的通道增益为 $A_i(i=1,2,\cdots,m)$,则其幅度一致性 C_A 为

$$C_A = \sqrt{\frac{\sum_{i=1}^{m}(A_i - A_a)^2}{m}} \tag{4-4}$$

式中:A_a 为 A_i 的平均值,即 $A_a = (A_1 + A_2 + \cdots + A_m)/m$。

由于 T/R 组件一般都工作于一定的带宽范围内,所以在计算幅相一致性时,进一步的要求会针对通道的幅相在带内的起伏来定义。即:如果 m 只 T/R 组件的通道相位、增益在带内的起伏为 $\Delta\Phi_i$、$\Delta A_i (i=1,2,\cdots,m)$,则其相位一致性 ΔC_Φ、幅度一致性 ΔC_A 分别为

$$\Delta C_\Phi = \sqrt{\frac{\sum_{i=1}^{m}(\Delta\Phi_i - \Delta\Phi_a)^2}{m}} \qquad (4-5)$$

$$\Delta C_A = \sqrt{\frac{\sum_{i=1}^{m}(\Delta A_i - \Delta A_a)^2}{m}} \qquad (4-6)$$

式中:$\Delta\Phi_a$、ΔA_a 分别为 $\Delta\Phi_i$、ΔA_i 的平均值,即

$$\Delta\Phi_a = (\Delta\Phi_1 + \Delta\Phi_2 + \cdots + \Delta\Phi_m)/m$$
$$\Delta A_a = (\Delta A_1 + \Delta A_2 + \cdots + \Delta A_m)/m$$

上面定义的 ΔC_Φ 和 ΔC_A 有时候也被称为 T/R 组件的幅相非线性要求。

4.2.3 阵面适装性

阵面适装性主要从两个方面考虑:单通道与多通道通道构型的选择、馈电与安装方式的选择。

1. 单通道与多通道构型

在频率较低的应用中,由于工作波长较长,天线单元的间距较大,系统可供 T/R 组件利用的空间限制较小,一般会做成单路的 T/R 组件。但在较高频段的雷达,尤其是二维相控阵雷达系统中,天线的单元间距较小,传统的单路 T/R 组件,由于连接器、安装孔位等需占用较大尺寸,组件的尺寸无法进一步缩小,给天线阵面结构设计带来布局难度。在 T/R 组件设计中往往采用多通道形式,进一步提高 T/R 组件的集成度,简化天线阵面系统的馈电网络,减少系统的体积、重量,同时采用多通道 T/R 组件形式,也降低了有源天线阵面的装配复杂度。

图 4-1 为多通道 T/R 组件的示意图。由于在此类 T/R 组件内部集成了多个收发通道和相应的馈电网络,多个收发通道共用控制与电源接口,因而能够有效地提高 T/R 组件的集成度。多通道 T/R 组件的通道数量一般按 2 的 n 次方规律选取,以方便在组件内集成馈电网络。

此类 T/R 组件内部集成的通道数量越多,组件内部电路规模越大,对组装工艺的要求也越高,T/R 组件最终的批产成品率也会越低。因此,多通道 T/R 组件集成的通道数量选取需要根据阵面结构设计、T/R 组件生产线的工艺能力,以及 T/R 组件可接受的批产成本进行综合确定。

2. 馈电与安装方式

有源天线阵面的结构安装方式、热设计、天线单元的馈电布局等方面对 T/

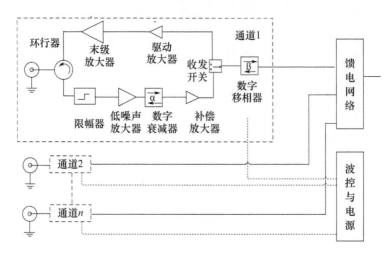

图 4-1 多通道 T/R 组件示意图

R 组件的馈电与安装方式影响很大,因此,T/R 组件需要结合天线系统进行协同设计。

对于一维相控阵系统,T/R 组件的馈电一般采用电缆连接,它的优点是 T/R 组件的安装位置不必与天线单元一一对应,组件的安装受天线单元间距、天线孔径的影响较小,但天线系统在体积、重量等方面会有一定的损失。

对于二维相控阵系统,在不做口径变换的设计中,T/R 组件与天线单元需要一一对应,由于电缆过多且连接方式不够灵活,也不便于维修,T/R 组件与天线单元之间的连接一般会采用盲插型连接器,T/R 组件与馈电网络的连接则根据阵面安装情况在电缆和盲插型连接器中选取。此外,在更高集成度的 SAR 系统中,整个天线系统按功能不同呈瓦片式叠放(图 4-2),T/R 组件需要设计成片式结构,这也是有源天线系统的一个重要发展方向[1]。

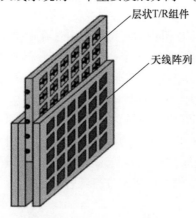

图 4-2 瓦片式天线示意图

4.2.4 可靠性

T/R 组件的可靠性需要从设计分析、过程控制、实验筛选等多个方面去提高,一般需要从如下方面考虑:

(1) 组件设计中,对电性指标的顶层规划要有一定量的冗余。例如在发射输出功率管子的选用上,从衰减器负载电阻和限幅开关等器件的功率容量上,都应当要求实际工作值低于器件标称值,保留一定的裕量。

(2) 简化设计是可靠性设计中的首选。主要途径包括功能模块的布局优化;设计或选用电性能满足要求的最简电路结构型式;分析电路链路特点,去除可有可无的元器件等。如两个 T/R 组件共用一个驱动电路的方式,就是一个典型的例子。

(3) 模块电路的容差。在组成 T/R 组件的各单元电路、模块的电信和结构设计中,需要特别强调容差设计的概念,避免因为加工误差,环境梯度变化等因素导致组件故障而失效。

(4) 暂态过程的防护。在 T/R 组件的设计中,有害的暂态过程主要有两种情况:一是电源加电或者断电的瞬间;二是功率放大器加入或者断开激励信号的瞬间。当集电极(或漏级)电压有波动而状态未稳时,可能导致管子和电路的失效。防护措施是前者在应用电路上加入防过冲的电容和去干扰、去毛刺的电磁兼容网络,并选用较大裕量的元器件;后者则是在组件加电和开机工作时,制订严格的开机顺序,并在电源工作稳定时加入或断开微波激励信号。

(5) 故障安全设计。在 T/R 组件的使用和维修过程中,当某一电路或器件发生失效或故障时,要求不产生其他电路的连锁反应,造成故障扩大的现象。应该特别注意大功率发射通道漏功率对接收通道的影响,以及接收和天线负载对发射大功率末级电路的影响。一般情况下,在发射通道末级功率管后加入高功率隔离器,可提高组件的使用可靠性。

(6) 热设计。温度是影响 T/R 组件和电子元器件正常工作的主要因素,通常情况下,温度与电子元器件的寿命成指数关系。因此,组件的热设计是十分重要的一个环节。热设计的核心内容是保持元器件基本可靠性等级的要求,如发射大功率管的管壳温度应低于 80℃,这需要对电路进行仿真优化。

(7) 过程控制是指在完成电信和结构设计之后,从元器件的选用、订购、验收、老练、筛选及装机,到微带版、印制板及屏蔽盒加工,再到 T/R 组件的组装调试等生产过程,对质量控制和操作规范的要求。大批量组件研制生产应当按照专题样机实验、小批量投产调试、大批量投产、自动测试调试生产等几个阶段循序进行。

(8) 环境实验是提高组件可靠性的一种重要手段和途径。电性能老练、筛选和环境适应性实验是减少使用中的故障率，排除元器件早期失效的一种行之有效的方法，因此在大批量生产中，需要对 T/R 组件进行 100% 的老练和筛选，必要时还要对 T/R 组件进行可靠性增长实验来暴露设计中的可靠性问题，检验设计的品质，从而达到提高 SAR 系统可靠性的目的。

4.3 基本功能

一个常规的 T/R 组件有 4 个基本功能：①在发射状态下将小功率信号进行放大，输出额定的功率至天线；②在接收状态下将微弱的回波信号进行低噪声线性放大，输出符合要求的信号至接收机；③实现收/发状态的转换；④在收/发状态下提供波束扫描所需的相移，在接收状态下提供期望的天线副瓣电平所需要的幅度衰减。

随着高性能微波单片集成电路（MMIC）的大规模应用，以及诸如低温共烧陶瓷（LTCC）之类的电路基板工艺和多芯片组件（MCM）组装工艺的日益成熟，T/R 组件必然是使用集成度越来越高的 MMIC，组装在微波薄膜或厚膜电路基板上，实现复杂的信号收发功能。如何研制和运用好适合特定 T/R 组件要求的 MMIC，如何采用如 LTCC 等厚薄膜基板材料实现高集成、高性能的 T/R 组件，以及在应用新器件、新材料和新工艺时的电设计、磁设计、力学设计和热设计等，是设计师必须关注的基础性技术问题。

4.3.1 T/R 组件分类

T/R 组件按其电路构成方式可分为收发分离式、共用移相器式和共用通道式，如图 4-3 所示，按所用器件和制造工艺可分为分立器件式、混合电路式（HMIC）和单片电路/多芯片组件式（MMIC/MCM）；按信号形式可分为射频/微波组件、中频组件和数字组件。

轻、薄、小、巧是 SAR 系统对 T/R 组件的一贯要求。随着 MCM 技术的发展和运用，T/R 组件的体积、重量大大减小，组件的集成度和适装性也大大提高。但常规的 2D-MCM 技术，因其布局形式仍为平面布局，组件尺寸受芯片数量及面积的限制，难以进一步缩小。在此基础上发展而来的 3D-MCM[2]、片式叠层结构[3]、多功能芯片[4]等技术，可以使组件的集成度更高，尺寸进一步缩小，从而适应 SAR 系统天线阵面高密度布阵的要求。

3D 架构的片式 T/R 组件是基于多功能 MMIC、大规模数模集成电路、3D 互联技术和相关制造工艺的快速发展而出现的一种"片上系统"。这种片式 T/R 组件具有微型化、高性能和低成本等特点，大大降低了有源阵面的重量和费用，减小了相控阵天线孔径深度尺寸，同时也提高了整个雷达的可靠性，为 SAR 系统实现更轻的重量、更小的体积、更大的功率密度和更高的效率创造了条件。

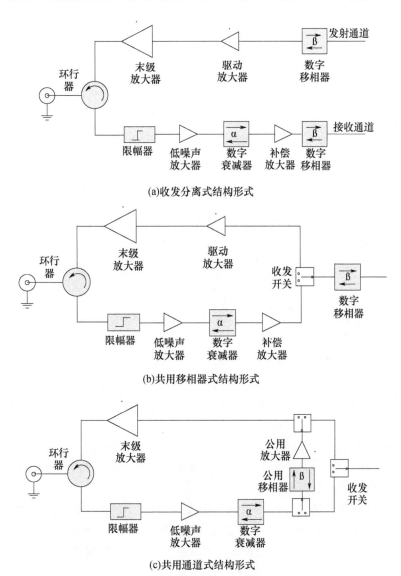

图 4-3 T/R 组件结构形式

4.3.2 典型 T/R 组件

一个典型的 T/R 组件主要包含发射通道、接收通道、耦合通道以及驱动控制四个部分。发射通道主要完成射频激励信号的放大,并输出至馈线网络;接收通道将天线接收的回波信号放大,一方面保证较低的噪声系数,另一方面又要满足接收机的幅度要求;耦合通道完成射频信号的耦合,并送至定标校正网络;收发开关切换、相位和幅度衰减的控制、电源调制和时序保护等共同组成组件的驱动控制部分。

T/R 组件内的基本元器件有末级功率放大器、驱动功率放大器、收发开关、数字移相器、数字衰减器、限幅器、低噪声放大器、环行器、隔离器等。在采用多功能芯片的组件中,收发开关、数字移相器和数字衰减器通常集成在一颗多功能芯片中。为了获得好的性能、高的稳定性和可靠性,在基本电路中一般会增加幅度均衡器、监测保护电路、调制电源驱动器,以及逻辑控制电路等。图 4-4 是典型的 T/R 组件组成原理图。

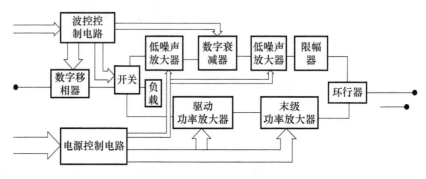

图 4-4 T/R 组件原理图

与常规的雷达相比,SAR 系统更关注 T/R 组件的以下性能参数:

(1) 发射功率温度稳定度。主要由末级功率放大器、多功能芯片与环行隔离器的温度特性决定。发射通道通常工作于深饱和状态,多功能芯片输出至末级功率放大器的激励功率在高低温下的变化对发射功率的影响可以控制在 ±0.2dB 以内。另外,环行器的插损随温度的变化约 ±0.1dB,这些都是影响发射功率温度稳定度的因素。

(2) 发射功率带内起伏及通道一致性。尽管由于发射通道的功率芯片工作在饱和区,可以为发射功率起伏带来好处,但是,SAR 系统的宽带要求,以及环行隔离器、耦合器、射频连接器等元器件的存在,仍然对通道的幅频特性带来较大影响。同样,发射通道的一致性指标首先也是取决于功率芯片的一致性,通过对功率芯片和发射通道中其他器件的筛选,加上电路的一致性设计和微组装工艺规范,可以有效提高组件间的一致性。

(3) 接收增益温度稳定度。主要由低噪声放大器、多功能芯片与环行隔离器的温度特性决定。接收通道的放大器通常工作在线性区,其增益特性对温度变化比较敏感。一般在接收通道中设置温度补偿衰减器,如取其衰减曲线与接收通道中放大器的增益曲线"相反",在工作温度范围内可以适当补偿。

(4) 接收增益带内起伏及通道一致性。接收通道的放大器工作在线性区,增益对放大器工作点的变化和级间驻波特性较为敏感。采用幅度均衡可以改善接收增益的带内平坦度;另外传输线等无源器件的插损特性为负斜率特性,将低噪声放大器和多功能芯片的增益特性设计为正斜率特性,级联后可以在一定程度进行补偿;对每一级电路的输入输出驻波特性进行适当调节也可以达到同样的目的。

(5) 带内非线性相位误差。该参数一般取决于器件本身的调幅调相特性、微波电路中的不连续性、电源纹波及激励信号的幅相稳定性等因素。由于低噪放芯片工作于小信号线性区,一般来说,接收带内非线性相位误差要好于发射带内非线性相位误差。

(6) 功耗与效率。T/R 组件功耗包括动态功耗(T/R 组件正常工作的功耗)、静态功耗(T/R 组件加电不输出功率情况下的功耗),以及负载态功耗(T/R 组件负载态工作时,即不收不发状态下 T/R 组件的功耗)。

T/R 组件效率是指一个重复周期内,组件的有效输出功率与有效输入功率(包括射频输入和直流输入)的比值。T/R 组件效率对 SAR 系统能量的规划至关重要,它在某种程度上决定了 SAR 系统的规模。在 SAR 系统设计中,一般可通过提高组件工作比、改变工作模式等方式来提高组件的工作效率。以 X 波段 6W 左右的 T/R 组件为例,可以算出效率与输出功率和工作比的关系,见表 4-1。

表 4-1 组件效率与输出功率和工作比的关系

η	$P_{out}=5W$	$P_{out}=5.5W$	$P_{out}=6W$	$P_{out}=6.5W$
10%	11.81%	12.99%	14.17%	15.35%
15%	12.82%	14.01%	15.38%	16.66%
20%	13.39%	14.73%	16.06%	17.40%

由表 4-1 可看出,在组件的输出功率越大、工作比越高的情况下,组件的工作效率将会越高。

(7) 重量。T/R 组件的重量也是 SAR 系统的一个重要设计约束。这一点,可以通过采用新型材料,如碳硅铝、镍钛等合金来较好地解决,这些材料可以让组件的重量下降40%以上。特别是碳硅铝材料,它具有良好的综合性能,尤其是导热率。再加上它与 LTCC 基板的热胀系数相匹配,无需在两者之间增加热匹配材料,不但可以降低结构复杂性,同时也简化了工艺装配流程,具有很好的应用前景。

4.4 T/R 组件设计

T/R 组件一方面需要满足性能要求,另一方面还需要满足可靠性等要求。

因此，T/R 组件的设计需要综合折中，不能片面强调某一项指标，应该在满足系统需求的前提下，统筹考虑电信、结构、电磁兼容性、可靠性以及可制造性等诸多方面，做到关键参数之间的平衡，如功率器件的带宽与效率的折中、电性能与体积重量的折中等。

4.4.1 电信设计

1. 接收通道

典型 T/R 组件的接收通道组成如图 4-5 所示，其主要功能是对天线接收的回波信号进行放大，同时，保证较低的噪声系数以满足接收机的灵敏度要求。在 T/R 组件的接收通道中，一般会设置数字衰减器，对接收通道的增益进行数控调整；在收发分时工作的 SAR 系统中，数字移相器通常置于收发公共通道中，对接收通道和发射通道的信号相位进行数控调整。

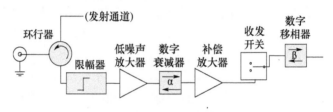

图 4-5 典型 T/R 组件接收通道

接收通道稳定工作的威胁主要来自两个方面：一是发射通道功率的泄漏和反射，最恶劣情况是在天线端开路时，输出的功率将全部加到接收通道上；二是雷达正常工作时的大功率回波。雷达系统在近距离大面积反射（如云层、打地回波、天线罩低温表层积冰等）时，都会返回信号电平十分高的回波。如果不对这种异常状况进行保护，将导致接收通道无法正常工作甚至烧毁，因此，接收通道输入端一般都需要加上限幅器进行保护。限幅器在通过小信号正常回波时具有较低的插入损耗，当输入信号增大到限幅电平时将产生很大的衰减，当大于限幅电平的信号输入时将维持限幅电平输出。设计时需选择限幅器的限幅电平低于第一级低噪声放大器允许的绝对最大输入信号功率，以保证限幅后的泄漏信号不会烧毁第一级低噪声放大器。

在 T/R 组件的接收通道设计中，噪声系数是其中一项非常重要的参数。级联系统的噪声系数计算方法为

$$F = F_1 + \frac{F_2 - 1}{G_1} + \frac{F_3 - 1}{G_1 G_2} + \cdots + \frac{F_n - 1}{G_1 G_2 \cdots G_{n-1}} \quad (4-7)$$

式中：$F_i(i=1,2,\cdots,n)$ 为级联系统第 i 级放大电路的噪声；$G_i(i=1,2,\cdots,n-1)$ 为第 i 级放大电路的放大倍数。

第4章 发射系统

由式(4-7)可以看出,T/R 组件接收通道噪声系数主要取决于前端无源器件的损耗、第一级低噪声放大器的噪声系数及增益。因此,在接收通道的器件选型时,第一级放大器应尽量选择噪声系数小、增益高的低噪声放大器,同时尽量减小第一级低噪声放大器之前的电路插入损耗。

T/R 组件接收通道的动态范围决定了系统工作时所能允许的回波信号强度变化范围。通常动态范围由两个关键指标构成:最小可检测信号幅度 $Si_{\min}$ 和接收通道输入 1dB 压缩点功率 $P_{\text{in}-1}$。

对接收通道而言,能够检测到的最小信号能量为在信号带宽内,常温下,等效到接收机输入端的白噪声功率电平,其值为

$$S_{i_{\min}}(\text{dBm}) = -114 + 10\lg(\text{BW}) + \text{NF} + 10\lg\left(\frac{S_o}{N_o}\right)_{\min} \tag{4-8}$$

式中:BW 为信号带宽(MHz);NF 为接收机的噪声系数;$\left(\frac{S_o}{N_o}\right)_{\min}$ 为识别系数,通常取 1。

接收通道输入信号幅度逐渐增大到发生 1dB 增益压缩时,输入信号的幅度 $P_{\text{in}-1}$ 主要由多级级联的低噪声放大器的增益、输出 P_{-1} 的大小等参数决定,设计中需要对低噪声放大器的参数进行合理选择。此外,在相同器件组合的情况下,接收通道器件互连的拓扑结构选取也对该参数有很大影响。如图 4-5 所示的典型 T/R 组件接收通道中,将数字衰减器移到补偿放大器之后,形成如图 4-6 所示的接收通道拓扑结构。这两种设计器件完全一样,数字衰减器放到补偿放大器之后,补偿放大器的输入信号幅度未受数字衰减器的基态插损影响,会使接收通道的第二级放大器更容易发生增益压缩,从而降低接收通道的输入 1dB 压缩点功率。以 X 波段的 T/R 组件为例,将数字衰减器置于两级放大器之间,在同样的器件选型下,将能使接收通道的输入 1dB 压缩点功率提高 3.5dB 左右。

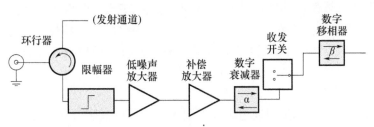

图 4-6 降低 T/R 组件 $P_{\text{in}-1}$ 的一种拓扑结构

随着 SAR 系统分辨率的提升,对 T/R 组件的带宽也提出了更高要求,这对接收通道的增益平坦度带来了挑战。接收增益的带内平坦度受接收通道器件的幅度频率特性、驻波特性和传输线插入损耗的频率特性等因素影响。

常用的微带传输线,其损耗主要由三部分构成[5]:介质损耗、导体损耗和辐射损耗。介质损耗的简化计算公式为

$$\alpha_d = 27.27 \frac{\varepsilon_e - 1}{\varepsilon_r - 1} \left(\frac{\varepsilon_r}{\varepsilon_e} \right) \frac{\tan\delta_e}{\lambda_g} \qquad (4-9)$$

式中:ε_r为介质板相对介电常数;ε_e为等效介电常数;$\tan\delta_e$为介质的损耗角正切;λ_g为导波长。

从式(4-9)中可以看出,介质损耗随着波长的增大而减小,即随着频率的上升而增加,也就是说,无源电路的损耗基本呈现一种负斜率特性。

针对无源器件的负斜率插入损耗特性,一般在低噪声放大器上进行正斜率的增益补偿设计,或采用均衡电路进行补偿,使得通道的增益曲线趋于平坦。在实际应用中,并不一定要求增益越平坦越好,由于大气的传输损耗也呈负斜率特性,将发射功率、接收增益的带内特性设计成正斜率有时反而可以起到一定的补偿效果。

此外,接收通道的温度稳定性也很重要。有源天线阵面在实际工作过程中,随着环境温度、工作状态、热设计等不同,阵面上T/R组件的实际工作温度也会有较大的差异,这种差异主要表现有两种:一种是阵面温度的整体提高或降低;另一种是阵面上不同位置的T/R组件温度不一致。实验表明,GaAs放大器的增益随着温度的上升而降低,或者随着温度的降低而升高,典型的GaAs放大器增益温度特性为每1dB增益变化 -0.001dB/℃[6]。例如一个25dB典型增益的低噪声放大器,温度每升高10℃其增益将降低(0.001dB/℃×10℃)×25 = 0.25dB。对于一个T/R组件的接收通道而言,其内部一般有两到三级放大器,接收增益代数和一般都超过50dB,在不作补偿设计的情况下,温度每变化10℃整个接收通道的增益变化将超过0.5dB。为了提高T/R组件的温度稳定性,通常采用的方法有对放大器进行温度补偿的偏置电路设计,或者在通道中采用温补衰减器进行补偿。其中温补衰减器使用方便,它是一种吸收式的微波衰减器,具有衰减量随温度变化的特性。根据GaAs器件的温度特性,选择的温补衰减器在低温时衰减量增大,高温时衰减量减小,这样可以使接收通道增益的变化在温度变化时维持在一个较小的范围内。

2. 发射通道

典型T/R组件的发射通道组成如图4-7所示,其主要功能是对来自馈电网络的发射激励信号进行功率放大。工作过程中,通过对收发公共通道中的数字移相器进行控制可以实现对发射信号的相位调整,以实现天线的波束扫描。

对于发射通道,功率放大器输入输出匹配设计非常重要,可以通过负载牵引测试、仿真等手段对放大器的外围匹配电路进行优化设计,以获得更好的输出功率和效率;其次是发射功率的高效传输,因为大功率发射信号从功率放大

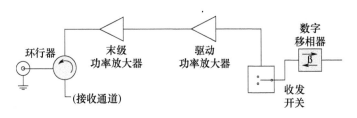

图 4-7 典型 T/R 组件发射通道

器输出到天线辐射单元之间存在插入损耗,直接损失发射功率;此外,天线对组件发射通道的负载牵引影响也不容忽略。有源相控阵天线进行宽角扫描时,天线端口的驻波将随扫描角度而变化,对末级放大器来说,负载将不再是纯50Ω,存在输出失配的现象,导致输出功率变为扫描角度的函数,甚至使末级功率放大器处于不稳定的工作状态。

常用的几种发射通道构成方式如图 4-8 所示。

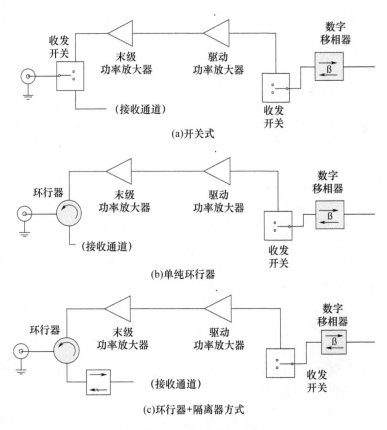

图 4-8 常用的几种发射通道构成方式

如图 4-8(a)所示是一种采用单刀双掷开关的接收与发射切换方式。由于开关不能隔离天线端口的反射信号,使得末级功率放大器直接承受天线扫描时的端口失配影响,因此发射通道的负载牵引现象会比较明显。此类设计一般应用在需要更高集成度、天线扫描角度较小的系统中。

如图 4-8(b)所示是用环行器代替单刀双掷开关,收发通道的切换无需额外的控制信号,简化了组件的电路设计,同时,环行器较小的插入损耗也能实现更好的系统性能。但是与开关一样,单纯采用环行器的方式同样无法提高发射输出的抗失配能力。

如图 4-8(c)所示的连接方式是一种风险最小、安全系数最高的方式。在发射通道工作时,天线失配造成的反射会被接收通道的隔离器吸收而不会回到发射通道末级功率放大器输出端,从而避免天线波束扫描时失配对发射通道末级功率放大器造成影响。这种连接方式的缺点是接收通道因为隔离器的引入增加了插损,使得噪声系数会有一定的恶化。

在高频段的 T/R 组件设计中,主要采用 GaAs、GaN 等 A 类、AB 类功率放大器,发射通道工作期间峰值电流较大,加之组件低频接口电缆、内部电路走线等均存在一定的电阻,造成较大的线路损耗,从而降低组件的工作效率。

SAR 系统中 T/R 组件的发射通道基本工作在脉冲状态,脉冲波形的好坏直接影响到雷达成像质量,其中脉冲波形顶降是对雷达成像质量影响较大的一个因素。一般而言,工作于 C 类的放大器,脉冲顶降主要由晶体管本身热效应以及外部电路的具体情况所决定,对于工作于 A 类或 AB 类的放大器,脉冲顶降的产生主要是由电源的脉冲调制引起的。实际设计中,一般会在组件内部放置一定的储能电容,在接收工作期间,储能电容通过电源进行充电,在发射工作期间,储能电容和电源共同为放大器提供能量。储能电容的容量大小对脉冲功率波形影响较大,如图 4-9 所示。图 4-9(a)中无储能电容时,在脉冲工作期间,从电源到功率放大器之间的供电回路形成的等效电感将导致输出功率降低,并且在功率波形上还会形成一个过冲尖峰;图 4-9(b)中增加了储能电容但是容量不足,此时,发射工作期间功率放大器处的电压随储能电容中能量的消耗而逐步降低,在脉冲波形上呈现为一个较大的顶降;图 4-9(c)中为储能电容充足的情况,在发射工作期间电容上的电压降低很小,因此发射信号的脉冲波形顶降很小,脉内有效的输出功率更大。

根据发射信号脉冲波形顶降指标和工作脉宽,可以对储能电容的容量进行预计。电容的储能与电压的关系为

$$W = \frac{1}{2}(C \times U^2) \qquad (4-10)$$

假设发射工作期间,功率放大器的能量全部来自于电容的放电,则

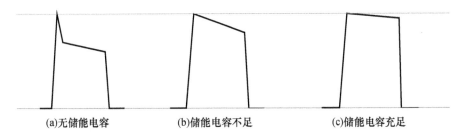

(a)无储能电容　　　　(b)储能电容不足　　　　(c)储能电容充足

图 4-9　储能电容对顶降的影响

$$P \times \tau = \frac{1}{2}(C \times U_1^2 - C \times U_2^2) \tag{4-11}$$

式中：P 为放大器对电源的消耗功率；τ 为发射工作脉宽；C 为储能电容容量；U_1、U_2 分别为脉冲工作起始和结束时电源电压，它们决定了脉冲波形的顶降。[7]

根据式（4-11）可以计算出所需的储能电容容量，由于发射工作期间电源也会参与提供能量，因此根据该公式计算的储能电容容量会有一定的余量，设计时可以适当放宽。

3. 波控与电信接口

T/R 组件的接口主要根据 SAR 系统的控制方式和功能等来确定。按照接口电平可以分为 TTL 接口和差分接口，按照控制方式又可以分为串行控制与并行控制。TTL 接口每个信号只需一根控制线，组件的物理芯数可以做得较少，但是信号的抗干扰性较差，不适合于远距离传输，一般用于小规模的天线阵面中；差分接口用一对导线来替代单根导线，在两根线上都传输信号，这两个信号的振幅相等，相位相反，这增加了接口电路的复杂性，但是差分信号具有较强的抗干扰性，它对外部电磁干扰（EMI）是高度免疫的。除了对干扰不大灵敏外，差分信号比 TTL 信号产生的 EMI 要更少。在传输路径长、电磁环境复杂的系统中，T/R 组件的接口大多数采用差分信号。

T/R 组件内部的器件控制位数较多，需要较多数量的控制线，因此大多数情况下，组件的控制接口不适合通过并行的方式与外部相连，一般通过专用波控芯片将并行接口转换成串行控制以减少接口芯数。这种波控芯片通常具备两级锁存器、收发电源时序的控制与保护、工作状态的 BITE 检测、电源保护等，如图 4-10 所示是一种典型的波控芯片逻辑功能框图。

4. 电源及时序

发射通道功率放大器采用 GaAs、GaN 器件的 T/R 组件，通常需要注意对整个组件的电源进行时序统筹。该类器件在使用时需要分别为栅极和漏极提供偏置电压，通过加到栅极的反向电压来控制器件的静态工作点，当栅极电压丢

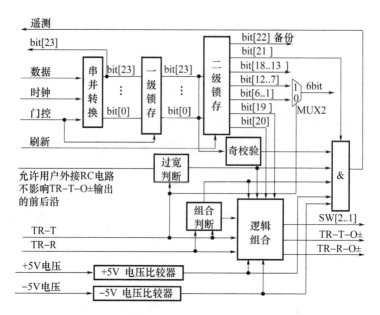

图 4-10 典型波控芯片逻辑功能框图

失时,器件将失去对漏极电源的钳制,会因瞬间通过的大电流而烧毁。因此,采用此类功率器件的 T/R 组件的电源加电,有"先加栅电源,后加漏电源"的顺序要求,断电时则相反,"先断漏电源,后断栅电源"。

这种依赖 T/R 组件外部加电、断电顺序进行的保护,在整机应用中会存在一定的风险。在外部保护功能失效的意外情况下,有可能会造成阵面上 T/R 组件大面积烧毁。因此,有必要进行 T/R 组件内部的负压保护设计。图 4-11 为一种较为简单的负压保护电路,通过调整 R1 和 R2、R3 和 R4 的分压点电压,使得栅电源 Vee 存在时 A 处的电压比 B 处低,比较器输出高电平,发射电源调制信号 TRT_in 允许通过;当栅电源 Vee 掉电时,A 处电压抬高,通过调整各分压电阻的阻值,可以使得抬高后的 A 处电压高于 B 处,比较器输出低电平,将发射电源调制信号 TRT_in 关断,然后通过组件内部的电源调制电路关断漏极电源以保护功率器件。

SAR 系统中的 T/R 组件一般为收发分时工作,T/R 组件中的收发通道共用收发开关、环行器等电路。由于收发开关的隔离度有限,在收发通道同时加电的情况下,收和发两个通道的放大器增益和将远大于开关的隔离度,会形成正反馈回路造成收发通道自激。因此,收发通道的工作电源需要进行严格的时序控制,确保不出现同时加电的情况。典型的 T/R 组件收发工作时序如图 4-12 所示。

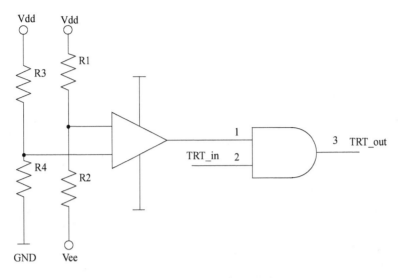

图 4-11 一种负压保护电路

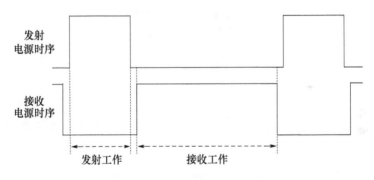

图 4-12 收发工作时序示意图

4.4.2 结构设计

1. 物理接口

受诸如天线孔径等结构尺寸的限制,在考虑重量、体积的同时,T/R 组件往往通过结构布局进行一体化设计,以满足在阵面中安装的要求。物理接口是 T/R 组件等微波模块设计中的重要内容,对雷达整机性能和质量均有重要影响。物理接口不仅影响电信号传输特性,而且影响到安装方式。设计中需要考虑微波信号、控制信号、安装接口等多方面因素,并与电信设计中的电路布局统筹考虑。

2. 散热

优良的散热设计,可以提高 T/R 组件的稳定性和可靠性。散热设计首先要确定元器件和组件的冷却方法,冷却方法的选择直接影响元器件的选择、组件的安装方式,甚至T/R组件的可靠性、重量和成本等。目前广泛使用的冷却方法有自然冷却、强迫风冷、强迫液冷等。为了增强散热效果,尽量降低传热路径各个环节的热阻,形成一条低热阻热流通路。如选择导热率高的材料,为大功率器件提供合适的热沉。

T/R组件中的热源主要集中在发射通道,发热量最大的器件一般为发射通道的末级功率放大器。

1)装配方式及材料特性

根据器件的发热功率不同需要采取相应的装配工艺,一般而言,对于高发热量发射通道的功率器件,通常先将芯片用金锡焊料焊接到高导热载体上,再将带载体芯片用较低熔点的焊料焊接到T/R组件的壳体上;对于接收通道的低发热量器件,通常直接粘接并固化安装在电路基板表面上,芯片通过基板上的热通孔进行散热,如图4-13所示。

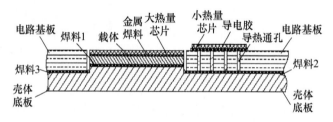

图4-13 T/R组件器件安装方式示意图

对于各热流通路上的每一种材料,需要分析材料的热导率参数,以进行恰当的热阻估算,表4-2列出了几种T/R组件常用材料的热导率参数。

表4-2 T/R组件常用材料的热导率

材料名称	热导率/(W/(m·K))
铅锡焊料(63Sn37Pn)	50
金锡焊料(80Au20Sn)	251
金锗焊料(88Au12Ge)	232
铟锡焊料(50In50Sn)	200
金(Au)	300
银(Ag)	420
铜(Cu)	394
钨(W)	150
钼(Mo)	140
铝(Al)	216
硅(Si)	150

(续)

材料名称	热导率/(W/(m·K))
氧化铝(Al_2O_3)	27
钼铜合金	165
无氧铜	390
可伐合金	14
塑铸化合物	0.75
氮化铝(AlN)	170~200
氧化铍(BeO)	230
碳硅铝(AlSiC)	160
砷化镓(GaAs)	59
环氧导热胶	0.79
导热硅脂	170
微带板	0.63
FR4 层压板	0.32

2) 材料热阻分析

根据器件的装配方式,可以计算出热流从发热器件开始到组件壳体外底面这一热通道中所经过每一种材料的尺寸和厚度。考虑到热流在材料中的扩散分布是非均匀的,在接触面正下方 45°的锥形区域集中了绝大部分的热流分布(图 4 - 14),因此在计算各个材料部件的尺寸时,需要考虑接触面积的扩散特性。

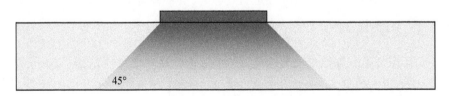

图 4 - 14 热扩散区域

在已知部件外形尺寸和材料热导率的情况下,可以计算出该部件所引入的热阻

$$\theta = \frac{H}{K \cdot S} \quad (4-12)$$

式中:θ 为热阻(℃/W);H 为沿热流传输方向的材料厚度(m);K 为热导率(W/(m·K));S 为热流传输的截面积(m^2)。

根据式(4 - 12),可以计算出从发热器件底部到组件壳体底面之间各部分材料引入的热组。比如对于图 4 - 13 中的功率器件,可以分别计算出焊料、导热载体和壳体底板等部位分别产生的热阻。

3）芯片结温分析

根据上述步骤获得的各部分材料热阻 θ，结合器件工作时的发热量 Q，可以计算出从器件的"发热结"到 T/R 组件壳体底部之间的温升 ΔT 为

$$\Delta T = Q \times \theta_{\Sigma} \tag{4-13}$$

式中：θ_{Σ} 为各部分材料热阻之和。根据系统工作时的环境温度和热分析，可以获得 T/R 组件底面的最高壳温 T_c，得出 T/R 组件功率器件的结温 T_j 为

$$T_j = T_c + \Delta T \tag{4-14}$$

根据式(4-14)计算的结温可以判断 T/R 组件的热设计是否满足 SAR 系统的可靠性要求。

3. T/R 组件防护

T/R 组件对恶劣的环境反应非常敏感，如果防护不当，可能导致元器件、基板以及组装时所使用的各种焊料等老化，从而引起电路性能逐渐恶化，如频率漂移、增益下降、噪声增大、带宽变窄及输出功率变小等。因此，T/R 组件的防护已成为重要的研究内容之一，它已不仅是一项工艺技术的实施，还涉及原材料、元器件、电路、结构、工艺和综合性技术研究等多方面的工作。

T/R 组件的防护一般要考虑以下几个方面：在结构设计中，各类表面结构应尽量简洁、流畅、过渡圆滑，防止零件局部受热和应力集中；避免凹槽、盲孔、缝隙，以防止腐蚀性介质滞留和聚集。盲孔的存在会导致孔内腐蚀性液体难以清洗干净，不仅污染镀液，还会对镀层质量有不良影响；尽量选用同种金属或者电位差小的不同金属直接接触，以防电偶腐蚀，不可避免时，可以选用两种金属都允许接触的金属垫片或者镀层进行过渡；关键零件应选用阴极材料制作。

4.4.3 电磁兼容

T/R 组件是高度集成的复杂电子组件，既有高功率微波信号，又有低功率微波信号；既有模拟信号，又有数字信号。电磁兼容设计不仅要解决高功率发射信号对低噪声接收通道的干扰，还要解决高频信号与数字信号间的隔离，同时还必须考虑 T/R 组件和 SAR 系统中其他电子设备的的相互干扰。T/R 组件电磁兼容性（EMC）设计要保证 T/R 组件在预期的电磁环境中能正常工作、无性能降低或产生故障，并对其他任何组件或部件不构成电磁干扰。

众所周知，产生电磁干扰有三个必要条件——干扰源、传输路径、敏感的接收单元，EMC 设计就是破坏这三个条件中的一个或者多个。采用的手段包括滤波技术、布局与布线技术、屏蔽技术、接地技术、密封技术等。

1. 自激和腔体效应

自激的存在妨碍了信号的传输，浪费了大量的能量，影响组件乃至 SAR 系

统的正常工作。腔体效应是组件 EMC 设计中的一个重要环节,腔体谐振频率的存在会导致组件工作不稳定,甚至导致组件整体的失效,很多时候组件的腔体效应会诱发组件中某些电路的自激。设计时尽量提高腔体谐振频率,在组件工作带宽内及工作频率附近避免存在谐振频率点。在高频段工作情况下,腔体谐振频率可能会无法避免地落在工作频带内,此时,可以通过优化组件的腔体结构,降低工作频带内腔体谐振频率处的 Q 值。

对于如图 4-15 所示的矩形谐振腔,其三边长度分别为 a,b,d,则其谐振波数为

$$k_{mnl} = \sqrt{\left(\frac{m\pi}{a}\right)^2 + \left(\frac{n\pi}{b}\right)^2 + \left(\frac{l\pi}{d}\right)^2} \qquad (4-15)$$

式中:m,n,l 分别表示场在 x,y,z 三个方向分布的半个波数。TE_{mnl} 模和 TM_{mnl} 模的谐振频率为

$$f_{mnl} = \frac{c}{2\sqrt{\mu_r \varepsilon_r}} \sqrt{\left(\frac{m}{a}\right)^2 + \left(\frac{n}{b}\right)^2 + \left(\frac{l}{d}\right)^2} \qquad (4-16)$$

假定 $b<a<d$,则 TE 谐振基模为 TE_{101} 模,TM 谐振基模为 TM_{110} 模,腔体的最低谐振频率即为 TE_{101} 模对应的谐振频率,根据式(4-16)可以算出腔体的各阶谐振频率。

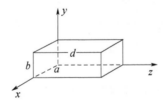

图 4-15 矩形腔结构图

品质因数 Q_0 表征着腔体内部储能和耗能的关系[8],影响组件电磁兼容特性。

$$Q_0 = 2\pi \frac{W}{W_T} = 2\pi \frac{W}{P_L \cdot T} = \frac{2\pi}{T} \cdot \frac{W}{P_L} = 2\pi f_0 \frac{W}{P_L} = \omega_0 \frac{W}{P_L} \qquad (4-17)$$

式中:ω_0 为谐振频率;W 为谐振腔储能;W_T 为一周期内谐振能量损耗;P_L 为一个周期内的平均损耗功率。

$$W = W_e + W_m = \frac{1}{2} \int_V \mu |H|^2 \mathrm{d}v \qquad (4-18)$$

$$P_L = \frac{1}{2} R_S \oint_S |H_t|^2 \mathrm{d}s \qquad (4-19)$$

式中:R_S 为表面电阻率;H_t 为切向磁场;令趋肤深度为 δ,由式(4-17)~式(4-19)可得

$$Q_0 = \frac{2}{\delta} \frac{\int_V \mu |H|^2 \mathrm{d}v}{\oint_S |H_t|^2 \mathrm{d}s} \qquad (4-20)$$

谐振腔内壁附近切向磁场大于腔内部磁场,可近似得到

$$Q_0 \approx \frac{1}{\delta} \frac{V}{S} \qquad (4-21)$$

式中:V 为腔体的体积;S 为腔体的内部表面积。

根据式(4-21)可知,谐振腔的 Q_0 值与腔体的体积成正比,与内部表面积成反比,因此,在无法避开谐振频率的 T/R 组件设计中,可以通过在盖板的内部增加金属凸台、粘贴吸波材料来减小腔体的体积并增加腔体的内部表面积,从而降低谐振频率的 Q_0 值。

2. 电源完整性

T/R 组件中造成电源不稳定的原因主要在于两个方面:一是器件在高速开关状态下,瞬态的交变电流过大;二是电流回路上存在电感。从表现形式上来看,又可以分为三类:同步开关噪声(SSN),有时称为 Δi 噪声,地弹(Ground bounce)现象也可归于此类;非理想电源阻抗;谐振及边缘效应。

在馈电电路的设计中,电源输入端可采用电感线圈抑制高频共模干扰;输出端采用高频整流 EMI 滤波电路,既可以防止外部电磁干扰对 T/R 组件的影响,又可以抑制 T/R 组件通过电源母线产生传导泄漏,还可以防止电源在提供能源的同时,也将其噪声加到馈电电路之中。

T/R 组件的电源滤波设计应充分考虑电源在脉冲工作时充放电造成的干扰。在电源进入组件的地方和有源器件的供电处都应加有并联去耦电容,可以有效去除电源高频噪声。在电源滤波设计上,一般遵循以下几个原则:电源引入处必须同时考虑低频和高频的滤波;元器件的每个(组)电源/地均应设置至少一个高频滤波电容;当元器件或组件的工作频率较高时,要在相应的高频滤波电容靠系统电源端加电感或磁珠;高频滤波电容应尽量靠近电源/地引脚。

3. 接地与缝隙耦合

从 EMC 角度来说,接地设计是为了抑制电流流经公共地时所产生的耦合干扰,针对这种目的的良好接地要求尽量避免形成不必要的地回路。按照三地分离设计原则,把直流地和屏蔽地(安全地)分置开来,以避免信号通过共地系统产生相互干扰;保证器件安装时接地良好,所有接地线尽量短;对信号回线、电源系统回线及底板或机壳都要有单独的接地考虑,并将这些回线接到同一个参考点上;组件内部各单元电路均与盒体大面积地接触;结构设计上尽量减少孔洞和缝隙个数,防止耦合导致信号的串扰,对必须设置的孔洞和缝隙也应减小孔洞和缝隙的尺寸,尽量采用圆孔和窄槽。

4. 防静电

静电放电(ESD)是由两个具有不同电位(由静电引起)物体之间的电流流动引起的。ESD会引起半导体器件的损伤,使器件立即失效的概率约10%(短路、开路、无功能、参数发生变化),而引入潜在损伤的概率超过90%。损伤后电参数虽然仍符合规定要求,但减弱了器件的抗过电应力能力,降低了器件的可靠性。

T/R组件的ESD防护设计主要考虑器件本身的抗ESD加固、接地设计和电路级防护。

抗ESD加固。设计保护电路转移ESD大电流,提高晶体管自身的ESD阈值,在输入电源处增加稳压二极管或旁路电容。

接地设计。接地给静电提供泄放回路是防静电最基本、最有效的办法,接地的目的在于为静电放电电流提供一个均匀的结构面和低阻抗通路,以避免在相互连接的两金属件之间形成电位差。

电路级防护。为了减小组件内低频与射频之间的相互干扰,结构上低频电路和射频电路之间应互相隔离;电路的安装接触面采用大面积接地,确保与结构腔体的低欧姆接触,并有效屏蔽电路静电损伤途径;印制电路板对静电放电电流产生的磁场非常敏感,所以印制电路板上所有回路的面积都保证尽可能小,可通过使用地线网格减小回路面积;电路板上的布线是抗瞬态冲击的重要方面,走线上的寄生电感对于瞬态冲击会产生电压尖峰,量级可能会超过芯片引脚的极限值。因此,设计时应减小走线上的寄生电感,如缩短走线长度、加大线宽等。

5. 布线

布线方式直接影响板级信号的完整性,良好的布线策略是保证信号完整性的重要手段,在T/R组件内微波多层电路基板布线时主要考虑以下几点。

基板背面通常应设为大面积焊接的接地平面,这种结构特别适合于射频电路,它能提供最小的回路电感,在高频时提供一个低阻抗。大面积接地平面的另一个主要好处是能够使辐射的环路最小,这保证了电路基板的最小差模辐射和对外界干扰的敏感度。

采用去耦电容滤除电源线上因共阻抗而产生的干扰,防止寄生反馈而引起级间耦合甚至振荡[9]。较好的高频陶瓷去耦电容可以去除高达1GHz的高频成分。通过在集成电路器件和微波有源器件的电源、地之间加去耦电容,一方面提供和吸收该器件开关瞬间的充放电能,另一方面滤掉该器件的高频噪声。与此同时,有源器件附近的去耦电容与电源管脚连线要短,去耦电容接地管脚直接就近经过孔连接到地。

对元器件在基板上排列的位置应充分考虑抗电磁干扰问题,各部件之间的引线尽量短。而且在布局上将模拟信号、射频信号合理地分开,使相互间的信号耦合最小。

基板内走线应考虑将电源供电网络布线加粗;按频率和电流开关特性分区,并适当增加噪声元件与非噪声元件之间的距离;控制信号布线远离基板边缘;避免线宽突变;优先使用45°折线而不用90°折线布线,以减小高频信号对外的辐射与耦合;避免对噪声敏感的线与大电流、高速开关线平行布置。

4.4.4 环境适应性

空间环境与空中环境有巨大的差异,星载T/R组件与机载T/R组件的环境设计要求也不同。总的来说,星载T/R组件环境设计要求基本覆盖了机载T/R组件的环境设计要求。因此,这里就以星载T/R组件为例,进行环境适应性分析。

1. 力学环境

星载T/R组件抗力学环境设计,要根据卫星构型、结构形式建立初步的结构分析模型,进行结构静力分析和模态分析,以选择并确定合适的组件结构形式、结构件材料、结构件间的连接方式和试验验证项目。抗力学环境设计目的:一是保证结构件有足够的结构刚度、结构强度、安全裕度,同时考虑热设计、抗辐射、EMC设计要求;二是保证组件具有足够的结构阻尼。

为了验证抗力学环境设计的可靠性,需要对T/R组件结构进行力学仿真,其中包括模态分析、加速度分析、随机振动响应分析和正弦振动分析,并针对T/R组件工作状态和存储状态的温度范围开展热应力分析。通常对T/R组件结构进行力学仿真和试验验证,观察其在过载和振动条件下的响应,使T/R组件满足安全性和可靠性的使用要求。

2. 热环境

T/R组件的热设计直接关系到T/R组件的可靠性和使用寿命。由于器件的失效往往与其工作温度密切相关(一般情况下,器件的工作温度每升高10℃,失效率增加一倍),不合理的热设计将会诱发一系列的问题,如出现局部过热、热应力过大、温度分布不均。T/R组件的热设计还必须同时与阵面的环境控制结合起来考虑,既要保证T/R组件处于合理的热环境之中,又要保证T/R组件在阵面中的热均衡问题。

散热有传导、对流和辐射三种形式。在元器件允许的温度范围内,传导散热比辐射散热更有效。通常从以下三个方面考虑散热措施:一是合理的总体结构布局。为了使热能以最短的线路进行传递,在不影响其他单机工作的条件下,把发热量最大的微波功率器件以及电源直接放置在T/R组件外壳的底层上;二是选用高导热系数的材料;三是减少接触面之间的接触热阻,这要求相接触的两平面都要有较高的光洁度与平面度,必要时可以在接触面之间增加导热衬垫、导热硅脂以改善表面接触效果。

3. 总剂量

卫星在运行时处于粒子辐射、太阳辐射及电磁辐射等空间环境中,空间环境中的带电粒子会导致星载电子设备工作异常或器件的失效,严重影响航天器的可靠性和寿命[10],需要设计师在设计初期充分考虑 SAR 系统对这些辐射的适应性。其中最为重要的是要考虑元器件在轨期间的辐射总剂量问题。

在元器件和原材料选型时,对不能获得可信和权威数据(如来自器件或生产厂家、权威数据库、类似飞行经验等)的元器件,应通过总剂量辐射试验来测定其抗辐射总剂量能力;当所使用的元器件和原材料的抗辐射总剂量能力不能满足所使用位置处的要求(包括辐射设计余量要求)时,应进行充分的防护设计,直到满足要求为止。

根据通用规范要求,星内单机选用电子元器件和原材料应能承受 $2 \times 10^4 \mathrm{rad}(\mathrm{Si})$ 辐射总剂量,关键元器件要求为 $3 \times 10^4 \mathrm{rad}(\mathrm{Si})$ 辐射总剂量。

对于辐射总剂量的防护可采用如下方法:采用抗辐射加固元器件;在设计中采取辐射屏蔽措施,使抗辐射能力低于辐射总剂量的元器件能达到要求。抗辐射加固技术包括元器件级的辐射加固、设备级的屏蔽设计和优化设计等。

在 T/R 组件中的元器件,GaAs 射频类芯片抗辐射等级为 $10 \times 10^4 \mathrm{rad}(\mathrm{Si})$,为天然的抗辐射产品,不需采取特别的抗辐射加固措施;控制类的模拟和数字 Si 芯片采取抗辐射加固措施后,抗辐射等级同样可以达到 $10 \times 10^4 \mathrm{rad}(\mathrm{Si})$;采用新型硅基集成电路(SOI)材料结构设计的元器件的抗辐射性能更好,抗辐射总剂量能够达到 $100 \times 10^4 \mathrm{rad}(\mathrm{Si})$ 以上[11];其他元器件如连接器、电阻、电容都对辐射不敏感。

4. 微放电

微放电效应是发生在两个金属表面之间或者是单个介质表面上的一种真空谐振放电现象,它通常是由射频电场激发。在射频电场中被加速而获得能量的电子,撞击表面产生二次电子从而形成了微放电效应。发生的条件根据微放电类型而有所不同。对于金属表面之间的微放电,其发生条件是:电子平均自由程必须大于两个金属表面之间的间隙距离,并且两个表面之间的电子平均渡越时间必须是射频电场半周期的奇数倍。而对于在介质表面上发生的微放电,其表面电荷产生的直流电场必须能够使电子加速返回到介质表面,从而能够产生二次电子。

常用的金属表面微放电敏感区域如图 4-16 所示,设计时要增加内外导体金属的间距,使工作的最大电压在敏感区之外。

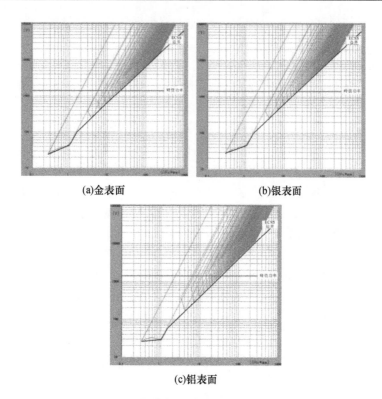

图4-16 常用金属表面的微放电敏感区域

导致微放电效应产生的因素以及微放电产生的影响很多,主要有以下几个方面:

(1) 介质。在两个电极之间填充介质可以降低电子的平均自由程,等效扩大间隔尺寸,但大多数介质只需要一种较低的原电子入射能量,就能使其表面的二次电子发射系数 $\delta>1$,从而获得初始放电电子来源。这样,介质与介质、介质与金属之间在一定的条件下很容易产生微放电效应。而且,介质发射二次电子,会比金属放电产生更多的能量,由于大多数的介质导热性能都不佳,不容易将热量从放电端传开,因而导致局部过热而损坏组件;同时,器件内的介质在受热时容易释放出气体,大量气体聚积在器件中,会导致器件局部气压升高而击穿。

(2) 表面情况。物体表面对微放电效应的影响主要分为两类:一类是表面本身不光滑,存在毛刺,这些毛刺上聚集了大量的电子,极易形成微放电效应;另一类是表面存在污染物,大功率射频发射通道中存在污染物是 T/R 组件产生微放电的重要原因。存在污染物时,微放电效应将在一个较低的阈值上发生,这是因为污染物减小了二次电子发射时所需的原电子能级。这种放电除了可以导致微放电,还可以导致局部的电离放电。

由于不同的材料具有不同的二次电子发射系数,如果某种材料的二次电子发射系数比较小,则该材料的微放电效应阈值相对就比较高。在常见的金属中,金和银的二次电子发射系数较小,适合做部件的表面。但是利用这种贵重金属的成本太高,通常是对表面进行镀金、镀银或对铝进行特别的表面处理,如最常用的是对铝采取铬酸盐处理(Alodine),处理后微放电阈值电平就比较高。

4.5 T/R 组件器件

一般情况下,T/R 组件的器件组成如图 4-17 所示。T/R 组件的主要器件有功率放大器、低噪声放大器(LNA)、移相器、衰减器和开关等。T/R 组件器件的发展经历了分立元器件、混合微波集成电路(HMIC)和单片微波集成电路(MMIC)阶段。一般地,组件设计时先根据组件的输出功率要求确定功放芯片、驱动功放芯片和限幅器;然后根据组件噪声系数要求确定 LNA,根据组件接收增益确定补偿 LNA;再根据幅相控制精度确定移相器和衰减器,以及波控芯片;最后根据收发隔离度大小确定开关芯片。

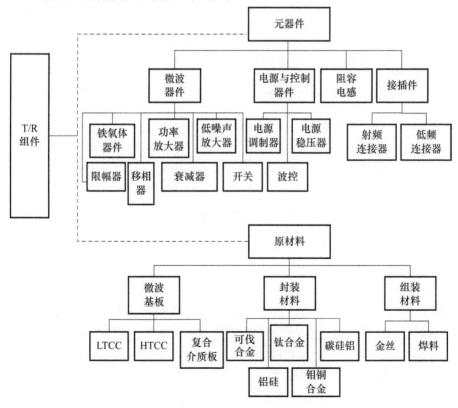

图 4-17 T/R 组件基本组成

4.5.1 放大器件

1. 低噪声放大器

噪声是限制 T/R 组件接收通道灵敏度的主要因素。噪声系数通常定义为

$$N_{\mathrm{f}} = \frac{S_{\mathrm{in}}/N_{\mathrm{in}}}{S_{\mathrm{out}}/N_{\mathrm{out}}} \tag{4-22}$$

式中：N_{f} 为微波器件噪声系数；S_{in}、N_{in} 分别为微波器件输入端的信号功率和噪声功率；S_{out}、N_{out} 分别为微波器件输出端的信号功率和噪声功率。

由式(4-22)可以看出,噪声系数的物理含义是信号通过器件后,由于器件产生噪声,使得信噪比变化,信噪比下降的倍数就是噪声系数。而对于 T/R 组件接收通道这样一个级联系统,其总的级联噪声系数可以由式(4-7)计算得到。

由式(4-7)可以看出,若第一级放大器具有较高的增益 G_1,则后面无数项趋向于 0,此时系统级联噪声主要取决于第一级放大器的噪声系数 F_1。因此,通常在组件接收通道上,选取一款低噪声高增益的低噪声放大器作为第一级放大器,这是实现组件接收通道高灵敏度的有效方式。表 4-3 给出了低噪声放大器主要微波晶体管的类型及特点。

表 4-3 低噪声放大器类型及特点

电路类型	微波半导体	英文符号	用途与特点
低噪声放大器	砷化镓场效应管	GaAsFET	应用最普遍的管型,噪声低,适用于厘米波高端至 18GHz
	双极型低噪声管	BJT	输入阻抗适中,容易匹配,价格低,适用于 3GHz 下频率
	高迁移率晶体管	HEMT	噪声性能最好,可用于毫米波低噪声放大器
	赝高迁移率晶体管	PHEMT	新型极低噪声晶体管
	异质结晶体管	HBT	可用于毫米波三端器件
	双栅场效应管	DGFET	便于自动增益控制

设计低噪声放大器的一种方便快捷的方法是利用史密斯(Smith)圆图。首先根据选用晶体管的 S 参数,在 Smith 圆图中分别画出稳定性圆、等噪声系数圆和等增益圆；然后根据设计的具体参数确定输入平面上的阻抗点,并将输入阻抗点匹配到稳定的系统阻抗原点上；再将输入平面的输入阻抗映射到输出平面上,得到管子的最佳输出阻抗值并进行匹配；最后形成网络拓扑,并在微波计算机辅助设计(CAD)中进行优化设计。在常用的 CAD 软件中,如 ADS、MWO,都有成熟而规范的设计样板供参考。

2. 功率放大器

功率放大器是在输入信号的作用下,将直流电源的直流功率转化成为信号

功率,并将信号功率放大到足够的电平,送至天线将其向空间辐射出去。表4-4给出了功率放大器主要微波晶体管的类型及特点。

表4-4 微波晶体管功率放大器的类型及特点

电路类型	微波半导体	英文符号	用途与特点
功率放大器	赝高迁移率晶体管	PHEMT	工艺成熟,功率增益高,长期稳定性好
	异质结晶体管	HBT	高的电流增益,在高频段功放中占据优势
	双极型三极管	BJT	适用于微波低端,价格低,功率高
	体效应管	Gunn	负阻型注入锁相放大,用于毫米波或更高频

功率放大器的重要参数除了功率之外,还有效率,其计算如下。

漏极效率:

$$\eta = \frac{P_{\text{out}}}{V_{\text{d}} \times I_{\text{d}}} \times D \quad (4-23)$$

附加效率:

$$\eta = \frac{P_{\text{out}} - P_{\text{in}}}{V_{\text{d}} \times I_{\text{d}}} \times D \quad (4-24)$$

式中:V_{d}为漏极电压;I_{d}为漏极电流;P_{in}为输入功率;P_{out}为输出功率;D为占空比。需要注意的是,由于栅极电流很小(大约几个毫安),故栅极的功耗一般不予考虑。

对高功率放大器件,末级器件的负载阻抗需要精心考虑,以使功率输出和效率最高。但必须注意的是,功率放大器的负载牵引实验表明,最佳输出功率匹配和最佳效率匹配是有区别的,应当根据具体要求作出选择。

随着功率放大器件工艺和材料的不断进步,一般将其划分为三代[12]:

1) 第一代:硅双极型功率晶体管

在4GHz以下,硅功率器件的输出功率比其他的固态器件要高,目前它是首选的器件。在20世纪八九十年代,这类器件在结构和工艺上已趋于成熟,现在已不再进行基础研究的投资,而主要是进行具体产品的开发。目前,市场上已有许多不同规格和参数的产品,可分别用于脉冲和连续波。硅功率器件的发展情况如下。

(1) 随着功率合成技术的发展,以及对硅功率器件的工程化研究,在S波段以下,功率器件成本的降低和功率、效率的提高,使得硅功率器件已经在T/R组件和固态发射机中得到大量使用,与微波真空管相比,在全寿命周期内更具有竞争力。

(2) 硅器件管芯的工作频率、功率和效率均已接近理论值,故未来的硅功率器件微波特性预计不会出现重大突破,其发展方向是改进管芯内的匹配技术和引进新的内匹配机理,增加单个器件的输出能力。

(3) 用多功率芯片组合而成的微波功率模块来取代单个硅功率器件,可以有效地提高硅功率器件的输出功率,这种微波功率模块在实际产品中已经大规模应用。

(4) 硅场效应管,尤其是 LDMOS(横向扩散金属氧化物半导体场效应晶体管)和 VDMOS(垂直扩散金属氧化物半导体场效应晶体管)在工作温度和效率上高于硅双极型晶体管,因此,很多场合下 LDMOS 和 VDMOS 已经成为硅功率器件的主流。

2) 第二代:砷化镓场效应晶体管

砷化镓(GaAs)材料的电子迁移率比硅的迁移率高 7 倍,漂移速度快,所以它比硅具有更好的高频特性,且线性好、噪声低、抗电辐射能力强、工作温度范围宽、易于集成,也更适合恶劣的环境条件。在 5~30GHz 频段内,固态微波的功率器件应用首选是 GaAs 器件。GaAs 功率器件的发展情况如下。

目前在 4GHz 以上,GaAs 功率器件是最重要的微波功率器件;在 4GHz 以下,GaAs 功率器件与硅器件还处于竞争共存状态。预计在不远的将来,GaAs 单个功率器件在 L~C 频段可达到 50~100W,X 波段 30~60W,Ku 波段 20~40W。

在宽频带、高集成应用领域,将大力发展 GaAs MMIC,以实现尺寸小、重量轻、可靠性高、价格低。目前频率覆盖 1~100GHz 的各种 MMIC 产品十分丰富,为 T/R 组件提供了众多的选择。

3) 第三代:宽禁带半导体器件

第三代宽禁带半导体器件主要有 SiC 场效应功率管和 GaN 功率管,它们使固态微波器件向更高频率、更高功率、更高效率的方向发展,可开发出在尺寸、可靠性和寿命周期方面优于硅和砷化镓的固态放大器,以满足对输出功率、密度、效率、线性度、工作电压和温度的更加严格的要求。

第三代半导体器件击穿电压强度高、输出功率大、截止频率高,可实现高波段、大工作带宽;其热传导率高、抗辐射能力强,可实现大功率输出、高结温和高热稳定性。第二代半导体与第三代半导体之间的关系如图 4-18 所示。

4.5.2 微波控制器件

1. 衰减器

衰减器为一个可调的或固定的阻性、容性或阻容性网络,该网络仅对输入微波信号产生幅度衰减而无明显的相移或者频率失真。在 SAR 系统中往往需要进行接收幅度加权,因此,T/R 组件内通常会采用数字衰减器进行接收增益调整。考虑到便于程序控制和体积小、速度快、驱动功率低、易于与平面电路相

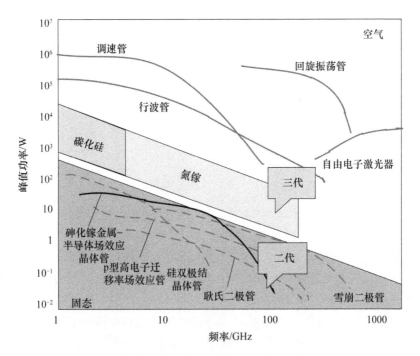

图 4-18 各类功率管的频率-功率分布图

集成的要求,T/R 组件内一般采用数控衰减器。数控衰减器通常由薄膜固定衰减器和场效应晶体管(FET)型单刀双掷开关构成,工作原理简单。衰减值是由一系列离散的固定衰减值进行组合而成,组合的过程就是由开关通断实现累加的过程,开关全部切换到各固定衰减器上时,即为最大衰减态,反之为最小衰减态。

如图 4-19 所示是一个 4 位步进为 2dB 的数控衰减器的原理框图,从图中可以看出:当开关全部切换到下方的无衰减态时,衰减器就处于最小衰减态,此时其仅有衰减器内部开关及传输线的损耗带来的插损而无附加衰减;当最左侧的开关切换到上方 2dB 的衰减片时,衰减器则处于 2dB 的衰减态,此时总的损耗为插损加上附近 2dB 的衰减态;当开关全部切换到上方衰减片时,衰减器则处于最大的衰减态,此时总的损耗为插损加上附加的 2+4+8+16=30dB 的衰减。同样道理,通过不同的开关切换组合就可以形成包括最小态和最大态在内的一共 $2^4=16$ 个不同衰减态。

2. 移相器

移相器就是通过调整某一控制信号(如直流偏置等)使其输出电压(或电流)与输入电压(或电流)之间形成所期望相位关系的二端口网络。移相器主要分成模拟移相器与数字移相器两大类,模拟移相器是利用控制信号产生连续移

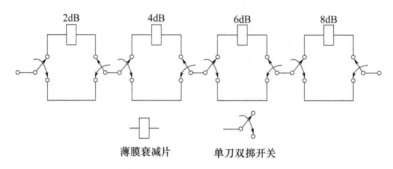

图 4-19 数控衰减器原理框图

相的器件;数字移相器是移相量只能按预制的固定值步进的器件,该固定值由移相器设计要求决定。如 5 位 360°数控移相器的步进值为 11.25°,而 6 位 360°数控移相器的步进值则为 5.625°。数字移相器由于采用数字信号控制,因此广泛应用于相控阵天线系统中。微波数字移相器主要有两种形式:铁氧体移相器和半导体移相器。由于半导体移相器具有体积小、速度快、驱动功率低、易于与平面电路相集成的优势,因此,它比铁氧体移相器在 T/R 组件中得到了更广泛的应用。

通常数字移相器应用场效应晶体管作为移相器切换开关,而移相部分有 4 种常见的电路实现形式:开关线式、反射式、加载线式和高低通滤波式(图 4-20)。前三种形式的移相电路要么需要引入一个波长以上的传输线,要么需要接入多个电桥,都会占用较大的面积,并导致工作带宽变窄。而高低通网络移相器采用集总型元件,低通网络增加电长度,高通网络减小电长度,交替改变传输电长度,引起不同的相移,特别适合单片集成的要求。

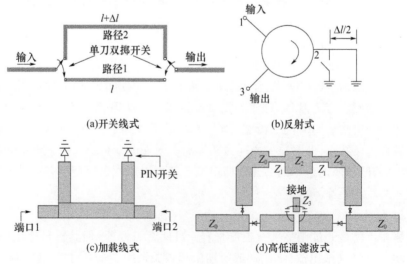

图 4-20 四种移相器电路

移相器的构成框图和工作原理与数字衰减器的类似,不同的就是把衰减器上方的衰减片换成图 4-20 中(a)、(b)、(c)或(d)所示形式的移相电路,然后通过开关切换组合达到不同态的移相组合。

移相器的移相精度从某种程度上反映了 T/R 组件性能的优劣。常用 T/R 组件中的移相器不仅要在整个工作频带内提供 360°若干位数的精确相位控制,同时要求具有插损小、各相位状态间幅度调制低、输入输出电压驻波比小、三阶截断点高、开关响应时间短和对虚假噪声抑制能力强等特点。

传统的数字移相器采用 PIN 二极管管芯器件作为切换开关,用混合集成电路工艺来实现,常用的电路形式有开关型、负载型、反射型和混合型等。但随着 MMIC 的快速发展,各种基于 GaAs 工艺的数字移相器单片迅速占领了市场,成为主流的成熟产品。出于成本考虑,已开始出现基于 GeSi 工艺的类似产品。

3. 收发开关

T/R 组件中用于切换发射通道和接收通道的开关电路即为收发开关,开关电路通常是将一个或多个 PIN 管或 FET 以并联或串联的方式接入传输线中,通过直流偏置控制 PIN 管或 FET 处于开态(传输能量)或关态(反射能量),对传输线上的微波功率进行传输或反射,从而满足传输中对微波信号进行通断或转向控制的功能。开关电路一般分为串联型和并联型两种。串联型的优点是带宽大,但 PIN 管或 FET 要承受全部到负载的功率;并联型承受功率较小,插损和隔离也较好。

PIN 开关的基本元件是 PIN 二极管,由高掺杂的 P 层和 N 层以及夹于两者之间的本征半导体 I 层所构成。正向偏压下,其导通电阻很小,近似短路;反向偏压下,阻抗很高,近似开路。PIN 管的这种特性使得它被广泛用于各种微波开关控制电路之中。

FET 的基本组成包括源级(S)、漏极(D)和栅极(G),通过栅极来控制源极和漏极之间的信号变化。FET 的种类包括金属氧化物半导体 FET(MOS FET)和砷化镓 FET(GaAs FET),不同之处是前者用 PN 结隔离,后者用肖特基结隔离,用作微波开关的一般是 GaAs FET。GaAs FET 用作开关时,射频信号通道是源极和漏极,而栅极用作对信号通道通断的控制端。当栅极偏压为 0V,源极和漏极之间为低阻抗态,GaAs FET 处于导通;当栅压高于 GaAs FET 夹断电压时,源极和漏极之间为高阻抗态,GaAs FET 处于关断。由于 GaAs FET 开关相对 PIN 开关来说,几乎不需要控制电流,因此其功耗和开关速度更具优势。GaAs FET 的沟道长度基本上决定了开关的通状态,从而决定了开关的插入损耗;漏极和源极之间的寄生电容基本决定了开关的断状态,从而基本决定了开关的隔离度。

用于 T/R 组件中的收发开关一般都采用 GaAs FET 开关。

4. 限幅器

限幅器主要用于保护高灵敏度的接收前端,防止发射功率泄漏至接收通道而烧毁前级低噪声放大器。通常要求限幅器的门限电平小于接收通道前级低噪声放大器所能承受的最大功率。当输入功率小于限幅器门限电平时,限幅器损耗很小,近似于直通状态;当输入功率大于限幅器门限电平时,限幅器将产生很大衰减,此后输入功率再继续增大,限幅器输出功率依然保持近似不变。当然,限幅器也有其自身的最大承受功率,输入大于此功率时,限幅器将被烧毁而失效。

限幅器工作时,依靠外部控制信号产生限幅作用的称为有源限幅器,依靠对射频信号自检波而具有限幅作用的称为无源限幅器。有时将有源限幅器和无源限幅器混合使用,称为混合限幅。为了简化设计,T/R 组件内使用的通常是无源限幅器。

图 4-21 给出了微带并联多级 PIN 限幅器示意图及等效电路图。

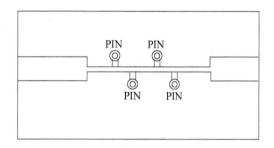

(a)微带电路板

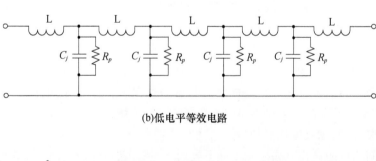

(b)低电平等效电路

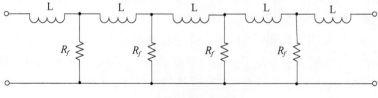

(c)高电平等效电路

图 4-21　多级 PIN 限幅器

当微波信号功率很小时，PIN 管处于零偏状态，等效为电容并联一个很大的电阻 R_p，它们与等效的电感构成低通滤波器。如果电路设计良好，其在通带内损耗将很小。当微波信号功率超过门限电平以后，PIN 管的电阻 R_f 随微波功率加大而减小。微波功率的一小部分由 PIN 管吸收，大部分被反射，因此，在限幅状态时，限幅器具有很高的电压驻波比。

PIN 开关和 PIN 限幅器本身都是一种 PIN 管控制器件，在原理上存在共同之处，只是在 PIN 管的选取上有一些差别。用作限幅器的 PIN 管，要求其阻抗对信号功率敏感，随着输入功率的增大而阻抗迅速减小，因此，管子 P 区和 N 区之间的 I 层要求做得很薄，一般在几微米；而用作开关的管子的 I 层较厚，一般在 14～20μm。

5. 环形器/隔离器

环行器和隔离器是 T/R 组件中的重要器件，模块化、微小型化是其重要的发展方向。虽然近年来环行器小型化的研究已取得了长足的进步，其实际应用也非常广泛，但到目前为止，绝大部分环行器和隔离器仍是分立形式的器件，虽然能够与 T/R 组件中其他元器件集成在一起，但是，集成后的体积还是较大的。由于环行器和隔离器一般具有较强的磁性，易形成干扰，对 T/R 组件中其他电路的电磁兼容性、互调、谐波抑制等参数的计算和分析就显得非常重要[13]。环形器和隔离器常用类型如下。

Drop-in 式。如图 4-22 所示，该种形式的输入和输出通常是带状线结构，但其封装结构不是采用传统的方式，而是采用适用回流焊的封装形式。整个器件中没有使用螺钉固定，而是通过相互焊接封装成一个整体，从而减小体积和重量。

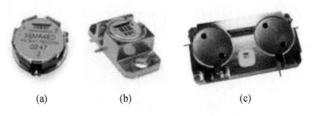

图 4-22　Drop-in 式结构

微带式。如图 4-23 所示，输入和输出采用微带传输线的环行器和隔离器可以实现结构的平面化，便于和 T/R 组件中的其他微带电路集成组装，而且它在体积和重量方面比 Drop-in 式更具有优势。

上述两种类型的环行器和隔离器在技术上都比较成熟，各类产品也被大量应用，正在研究开发的有薄膜铁氧体环行器、低温共烧铁氧体环行器（LTCF）和 MEMS 环形器。这几种环形器在小型化、集成化方面优势明显，但产品尚处于实验室水平。铁氧体薄膜厚度不超过 100μm，体积和重量都较小，但尚处于研

图 4-23 微带式结构

发阶段,其损耗、隔离等指标还没有达到实用程度。低温共烧铁氧体环行器,一是采用低温烧结的旋磁铁氧体材料,通过 LTCC 工艺实现三维图形化结构并与银浆一体化制作;二是基于现有的器件结构,将烧结好的旋磁铁氧体基片埋入多层陶瓷基板中,多层陶瓷基板通过银浆填孔实现不同层间的连接以及不同特性阻抗的带线,该种方法尚处于研究起步阶段。MEMS 环形器是将铁氧体技术和基于半导体工艺的 MEMS 技术结合起来,进一步减小体积和重量,借助半导体工艺进行大批量生产,它更加适合于工作频率较高的场合。目前,MEMS 环形器在 Ku 波段以上已开始有样品供使用。

在 T/R 组件中,往往将环行器和隔离器统一设计,封装成一个环行隔离组件,这也是减少 T/R 组件体积和重量的有效方法。

4.5.3 波束及时序控制器件

1. 串并转换器

如图 4-24 所示是典型的 T/R 组件内部波控原理框图,主要通过串并转换和数据锁存来实现。当串行时钟信号到来后,串并转换开始工作,依次读取控制信息并完成串并转换功能。

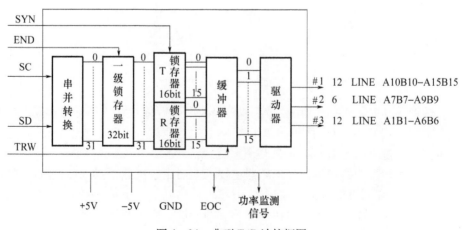

图 4-24 典型 T/R 波控框图

当一级锁存信号的上升沿到来后,将已转换的并行控制信息存入一级锁存器中,而二级锁存器仍维持其原有数据,驱动输出信号不变。

当二级锁存信号的上升沿到来时,将一级锁存器中的数据打入二级锁存器中相应的位置,并在收发转换信号的控制下驱动输出相应的数据。

在下一个二级锁存信号的上升沿到来之前,二级锁存器中的数据维持不变。驱动芯片根据 TRW 收发转换信号的高电平"1"选通 T 锁存器中的数据输出,而根据 TRW 信号的低电平"0"选通 R 锁存器中的数据输出。

2. 电源调制器

由于 T/R 组件收、发通道能够在物理上形成环路,如果连接发射和接收通道的器件隔离度有限,而收、发通道的增益之和足够大时,在电源馈电时序不合理的情况下,就会出现收、发通道同时工作而形成正反馈的现象,导致组件出现自激。

因此,在 T/R 组件的馈电时序上,需要使收、发通道工作在绝对的分时状态,即需考虑 T/R 组件工作时各种电源的上升沿与下降沿的相互关系,合理设置相应的延时,一般应当将发射电源脉冲前后均与接收电源脉冲保留一段延时,如图 4-25 所示。

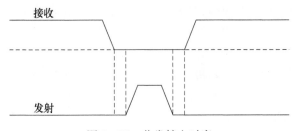

图 4-25 收发馈电时序

在 T/R 组件内,各组电源的开启或关闭状态与控制信号之间也存在特定的逻辑关系,具体如图 4-26 所示。

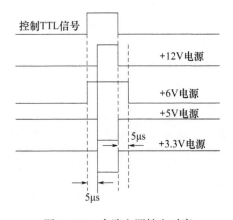

图 4-26 多路电源馈电时序

4.6 T/R 组件制造

T/R 组件是一个微波、模拟和数字等多种电路混合而成的复杂系统,构成的材料和器件特性差异大,其制造是一项重要的基础技术。对于高集成度 T/R 的组件,其内部布局非常紧凑,前后、左右、上下对位精度要求高,焊点与键合点间隔小,金丝键合点多,组装精度要求高。

T/R 组件采用微组装工艺进行装配,即将各种微型化元器件和 MMIC 芯片集成在基板上,形成高密度、高可靠的集成。这需要经过焊接、胶接、键合等多道工序,其中焊接还包括了不同温度、不同焊料和不同工序。组件调试合格进行封盖之后,还需要进行温度冲击、振动、电老练、高低温特性测试、气密性检测、粒子辐射及噪声检测等多项试验。

4.6.1 壳体

组件的壳体通常是由底板、围框、盖板、射频连接器和低频连接器焊接而成的。一般情况下,底板与围框、射频连接器和低频连接器与围框是采用钎焊焊接成形的,围框与盖板采用激光焊焊接。为了满足气密性要求,尽可能减少焊缝长度,统筹与焊缝相关尺寸的公差。

为了减轻 T/R 组件的体积和重量,壳体材料通常采用轻质高导热复合材料,其密度小、热导率高、易加工,可满足重量和散热要求。表 4-5 给出常用的壳体材料参数对比。

表 4-5 常用的壳体材料参数比较

产品类型	硅铝	可伐	铝	碳硅铝	钛合金
组成成分	Si–Al	Fe/Co/Ni	Al	Al/Si/C	TC4
热膨胀系数/($\times 10^{-6}$/℃)	11	5.9	23.6	6.5~9.5	8~10
密度/(g/cm^3)	2.5	8	2.7	3	4.5
热导率/(W/(m·K))	149	17	238	170~220	16

T/R 组件壳体设计的关键是材料选型,包括壳体材料、基板材料和各种焊料的选型,同时需要考虑这些材料在热和应力上的匹配性。例如,当两种接触材料的热膨胀系数差异达到 12×10^{-6}/K 时,仅 100 次热循环就会出现热疲劳失效,这是需要避免的。

AlSiC 材料的综合性能较好,但加工成形和表面改性比较困难。钛合金作为电子封装材料,它的热膨胀系数同元器件芯片、LTCC 基板、壳体及密封连接器相近,焊接的热适配性较好,环境适应性和可靠性较高,同时钛合金的激光封焊工艺技术成熟,而且钛合金材料密度比传统的电子封装材料如可伐、钼铜等材料要小。

组件壳体加工可以通过精密数控加工、注塑成形、精密压铸等方式实现,壳体为满足电路基板、连接器的安装要求,一般要对其表面进行涂覆处理。表面覆盖的金属层既要与复合材料基体结合牢固,又必须具有耐高温、抗氧化和可焊接等特性。壳体材料表面涂覆常用的处理方法有磁控溅射镀膜法和化学镀膜法。

4.6.2 基板

T/R 组件的基板种类主要有复合介质微带板、陶瓷微带板、LTCC 基板、AlN 基板、复合层压多层微带板等。

在布线比较简单的 T/R 组件应用中,一般可以用单层的微带板进行设计,其中比较常用的是复合介质微带板和陶瓷微带板。随着 T/R 组件布局密度的加大,一般情况下,单层的电路基板已无法满足 T/R 组件设计要求,多层微波电路基板开始得到应用,目前应用最广泛的几种多层微波电路基板有 LTCC、AlN 和复合层压多层微带板三种。

1. 复合介质微带板

复合介质微带板产品主要以 Rogers、Arlon、TACONIC 等厂家为代表,在覆铜介质板材上采用光刻腐蚀工艺加工出电路图形,具有加工工艺成熟、较好的加工一致性和较低的批产成本等特点。但是单层的电路走线在 T/R 组件设计中限制较大,光刻腐蚀工艺也无法制作出更高精度的图形,因此单层微带板一般应用在较低频率、结构要求简单的 T/R 组件设计中。

2. 陶瓷微带板

陶瓷微带板一般指在 Al_2O_3 陶瓷基板上采用厚膜或薄膜工艺加工出的微带电路板。Al_2O_3 陶瓷基板按介电常数不同,常见的有 9.6、9.8、9.9 等几种规格。抛光后的基板可以用薄膜工艺加工出高精度的图形。由于介电常数较高,微波电路的特征尺寸可以做得更小,比较适合高精度的单层电路应用,常用于频率较高、结构要求简单的 T/R 组件设计中。

3. 低温共烧陶瓷

低温共烧陶瓷(LTCC)是一种基于厚膜工艺的多层基板,其显著优点是可集成无源器件、可进行三维设计、大大降低尺寸、可直接芯片贴装、图形加工精度高,常见的 LTCC 集成化应用如图 4-27 所示。由于 LTCC 制造成本相对较高,常用于卫星平台或者结构要求较为复杂的 T/R 组件设计中。

LTCC 基板制造的典型流程如图 4-28 所示。

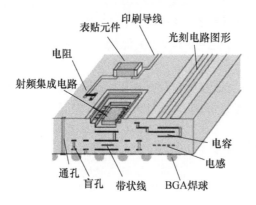

图 4-27 LTCC 的集成化应用

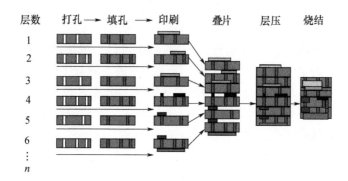

图 4-28 LTCC 制作典型流程

4. 氮化铝陶瓷

氮化铝（AlN）陶瓷是一种新型的高导热基板和封装材料，具有高热导率、低热膨胀系数、低介电常数、低介质损耗、高机械强度、无毒等特点，广泛用于高功率电子领域。氮化铝多层陶瓷技术使氮化铝陶瓷产品的设计更加灵活，能够实现腔体、多层布线、过孔互连、气密封接等特性。AlN 基板与 LTCC 基板比较类似，两者均采用厚膜工艺，其主要区别是材料不同导致两者的烧结温度不同，AlN 的烧结温度更高，由此又导致两种材料的电路图形印刷浆料各不相同，LTCC 的低温烧结一般采用金浆或银浆材料体系，而 AlN 的高温烧结一般采用更耐高温的钨、锰等材料。目前，氮化铝多层基板工艺的成熟性还比不上 LTCC，使用场合没有 LTCC 普遍。

5. 复合层压多层微带板

复合层压多层微带板是在单层复合介质微带板的基础上，通过半固化片将多个单层微带进行叠层粘接，再通过通孔工艺实现层间互连而形成的一种新型多层电路基板，目前已能实现内埋电阻的集成设计。由于复合层压多层微带板的加工工艺可以在单层微带板的光刻腐蚀基础上进行扩展，基板的制作成本、材料成本均比 LTCC、AlN 低,因此在 T/R 组件大规模工程化应用中会有明显的价格优势。

总的来说,多层微波基板是 T/R 组件内所有元器件的载体,基板设计的好坏直接影响着组件装配后的性能。为了方便放置器件,微波电路一般放在最上面几层,此时,微波电路的接地十分重要,否则,极容易造成组件工作不稳定。中间的信号层走线较多,走向也相对复杂,最重要的是需要考虑信号完整性。电源层中为射频脉冲提供大电流的线路,容易干扰其他线路上的控制信号,一般要做特殊的处理。

4.6.3 微组装

1. 共晶焊

共晶焊除了为器件提供机械连接或电连接外,还需为器件提供良好的散热通道。共晶焊的合金焊料焊接具有机械强度高、热阻小、稳定性好、可靠性高等优点。高功率密度的芯片与载体(如外壳、基板等)焊接通常采用合金焊料,以形成抗热疲劳性优、热阻低、接触小等特性。共晶焊的质量影响着芯片的接地和热量的散逸,从而影响芯片的稳定性和寿命。共晶焊根据焊接工艺方法又可分为金—硅共晶摩擦焊、金—锡真空烧结,以及金—锡保护气氛静压烧结等。

金—硅共晶摩擦焊是在惰性或还原性气体保护下,通过加热、摩擦使焊接处升温至金硅共晶点(363℃)以上 30~40℃,对芯片施加一定压力并与镀金外壳或基板发生相对位移,使金—硅共晶液相浸润焊接面,冷却凝固完成焊接;金—锡保护气氛静压烧结是芯片与镀金外壳或基板间有金锡焊料片,在施加一定压力并在真空或氮气或其他惰性还原保护气体下,加热至金-锡焊料熔点以上 30~40℃并保持 3~15s,使焊料浸润焊接界面,冷却后即形成稳定的焊接状态。

2. 基板大面积焊接

基板大面积焊接中基板的接地对电性能和力学性能的影响较大。基板焊接方式包括热板焊接和共晶炉焊接。热板焊接过程依靠手工完成,该方法的优点是热板温度可实时调节,焊料的铺展与润湿状态可以目视;共晶炉焊接是利用事先设置好的时间—温度曲线对被焊件进行加热,达到焊接的目的。基板焊接需要考虑可焊性和耐焊性问题,检验的标准是钎焊率。

3. 点胶与贴片

由于 GaAs MMIC 芯片非常薄,且质脆易碎裂,极大增加了芯片装配的难度,其贴片方法包含导电胶粘接和焊料焊接。导电胶粘接工艺简单,操作方便,不引入助焊剂等可能对芯片造成污染的外来物,例如组件中的控制芯片(如波控)背面无金属化层可以选用导电胶胶接,这类芯片一般发热量小;T/R 组件中,有一些元器件由于发热量大,需要将基板上相应位置加工去除,采用钼铜热沉+焊料焊接的工艺方式。芯片常常采用共晶焊焊在钼铜热沉上,然后,整体再用焊料焊接在盒体底部相应的位置上。

4. 键合

常规的 T/R 组件中一般有几百根互连金丝或金带,几乎每一根都直接影响到电性能及其可靠性,由于微波电路的特殊要求和组件高密度的特性,无法对每根金丝进行非损拉力测试,因此,需要针对金带、金丝键合进行工艺试验和质量评价,包括金带、金丝键合强度的影响因素,键合压力对芯片的损伤评估、环境试验考核等。通过对键合工艺优化,进行键合全过程系统分析和研究,找到可靠的键合质量控制程序和方法。一般情况下,通过高倍显微镜,检查金丝的负荷强度、不圆度、划伤、变形及断裂情况;保证键合设备的稳定性,用同一规范校验和检测每个班次生产键合设备的技术状态;分类键合工艺参数优化是硅芯片、砷化镓、陶瓷片、LTCC 基板不同的类别进行键合工艺参数设计,优化不同器件和材料的键合参数;设计有效可行的抽样非损拉力测试方法,替代现有 100% 非损拉力测试。

微波元器件与电路基板互连时,尽量实现元器件焊盘与焊丝之间、焊丝与电路基板等上焊盘之间的阻抗匹配。同时,还要严格控制焊丝的位置、压焊的压力和焊丝形成的电感量等工艺参数,一般情况下,焊丝要尽量贴近芯片和电路基板,长度尽可能短。

5. 微组装流程

微组装技术是综合运用高密度多层互连基板、多芯片组件、三维立体组装等关键工艺,把构成电子电路的各种微型元器件(集成电路芯片和片式元器件)组装起来,形成高密度、高性能、高可靠、外形微小化、功能模块化的微电路产品(包括组件、部件、子系统、系统)的一种先进电子装联技术[14]。T/R 组件微组装包括两方面:一是共晶粘片、金丝键合等模块微组装工艺技术,二是低温钎焊(真空钎焊、高频感应钎焊、热板焊或氢气保护钎焊)及清洗等板级装联工艺技术,典型微组装工艺流程如图 4-29 所示。

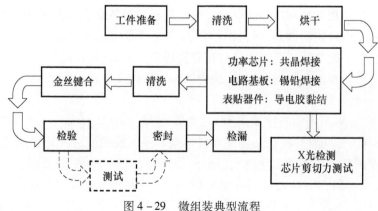

图 4-29 微组装典型流程

4.6.4 密封

对于采用大量裸芯片组装而成的 T/R 组件来说,长期保持内部氮气环境对降低元器件环境失效率起到非常重要的作用;而且基于同样的原因,为保证 T/R 组件长期可靠的工作,对封装的气密性也有较高的要求。因此,组件的封装应能对组件内部单元提供合理的保护,以保证组件在正常储存、运输和使用环境下能保证规定的性能。一般来说,组件的漏率要求为不大于 $10^{-3}(Pa \cdot cm^3)/s$。实现组件气密性是比较复杂的工艺过程,通常需要通过壳体基板一体化焊接、连接器焊接和盖板激光封焊三种密封技术来实现。

壳体基板一体化焊接和连接器焊接时要关注与焊缝有关的各种结构尺寸,以便形成良好的气密焊接。如壳体加工和涂覆过程中,关注壳体加工精度、电镀时镀金层的厚度;焊接过程中,关注焊料量、焊接温度曲线、工装夹具等,以便保证焊缝的质量。组件盖板焊接的方法很多,有胶粘密封、衬垫密封、软钎焊密封、平行缝焊、激光封焊等方式,具体选用哪种封焊方法需要根据 T/R 组件壳体使用的材料来决定。

4.6.5 测试与调试

测试过程是对 T/R 组件的电性能、力学性能、环境适应性等进行考核和验证,是对组件是否合格的评估。当测试结果不满足使用要求时,需要对组件进行调试工作,包括组装工艺上的返工,以保证 T/R 组件满足各项要求。大量而全面的电性能测试,对研发阶段尤为重要,可及时发现设计中的问题与风险。在批产阶段,则需要重点考核组件的一致性、重复性与可靠性。

T/R 组件在批量生产时,由于数量大、测试指标多、待处理数据量大、组件控制信号繁杂,通常情况下,需要建立一套具有测试评估、质量控制的自动测试系统,以降低测试人员的工作强度,提高测试精度,缩短调试与测试周期,提高数据处理速度与精度。

一套完整的 T/R 组件自动测试系统可按控制中心、通用测试仪器、接口适配三个层次进行组建。测试系统的控制中心为主控计算机,其内部安装用于测试的应用软件,这些软件通过 GPIB/USB/LAN 等控制总线控制通用测试仪器,完成对 T/R 组件的多参数自动综合测试,并完成测试数据采集、测试数据处理与分析等操作;通用测试仪器按照实现功能及测量参数类型的不同,包含信号激励、功率参数测试、网络参数测试、频谱参数测试、波形参数测试、噪声系数测试等多种测试仪器设备,以及为被测 T/R 组件提供供电的程控直流电源;开关接口装置、计算机适配卡以及状态控制等作为接口适配层的硬件部分,实现与被测 T/R 组件的物理连接,为多参数自动测量提供相应的测试通道以及状态的自动切换。其原理示意框图如图 4-30 所示。

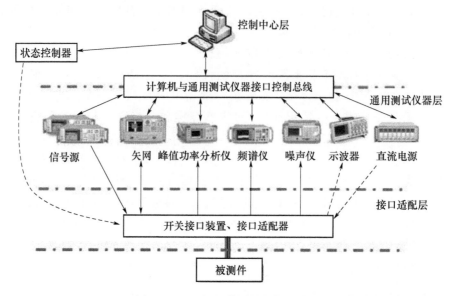

图 4-30　T/R 组件测试系统原理图

需要注意的是接口适配层的核心是开关接口装置,开关接口装置是实现被测 T/R 组件与通用测试仪器之间自动连接和自动测试的关键,是自动测试系统的重要组成部分。其硬件主要包括开关矩阵、接口电路、嵌入式计算机主控电路,以及开关驱动接口电路等,其原理框图如图 4-31 所示。

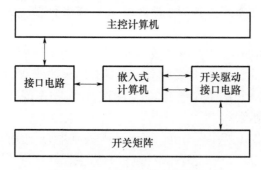

图 4-31　开关接口装置原理框图

测试应用软件主要实现测试资源管理、测试程序维护、测试系统校准、测试任务执行、测试信息综合处理,以及其他扩展功能,为用户提供自动测试、手动测试和仪器独立使用等多种工作方式。测试应用软件平台组成如图 4-32 所示。

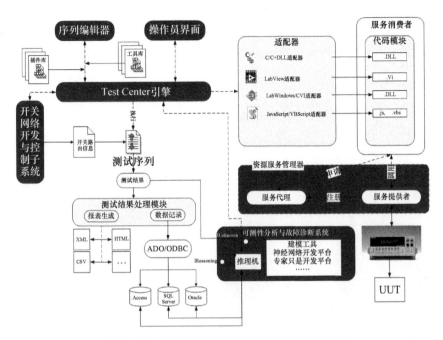

图4-32 测试系统软件平台主要组成示意图

参考文献

[1] SCHIPPERS H, VERPOORTE J, HULZINGA A, et al. Towards structural integration of airborne Ku – band SatCom antenna[C].[S.1]: Antennas and Propagation (EuCAP), 2013 7th European Conference on. IEEE,2013:2963 – 2967.

[2] YEO S K, Chun J H, Kwon Y S. A 3 – D X – band T/R module package with an anodized aluminum multi-layer substrate for phased array radar applications[J]. IEEE Transactions on Advanced Packaging,2010,33(4):883 – 891.

[3] HAUHE M S, WOOLDRIDGE J J. High density packaging of X – band active array modules[J]. IEEE transactions on components, packaging, and manufacturing technology. Part B, Advanced packaging, 1997, 20(3):279 – 291.

[4] 徐伟,吴洪江,魏洪涛,等. 基于GaAs PHEMT 的6~10GHz多功能芯片[J]. 半导体技术,2014(2):103 – 107.

[5] 吕善伟. 微波工程基础[M]. 北京:北京航空航天大学出版社,1995.

[6] 霍年鑫. GaAs FET 功率放大器温度补偿的设计[J]. 低温与超导,2007,35(4):352 – 354.

[7] 赵夕彬. 固态脉冲功率放大器脉冲波形顶降的研究[J]. 半导体技术,2009,34(4):381 – 384.9

[8] David M. Pozar. 微波工程[M]. 张肇仪,周乐柱,吴德明,等译. 3 版. 北京:电子工业出版社.

[9] MONTROSE M I. Analysis on loop area trace radiated emissions from decoupling capacitor placement on printed circuit boards[C].[S.l.]: Electromagnetic Compatibility, 1999 IEEE International Symposium on. IEEE,1999:423 – 428.

[10] 李桃生,陈军,王志强. 空间辐射环境概述[J]. 辐射防护通讯,2008,28(2):1-9.
[11] COLLINGE J P. SOI Technology:Materials to VISL[J]. England:Kluwer Academic Pub,Boston,1991,10.
[12] NIEHENKE E C. The evolution of low noise devices and amplifiers[C]. [S. l.]:Microwave Symposium Digest (MTT),2012 IEEE MTT-S International. IEEE,2012:1-3.
[13] LAHEY J. Junction circulator design[J]. Microwave Journal,1989,32(11):26-34.
[14] 邵优华,韦炜. T/R 组件微组装工艺技术[J]. 舰船电子对抗,2012,35(2):103-107.

第 5 章 接收系统

5.1 概述

接收系统在雷达系统中的主要作用是放大和处理雷达的回波信号,对回波信号进行滤波,尽可能把空间带外杂波信号和接收机自身的带外噪声滤掉,同时,为雷达系统提供高性能发射波形,也为雷达系统提供时间基准和相位基准。

雷达接收系统与雷达的用途、波形的形式、抗干扰方式及接收信号的处理方式密切相关。有用回波和杂波是相对的,对常规雷达来说,飞机、船只、地面车辆和行人所反射回来的回波是有用的,而海面、地面固定物体等反射回波都为杂波;对 SAR 而言,海面、地面几乎所有物体均为有用信号。SAR 一般要求接收系统具有大带宽、低幅相失真、大动态、高灵敏度和高相位稳定等特性。对于多通道 SAR 来说,要关注接收机多通道之间幅相一致性和稳定性。对于具有动目标检测能力的 SAR,还要关注频率合成器高频率稳定度和低相位噪声。

SAR 接收系统主要功能一般包括回波信号接收、激励信号产生、本振与时钟合成等。SAR 不仅仅具有高分辨成像功能,还常常综合了动目标检测、目标定位和抗干扰等功能,通常情况下,为解决宽测绘带与高分辨的矛盾,在方位向采用多通道采样。"一宽多窄"接收模式是多功能 SAR 常用的体制架构。接收机两个重要的研究方向如下。

(1) 数字化。数字电路技术的快速进步,已使用部分雷达接收机射频信号直接数字化,这样就不再需要中频接收机了。数字接收机是近年来迅速发展的接收机技术,随着超高速数字电路技术的迅速进步,雷达接收机的数字化水平越来越高。特别是高速多位 A/D 变换器和 DDS 技术的发展以及高速数字信号处理芯片(DSP)的普遍使用,为雷达数字接收机提供了良好的硬件基础。

数字接收机具有模拟接收机无法取代的优势,如用数字正交解调代替传统的模拟正交解调,克服了模拟电路中的参数温度漂移、直流漂移、增益变化等不稳定因素,并且能获得模拟解调所无法达到的幅度平衡度和相位正交度。在 SAR 中,应用宽带数字接收机,可以提高接收机幅相失真性能,节省硬件,用现场编程方式实现不同成像工作模式。随着 A/D 变换器的转换速率越来越高,动态范围越来越大,处理高速 A/D 变换器输出的高速数字电路也取得了重大进展,处理数字化输出的软件算法也日益成熟。所有这些都促进了数字接收机的高速发展和在 SAR 接收领域的广泛应用。

（2）微电子化。一方面是 SAR 发展的需要，小平台、多功能要求接收系统体积小、重量轻、可靠性高，以提高雷达性能和集成度；另一方面是单片化接收机技术的推动。随着单片微波集成电路(MMIC)技术的迅速发展，不同频段的单片放大器、混频器、开关、数控衰减器、数控移相器及其相应的单片控制电路都进入了实用阶段，促进了单片化接收机的发展。MMIC 和超大规模高速数字集成电路的发展和应用，多层和三维微波电路、多芯片模块等的实现，为接收系统微电子化提供了保障。

5.1.1 接收机分类

一般情况下，SAR 接收机不论采用何种方式，都要对回波信号进行数字化，因此广义上讲，SAR 接收机都是数字接收机，只是根据 A/D 变换器放置位置不同，接收机数字化的程度和水平不同，从而，出现了基带数字接收机、中频直接采样数字接收机和射频直接采样数字接收机，如图 5-1 所示。

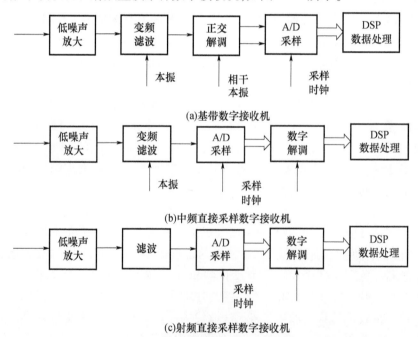

图 5-1　数字接收机

图 5-1 为 SAR 数字接收机的基本工作原理框图。图 5-1(a)为基带数字接收机。回波经过低噪声放大和混频后，由相干本振进行模拟正交解调，产生互为正交的模拟基带信号，也称零中频信号，再对互为正交的模拟基带信号进行 A/D 采样，即产生基带数字信号。该类接收机的优点是可使雷达基带信号带

宽相对信号带宽降低一半,因此可有效降低 A/D 采样率,也无需再进行数字滤波,这类接收机一般使用于带宽较大的系统。由于采用模拟正交解调,其宽带解调器幅相一致性是工程实现的关键。图 5-1(b)为中频数字接收机。它是将经过低噪声放大和混频后的中频信号直接进行 A/D 采样,随之进行数字正交鉴相和数字滤波,然后,将获得的数字 I、Q 基带信号送至数字信号处理器(DSP)进行数字信号处理,优点是采用数字解调,幅相一致性高,系统易实现高度集成。图 5-1(c)为射频数字接收机。它是将经过低噪声放大和滤波后的射频信号直接进行 A/D 采样和数字正交鉴相,然后将获得的数字 I、Q 基带信号送到 DSP 进行数字信号处理;该接收机实现高度数字化,幅相一致性和稳定性高;缺点是对 A/D 性能依赖性极高,目前只有部分低工作频率雷达可以实现。

5.1.2 基本参数

SAR 接收系统的基本参数如下:

(1) 信号带宽。它是 SAR 瞬时信号带宽,信号带宽是 SAR 系统接收机重要参数之一。信号带宽由雷达的距离分辨率决定,考虑到相位非线性失真,接收机信号带宽一般略宽于信号带宽。

(2) 灵敏度与噪声系数。接收机灵敏度代表接收机接收微弱信号的能力。接收机的灵敏度越高,就能接收到更弱的信号,雷达的作用距离就越远,或者说图像更清晰。如果希望提高灵敏度,降低噪声系数是最有效手段之一。噪声是由外部干扰(噪声)和接收机内部噪声构成的。噪声系数定义为接收机输入信噪比和输出信噪比的比值[1],其表达式为

$$F = \frac{S_i/N_i}{S_o/N_o} \tag{5-1}$$

式中:S_i/N_i 为输入信噪比;S_o/N_o 为输出信噪比;噪声系数 F 表示接收机内部噪声密度的大小。如果 $F=1$,代表接收机内部没有噪声,这在工程中是无法实现的。

接收机的灵敏度与噪声系数之间的关系为

$$S_{\min} = kT_0B_0FM \tag{5-2}$$

式中:k 为玻耳兹曼常数,$k = 1.38 \times 10^{-23}$ J/K;T_0 为室温的热力学温度,$T_0 = 290K$;B_0 为系统噪声带宽;M 为标识参数,对不同体制的雷达,M 取值不同,对于 SAR,取 $M=1$。

需要说明的是:这里的灵敏度是噪声灵敏度,是指接收机输出信噪比为 1 时对应输入信号的最小功率,而非雷达系统实际接收灵敏度,因为雷达可通过相干积累(某些雷达可以进行非相干积累)来提高信号最终信噪比。附加得益为 $10\log(B\tau)$,B 为信号带宽,τ 为信号时宽。

(3) 增益和动态。增益表示接收机对回波信号的放大能力,定义为输出信号与输入信号的功率比,即 $G = S_o/S_i$;动态表示接收机正常工作时所允许的输入信号的强度变化范围,输入信号太强时,接收机将发生饱和或者过载,从而使较小回波信号的目标丢失。接收机的增益不是越大越好,它是由接收机动态范围、灵敏度及 A/D 量化性能共同确定的。接收机的增益确定了接收机输出信号的幅度,一般情况下,接收机的增益在接收通道中的分配是与噪声系数和动态范围密切相关的。

最大信号一般指接收机增益下降 1dB 的输入信号功率,最小信号一般指接收机灵敏度。动态范围通常分为无杂散动态范围、瞬时动态范围和总动态范围三种描述方法。无杂散动态范围是指雷达接收到最大信号时与同时可检测最小信号之间的功率差,是雷达最有价值的动态范围。瞬时动态范围是指雷达不进行任何增益调整情况下,所允许的输入信号的强度变化范围。总动态范围是指允许雷达进行增益调整情况下所允许的输入信号的强度变化范围。

与灵敏度参数一样,这里的动态范围是基于接收机噪声灵敏度的动态范围,而非雷达系统实际动态范围,因为雷达处理系统有信号处理得益,得益大小与雷达信号时宽、带宽,积累时间等因素有关。

(4) 幅相失真。相对于常规雷达,幅相失真是 SAR 更为重要的参数,直接关系到雷达成像质量。宽带脉冲压缩是 SAR 实现距离高分辨的主要手段,幅相失真的存在,将使脉压的主瓣展宽,主副瓣比恶化。高次幅相失真将产生成对回波,其中相位非线性对系统的影响度和控制难度较幅度失真更加重要。

(5) 多通道幅相稳定性与一致性。对于多接收通道 SAR,通过检测多路信号之间的幅相特性实现动目标检测、极化特性分析、宽测绘带覆盖等功能,因此多接收通道之间的幅相一致性对雷达性能有重要的影响。实际应用中,通过硬件实现幅相高度一致性是极其困难的,一般采用幅相校准方式,对多通道接收机进行幅相校准。由于雷达系统可以进行幅度和相位校准,接收通道的幅相稳定度通常更关注短期稳定度,短期一般是星载 SAR 单圈工作期间(一般在 15min 左右),特别强调一个孔径时间内幅相稳定度。对于多通道接收机更关心幅相稳定度这项参数,幅相稳定度包括常温稳定性、宽温稳定度。为避免校准次数过于频繁,期望多通道接收机之间具有较高的幅相稳定性。

(6) 频率稳定度。频率稳定度主要是指雷达频率源的频率稳定度,频率源是给雷达系统提供发射载频和系统基准频率,直接关系到雷达图像质量。SAR 主要关心短期频率稳定度(一般在毫秒量级),短期频率稳定度通常用单边带相位噪声功率谱密度来描述。随机振动对频率源的频率稳定度和相位噪声有重要影响,某些情况下,会严重恶化其相位噪声。SAR 工作于运动平台,随机振动普遍存在,在一些特殊平台会非常严重(如直升机、导弹)。因此,对于 SAR,频率源在振动平台上的稳定度较常规静态下的稳定度显得更加重要。

5.2 接收机技术

相比较于常规雷达的接收机,SAR 对接收机要求有其特殊性,主要表现在信号带宽和相位保真上。高分辨率 SAR 信号带宽甚至达几吉赫兹,有时相对带宽达 50% 以上。SAR 接收机主要有两种型式,即直接正交解调接收机和去调频接收机。直接正交解调接收机又分模拟正交解调接收机和数字正交解调接收机。直接正交解调适用于大测绘带,高质量的成像,宽带失真补偿相对较易,缺点是对采样率和数据处理要求较高,特别是高分辨率时。去调频接收体制对于高分辨、小测绘带系统有较大的优势,其优点是可有效降低采样率,降低信号处理难度,缺点是宽带失真补偿相对复杂。

5.2.1 模拟解调接收机

模拟宽带直接解调接收机正交解调器可使系统带宽降低一半,并保留了信号幅度和相位信息,同时解决单个相位检波器存在的盲相和无法确认目标多普勒速度方向的问题。数字中频直接采样、数字滤波器分离 I、Q 信号是实现正交解调的一种极具吸引力的方法,但目前工艺和器件水平限制了采样率的提高。因此,在高分辨率 SAR 中常采用模拟正交解调器,必要时可辅助采用数字幅相校正技术。

模拟正交解调器基本工作原理是输入信号经 90°相位差功分的两路相干本振信号进行相位检波,并进行低通滤波和放大,抑制泄漏和交调的高频分量,产生两路互为正交的零中频信号,即同相 I 信号和正交 Q 信号。由于功分网络移相精度的限制和电路的不对称性,造成 I、Q 信号的幅相不平衡,将产生镜像虚假信号。如图 5-2 所示是典型的宽带解调器电路原理框图。

通常情况下,常规分立器件难以满足宽带、高性能解调器的要求,一般选用了高性能集成宽带解调器,并结合高一致性超宽带零中频处理技术实现宽带 I、Q 处理。低通滤波器通常采用切比雪夫型低通滤波器,以满足对解调器带内良好平坦度和带外高抑制的要求。由于切比雪夫型低通滤波器群时延在幅频特性转折处存在较大的过冲畸变,所以两路低通滤波器的截止频率一般为其带宽的 1.5 倍,需对此群时延进行严格的配对。该宽带正交解调器需有较大的动态范围,因而,选用具有大信号输出能力的宽带运算放大器。实验证明,宽带运算放大器在有较大增益时,带宽内的增益平坦度将明显恶化。因此,多采用两级宽带运算放大器级联方式,并在两片宽带运算放大器之间插入电阻匹配网络进行隔离,是实现宽带平坦的有效方法。

对于宽带正交解调器,测量技术是宽带正交解调器实现高性能的重要保证

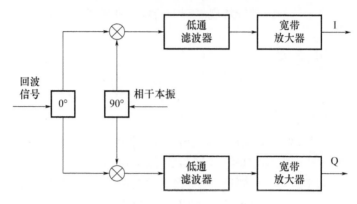

图 5-2 宽带正交解调器

之一[2],常规的幅相不平衡性测量仪器的测量带宽和精度已远不能满足其测量要求,而矢量网络分析仪的频率扫描、矢量分析功能提供了对双端口网络 S 参数的快速测量能力,且具有误差校正功能,测量精度较高,特别是具有频率偏置模式的新型网络分析仪是正交解调器的理想测试仪器。由于测试通道 1 和测试通道 2(含仪表和 I、Q 之间的连接电缆)的不一致性,对 I、Q 幅相不平衡性的测量,特别是对于宽带系统将会产生较大的测量误差,在测试中需进行误差校正。对于宽带正交解调器,I、Q 与 A/D 连接电缆应作为正交解调器的一部分参与测试,否则,实际应用中系统参数会与正交解调器的测试结果有较大的差异。

5.2.2 数字解调接收机

在前文中已说明数字化接收机的实现方法有多种,兼顾到 A/D 的射频工作频率、采样时钟及解调器的幅相特性,高分辨 SAR 接收机大多采用常规基带数字接收机,而中、低分辨率 SAR 常采用中频数字接收机,即数字解调。下面讨论 SAR 中频数字接收机的实现。如图 5-3 所示,是一种典型的基于软件无线电接收机的实现框图。

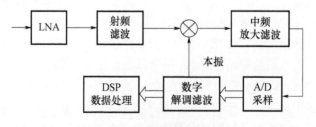

图 5-3 典型中频数字接收机

低噪声放大器(LNA)用于放大从天线接收到的微弱回波信号,从而保证接收机的灵敏度。射频滤波器主要是抗外界射频干扰和抑制镜像噪声,有时,又称镜相抑制滤波器。为了提高抗干扰能力,在 LNA 前通常增加预选滤波器。中频带通滤波器用于限制输入到 A/D 变换器的信号和噪声带宽,从而有利于选取无混叠的采样频率。A/D 变换器是用于将输入模拟信号转换为数字信号,从而提供数字接收处理器的输入数字信号。数字接收处理器用于对输入高速数字信号进行数字下变频和数字滤波,即数字解调滤波。数字解调滤波器一般由数控振荡器(NCO)、数字混频器和数字滤波器等组成。

在实现时,A/D 前端放大滤波电路与 A/D 的接口设计非常重要,它们之间的匹配好坏将直接影响接收机的灵敏度和动态范围,因而,要根据 A/D 的性能(位数、最大采样率和输入功率电平等)选择好 A/D 前端放大器和带通滤波器的参数。

数字化接收机的采样速率主要由信号带宽、A/D 性能和采样方法等因素决定。采样方法对采样速率有很大影响,常用的方法如下。

过采样技术。以远大于采样率对信号进行采样的方法称为过采样技术,使用过采样技术的好处是提高信噪比或动态范围,降低前级抗混叠滤波器的性能要求,但同时也增加了系统的运算量,影响系统信息处理的实时性。

正交采样技术。正交采样在基带数字接收机中应用十分广泛,它实际上是一种欠采样技术,分别对两个正交的分量(I 分量和 Q 分量)进行采样,因而采样率可以下降一半。

SAR 雷达信号带宽较宽,一般不宜采用常规的低通采样技术,而采用带通采样技术。带通采样满足下面的公式

$$\frac{2f_h}{k} \leq f_s \leq \frac{2f_l}{k-1} \qquad (5-3)$$

$$2 \leq k \leq \frac{f_h}{f_h - f_l} \quad f_s \geq 2B \qquad (5-4)$$

式中:f_h 为上边带频率;f_l 为下边带频率;f_s 为采样频率;k 为大于 2 的正整数。

数字接收处理器是一种内嵌式处理器,抽取滤波器的抽取率、滤波器的系数,以及输出数据的格式等都是通过内置控制寄存器和 RAM 设定的。

在数字接收机中,由于没有模拟接收机电路的温度漂移、增益变化或直流电平漂移,因此,其正交特性是模拟接收机电路所无法比拟的。数字接收机首先将接收机的中频信号或射频信号进行 A/D 采样,然后进行数字正交鉴相和数字滤波[3,4]。数字正交鉴相的最大优点是可实现 I/Q 更高的精度和稳定度。实现数字 I/Q 的方法很多,这里简单介绍三种方法,即数字混频和低通滤波法、插值法以及希尔伯特(Hilbert)变换法。

(1)数字混频和低通滤波法,其原理框图如图 5-4 所示。这种方法类似于模拟正交鉴相的方法,只是混频、低通滤波及相干振荡器均用数字的方法来实现。其中相干振荡器由 NCO 实现,它能输出正弦和余弦两路正交数字信号。由于两个正交相干振荡器信号的形成和相乘都是数字运算的结果,所以其正交

性是完全可以保证的,一般只要保证运算精度即可。

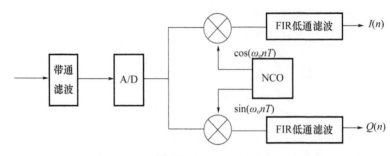

图 5-4　数字混频和低通滤波法实现 I/Q 分离

(2) 数字插值法。数字插值法是通过选取适当的采样频率对中频信号进行 A/D 变换,可以交替地得到 $I(n)$ 和 $Q(n)$,接着通过内插滤波器进行内插运算,从而得到完整的 I、Q 两路信号。

设信号 $S(t) = A(t)\cos[\omega_0 t + \phi(t)]$,将采样频率取为

$$f_s = \frac{1}{T} = \frac{4}{M+1} f_0 \tag{5-5}$$

式中:$A(t)$ 为信号振幅的时间函数;$\phi(t)$ 为信号附加相位的时间函数;ω_0、f_0 分别为信号的角频率和频率;T 为采样周期。

式(5-5)要满足采样定律要求,即 $f_s \geqslant 2B$。则有

$$\omega_0 T = 2\pi f_0 \frac{M+1}{4} \frac{1}{f_0} = \frac{\pi}{2}(M+1) \tag{5-6}$$

令 $M+1 = n$, $M = 0,1,2,3,4\cdots$

$$\begin{aligned}
S(nT) &= A(nT)\cos[n\omega_0 T + \phi(nT)] \\
&= A(nT)\cos\phi(nT)\cos\left(n\frac{\pi}{2}\right) - A(nT)\sin(nT)\sin\left(n\frac{\pi}{2}\right) \\
&= I(n)\cos\left(\frac{n\pi}{2}\right) - Q_n\sin\left(\frac{n\pi}{2}\right) \\
&= \begin{cases} (-1)^{n/2} I(n), & n \text{ 为偶数} \\ (-1)^{(n-i)/2} Q(n), & n \text{ 为奇数} \end{cases}
\end{aligned} \tag{5-7}$$

显然,n 为偶数时可得到 $I(n)$,n 为奇数时可得到 $Q(n)$,然后经数字内插即可得到偶数点的 $Q(n)$ 和奇数点的 $I(n)$,从而,输出完整的 I、Q 两路基带数字信号。插值法这里只介绍比较简单的贝赛尔(Bessel)内插法,当采样频率 f_s 和信号频率 f_0 之间有 $f_0 = \frac{M+1}{4} f_s$ 时,A/D 采样所得出的数字为 I/Q 相间的序列,然后经过如下内插运算,则可获得 I、Q 正交数字信号,即

$$I(n) = \frac{1}{2}[I(n-1) + I(n+1)]$$

$$+\frac{1}{8}\left[\frac{1}{2}(I(n-1)+I(n+1))\right]-\frac{1}{16}[I(n-3)+I(n+3)]$$
$$n=2m+1,m=0,1,2\cdots \qquad (5-8)$$

$$Q(n)=\frac{1}{2}[Q(n-1)+Q(n+1)]$$
$$+\frac{1}{8}\left[\frac{1}{2}(Q(n-1)+Q(n+1))\right]-\frac{1}{16}[Q(n-3)+Q(n+3)]$$
$$n=2m,m=0,1,2\cdots \qquad (5-9)$$

(3) Hilbert 变换法。函数 $x(t)$ 的希尔伯特(Hilbert)变换定义为 $x(t)$ 与函数 $h(t)$ 的卷积,其数字表达式为

$$H[x(t)]=x^h(t)=x(t)*h(t)=x(t)*\frac{1}{\pi t}=\frac{1}{\pi}\int_{-\infty}^{\infty}\frac{x(\tau)}{t-\tau}d\tau \qquad (5-10)$$

式中:$h(t)=\frac{1}{\pi t}$ 频域里 $x(t)$ 对应函数 $X(f)$ 的希尔伯特变换为

$$X^h(f)=X(f)H(f) \qquad (5-11)$$

由傅里叶变换可知

$$F[h(t)]=H(f)=jsgn(f)=-j\begin{cases}1,f>0\\-1,f<0\end{cases} \qquad (5-12)$$

式中:sgn()表示符号函数。从式(5-12)可知,为了求出频域里的希尔伯特变换,$X(t)$ 的负频乘以 j,而其正频乘以 -j 即可。从 $\sin(2\pi f_i t)$ 和 $\cos(2\pi f_i t)$ 的傅里叶变换可知

$$\begin{cases}H[\sin(2\pi f_i t)]=-\cos(2\pi f_i t)\\H[\cos(2\pi f_i t)]=\sin(2\pi f_i t)\end{cases} \qquad (5-13)$$

式(5-13)说明,希尔伯特变换时产生 90°移相,而不会影响频谱分量的幅度。在数字 I/Q 正交鉴相中,输入信号 $x(t)$ 先被 A/D 数字化,然后通过离散希尔伯特变换来求得正交分量,其实现方法可用有限冲击响应滤波器(FIR)来实现。例如,矩形窗口的 FIR 滤波器和具有海明(Hamming)加权窗口的 FIR 滤波器均可实现离散希尔伯特变换,如图 5-5 所示。

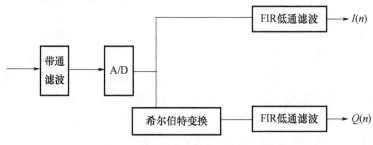

图 5-5 希尔伯特变换实现 I/Q 分离原理框图

5.2.3 去调频接收机

上述描述的接收机属于直接解调接收机范畴,其幅相失真主要取决于接收机滤波器相位非线性和正交解调器的幅相特性,幅相保真度高,是 SAR 接收机的主要型式之一。当雷达工作带宽较大时,对接收机的解调器和 A/D 变换器要求较高,特别是大带宽工作时,同时,装载平台(如无人机、导弹等)期望系统是微型的、小功耗的,成像处理是实时的,这时,去调频接收方式是一种理想的选择。去调频接收是压缩接收带宽、降低 A/D 采样率、降低数据存储量和降低成像处理器工作速度的有效方法[5],因此,大带宽 SAR 也常采用去调频接收机,其工作原理如图 5-6 所示。

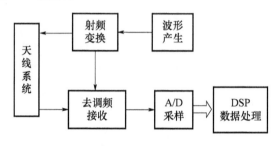

图 5-6 去调频接收机

去调频接收机只有在小观测带时,才具有压缩接收带宽的优势,而且去调频接收机使雷达系统的失真特性按回波时间变化,即失真的空变特性,所以,常规雷达系统通常采用收发信号的闭环补偿方法将难以奏效,需采用预失真与闭环补偿模式相结合,这就增加了系统的难度。因此,去调频接收机一般只用于高分辨和小型化 SAR 系统。

5.2.4 多波段接收机

多波段 SAR 实现多个波段射频信号同时照射同一个区域,也需要同时将多波段射频信号接收回来,具体是几个波段接收机是 SAR 系统设计时所决定的。下面举例介绍一种四波段机载 SAR 接收系统的设计。

前文已介绍高分辨率 SAR 接收体制主要有两种,即去调频正交接收和宽带直接正交解调接收。去调频接收对于高分辨、小观测带系统具有较大的优势,其优点是可有效降低采样率,降低视频处理设计难度,缺点是宽带失真补偿困难。直接正交解调接收机适用于相对较低分辨率,大测绘带,高质量的成像,宽带失真补偿相对较容易。对于一个多波段机载 SAR,假设其距离最高分辨率为 1m,相应波形带宽最大为 200MHz,接收系统可采用直接正交解调接收方式。接收系统通常由四波段接收通道、四波段激励源、频率合成器和电源组成。系统工作原理为:基于 DDS 产生带宽相对较窄的线性调频(LFM),经 LFM 频带扩展和搬移分别产生 P、L、X、Ku 波段发射激励信号。回波信号经低噪声放大和一次变频后,进行宽带正交解调送至数据采集器。接收机系统的框图如图 5-7 所示。

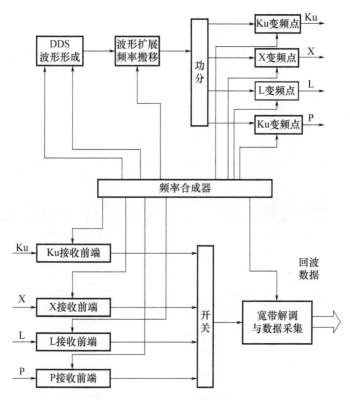

图 5-7 一种多波段接收机原理框图

多波段射频信号波形如图 5-8 所示。

5.2.5 多通道接收机

SAR 为实现高分辨率大观测带宽,常常采用方位向单发多收,或者多发多收方法,这就要求 SAR 具有多通道接收能力。幅相一致性是多通道接收机的关键特性,通过硬件的严格配对设计虽然可获得较好的多路幅相一致性[6],但由于器件参数的离散性、温度变化、噪声干扰等,多路幅相一致性常常难以满足系统要求,多路幅相定标是解决 SAR 多路接收幅相一致性有效的方法,如图 5-9 所示。

定标模式时,关闭发射信号,使定标信号分别进入多路接收机,以其中一个接收机幅相特性作为参考,对其他接收机幅相特性进行校准。

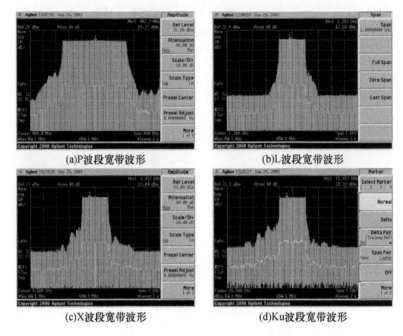

(a)P波段宽带波形　　　　(b)L波段宽带波形

(c)X波段宽带波形　　　　(d)Ku波段宽带波形

图 5-8　多波段宽带波形频谱图

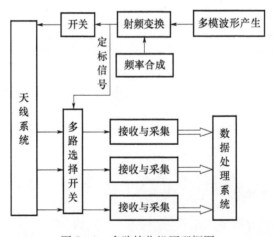

图 5-9　多路接收机原理框图

5.2.6　单片接收机

一般常规微波模拟变频接收机尺寸大，重量重，对于有严格载荷重量和体积限制的 SAR，特别是微型无人机、导弹等平台，这种体积和重量是难以接受的。微波单片接收机是一个重要的发展方向，它是一种轻小型化 MMIC 接收机。随着 MMIC 技术的发展，不同频段的单片放大器、混频器、开关、数控衰减器、数控移相器及其相应的控制电路驱动器的芯片尺寸都在平方毫米量级。单片接收机就是用微组装技术(MCM)把单片接收机有源器件与无源滤波器(如微带滤波器、介质带状线滤波器、薄膜 LC 滤波器等)集成在一个尽可能小的空间中,然而单片滤波器远远没有单片放大器、混频器、振荡器成熟,包括单片有源滤波器和单片无源滤波器(集总参数或分布参数)。

单片接收机的设计难度在于综合布局、单元电路的电性能及空间分配、电磁兼容、散热等方面,系统设计水平的高低将决定单片接收机性能的好坏[7]。整个电路设计从射频输入一直到中频输出,增益大,元件密度高,大小信号之间、高频与低频信号之间极易产生相互干扰。在电路设计中,一般为将低噪声放大器供电的电源线与后面电路相互隔离,在各器件的电源入口加滤波电路以避免电源与微波信号间的相互干扰。同时合理布局,将大信号和小信号分开,并增加它们之间距离;高频与低频信号用地隔开,使用交叉的传输线和电源线,通过中间层过渡,以避开信号线与电源线交叉;中间层上下再布接地层以增加隔离度,这样可以大大减少相互干扰,缓解小型化和干扰之间的矛盾。

(1) 多芯片组件(MCM)。宽频带 MCM 的电设计需要选择合适的图形参数,如信号线宽度、信号线厚度、信号线间距、介质厚度和材料性能(如电导率、介电常数等)。这些物理参数一旦确定,利用电磁场模型将参数转换成一个等效电路。MCM 数学模型是由适用于一定频域的电磁场模型转换而来的,此模型包含麦克斯韦(Maxewell)方程在此频域内的全波解。一般情况下,此模型完全可以处理具有非 TEM 波传输的电子封装结构。高频下,由于集肤效应在导体中产生的非均匀电流也包括在这个封装模型中。

(2) 多层基板。多层基板技术是制作多芯片组件的关键技术。MCM 基本类型有叠层型多芯片组件(MCM – L)、陶瓷厚膜型多芯片组件(MCM – C)、淀积薄膜型多芯片组件(MCM – D)等。下面举例介绍陶瓷厚膜型基板设计。

陶瓷厚膜型多芯片组件(MCM – C),它是在高密度厚膜多层或共烧陶瓷多层互连基板上组装多个片式元器件和芯片。其优点是布线层数多,布线密度、封装效率和性能均较高,可以用于较高的工作频率。MCM – C 一般采用陶瓷多层基板,陶瓷多层基板分为厚膜多层(TFM)基板与共烧陶瓷多层基板两类。

共烧陶瓷多层基板。它可分为高温共烧陶瓷(HTCC)多层基板和低温共烧陶瓷(LTCC)多层基板两种。陶瓷多层基板技术的基础是厚膜技术和陶瓷多层技术。陶瓷多层基板包括元器件安装层(顶层)、信号层、电源层、接地层和对外连接层(底层)等几部分,陶瓷介质位于各导体层之间,起着电绝缘的作用。

顶层含各种焊盘,用以安装相应的电子元器件。为了提高组装密度,可以采用多层基板双面安装元器件,即在基板的顶面和底面都安装电子元器件。多层基板的信号层设置在顶层下方,主要布置元器件之间的互连线,层数视组件规模和布线密度而定。电源层和接地层一般都独立设置,可按组件性能的要求进行设计。陶瓷基板的以上各层之间由垂直金属通孔进行互连。

常规的 MMIC 接收机采用高温共烧陶瓷多层基板,一般分为四层板,信号层设置在顶层,电源层设置在中间层,通过垂直过孔引到顶层,减少了互连线缆。射频输入输出信号通过垂直过孔,由 50Ω 绝缘子引出,这样就大大减少了接收机的体积和重量。

(3) 多芯片组装设计。利用微组装技术,将芯片用导电胶粘接或者焊接到多层基板上,输入输出用金丝键合。单片微波低噪声放大器芯片如图 5-10 所示,单片微波有源混频放大器芯片如图 5-11 所示。

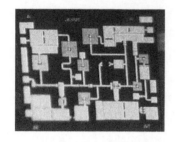
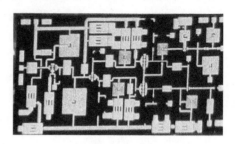

图 5-10　单片微波低噪声放大器　　　图 5-11　单片微波混频放大器

5.3　频率源技术

频率稳定度直接影响各种脉冲信号的边沿抖动及系统相位的稳定性,从而影响 SAR 的分辨率和图像的质量。接收系统频率源为雷达系统提供本振信号和相参基准信号,同时也产生全机定时信号。

频率源就是以一个高稳定基准源为标准(如晶体振荡器、原子钟),通过加、减、乘、除四则运算或相位锁定、数据采集等方式,产生一系列可以预先确定的稳定频率点。频率稳定度是一定时间内频率的相对变化值,取样时间较长时,如时、日、年等,噪声产生的随机抖动被均化,频率起伏近似为平稳过程,频率稳定度可近似采用标准方差来度量,即标准方差适合于平稳过程。取样时间较短时,由于同时存在随机抖动和漂移,且随机抖动是主要部分,此时,频率起伏是非平稳过程。频率稳定度通常采用阿仑方差度量。阿仑方差定义为对一频率进行连续的多次无间隙测量,得到一组相对频率起伏值,取相邻两次测量值之间的均方根,也称二抽样方差。阿仑方差广泛适应于非平稳随机过程,实际的雷达频率源,人们更关心短期稳定性,为表征频率源稳定性的精细时间特性和噪声频域分布,通常采用相位噪声来表达。

频率合成器一般由基准源、合成链路和传输线组成。基准源对合成器性能有重要影响,高性能雷达基准源主要有以下两种型式。其一为恒温晶体振荡器,它频率高低适中,一般在100MHz左右,短期频率稳定度高,相位噪声相对较小。在有些SAR系统中,对频率精度和长期稳定性要求较高,常采用低频晶体振荡器(如10MHz),其近载频等效噪声较高频晶体振荡器(如100MHz)更优,即频率长期稳定性更好。其二为原子钟,它频率相对较低(一般在10MHz左右),超近区相位噪声好,成本相对较高,长期频率稳定度高,但等效中远区相位噪声较恒温晶体振荡器差。在某些SAR系统中,在长期和短期均希望获得高稳定性时,可采用原子钟锁相恒温晶体振荡器的方法。随着微波光电技术发展,光电振荡器正被人们关注,它频率高(一般在10GHz左右),中远区相位噪声较传统的频率合成器高一二个数量级。

随着SAR分辨率越来越高,观测带越来越大,对频率源的稳定度(特别是短期稳定度)要求也越来越高。频率源的相位不稳定,将引起距离向目标相对位置的模糊及影响方位向多普勒效应。全相参的高稳定度频率合成器才能满足SAR对频率源相位同步和频率稳定度的要求。全相参频率源中的频率合成器,可以用直接合成和间接合成(锁相)的方法来实现。从实现方法的角度,可以将频率合成方法分为三种主要类型,即传统的模拟直接频率合成器、锁相频率合成器及直接数字式频率合成器(DDS)。

5.3.1 模拟直接频率合成器

模拟直接频率合成是一种最基本的频率合成方式,原理简单易实现,相位噪声相对较低,频率跳变时间主要取决于微波开关时间和滤波器延时时间,有时可以使合成器跳变时间就是微波开关的切换时间,因此频率跳变时间极短,主要应用于捷变频雷达。由于这种合成方式通过倍频、混频放大以及开关滤波器来获得所需要的频率信号,因此,设备量相对较大,更重要的是当合成方式较复杂时,合成器会产生大量的中间频率分量,电磁兼容性较差,难以应用于高密度机载、星载、弹载等平台。在SAR中该合成方式应用较少。

模拟直接频率合成器就是以一个高稳定的晶体振荡器为参考,通过倍频、混频放大以及开关滤波器来获得所需要的一组高稳定频率信号。图5-12是一种常用的模拟直接频率合成器组成框图。图5-12中的两种梳齿谱发生器的频段是根据频率合成器的频率、带宽及所需要的频率间隔综合考虑的。随着微电子技术的发展,各种单片放大器、混频器、集总参数滤波器组和单片高速模拟开关等应用,使得模拟直接频率合成器小型化得到一定改善。在模拟直接频率合成器中,由于要采用许多不同的频率进行倍频、分频和混频,所以,对杂波的抑制要求很高,这是模拟直接频率合成器的难点,必须采取一系列措施,首先要选用高速高隔离模拟开关;其次是优化设计,包括合理选择混频窗口。另外,还需采用带外抑制性能高的滤波器以及电磁兼容设计技术等,来提高频率源输出信号的杂波抑制。

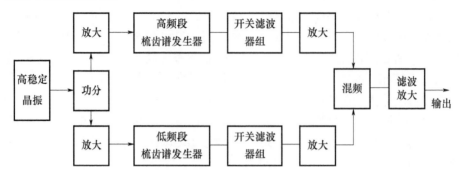

图 5-12 一种常用的直接频率合成器原理框图

5.3.2 锁相频率合成器

锁相频率合成的基础是控制理论,其核心是相位锁定反馈环路,锁相环路是一个输出频率相位能跟踪输入基准频率相位的闭环自动控制系统。锁相频率合成是使高频微波振荡源相位锁定于高稳定基准源,电路结构简单,几乎无中间频率分量,相位同步性好,易集成,电磁兼容性好,是 SAR 的主要频率合成方式。

锁相频率合成器利用锁相环的相位跟踪特性,使输出信号的相位与参考基准源严格同步,它没有模拟直接合成器那么多开关滤波器,因而体积比较小,而且,由于采用闭环跟踪,可保证各路信号间良好的同步性,这对于高速、多时钟的 SAR 系统是十分重要的。随着电子技术发展,高性能数字集成鉴相器和数字多模可控分频器应用于微波锁相频率合成器,大大提高了跟踪环路的稳定性和性能。

频率合成器逐渐向数字化方向发展,数字锁相环主要有两种形式:一种是全数字锁相环,其鉴相器、环路滤波器、振荡器和程序分频器均采用数字形式,集成度高,稳定性好,但工作频率较低,频谱纯度和相位噪声性能与高性能频率合成器存在较大差距;另一种是准数字锁相环,其鉴相器和程序分频器均采用数字形式,而环路滤波器和振荡器依然是模拟电路,具有工作频率高、综合性能好的特点,是目前频率合成器的主要合成方式之一。

如果采用前置分频式锁相,则环路总分频比较大,会严重恶化频率合成器的相位噪声和跟踪特性。在反馈支路进行频率下移(即移频反馈),可有效减小环路分频比,有利于改善系统的相位噪声和动态响应特性,是常用的一种雷达锁相合成器。基本工作原理是参考信号与反馈信号进行相位比较,输出电压通过环路滤波器(LPF)抑制噪声和高频分量来控制 VCO。通过控制反馈支路移频后的分频比,实现频率捷变[8]。环路锁定时,输出频率为 $f_0 = (M+N)f_i$,频率

最小间隔为 $\Delta f = f_i$，这里的 f_i 是参考频率，也就是鉴相频率。工作原理如图 5 - 13 所示。

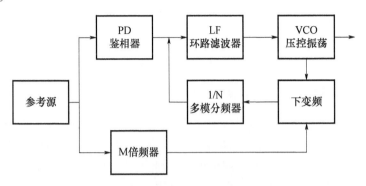

图 5 - 13　常规数字锁相合成器框图

其中，鉴相器灵敏度为 k_d，环路滤波器传递函数为 $F(s)$，压控振荡器压控灵敏度为 k_o，环路等效分频比为 N，辅助倍频器倍频次数为 M。

令 $K = \dfrac{k_o k_d}{N}$，系统开环传递函数为

$$G(s) = \frac{KF(s)}{s} \tag{5-14}$$

闭环传递函数为

$$H(s) = \frac{KF(s)}{s + KF(s)} \tag{5-15}$$

图 5 - 13 的环路方程式为

$$\phi_0 = \left[(M+N)\phi_i + \frac{N}{k_d}\phi_{PD} \right] H(s) + [1 - H(s)]\phi_{VCO} \tag{5-16}$$

用相位噪声功率谱密度表示为

$$S_{\varphi_0} = |H(S)|^2 \left[(M+N)^2 S_{\varphi_i} + \left(\frac{N}{k_d}\right)^2 S_{\varphi_{PD}} \right] + |1 - H(j\omega)|^2 S_{\varphi_{VCO}} \tag{5-17}$$

式中：ϕ_i、$\phi_{\varphi_{PD}}$、$\phi_{\varphi_{VCO}}$、ϕ_0 分别为参考源、鉴相器、压控振荡器和输出信号源的相位抖动；S_{φ_i}、$S_{\varphi_{PD}}$、$S_{\varphi_{VCO}}$、S_{φ_0} 分别为参考源、鉴相器、压控振荡器和输出信号源的相位噪声功率谱密度。

环路滤波器通常采用有源比例积分滤波器，其特性接近理想积分滤波器，使环路实现近似零相位的稳态相差。该型滤波器可独立调整环路阻尼系数和自由振荡频率，便于环路响应时间和噪声的优化设计。同时有源比例积分滤波器具有滞后 - 导前特性，有利于环路的稳定。作近似的估算：

$$|H(j\omega)| \approx 1 \quad \omega \ll \omega_n, \quad |H(j\omega)| \ll 1 \quad \omega \gg \omega_n$$

因此式(5-17)可等效为

$$S_{\varphi_0} = (M+N)^2 S_{\varphi_i} + (N/k_d)^2 S_{\varphi_{PD}}, \omega \ll \omega_n \quad (5-18)$$

$$S_{\varphi_0} = S_{\varphi_{VCO}}, \omega \gg \omega_n \quad (5-19)$$

由式(5-18)可看出,相位噪声降低不仅使系统相位噪声性能提高,而且可使环路ω_n增大。这将有利于提高系统的捷变速度和捕捉、跟踪性能。

5.3.3 直接数字频率合成器

直接数字频率合成是SAR实现波形产生的主要方式之一。由于SAR的工作平台都是运动平台,某些平台的随机振动是相当强的,如导弹、直升机等,而随机振动会严重恶化合成器的相位噪声,因此SAR频率合成器必须实现强随机振动环境下高频率稳定度。SAR频率源以锁相技术为主,结合直接数字频率合成,重点解决相位同步性、微型化集成和随机振动对相位噪声的影响。

直接数字式频率合成器(DDS)具有极短的捷变频时间(纳秒量级),相当高的频率分辨率(赫兹量级),优良的相位噪声性能,并可方便地实现各种调制,是一种全数字化、高集成度、可编程的系统。

直接数字频率合成是基于相位概念提出的一种直接合成所需波形的频率合成技术。一般情况下,直接数字频率合成器主要由相位累加器、相幅转换器、D/A转换器和低通滤波器(LPF)四部分构成,基本原理如图5-14所示。

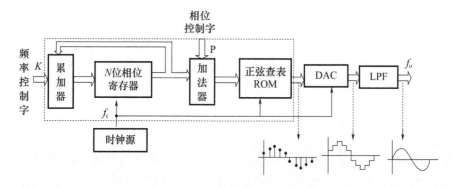

图5-14 DDS系统基本原理

虚方框部分为DDS的核心部分,其中相位累加器是由累加器与相位寄存器级联构成的典型反馈式累加器,完成相位累加运算。该结构有频率、相位控制字和参考时钟f_c两个输入。N为相位累加的位数,f_o为输出频率。相位累加器可看作是由频率控制字K决定的模值可控计数器。在系统时钟频率f_c的作用下,相位累加器以K为模值循环累加,当相位累加器被累加满量时,产生一次溢出,累加器溢出一次的时间即为输出信号的周期。显然相位累加器经过了$2^N/K$

个时钟周期就溢出一次,则输出信号的周期为$(2^N/K) \times T_c$。由此可知,频率控制字 K 设置得越小,相位增量越小,累加器溢出一次的时间就越长,则输出信号的频率就越低,反之亦然。由此可知频率控制字 K 决定了一个完整周期内的采样点数。

设参考时钟频率为 f_c,相位累加器的字长为 N,则 DDS 输出频率为

$$f_o = K f_c / 2^N \quad (K = 0,1,2,\cdots,2^{N-1}) \quad (5-20)$$

式中:K 为频率控制字,K 的大小是由控制电路来预置的,当时钟频率 f_c 与相位累加器位数 N 一定时,输出频率 f_o 的大小仅取决于 K。

$$K = 2^N f_o / f_c \quad (5-21)$$

当 $K=1$ 时,DDS 所能产生的正弦信号的最低频率即频率分辨率为

$$\Delta f = f_c / 2^N \quad (5-22)$$

原理上 DDS 相位噪声主要取决于参考时钟的噪声,DDS 等效于一个小数分频器,但由于在 DDS 中存在相位截断、ROM 有限字长效应,影响了 DDS 相位噪声。理论分析 DDS 输出相位噪声主要由 ROM 存储器有限字长及 D/A 的位数决定。

DDS 作为频率合成器也有明显的不足:一是工作频率目前还比较低,二是杂散还比较严重,基于 DDS 的频率合成器要工作在微波频段必须和锁相环(PLL)或模拟直接合成器相结合对其频率进行搬移。DDS + PLL 的频率合成器的原理如图 5 – 15 所示。

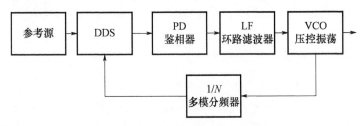

图 5 – 15 DDS + PLL 的基本原理

由于有限的过采样率、相位截断和 D/A 位数的限制,DDS 电路输出信号杂波分布广且信杂比较差,尽管环路的窄带特性可以消除 DDS 的远区杂波,但其近区杂波将在输出端按分频比 N 呈现 $20\lg N$dB 的恶化,因此,这种方法并不能很好地利用 DDS 电路的优势,抑制 DDS 电路的缺点。如将 DDS 的输出作为频标插入到分频器之前进入环路,环路分频就不会对 DDS 的信杂比在合成器输出端呈现上述的相乘关系,或者等效降低环路分频比 N 以改善频率合成器杂波和相位噪声性能。图 5 – 16 和图 5 – 17 就是基于这一思想的典型原理框图。当输出工作频率相对较低,如 L 波段及以下,一般可采用如图 5 – 16 所示方式。

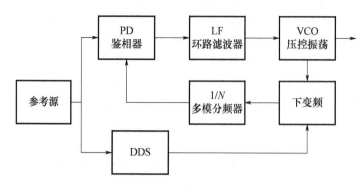

图 5-16　DDS+PLL 频率合成 1

当输出工作频率较高，如 C 波段以上，一般可采用如图 5-17 所示的方式。

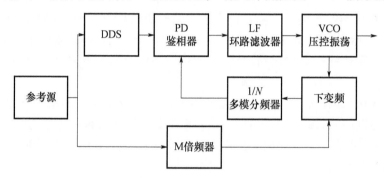

图 5-17　DDS+PLL 频率合成 2

5.3.4　频率合成器的抗振特性

与一般功能电路不同，随机振动不仅影响频率合成器的可靠性，更重要的是还会恶化频率合成器的电性能特性，即杂波与相位噪声特性。频率合成器高稳定晶体振荡器特有的压频效应使其成为合成器中对振动最敏感部件。对于简谐振动 $a = A\cos(2\pi f_v t)$，将会产生边带调制，其调制边带幅度近似为

$$I(f_v) \approx 20\lg \frac{(\boldsymbol{\Gamma} \cdot \boldsymbol{A}) f_0}{2 f_v} \qquad (5-23)$$

式中：A 为简谐振动的峰值加速度（g）；f_v 为简谐振动频率（Hz）；$\boldsymbol{\Gamma}$ 为晶体振荡器的加速度灵敏度；f_0 为晶振的静态频率（Hz）。

由式（5-23）可以看出加速度和灵敏度为矢量，它随着平台三维振动方向的不同而不同。但其绝对值相差并不太大，晶体振荡器一般只给出一个加速度灵敏度的标量。例如，该合成器将选取的晶振为 SC 切型，频率为 100MHz，其 $|\boldsymbol{\Gamma}|$ 为 $2 \times 10^{-10}/g$，对于振动频率为 50Hz、加速度峰值为 $5g$ 的简谐振动，其边带杂波为 -60dBc。在随机振动条件下，晶振相位噪声几乎与其静态相位噪声无

关,其相位噪声功率密度为

$$S_{\varphi\text{REF}}(f) = \frac{(|\Gamma|f_0)^2 G(f)}{4f^2} (f_A \leq f \leq f_B) \quad (5-24)$$

式中:$S_{\varphi\text{REF}}(f)$是晶体振荡器随机振动条件下的相位噪声功率密度;$G(f)(g^2/\text{Hz})$为晶体振荡器感受到的振动功率谱密度;f_A为随机振动谱频率下限;f_B为随机振动谱频率上限。

由式(5-23)、式(5-24)可看出,选择低$|\Gamma|$晶振和降低$G(f)$是十分重要的,它主要由晶体谐振器切割形式和安装方式决定。因此 SAR 频率合成器设计重点之一是降低等效的$G(f)$。众所周知,仅对晶振进行隔振效果并不理想,较理想的方法是对晶振单独隔振,再对合成器进行整体二次隔振,以实现双重减振,同时,结合多种辅助抗振措施,如对电路进行全表面安装,在盖板与盒体之间安置软性屏蔽条等,使合成器的内部共振频率远高于振动频率上限。二次隔振的特点是:隔振频带宽、超低频隔振效果好、附加重量小。

5.4 宽带波形产生技术

采用数字方法实现波形产生已越来越普遍,数字波形产生不仅能实现多种波形的捷变,而且还方便实现幅相补偿以提高波形的质量。数字波形产生器通过对数字存储器的数据编程即可实现相应的波形输出,具有良好的灵活性、重复性和一致性,使得数字波形的产生方法越来越受到人们的重视。数字波形就其产生的方法可分为数字中频直接产生法和数字基带产生法。

中频直接产生法是基于 DDS 技术的波形产生方法。近年来高速数字电路的发展,可以在较高中频直接合成波形,其主要优点是电路结构简单,带宽/时宽模式多。缺点是由于在中频产生宽带波形,为便于后级上变频滤波,相对带宽不宜过大,中频频率不宜过低,因此,输出信号频率相对于采样时钟的过采样率相对较低,信号失真度相对较高,而且,波形产生是基于 DDS 内部相位累加器和频率累加器,难以进行预失真补偿。

基带产生方法的基本原理是用数字存储直读方法产生 I、Q 基带信号,然后,由模拟正交调制器将其调制到中频载波上。这种波形产生方法是预先把信号幅相信息以真值表方式存储于存储器中,其优点是能产生各种灵活波形,还可以利用预先存储于存储器中的数据,对系统部分失真进行补偿。由于波形是基带产生,因此,在同样的采样率情况下,过采样率更高,有利于信号的保真度。缺点是由于采用真值表方式存储,多模式工作时,对存储空间要求较高,同时,由于引入了模拟正交调制器,难以做到理想的幅相平衡,输出波形将产生镜像虚假信号和载波泄漏,从而影响脉压的主副瓣比,特别是脉压噪声基底,在实际图像应用中,脉压噪声基底往往较脉压主副瓣比对图像质量影响更大。

5.4.1 基于 DDS 直接波形产生

DDS 是通过控制 DDS 相位累加器单位时间内(一般就是 DDS 采样时钟的周期)的相位累加值实现频率控制,使相位累加值按一定规律进行变化即可实现频率调整。由于 DDS 结构的独特性,可以灵活控制相位累加值和相位累加值的变化规律,使合成波形的方式更灵活,更适合于要求波形捷变和多模式雷达系统。采用 DDS 进行雷达波形合成可以充分利用 DDS 的特点,选用功能完备的、适合于波形合成器的 DDS 芯片来实现所需要的波形。需要说明的是所选择的芯片不仅要具有高的采样频率,还要具有高的频率更新率。同时,要求其形成波形的质量指标(如杂散、信噪比等)也能满足雷达系统的要求。

通常要根据所需形成波形的带宽、频率来选择实现方法。如果频率较低、带宽不宽,则可由 DDS 直接在中频产生波形。如果要求频率高,带宽宽,则可用搬移和扩展的方法提高工作频率、增加信号带宽[9]。

由 DDS 直接在中频产生波形的方法如图 5-18 所示。这种波形产生方法以 DDS 芯片为主,配以附加逻辑电路以实现各种波形。图 5-18 中,F_{CW} 为起始频率控制字,K_{CW} 为调频斜率控制字,T_{CW} 为时长控制字。这种方法可形成雷达常用的三种波形:线性调频(LFM)、非线性调频(NLFM)和相位编码等。

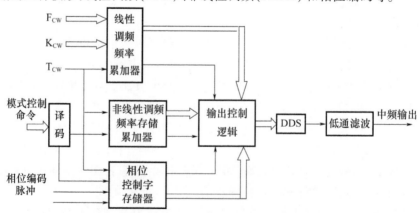

图 5-18 基于 DDS 中频波形产生实现框图

在 SAR 中,往往要求雷达信号波形具有大的带宽时宽积。在实现方法上,为了得到良好的宽带信号性能,往往不直接用 DDS 产生宽带或超宽带的线性调频信号,而是首先产生相对带宽较窄的信号,然后,采用频带扩展和频率搬移的方法达到宽带或超宽带信号波形产生的目的。

采用倍频和上变频是实现宽带波形的一种有效方法。图 5-19 给出了这种方法的一种实现框图,这种实现方法要求倍频器要具有良好的线性,另外,滤波器和放大器应具有较好的幅度平坦度和较小的非线性失真,同时,需严格计算变频器交调,避免上变频产生的交调落入带内,产生交调失真,影响信号质量。

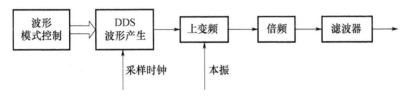

图5-19 一种利用上变频和倍频产生宽带波形

倍频器会倍增波形的相位非线性,所以,倍频次数不宜高,一般不超过4次,因此,单纯采用倍频技术期望获得大带宽是不可取的。基于 DDS 直接波形产生一般适合于带宽要求不太高(如 200MHz 以下)而工作模式又较多的雷达系统。

5.4.2 并行 DDS 结构中频波形信号产生

基于 DDS 直接中频波形产生方法省去了宽带正交调制器的环节,简化波形信号产生的设计,同时避开了调制器镜频和射频载漏,但受通用 DDS 工作频率的限制,其工作带宽和工作频率均受到很大的制约。随着 FPGA 技术发展,利用 FPGA 的可编程功能,基于多路并行 DDS 结构等效实现高速 DDS 功能,直接产生大带宽信号,同时利用高阶奈奎斯特(Nyquist)区域在高速 DAC 上实现高中频输出。原理上,在资源允许情况下,在 DDS 后附加数字均衡滤波器可实现预失真补偿。实现框图如图 5-20 所示。

图 5-20 直接中频信号产生框图

随着制造新工艺、新材料的运用,在砷化镓工艺基础上已有实用 MUX、DAC 的芯片速度达到了 2.4GHz,该工艺改进后可生产 3.5GHz 速度 MUX、DAC 芯片。利用磷化铟材料设计的 DAC 达到了 9.2GHz,虽然这只是实验室样片,但其发展前景是不可估量的。截止到目前,已有 8GHz 转换速率 12 位分辨率的 DAC 推向市场。随着高速器件和电子处理技术的发展,实现 2GHz 甚至更宽的带宽信号数字任意产生是完全可行的。

5.4.3 基于数字基带波形产生

基带信号产生结合宽带正交调制,可实现信号带宽倍增,同时,进行信号射频搬移,整个链路幅相失真相对较小,降低了 D/A 数字采样率,是高分辨成像雷达宽带波形产生的主要方法之一,实现框图如图 5 – 21 所示。该方法实现的难点是怎样解决宽带正交调制器的幅相一致性和调制本振的泄漏。宽带正交调制器,由于模拟 I/Q 通道幅相不平衡,以及随温度变化等问题限制了幅相一致性,产生镜像杂波。通常情况下,高性能宽带正交调制器镜像杂波和载漏在 –28dB 左右。

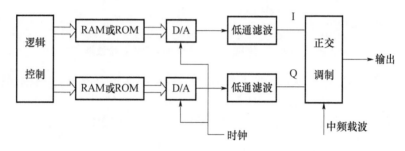

图 5 – 21 正交调制实现宽带波形产生

由于采用了数字直接存储直读的方法,可以预先把失真补偿存储于存储器中,实现预失真补偿。这种功能对某些无法实现闭环补偿的系统是十分重要的,如宽带去调频 SAR。该方法对存储空间要求较高,特别是长时宽、多模式时,因此,基于 DDS 结构的基带信号产生与正交调制综合技术得到应用与发展。

随着 FPGA 技术发展,利用 FPGA 的可编程功能,基于并行 DDS 结构实现数字基带信号产生,大大地降低了对 D/A 转换速率的要求,同时,也降低了 FPGA 内部并行 DDS 实现的复杂度。采用并行 DDS 方法而不用 RAM 直读方法的优点是可以根据系统需要实时改变输出信号带宽、脉宽,大大降低了存储空间的要求,对输出信号种类没有限制(不需要使用片内或片外 RAM),同时,预失真处理可以在 DDS 后增加数字均衡滤波器,实时进行补偿(需要校正回路)。基带信号产生原理如图 5 – 22 所示。

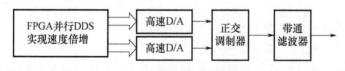

图 5 – 22 基带信号产生原理

下面举例介绍一种 X 波段 2.4GHz 大带宽信号产生方法,数字波形采用 FGPA 控制实现多路并行 DDS 结构,结合跨奈奎斯特区域高速 D/A 在中频直接产生 1.2GHz 带宽信号,再通过宽带倍频器产生 2.4GHz 带宽波形,经过频带搬移滤波放大,产生 X 波段 2.4GHz 线性调频信号。实现框图如图 5 – 23所示。

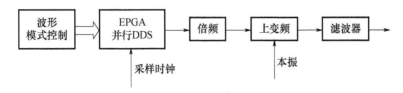

图 5-23 宽带波形直接产生实现框图

并行 DDS 先直接产生 1.2GHz 带宽信号,再将 1.2GHz 倍频产生 2.4GHz,倍频器会带来相位非线性和带内幅度起伏,幅相误差存在一次、二次和高次误差,忽略高次误差影响,下面分析倍频误差影响。

设输入信号的表达式为

$$V_i(t) = \cos[2\pi f_0 t + \pi K t^2 + \theta(t)] \qquad (5-25)$$

式中:f_0 为载频频率;K 为线性调频率;t 为时间变量;$\theta(t)$ 为寄生调相,即相位噪声。

若不考虑寄生调幅的影响,倍频链路中,输入中频 LFM 信号的相位受到干扰或噪声调制时,经 M 次倍频后输出信号为

$$V_0(t) = \cos[2\pi M f_0 t + \pi M K t^2 + M\theta(t)] \qquad (5-26)$$

即相位噪声 $\theta(t)$ 也同时被乘以 M 倍。图 5-24 给出了加入 5°(约为 0.0873rad)的零均值白噪声性质的相位误差时,中频 LFM 信号二倍频前后频谱的仿真结果,其中 LFM 信号的仿真参数取为:带宽 $B=1200\text{MHz}$,时宽 $T=20\mu s$,载频 $f_0=3000\text{MHz}$。对比图 5-24(a)和(b)可以发现,倍频作用使相位噪声产生的带外噪声基底被抬高,由约 -55dB 升高至约 -48dB;同时,有效信号带内,由相位噪声引起的幅度起伏也因倍频而加大,倍频作用一方面会导致相位噪声的扩大,即在 M 次倍频后相位误差从 $\theta(t)$ 倍增至 $M\theta(t)$,另一方面会引起产生信号信噪比的损失,或者说降低了有用输出信号的功率,经 M 次倍频后信噪比将恶化 $20\lg M\text{dB}$。二倍频由相位噪声引起的信噪比恶化值为 6.02dB。这势必会影响产生信号的脉压性能,因此应对信号进行幅相补偿。补偿前后脉压结果对比如图 5-25 所示。

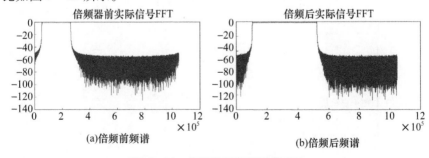

图 5-24 倍频前后信号质量对比

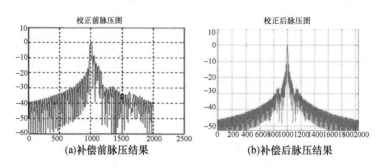

(a)补偿前脉压结果　　　　　　　(b)补偿后脉压结果

图 5 – 25　补偿前后脉压图对比

5.4.4　多路拼接波形信号产生

宽带和超宽带信号产生由于受制于 D/A 器件的发展水平,当带宽更宽时,完全依赖于器件水平实现信号产生是比较困难的。一种基于常规 D/A 或 DDS 器件,通过多路拼接的方法,实现宽带波形信号产生的方法(类似于多路 A/D 拼接产生高采样率高带宽信号采集 ADC),基本思路是多路 D/A 或 DDS 分别产生时间、频率首尾相连的多路信号,并经过混频后,在模拟域进行合成获得宽带信号[10]。该合成包括带宽和时宽的合成。根据在基带域和中频域信号产生的方法,对应实现的框图如图 5 – 26 和图 5 – 27 所示。

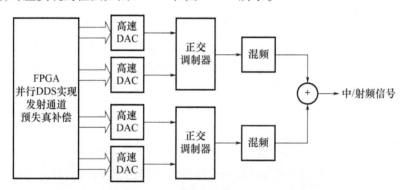

图 5 – 26　两通道基带波形拼接框图

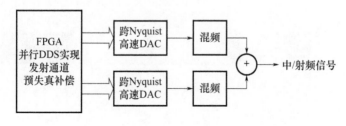

图 5 – 27　两通道中频波形拼接框图

5.4.5 子带并发宽带波形

子带并发宽带波形的基本思路是把宽带信号分割为几个窄带信号,并在时间控制电路作用下,依次产生各个窄带信号,在接收时,通过频率拼接实现超宽带等效处理。因此,波形的产生也就对应着多个窄带信号的时间拼接,其示意图如图 5-28 所示。

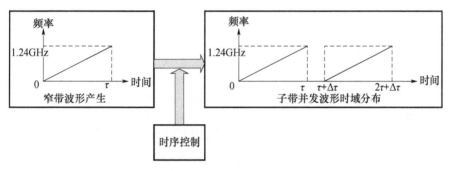

图 5-28　子带并发宽带波形产生

例如,对于一个 2.4GHz 宽带波形,采用 2 个子带进行拼接,每个子带信号带宽 1.22GHz,在频带搬移时选择两个不同的本振信号,使输出的频带展宽为 2.4GHz。实现框图如图 5-29 所示。

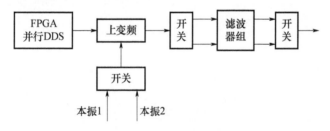

图 5-29　子带并发宽带波形产生

子带并发宽带波形产生降低了数字波形、接收通道和数字采集的设计难度,其代价是增加了硬件设备量、时序以及数字处理的复杂度。

带宽的降低使数字波形的设计难度降低,减少了倍频次数,甚至直接省去倍频环节。如果不考虑后续处理,子带并发产生的波形信号在质量上要优于宽带波形直接产生。

参考文献

[1] BAHL I, BHARTIA P. Microwave Solid State Circuit Design [M]. Hoboken New Jersey: John Wiley & Sons Inc, 1988.

[2] 黎向阳,刘光平. 超宽带正交解调接收机性能分析[J]. 系统工程与电子技术,2000,22(5):58-60.
[3] 谢跃雷,晋良念,欧阳缮,等. 一种基于FPGA的超宽带雷达数字接收机[J]. 现代雷达,2014,36(1):62-65.
[4] Wepman J A,Hoffman J R. RF and IF Digitization in Radio Receivers:Theory,Concepts,and Examples[M]. [S. l.]:US Dapartment of Commerce,National Telecommunications and Information Administration,1996.
[5] 方立军,吉宗海,马骏,等. 一种基于步进调频高分辨SAR接收与信号产生[J]. 雷达科学与技术,2010,8(4):335-338.
[6] 李佩,陈兴国,朱华顺. 一种雷达微波接收机电路的集成化设计与实现[J]. 微电子学,2005,35(4):441-444.
[7] 陈兴国,李佩,刘同怀,等. 单片低噪声放大器的设计及其在数字T/R组件中的应用[J]. 微电子学,2005,6:326-328..
[8] 方立军,马骏,苏泉. 取样锁相频率合成器的研究[J]. 现代雷达,2004,26(8):49.
[9] POSTEMA G B. Generation and performance analysis of wideband radar waveforms[C]. [S. l.]:Radar-87;Proceedings of the International Conference. 1987:310-314.
[10] 李浩,向仁强,杨丹峰,等. 直接数字合成技术在雷达接收机中的应用[J]. 雷达科学与技术,2011,9(6):579-584.

第6章 信号处理系统

SAR 图像的距离向高分辨率是通过发射大带宽瞬时信号获得的,方位向高分辨率是由运动平台在多个位置对目标发射信号并接收信号回波,通过信号处理合成一个大的孔径而获得。SAR 在方位向的信号近似为一线性调频信号,该线性调频信号的多普勒参数通常可由装载平台运动测量系统及回波数据进行估计,且要解决由距离徙动引起的距离多普勒耦合。合理选择多普勒参数估计方法、成像算法、运动补偿方法,是得到高质量的 SAR 图像的基础。

6.1 SAR 信号处理方式

对于线性调频信号,数字处理的实质是脉冲压缩的过程,根据实现方式的不同,脉冲压缩可分为三种:时域相关法;频域匹配滤波法;频率分析法。

6.1.1 时域相关法

设发射信号 $s(t)$,有如下形式

$$s(t) = \mathrm{rect}\left(\frac{t}{T}\right)\exp\{j\pi\gamma t^2\} \tag{6-1}$$

式中:t 为时间变量;T 为信号持续时间;γ 为线性调频率。则时延 t_0 后接收到的目标信号可表示为

$$s_r(t) = \mathrm{rect}\left(\frac{t-t_0}{T}\right)\exp\{j\pi\gamma(t-t_0)^2\} \tag{6-2}$$

$t_0 = 0$ 时的时域匹配滤波器为

$$\begin{aligned} h(t) &= \mathrm{rect}\left(\frac{t}{T}\right)\exp\{-j\pi\gamma(-t)^2\} \\ &= \mathrm{rect}\left(\frac{t}{T}\right)\exp\{-j\pi\gamma t^2\} \end{aligned} \tag{6-3}$$

匹配滤波器的输出为

$$\begin{aligned} s_{\mathrm{out}}(t) &= s_r(t) \otimes h(t) = \int_{-\infty}^{+\infty} s_r(u)h(t-u)\mathrm{d}u \\ &= T\mathrm{sinc}\{\gamma T(t-t_0)\} \end{aligned} \tag{6-4}$$

6.1.2 频域匹配滤波法

脉冲压缩也可通过直接在频域上设计高精度的匹配滤波来实现。利用驻留相位原理求 $s_r(t)$ 的频谱,近似为

$$S_r(f) = \text{rect}\left(\frac{f}{|\gamma|T}\right)\exp\left\{j\pi\frac{f^2}{\gamma}\right\}\exp\{-j2\pi f t_0\} \qquad (6-5)$$

式中:| |表示取绝对值;γ 为线性调频率;t 为时间变量;t_0 为时延;f 为工作频率。

频域匹配滤波器为

$$H(f) = \text{rect}\left(\frac{f}{|\gamma|T}\right)\exp\left\{-j\pi\frac{f^2}{\gamma}\right\} \qquad (6-6)$$

匹配滤波后的信号频谱为

$$S_{\text{out}}(f) = S_r(f)H(f) = \text{rect}\left(\frac{f}{|\gamma|T}\right)\exp\{-j2\pi f t_0\} \qquad (6-7)$$

对 $S_{\text{out}}(f)$ 进行傅里叶逆(IFFT)变换,得到压缩后的信号为

$$S_{\text{out}}(t) = |\gamma|T\text{sinc}\{\gamma T(t-t_0)\} \qquad (6-8)$$

除了系数 $|\gamma|$ 外,该结果与时域脉冲压缩结果相同。

6.1.3 频率分析法

频率分析法是将回波线性调频信号与具有相同斜率的线性调频参考信号共轭相乘,获得等频信号;然后将该等频信号进行快速傅里叶变换(FFT),实现对线性调频信号的脉冲压缩,该等频信号的频率对应目标的不同位置。

6.2 工作模式及其信号性质

SAR 成像模式可以根据天线扫描方式的不同来划分。一般分为方位向天线扫描模式、距离向天线扫描模式以及方位向和距离向天线二维扫描的模式。仅进行方位向天线扫描时,根据方位向天线波束聚焦点的不同,又可分为条带模式、聚束模式、滑动聚束模式等;仅进行距离向天线扫描的模式,常见的有 ScanSAR 模式;天线二维扫描模式常见的有循序扫描地形观测(Terrain Observation by Progressive Scans,TOPS)模式。下面从信号处理角度,简单介绍各工作模式的特点。

6.2.1 方位向天线扫描模式

条带 SAR 在数据获取过程中,在所有方位位置上,方位波束中心线都是平

行的,即方位向波束中心指向聚焦于无穷远点;聚束 SAR 在数据获取过程中,方位向波束中心始终指向成像场景的中心点;而滑动聚束 SAR 介于这两者之间,数据获取过程中,方位向波束中心聚焦在远于成像场景中心的某个位置。这三种 SAR 模式的数据获取关系见图 6-1,其中,W_a 为方位向成像范围,L_s 为天线方位向波束所覆盖的宽度,L_a 为合成孔径长度。图 6-2 显示了相同距离处、不同方位位置上的多个点目标的条带、聚束和滑动聚束 SAR 多普勒历程的比较。图 6-2 中,B_a 对应瞬时多普勒带宽,B_d 对应多普勒中心频率变化的范围,B 为点目标多普勒带宽,T_a 为合成孔径时间。通常,条带 SAR 多普勒带宽 B_{strip}、聚束 SAR 多普勒带宽 B_{spot}、滑动聚束 SAR 多普勒带宽 B_{slide} 之间有 $B_{strip} < B_{slide} < B_{spot}$ 的关系。

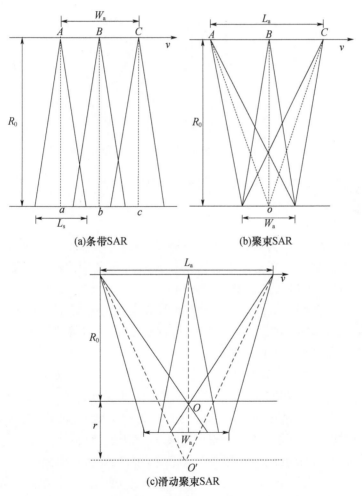

图 6-1 条带、聚束、滑动聚束 SAR 数据采集示意图

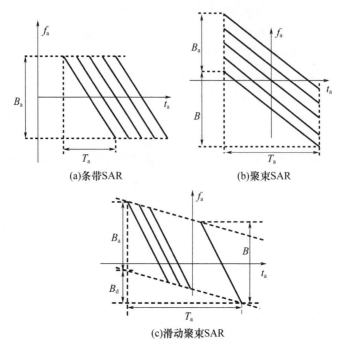

图6-2 条带、聚束、滑动聚束SAR多普勒历程示意图

在滑动聚束SAR中,定义滑动聚束因子为

$$A = \frac{r}{r + R_0} = \frac{v_g}{v} \tag{6-9}$$

式中:v为平台速度;v_g为天线波束在地面上的移动速度;r、R_0和$r + R_0$分别为场景与聚焦点之间、SAR与场景之间以及SAR与聚焦点之间的最短距离。滑动聚束因子决定了滑动聚束模式的特性:

(1) $A = 0$,聚束模式。此时,$r = 0$,天线波束指向地面成像场景中心,天线波束在地面上的移动速度为0。方位信号带宽最大,可以得到最优方位分辨率,但是,方位成像宽度受到严格限制。

(2) $0 < A < 1$,滑动聚束模式。天线波束中心指向的聚焦点远于成像场景中心的位置,天线波束在地面上的移动速度v_g小于平台速度v,天线波束在地面上的移动速度方向与平台速度方向一致。方位向成像宽度大于纯聚束模式而小于条带模式。方位分辨率低于聚束模式,而优于条带模式。

(3) $A = 1$,条带模式。在数据获取过程中波束中心指向聚焦于无穷远点,天线波束在地面上的移动速度等于平台速度,方位分辨率为天线方位长度的1/2。

因此,滑动聚束因子A将条带、聚束和滑动聚束这三种模式统一起来了。

6.2.2 距离向天线扫描模式

ScanSAR 模式是以牺牲方位分辨率为代价,通过天线在距离向的扫描获取更大的测绘带宽。图 6-3 是三波束 ScanSAR 模式工作示意图。

由于同一子条带内不同方位的目标受到方位向天线方位图的不同部分的照射,导致 ScanSAR 在方位向存在明显的扇贝效应。并且,它的信噪比和模糊度在方位向上的严重不一致性限制了它的应用。

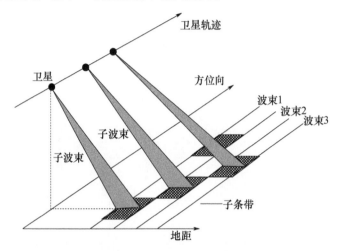

图 6-3 ScanSAR 模式工作示意图

6.2.3 二维天线扫描模式

TOPS 模式是在传统 ScanSAR 模式的基础上,方位波束从后往前主动扫描,即距离向波束在不同子条带间切换,同时进行方位向天线扫描,如图 6-4(a) 所示。图 6-4(b) 示意了 TOPS 方位向天线扫描的工作模式,在 AC 这段距离内,方位向天线波束的扫描中心始终指向点 O',通过波束在地面方位向的扫描来获得大的测绘带。如果仍然使用前述的滑动聚束因子来定义 TOPS,此时有

$$A = \frac{r + R_0}{r} = \frac{v_g}{v} \qquad (6-10)$$

式中:$r + R_0$ 为场景与聚焦点之间的最短距离;r 为 SAR 与聚焦点之间的最短距离;v_g 仍然表示天线波束在地面上的移动速度。此时,A 的值将大于 1。

TOPS 模式中,每个目标都被相同的天线方向图完全照射,从而解决了 ScanSAR 图像中存在的扇贝效应,以及系统的方位模糊度和输出信噪比在方位向严重不一致的问题。但方位波束主动扫描的工作方式压缩了目标的合成孔

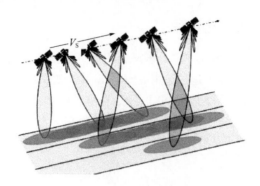

(a)TOPS天线二维扫描示意图

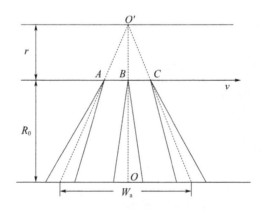

(b)TOPS方位向天线扫描工作示意图

图6-4　TOPS数据获取的几何关系

径时间,所以,星载TOPS模式也是通过牺牲方位分辨来换取雷达的宽幅测绘能力的。TOPS模式要求天线具有距离和方位两维快速扫描能力,一般采用两维有源相控阵体制。

ScanSAR和TOPS的距离向波束扫描将形成一个个单独的子条带,这些子条带拼接起来构成距离向大的测绘带宽。相对来说,距离向扫描模式的处理较为简单,而方位向由于天线波束中心聚焦点位置的不同导致成像模式有很大的差异。不过,利用式(6-11)所示的滑动聚束因子,可以将这些不同的工作模式统一起来:

$$A = \frac{v_g}{v} \quad (6-11)$$

$A=0$,聚束模式;$0<A<1$,滑动聚束模式;$A=1$,条带模式;$A>1$,TOPS的方位扫描模式。上述几种工作模式,根据A的值从小到大,分辨率依次降低,聚束SAR分辨率最高,TOPS的分辨率最低。

6.3 SAR 成像

6.3.1 SAR 回波

雷达发射脉冲信号,然后接收目标反射的回波信号,假设雷达的工作满足"停—走—停"模式,即在发射脉冲和接收回波时,雷达天线和目标是相对静止的。在 SAR 系统中,由于天线平台的运动速度相对于微波的传输速度要慢很多,这种假设是成立的。同时假设雷达波穿过的介质是同质的、各向同性的和非色散的,也就是说在空间域波速是个常量。SAR 通常发射的是一个线性调频信号,假设信号的复数形式为

$$p(\hat{t}) = w_r\left(\frac{\hat{t}}{T_P}\right)\exp(j2\pi f_c\hat{t} + j\pi\gamma\hat{t}^2) \qquad (6-12)$$

式中:$w_r(\cdot)$ 表示发射脉冲的包络;$\hat{t}$ 为时间变量;f_c 为载波的中心频率;γ 为发射信号的线性调频率;T_P 为线性调频信号的脉冲宽度。那么,根据上述假设,滑动聚束 SAR 的回波信号可以表示为

$$ss_r(\hat{t},t_a) = \sigma \cdot w_r\left(\frac{\hat{t}-\tau_0}{T_P}\right)w_a\left(\frac{X-Avt_a}{L_s}\right)\exp[j2\pi f_c(\hat{t}-\tau_0) + j\pi\gamma(\hat{t}-\tau_0)^2]$$

$$(6-13)$$

式中:σ 为地面后向散射的幅度;$w_a(\cdot)$ 为方位向天线方向图增益,$\hat{t}$、t_a 分别为距离向和方位向时间;τ_0 为目标回波的延迟时间,$\tau_0 = 2\sqrt{(X-vt_a)^2 + R_0^2}/C$,$R_0$ 为目标的最近斜距,X 为目标的方位位置,C 为光速;A 为上文定义的滑动聚束因子;L_s 为方位向天线波束所覆盖的宽度。其实,对于不同的方位向天线扫描模式,回波信号的形式都与式(6-13)相同,唯一不同的是方位向天线方向图的形式,即滑动聚束因子 A 的不同。所以,对于所有的方位向天线扫描模式,其回波形式是统一的。

同一子条带中 ScanSAR 的回波与条带 SAR 相同,不同的是在部分孔径或"驻留数据块"(burst)时间内有数据。

上述回波信号在实际处理时,要经过正交解调,将信号变换到基带

$$ss(\hat{t},t_a) = \sigma \cdot w_r\left(\frac{\hat{t}-\tau_0}{T_P}\right)w_a\left(\frac{X-Avt_a}{L_s}\right)\exp[-j2\pi f_c\tau_0 + j\pi\gamma(\hat{t}-\tau_0)^2]$$

$$(6-14)$$

6.3.2 成像算法

SAR 成像算法基本可分为时域成像算法和频域成像算法两大类。

常用的时域成像算法有后向投影(Back Projection,BP)算法[1]及其快速成

像方法[2]，如快速因式分解 BP（Fast Factorized Back Projection，FFBP）方法[3]。BP 算法起源于计算机断层扫描技术，是一种精确的时域成像方法。该方法的成像原理比较简单，它假设发射波是冲激球面波，通过回波在时域的相干叠加来实现高分辨率成像。BP 算法的优点是可以一边接收数据，一边进行成像处理，这与其他的成像算法有重要的区别，在侦察、监视等领域很有用处。而且，与基于频率域的算法相比，BP 算法具有容易进行运动补偿的特点，适用于平台任意运动的 SAR 成像。但由于 BP 算法是逐点计算，对大场景进行高分辨率成像时计算量巨大，其效率远远低于频率域算法。

FFBP 算法是针对 BP 算法计算量冗余而提出的快速算法。其根本原理是基于方位向分辨率正比于子孔径长度，对于初始阶段划分的子孔径来说，其方位向带宽很小，根据奈奎斯特采样定律，相应的方位采样率可以很低，因此，较少的方位采样点数就能得到粗方位分辨率图像，即没有必要将每个孔径位置（一个孔径位置对应一个方位采样点）对应的数据后向投影到成像网格的每个像素点。以这个思想为设计基础，FFBP 算法建立了类似蝶形运算的算法结构，大大降低了算法的运算量。同时，FFBP 算法仍然保留了传统 BP 成像的优点，即分段成像和便于补偿的特点。但即使如此，对于大场景运算，FFBP 算法所耗时间仍然很长，这对于时效性要求比较高的场合，如实时处理，是不适合的。

频域成像算法是利用场景中目标的多普勒频率特性相同或相似的特点，在距离—多普勒域或二维频域进行统一压缩的方法。由于该方法一次性对所有目标进行压缩，因此其计算效率要比时域逐点计算高很多。常用的频域成像方法有距离—多普勒（Range Doppler，RD）算法、调频率变标（Chirp Scaling，CS）算法、波数域（$\omega-k$）算法，以及 ScanSAR 中常用的频谱分析（SPECAN）算法。这些频域成像方法主要是针对条带 SAR 发展起来的。对于不同的工作模式，曾经提出了一些特殊的成像算法，如对于聚束 SAR，最早使用极坐标格式算法（Polar Format Algorithm，PFA）进行成像处理[4]。

所有的频域算法都需要将回波信号变换到方位频域（SPECAN 方法除外），因此，算法的前提是信号在方位频域不混叠。而对于聚束 SAR、滑动聚束 SAR 以及 TOPS，由于波束的转动，导致方位信号频谱展宽[5,6]。如果采用较小的脉冲重复频率（Pulse Repeat Frequency，PRF），那么整个方位信号的频谱会超出（-PRF/2，PRF/2）的范围，也就是说全孔径方位信号在频域上是混叠的。如果设计较大的 PRF，则系统的数据量增加，加重系统负担。实际系统工作中，采用的 PRF 一般仅大于方位瞬时带宽，比方位全多普勒带宽小很多，因此需要通过信号处理的方法实现场景的无模糊成像。对于正侧视和小斜视成像，利用 SPECAN 技术的思想，通过时域卷积的方法，可以有效去除方位向频谱的混叠。

6.3.3 条带模式成像算法

由于条带 SAR 工作是 SAR 的基本工作模式,这里将详细介绍几种主要的条带 SAR 成像算法。

1. RD 算法

RD 算法使用距离徙动校正(Range Cell Migration Correction, RCMC)来分离距离维和方位维,使得脉冲压缩可以在这两个方向上分别进行处理,从而达到高效的模块化处理要求,同时又具有一维操作的简便性。

SAR 回波信号可以表示为

$$ss(\hat{t},t_a) = \sigma \cdot w_r\left(\hat{t} - \frac{2R(t_a;R_0)}{C}\right) w_a(t_a)$$

$$\cdot \exp\left\{-j\frac{4\pi}{\lambda}R(t_a;R_0) + j\pi\gamma\left(\hat{t} - \frac{2R(t_a;R_0)}{C}\right)^2\right\} \quad (6-15)$$

式中:σ 为地面后向散射的幅度;$w_r(\cdot)$、$w_a(\cdot)$ 分别为距离向、方位向天线方向图增益;γ 为发射信号的调频率;C 为光速;$\hat{t}$、t_a 分别为距离向、方位向时间;λ 为雷达工作波长;R_0 为目标的最近斜距,$R(t_a;R_0) = \sqrt{R_0^2 + v^2 t_a^2}$。距离向傅里叶变换后的信号为

$$Ss(f_r,t_a) = \sigma \cdot W_r(f_r) w_a(t_a)$$

$$\cdot \exp\left\{-j\frac{4\pi R(t_a;R_0)}{\lambda} - j\frac{4\pi f_r R(t_a;R_0)}{C}\right\} \exp\left\{-j\frac{\pi f_r^2}{\gamma}\right\} \quad (6-16)$$

式中:$W_r(\cdot)$ 为 $w_r(\cdot)$ 的傅里叶变换。距离向的匹配滤波器为

$$H_r(f_r) = \exp\left\{j\frac{\pi f_r^2}{\gamma}\right\} \quad (6-17)$$

$$s_c s(\hat{t},t_a) = \sigma \cdot w_a(t_a) A_r\left[\hat{t} - \frac{2R(t_a;R_0)}{C}\right] \cdot \exp\left\{-j\frac{4\pi f_c R(t_a;R_0)}{C}\right\} \quad (6-18)$$

式中:$A_r(\cdot)$ 为距离压缩后的包络。

在小斜视角和短合成孔径的条件下,距离等式可以近似为抛物线

$$R(t_a;R_0) = \sqrt{R_0^2 + v^2 t_a^2} \approx R_0 + \frac{v^2 t_a^2}{2R_0} \quad (6-19)$$

将式(6-19)代入式(6-18)得

$$s_c s(\hat{t},t_a) = \sigma \cdot w_a(t_a) A_r\left[\hat{t} - \frac{2R(t_a;R_0)}{C}\right] \cdot \exp\left\{-j\frac{4\pi R_0}{\lambda}\right\} \exp\left\{-j\pi\frac{2v^2}{\lambda R_0}t_a^2\right\} \quad (6-20)$$

对式(6-20)进行方位快速傅里叶变换后

$$s_c S_1(\hat{t}, f_a) = \sigma \cdot W_a(f_a) A_r \left[\hat{t} - \frac{2R(f_a;R_0)}{C} \right] \cdot \exp\left\{ -j\frac{4\pi R_0}{\lambda} \right\} \exp\left\{ -j\pi \frac{f_a^2}{K_a} \right\}$$
(6-21)

式中：$W_a(\cdot)$ 为 $w_a(\cdot)$ 的频域形式；$K_a = -\frac{2v^2}{\lambda R_0}$。而在距离—多普勒域中距离徙动（Range Cell Migration，RCM）轨迹为

$$R(f_a;R_0) \approx R_0 + \frac{\lambda^2 R_0 f_a^2}{8v^2}$$
(6-22)

需要校正的 RCM 为

$$\Delta R(f_a;R_0) = \frac{\lambda^2 R_0 f_a^2}{8v^2}$$
(6-23)

可以在距离—多普勒域中通过插值的方法校正该 RCM。假设距离徙动校正插值是精确的，信号变为

$$s_c S_2(\hat{t}, f_a) = \sigma \cdot W_a(f_a) A_r \left(\hat{t} - \frac{2R_0}{C} \right) \cdot \exp\left\{ -j\frac{4\pi R_0}{\lambda} \right\} \exp\left\{ -j\pi \frac{f_a^2}{K_a} \right\}$$
(6-24)

方位向的匹配滤波器为

$$H_a(f_a) = \exp\left\{ j\pi \frac{f_a^2}{K_a} \right\}$$
(6-25)

方位压缩后的结果为

$$s_c s_c(\hat{t}, t_a) = \sigma \cdot A_r\left(\hat{t} - \frac{2R_0}{C} \right) A_a(t_a) \exp\left\{ -j\frac{4\pi R_0}{\lambda} \right\}$$
(6-26)

式中：$A_a(\cdot)$ 为方位压缩后的方位向包络。基本的 RD 算法的流程见图 6-5。

随着斜视角的增大，距离等式应采用精确的双曲线模型，此时时频间的对应关系是非线性的，这给 SAR 信号处理带来两点影响。首先，用于 RCMC 和方位匹配滤波的距离应当根据新的距离方程进行略微调整；其次，会引入较强的距离和方位耦合，需要通过二次距离压缩（Secondary Range Compression，SRC）来校正耦合造成的散焦。

2. CS 算法

CS 算法利用线性调频信号 Scaling 原理，通过对线性调频信号进行频率调制，实现对该信号的尺度变换或平移[7]。基于这种

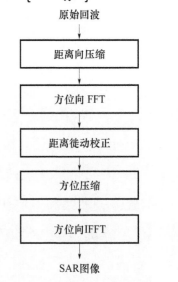

图 6-5 基本的 RD 算法流程图

第6章 信号处理系统

原理,可以通过相位相乘替代时域插值来完成随距离变化的RCMC,从而避免了插值操作。CS算法中RCMC分为两个步骤:首先通过Chirp-Scaling操作,校正不同距离门上的RCM差量,使所有距离上的信号具有一致的RCM,如图6-6所示;然后,在二维频率域,通过相位相乘方便地校正该一致RCM。具体的算法推导如下。

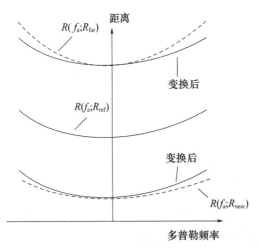

图6-6 利用Chirp-Scaling方法将不同距离处的RCM曲线变换成一致

对式(6-15)所示的回波信号作方位向傅里叶变换,将信号转换到距离—多普勒域,则回波信号变换为

$$sS_1(\hat{t},f_a) = K_1\sigma \cdot W_a\left(-\frac{R_0\lambda f_a}{2v^2}\right) \cdot w_r\left[\hat{t} - \frac{2}{C}R_{f_a}(f_a;R_0)\right]$$
$$\cdot \exp\left\{-j\pi\gamma_s(f_a;R_0) \cdot \left[\hat{t} - \frac{2}{C}R_{f_a}(f_a;R_0)\right]^2\right\} \quad (6-27)$$
$$\cdot \exp\left\{-j\frac{4\pi R_0}{\lambda}\sqrt{1-\left(\frac{\lambda f_a}{2v}\right)^2}\right\}$$

式中:K_1 为复常数。

$$R_{f_a}(f_a;R_0) = \frac{R_0}{\sqrt{1-\left(\frac{\lambda f_a}{2v}\right)^2}} \quad (6-28)$$

且

$$R_{f_a}(f_a;R_0) = R_0[1+C_s(f_a)] \quad (6-29)$$

$$C_s(f_a) = \frac{1}{\sqrt{1-\left(\frac{\lambda f_a}{2v}\right)^2}} - 1 \quad (6-30)$$

新的距离向调频率为

$$\gamma_s(f_a;R_0) = \frac{\gamma}{1 + \gamma R_0 \frac{2\lambda}{C^2} \frac{\left(\frac{\lambda f_a}{2v}\right)^2}{\left[1-\left(\frac{\lambda f_a}{2v}\right)^2\right]^{3/2}}} \qquad (6-31)$$

并且有

$$\frac{1}{\gamma_s(f_a;R_0)} = \frac{1}{\gamma} + R_0 \alpha(f_a;R_0) \qquad (6-32)$$

$$\alpha(f_a;R_0) = \frac{2\lambda}{C^2} \frac{\left(\frac{\lambda f_a}{2v}\right)^2}{\left[1-\left(\frac{\lambda f_a}{2v}\right)^2\right]^{3/2}} \qquad (6-33)$$

在距离多普勒域,将信号 $sS_1(\hat{t},f_a)$ 乘以 Chirp Scaling 因子 $\Phi_1(\hat{t},f_a;R_{ref})$,

$$\Phi_1(\hat{t},f_a;R_{ref}) = \exp\{-j\pi\gamma_s(f_a;R_{ref})C_s(f_a)[\hat{t}-\hat{t}_{ref}(f_a)]^2\} \qquad (6-34)$$

$$\hat{t}_{ref}(f_a) = \frac{2}{C}R_{ref}[1+C_s(f_a)] \qquad (6-35)$$

然后将信号变换到二维频域,得到

$$\begin{aligned}SS(f_r,f_a) = &K_2\sigma \cdot W_a\left[-\frac{R_0\lambda f_a}{2v^2}\right]\\
&\cdot W_r\left[-\frac{f_r}{\gamma_s(f_a;R_{ref})(1+C_s(f_a))}\right]\\
&\cdot \exp\left\{-j\frac{4\pi}{\lambda}R_0\sqrt{1-\left(\frac{\lambda f_a}{2v}\right)^2}\right\}\\
&\cdot \exp\left\{j\frac{\pi f_r^2}{\gamma_s(f_a;R_{ref})[1+C_s(f_a)]}\right\}\\
&\cdot \exp\left\{-j\frac{4\pi}{C}f_r[R_0+R_{ref}C_s(f_a)]\right\}\\
&\cdot \exp\{-j\Theta(f_a)\}\end{aligned} \qquad (6-36)$$

式中: K_2 为复常数。

$$\Theta(f_a) = \frac{4\pi}{C^2}\gamma_s(f_a;R_{ref})[1+C_s(f_a)]C_s(f_a)(R_0-R_{ref})^2 \qquad (6-37)$$

式(6-36)中,第一个相位项为方位调频函数,与距离频率 f_r 无关。第二个相位项为 f_r 的二次函数,是距离调频信号经过傅里叶变换的结果。第三个相位项为 f_r 的线性函数,包含了每一个点目标的准确距离和距离徙动。可以看出,经过 Chirp Scaling 相位相乘,所有距离的距离徙动曲线近似相等。第四个相位项为 Chirp Scaling 相位相乘中所未能补偿的残留相位。

信号 $SS(f_r,f_a)$ 在二维频域乘以距离补偿因子 $\Phi_2(f_r,f_a;R_{ref})$ 完成距离徙动

校正和距离聚焦处理,得到

$$\Phi_2(f_r,f_a;R_{ref}) = \exp\left\{-j\frac{\pi f_r^2}{\gamma_s(f_a;R_{ref})[1+C_s(f_a)]}\right\} \cdot \exp\left\{j\frac{4\pi}{C}f_r R_{ref} C_s(f_a)\right\} \quad (6-38)$$

式中:第一项完成 SRC 和距离向聚焦,第二项完成距离徙动校正。在距离补偿后,对信号作距离向逆傅里叶变换,得到距离多普勒域信号 $s_c S(\hat{t},f_a)$,即

$$s_c S(\hat{t},f_a) = K_3 \sigma \cdot W_a\left(-\frac{R_0 \lambda f_a}{2v^2}\right) \cdot A_r\left(\hat{t}-\frac{2R_0}{C}\right) \cdot \exp\left\{-j\frac{4\pi}{\lambda}R_0\sqrt{1-\left(\frac{\lambda f_a}{2v}\right)^2} - j\Theta(f_a)\right\} \quad (6-39)$$

式中:K_3 为复常数;$A_r(\cdot)$ 为距离压缩后的包络。在距离多普勒域乘以方位补偿因子 $\Phi_3(\hat{t},f_a)$,得到

$$\Phi_3(\hat{t},f_a) = \exp\left\{-j\frac{4\pi R_0}{\lambda}\left[1-\sqrt{1-\left(\frac{\lambda f_a}{2v}\right)^2}\right]\right\}\exp\{j\Theta(f_a)\} \quad (6-40)$$

方位向傅里叶逆变换后,忽略复常数,得到 SAR 图像为

$$s_c s_c(\hat{t},t_a) = \sigma \cdot A_a(t_a) \cdot A_r\left(\hat{t}-\frac{2R_0}{C}\right)\exp\left\{-j\frac{4\pi R_0}{\lambda}\right\} \quad (6-41)$$

式中:$A_a(\cdot)$ 为方位压缩后的方位向包络。这样就完成了整个成像处理。

CS 算法的基本流程如图 6-7 所示。从上述推导过程可以看到,CS 算法只通过复乘和快速傅里叶变换就实现了 RCMC,同时,由于是在二维频域进行处理,还能解决 SRC 对方位频率的依赖问题。但它仍忽略了 SRC 与距离的依赖关系,不适用于宽波束或大斜视角情况下的成像处理。

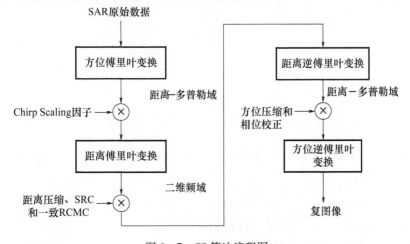

图 6-7 CS 算法流程图

3. 波数域($\omega-k$)算法

式(6-15)的回波信号经过二维傅里叶变换后,表达式为

$$SS(f_r,f_a) = \sigma W_r(f_r) W_a(f_a) \exp\left[-j\frac{4\pi R_0}{C}\sqrt{(f_c+f_r)^2 - \frac{C^2 f_a^2}{4v^2}}\right] \cdot \exp\left(-j\frac{\pi f_r^2}{\gamma}\right)$$

(6-42)

由于要在二维频域进行参考函数相乘,式(6-42)中的大部分变量都定义在一维频域中,而距离 R_0 则定义在距离时域中,因此,无法在距离频域处理其沿距离向的变化。利用观测带中心或参考距离 R_{ref} 处的相位 $\Phi_{ref}(f_r,f_a)$ 进行二维相位补偿

$$\Phi_{ref}(f_r,f_a) = \exp\left[j\frac{4\pi R_{ref}}{C}\sqrt{(f_c+f_r)^2 - \frac{C^2 f_a^2}{4v^2}}\right]\exp\left(j\frac{\pi f_r^2}{\gamma}\right) \quad (6-43)$$

则补偿后的信号表达式为

$$SS_1(f_r,f_a) = \sigma W_r(f_r) W_a(f_a) \exp\left[-j\frac{4\pi(R_0-R_{ref})}{C}\sqrt{(f_c+f_r)^2 - \frac{C^2 f_a^2}{4v^2}}\right]$$

(6-44)

此时,参考距离处的目标得到了完全的聚焦,而其他距离处只是部分聚焦了。利用距离频率 f_c+f_r' 替换式(6-44)中的根式,即

$$\sqrt{(f_c+f_r)^2 - \frac{C^2 f_a^2}{4v^2}} = f_c + f_r' \quad (6-45)$$

即所谓的斯托尔特(Stolt)变换以完成补余压缩。变换后的表达式为

$$SS_2(f_r',f_a) = \sigma W_r(f_r') W_a(f_a) \exp\left[-j\frac{4\pi(R_0-R_{ref})}{C}(f_c+f_r')\right] \quad (6-46)$$

那么,对式(6-46)进行两维逆傅里叶变换后,得到目标的复图像表达式

$$s_c s_c(\hat{t},t_a) = \sigma \cdot A_r\left(\hat{t} - \frac{2(R_0-R_{ref})}{C}\right) A_a(t_a) \exp\left\{-j\frac{4\pi(R_0-R_{ref})}{\lambda}\right\}$$

(6-47)

式中:$A_r(\cdot)$、$A_a(\cdot)$ 分别为压缩后的距离向和方位向包络。式(6-47)中目标最后成像在距离向 R_0-R_{ref} 位置,可以通过在式(6-42)所示的二维频谱中乘以相位 $\exp\left[-j\frac{4\pi R_{ref}}{C}(f_c+f_r)\right]$ 将目标平移到 R_0 位置。$\omega-k$ 算法的流程框图如图6-8所示。

从 $\omega-k$ 算法的实现过程,可以看到:$\omega-k$ 算法在二维频域通过 Stolt 插值来校正距离方位耦合与距离时间和方位频率的依赖关系[8];而且,$\omega-k$ 算法使用精确的距离模型推导信号的频域形式,不引入近似,具有对宽波束和大斜视

角数据成像的能力;但该算法假设等效雷达速度不随距离变化,这种假定限制了其对星载宽观测带 SAR 数据的处理能力。而且,Stolt 插值非常耗时,不能满足快速实时处理的要求。

4. SPECAN 算法

SPECAN 算法的核心在于其进行方位压缩的方式[9],它通过"解斜"后的快速傅里叶变换操作来完成。令方位向解调后的接收信号为 $s(t_a)$,则匹配滤波器为

$$h(t_a) = \text{rect}\left(\frac{t_a}{T}\right)\exp\{j\pi f_{dr}t_a^2\} \quad (6-48)$$

式中:T 为滤波器持续时间;f_{dr} 为方位向信号的调频率。那么压缩后的信号是 $s(t_a)$ 与 $h(t_a)$ 的卷积

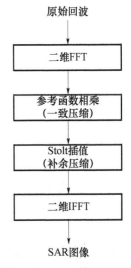

图 6-8 $\omega-k$ 算法流程图

$$s_1(t_a) = s(t_a) \otimes h(t_a) = \int_{-T/2}^{T/2} s(t_a - u)h(u)\mathrm{d}u$$
$$= \int_{t_a-T/2}^{t_a+T/2} s(u)h(t_a - u)\mathrm{d}u \quad (6-49)$$

将式(6-48)代入式(6-49)并化简,有

$$s_1(t_a) = \exp\{j\pi f_{dr}t_a^2\}\int_{t_a-T/2}^{t_a+T/2} s(u)\exp\{j\pi f_{dr}u^2\}\exp\{-j2\pi f_{dr}t_a u\}\mathrm{d}u \quad (6-50)$$

式(6-50)给出了实现卷积的另一种方式。积分号中的第一个指数代表相位相乘,即"解斜"操作,第二个指数代表傅里叶变换。解斜的示意如图 6-9 所示。解斜将每一目标转化为特定频率下的正弦波,而快速傅里叶变换操作将每一孤立点目标的正弦波压缩为 sinc 函数。之所以可以这样操作,是由于接收信号线性调频的特性。

相比 RD、CS 和 $\omega-k$ 等精确处理算法,SPECAN 算法所需的快速傅里叶变换长度短,所以处理效率较高。该算法的分辨率由快速傅里叶变换长度内的信号带宽决定,其分辨率和输出采样间隔是方位调频率的函数,即是斜距的函数。而且,由于算法需要对傅里叶变换进行拼接,拼接点处的目标频率是畸变的。另外,由于不同目标的能量来自波束的不同部分,因而图像中存在辐射变化(扇贝效应)。如果多普勒中心频率、天线方向图和信噪比已知,则扇贝效应基本可被校正。由于 SPECAN 算法是在方位时域进行的,仅线性 RCM 得到了有效的校正,RCM 的二次及高次分量无法被校正,因此,该算法只适用于较低分辨率的 SAR 成像。对于条带模式的快速处理以及 ScanSAR 的日常处理都可以使用 SPECAN 算法来实现。图 6-10 给出了 SPECAN 算法的流程图,距离压缩一般

与 RD 方法相同,其余部分则是 SPECAN 算法所独有的。

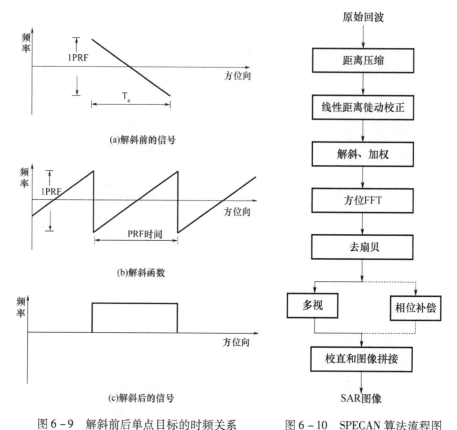

图 6-9 解斜前后单点目标的时频关系　　图 6-10 SPECAN 算法流程图

6.4　多普勒参数估计和运动补偿

6.4.1　多普勒参数估计

无论对于哪种成像算法,多普勒参数估计的精度将直接影响成像的质量。对于高精度 SAR 成像处理,根据惯性导航系统参数和天线指向来确定多普勒参数,往往达不到精度要求,还需要基于原始回波数据精确估计多普勒参数。

1. 多普勒中心估计

SAR 系统具有大时间带宽积特性,多普勒频率和方位时间有确定的对应关系,回波中某个多普勒频率上的能量必然来自雷达波束中某个特定方向上的目标,每个点目标回波在方位上都是线性调频信号[10],其中心频率 f_{dc} 被天线方向图调制。SAR 图像由大量散射点组成,如果它们具有相同的散射截面,那么,回波的方位向功率谱密度就与天线方向图具有相同的形状。根据这一原理,可以对多普勒中心进行估计。目前,SAR 多普勒中心估计的算法有很多种,这些方法的估计精度一定程度上依赖于回波或图像的方位谱形状与天线方向图是否一致,因而与目标的统计特性密切相关。

1) 方位谱峰值法

在均匀场景下,回波信号的方位功率谱 $|S_a(f_a,r)|^2$ 与天线方向图的功率谱 $|W_a(f_a)|^2$ 一致,即

$$|S_a(f_a,r)|^2 = \sigma_0^2 |W_a(f_a)|^2 \qquad (6-51)$$

两者只相差一个系数 σ_0^2,σ_0 表示均匀场景的后向散射系数的均值。因此,多普勒中心频率就是方位功率谱的中心。由于天线方向图频谱的中心是其峰值处,所以方位谱的峰值位置对应于多普勒中心。但是在一般情况下,目标场景是非均匀的,其方位功率谱是天线方向图功率谱的一种加权,不能满足式(6-51)。此时,最大峰值法估计多普勒中心有较大的误差。当天线波束内目标的散射系数有较大的起伏时,方位谱发生畸变,中心位置发生偏移,估计精度下降。

2) 杂波锁定法

方位谱峰值法测量多普勒中心的随机性较大,尤其当天线方向性函数功率谱较平坦时,估计误差增加,因而,研究人员提出了杂波锁定法。

由于点目标的方位回波信号近似为线性调频信号,其功率谱是一个菲涅耳谱,而地杂波的信号幅度呈高斯分布,其功率谱是一个高斯谱。以上两种功率谱均以多普勒中心 f_{dc} 为中心对称,因而寻求方位谱的能量重心就可得到多普勒中心。如图 6-11 所示,E_1、E_2 分别为左边和右边频谱的能量,当满足 $E_1 = E_2$ 时,有 $f_{dc} = f_0$ 成立。因此,平均多条方位线功率谱可以减少非均匀源带来的非平稳性,使方位谱更加接近天线方向图功率谱,提高了估计精度。由于无法克服不均匀场景引起的方位谱畸变,而且距离徙动效应使方位谱分布在多个距离单元上,估计精度仍然不高,要提高精度,必须取很大的方位谱窗。但是,由于这种方法简单,计算量小,常用于星载 SAR 粗略成像的多普勒中心估计。

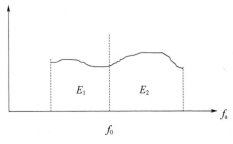

图 6-11 杂波锁定法示意图

3）能差逼近法

这种方法是杂波锁定法的一种改进算法，它克服了不均匀场景中的反射强度的随机性引起的回波方位谱畸变，同时完成了对距离徙动效应的校正，大大地提高了多普勒中心的估计精度。如图 6-12 所示，当卫星飞行一个孔径时间 T_a，即从 C 点飞到 D 点，回波数据中只有一个点 A 的多普勒历程是完整的。因而当卫星飞行了两个孔径的时间，具有完整多普勒历程只有一个孔径长。如果对回波数据进行方位压缩处理，就可以提取具有完全多普勒历程的目标点，去除多普勒历程不完整的点。

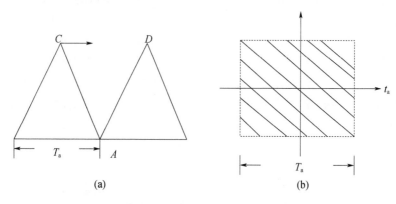

图 6-12　波束与目标的关系及其多普勒历程示意图

能差逼近法又可以分为图像方位谱能差逼近法和图像能差逼近法。前者是一种基于单视方位处理的算法，它利用初始的多普勒参数构造方位参考函数，得到具有完整多普勒历程的目标图像，再估计多普勒中心，然后利用新估计的多普勒中心重复上述计算过程，通过不断迭代提高多普勒中心估计的精度。图像能差逼近法是基于多视图像处理的一种算法，通过对多个子视图像的能差进行均衡，得到多普勒中心的估值。

2. 多普勒模糊数的估计

由于 SAR 系统发射信号所固有的脉冲特性，SAR 回波在方位向上是离散的，其采样频率是系统的 PRF，所以，回波的方位谱是周期的。如果 f_{dc} 超过了 PRF，就只能得到它在主周期中的映射值，它与实际的多普勒中心可能相差若干个 PRF，通常把这个问题称为多普勒中心的方位模糊。虽然多普勒中心方位模糊对方位压缩参考函数没有影响（这是因为方位参考函数以 PRF 为采样频率），但是这种模糊会导致距离徙动校正误差，并使图像定位精度变差。

解决多普勒模糊的一个办法是采用多脉冲重复频率的发射信号，其原理与脉冲雷达用多重复频率解距离模糊一样。显然，这种方法将大大增加系统设备的复杂性。在实际应用中,可以利用信号处理的方法来估计多普勒模糊数[11],例如距离子图相关的方法。如果存在多普勒模糊,目标轨迹很可能分布在多个距离单元内,不同的方位频率处点目标所处的距离单元也不同。因此,可以利用子视图像在距离上的偏移来计算多普勒中心模糊。假设图像按照4视处理,第1视和第4视之间由于多普勒模糊数造成的距离向偏差为

$$\Delta R_{1,4} = \Delta R(f_4) - \Delta R(f_1)$$
$$= \frac{\lambda}{2} \cdot n \cdot \text{PRF} \cdot \frac{(f_4 - f_1)}{f_{\text{dr}}} \quad (6-52)$$

式中:f_1、f_4分别为子视的多普勒中心;f_{dr}为多普勒调频率;n为多普勒模糊数。该距离偏差可以利用子视图像在距离向的互相关函数获得,于是,可求出模糊数n,从而求出多普勒中心的真实值。当然,如果由星历表数据或惯导系统数据计算的多普勒中心预设值比较准确,用前面的迭代方法求多普勒中心时并不需要解多普勒模糊,因为预设值已经包含了模糊数n的信息。一般来说,SAR系统发射信号频率越高(波长越小),多普勒中心模糊越重要。

3. 多普勒调频率估计

如果多普勒调频率有误差,会导致图像散焦,为了使图像准确聚焦,必须精确估计多普勒调频率。

1) 子图相关法

如图6-13所示,实线对应于正确的多普勒调频率f_{dr},虚线对应于有误差的多普勒调频率f'_{dr}。如果使用f'_{dr}进行方位压缩,则对应于t_1和t_4时刻的图像将出现相反方向的位移,其时间位移量为

$$\Delta t_{1,4} = (t_4 - t'_4) - (t_1 - t'_1) = (f'_{\text{dr}} - f_{\text{dr}})(t_4 - t_1)/f'_{\text{dr}} \quad (6-53)$$

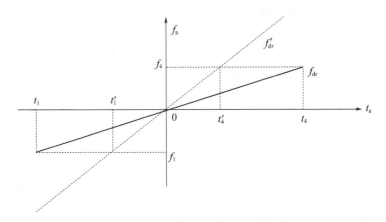

图6-13 子图相关法估计f_{dr}的示意图

若 t_1 和 t_4 分别对应第 1 视和第 4 视子图的中心时刻,合成孔径时间为 T_a,则 $t_1 = -3T_a/8, t_4 = 3T_a/8$。那么,两子图的方位位移量为

$$\Delta x_{1,4} = \Delta t_{1,4} \cdot v = \frac{3T_a \cdot v}{4} \frac{(f'_{dr} - f_{dr})}{f'_{dr}} \quad (6-54)$$

式中:v 为平台速度。利用子图相关的方法可以求出第 1 视和第 4 视子图之间的位移量 $\Delta x_{1,4}$,从而可以确定多普勒调频率的误差 $\Delta f_{dr} = f'_{dr} - f_{dr}$。那么,新的调频率为

$$\begin{cases} f_{dr}^{(i+1)} = f_{dr}^{(i)} - \Delta f_{dr}^{(i)} \\ \Delta f_{dr}^{(i)} = \frac{4}{3} \Delta x_{1,4} f_{dr}^{(i)} / (T_a \cdot v) \end{cases} \quad (6-55)$$

以上过程反复迭代,使 $f_{dr}^{(i+1)}$ 和 $f_{dr}^{(i)}$ 相当逼近,得到最终的 f_{dr}。

2) 最大对比度法

在地面目标场景准均匀的情况下,由于没有较强的目标点,这时的子图相关峰值不明显,而且有较大的随机性,多普勒调频率的估计会有较大的误差,这时可利用最大对比度法估计 f_{dr}。图像的对比度定义为

$$C = (m+v)/m \quad (6-56)$$

式中:m 为图像的均值;v 为图像的方差。当多普勒调频率正确时,图像具有最大的对比度。因此,可以通过不同的多普勒调频率所得到的同块地区的对比度来确定精确的多普勒频率变化率。

最大对比度法相对子图自相关法来说,估计精度更高[12],但最大对比度法是通过对不同的 $f_{dr}^{(i)}$ 下所得图像的 C 值进行比较,所以,f_{dr} 的初值特别重要。如果要精确估计 f_{dr},设置的 $f_{dr}^{(i)}$ 值的个数必须多。从运算量的角度看,最大对比度法是两种方法中较为复杂的。另外,在完全均匀场景下,C 值变化很小,这时,最大对比度法的估值误差大大增加。所以,这种方法不适用于均匀场景目标。

3) 基于相位的自聚焦方法

针对 SAR 成像发展了许多基于相位的自聚焦方法,其中最为常用的是相位梯度自聚焦法(Phase Gradient Autofocus,PGA)[13]。由于多数情况下,这种自聚焦方法并不直接用于估计多普勒调频率,因此,这类方法也可归到 6.4.2 节的运动估计和补偿中。

6.4.2 运动补偿

由于多种因素,平台在运动过程中总是偏离理想的运动状态,造成运动误差。运动误差有几种情况:沿航向平移运动的速度误差,使调频率发生变化,空间采样不均匀;沿视线方向的速度变化,使天线相位中心和点目标间的距离发

生变化,造成距离偏移和相位误差;三轴方向的姿态(俯仰、横滚、偏航)误差,造成照射区的变化和相位误差。

根据运动误差获取途径的不同,运动补偿可以分为基于传感器的运动补偿、基于原始回波的运动补偿以及基于图像数据的运动补偿。

1. **基于传感器的运动补偿**

基于传感器的运动补偿方法是利用全球定位系统(Global Positioning System,GPS)/惯性导航系统(Inertial Navigation System,INS)或惯性测量单元(Inertial Measurement Unit,IMU)获取载机的各种运动参数,结合一定的几何空间模型计算出天线相位中心的运动误差,并将运动误差造成的影响从雷达数据中消除。INS 或 IMU 具有数据率高、短期精度高、长期精度容易发生漂移的特点,而 GPS 则具有短期精度低、数据率低,但长期稳定性好的特点。经实践证明,GPS/INS 或 IMU 组合导航系统是运动补偿系统中较好的导航系统。该组合可以对绝对位置和速度进行精确估计,有较高的带宽和数据率,有长期的稳定性。采用卡尔曼滤波技术,将来自各个导航系统、运动传感器以及一些已知的数据信息进行融合,估计各个子系统的误差状态,再用误差状态的最优估计值去校正系统以提高整个系统的精度,从而能够更加精确地估计出平台的飞行状态,最后达到提高 SAR 成像质量的目的。

SAR 平台存在运动误差时的几何关系见图 6-14,X 轴为飞行方向。平台的实际航迹坐标可表示为 (X_s,Y_s,Z_s),理想航迹则可表示为 $(Vt_m,0,0)$,t_m 为慢时间。两种航迹的坐标差为雷达天线相位中心(APC)位置的三个误差分量。由于雷达以一定的重复周期 T_r 工作,t_m 以 T_r 的整数倍离散变化,对于理想航迹,其 APC 位置也以等间隔 VT_r 沿 X 轴均匀排列。设任意点目标 P 的坐标为 (X,Y,Z),则从雷达实际的 APC(即 S 点)到 P 点的距离为

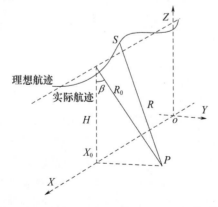

图 6-14 存在运动误差时的 SAR 几何关系图

$$R = \sqrt{(X_s - X)^2 + (Y_s - Y)^2 + (Z_s - Z)^2}$$
$$\approx R_0 + \frac{(X_s - X)^2}{2R_0} - Y_s \sin(\beta) - Z_s \cos(\beta) \quad (6-57)$$

式中:$R_0 = \sqrt{Y^2 + Z^2}$ 为没有速度扰动时雷达到目标 P 的最短斜距;β 为视角。与理想航迹时的斜距相比,运动误差引进的斜距附加因子为

$$\Delta r_R = Y_s \sin(\beta) + Z_s \cos(\beta) \quad (6-58)$$

这种偏移需要通过两种补偿完成校正:一种是距离的重采样,校正由于 Δr_R 造成的回波延迟的变化;另一种是相位 $\frac{4\pi \Delta r_R}{\lambda}$ 的校正。一般情况下,偏移量 Δr_R 不仅和平台的运动偏差有关,而且和目标在法平面的视角有关。由于 Δr_R 随视角变化,而场景的宽度一般比场景中心线到航线的距离小得多,因此可将其分为一次补偿分量 Δr_{R1},即对场景中心线的补偿分量,和剩余的二次补偿分量 Δr_{R2},即对中心距离以外的目标进行补偿的分量。

该方法主要存在两个方面的问题[14-16]:一是惯导参数的精度难以达到补偿的需求,特别是雷达视线方向的位置测量误差需要达到 $\lambda/4$ 以内,对于 Ku、X 等波段的 SAR 是无法完成精确补偿的;二是运动误差的计算模型受地形起伏的影响,雷达照射区的高程起伏影响目标的雷达入射角,在未知地形起伏的情况下,根据平台的空间几何关系计算运动误差时,精度难以保障。该方法的优点是对载机运动误差的高频部分比较敏感,适合于补偿高频相位误差。

2. 基于原始回波数据的运动补偿

基于原始回波数据运动补偿主要是通过回波调频率估计,计算运动平台的扰动加速度,再通过扰动加速度的二次积分来获取扰动误差。回波相位为 $\varphi(t_m) = -\frac{4\pi R}{\lambda}$,将其对时间求两次导数,可得该回波的瞬时多普勒调频率为

$$f_{dr} = -\frac{2}{\lambda}\frac{d^2(R)}{dt^2} = -\frac{2V^2(t_m)}{\lambda R_0} - \frac{2[X_s - X]}{\lambda R_0}a(t_m) - \frac{2}{\lambda}a_R(t_m) \quad (6-59)$$

式中:$a(t_m) = \frac{d}{dt}V(t_m)$ 为沿航线的加速度;$a_R(t_m) = a_Y(t_m)\sin(\beta) + a_Z(t_m)\cos(\beta)$ 为法平面内视线向的加速度。通过对距离向多组数据进行多普勒调频斜率估计,然后拟合出航向速度和法平面的加速度,就可以获得斜距偏移因子。

由于回波数据估计需要一定的方位样本长度,因此该方法适合于估计相对低频的运动误差。该方法的缺点是平台航迹向的速度变化引起的调频率变化与平台侧向扰动引起的调频率变化发生耦合,虽然通常采用高低频滤波方法来进行两种因素引起的调频率变化的分离。但是,平台实际飞行过程中,受气流影响没有固定的模式,这种分离方法虽然具有一定的改善效果,但是不能做到

精确的分离,特别是当合成孔径时间较长时,平台长时间运动过程中,形成一定弧度的弧线轨迹时,这种分离方法将把平台侧向扰动误差等效到航迹速度误差上。

3. 基于图像数据域的运动补偿

基于图像数据域的运动补偿就是指成像结束后,对复图像数据分块提取相位误差进行补偿,典型的算法有 PGA 算法。PGA 算法是一种迭代算法,它能补偿高次相位误差和二次相位误差,其基本步骤如下:对初步压缩后的复图像的幅值进行循环移位,使得在选定的距离上,最强幅度值位于方位向图像中心,以清除多普勒效应引起的频偏,提高相位误差估值的信噪比;对位移后的图像进行加窗处理,使用窗内高信噪比的数据进行相位误差的估值。窗宽可选择为 $1.5W_a$,W_a 为峰值点与低于峰值点 10dB 位置处的宽度的 2 倍;对移位及加窗后的数据进行方位快速傅里叶变换,得到方位谱 $G_n(u)$,n 为距离门;计算相位导数

$$\dot{\varphi}_e(u) = \frac{\sum_n \text{Im}[\dot{G}_n(u)G_n^*(u)]}{\sum_n |G_n(u)|^2} \quad (6-60)$$

式中:$\text{Im}(\cdot)$ 表示取虚部;$\dot{G}_n(u)$、$G_n^*(u)$ 分别为 $G_n(u)$ 的导数和共轭;对 $\dot{\varphi}_e(u)$ 积分可得 $\varphi_e(u)$;将 $\exp[-j\varphi_e(u)]$ 乘以距离压缩后的复数相位历史,然后进行方位向快速傅里叶逆变换完成相位校正;重复上述步骤,直到 $\varphi_e(u)$ 小于设置的阈值。

从 PGA 的执行步骤来看,运算量较大,但它不需要在整幅图像域执行,而只需用一定的距离单元数、在整个方位向处理,与生成整幅图像所需的运算量相比还是很小的。由于该方法是在图像域进行的,以点目标信号聚焦为导向进行相位误差提取,属于一种盲校正方法,适合于处理任意阶的低频运动误差。其缺点是其补偿效果受限于回波场景,在缺少点目标特征的场景区域,该方法的补偿效果将有所下降。

除第三种方法外,前两种方法获得的运动误差需要在回波域进行误差校正。如果成像的合成孔径时间长,运动误差提取及补偿就比较困难,单独采用上述方法均难以达到运动误差的精确获取,一般采用惯导参数与上述三种方法之一相结合来进行运动补偿,将会获得较为理想的效果。

6.5 典型实例

6.5.1 高分辨率成像

分辨率的提高能够获得更多的目标信息,使目标的形状和精细结构更加清

晰地呈现出来,从而大大提高目标识别能力。高分辨成像需要较大的发射带宽(约4GHz),由于当前系统难以产生如此大的发射带宽,因此,通常采用调频步进信号,即在距离向通过多个子带信号的合成形成大的发射带宽信号。虽然步进频体制解决了系统大发射带宽的问题,但增加了信号处理的复杂性,需要进行距离向信号频带合成,并涉及子频带通道的一致性校准。而在方位向,以机载SAR雷达为例,实际的载机平台在飞行过程中易受气流等环境的影响,存在前向飞行的非均匀性和侧向的扰动。高分辨成像中对运动补偿的精度要求很高,需要研究高精度的运动误差提取和补偿方法。

1. 距离向超宽带合成

调频步进信号通过脉内压缩、脉间相参合成获得高距离分辨率,雷达发射信号是一串载频跳变的线性调频脉冲。设调频步进信号的总带宽为 B,线性调频子脉冲的个数为 N,调频带宽为 $B_m = B/N$,子脉冲宽度为 T_p,调频斜率为 $\gamma = B_m/T_p$,脉冲重复周期为 T_r,频率步进量为 Δf,第一个子脉冲的中心载频为 f_0,则对于调频步进信号,第 n 个子脉冲的中心载频为 $f_n = f_0 + (n-1)\Delta f$,其中 $n = 1, 2, \cdots, N$,各子脉冲的频率关系如图 6-15 所示。假设第 n 个脉冲的初相为 θ_n,那么,雷达发射的第 n 个子脉冲信号为

$$x_n(t) = A_n u(t - nT_r) \cdot \exp(j(2\pi f_n t + \theta_n))$$
$$= A_n \mathrm{rect}\left(\frac{t - nT_r}{T_p}\right) \cdot \exp(j\pi\gamma(t - nT_r)^2) \cdot \exp(j(2\pi f_n t + \theta_n))$$

(6-61)

式中:$u(t) = \mathrm{rect}\left(\frac{t}{T_p}\right) \cdot \exp(j\pi\gamma t^2)$ 为基带线性调频子脉冲;A_n 为第 n 个脉冲幅度。那么,雷达接收到的第 n 个回波信号为

$$y_n(t) = B_n \mathrm{rect}\left(\frac{t - nT_r - \tau(t)}{T_p}\right) \cdot \exp(j\pi\gamma(t - nT_r - \tau(t))^2)$$
$$\cdot \exp(j(2\pi f_n(t - \tau(t)) + \theta_n))$$

(6-62)

式中:B_n 为第 n 个脉冲回波幅度;$\tau(t)$ 为目标回波的延迟。

在进行距离宽带合成时,通常采用频域合成的方法。该方法将每个步进频率的 Chirp 信号在频域进行匹配滤波,经频谱搬移后在频域进行相干合成,最后再进行逆傅里叶变换,从而达到提高距离分辨率的目的。

假设有如下的回波模型

$$s_n(t) = \int_{r_1}^{r_2} g_0(r) \exp(j\omega_n(t - 2r/c) + j\pi\gamma(t - 2r/c)^2) \mathrm{d}r \quad (6-63)$$

式中:$s_n(t)$ 为发射第 n 个脉冲时接收的回波信号,$n = 1, 2, \cdots, N$,$\omega_n = 2\pi f_n$;$g_0(r)$ 为观测区域 $[r_1, r_2]$ 之间的目标反射系数;r 为目标和雷达之间的距离。令 $\tau = 2r/c$,$g(\tau) = g_0(c\tau/2)$,式(6-63)可表示为

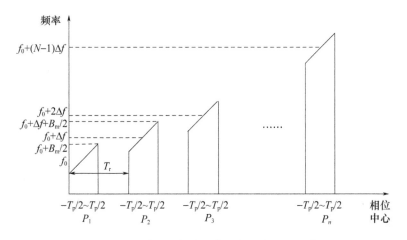

图 6-15 线性调频步进信号的频率变化规律

$$s_n(t) = \int_{r_1}^{r_2} g(\tau)\exp(j\omega_n(t-\tau) + j\pi\gamma(t-\tau)^2)d\tau \qquad (6-64)$$

进一步令 $b_n(t) = \exp(j\omega_n t + j\pi\gamma t^2)$，显然，式(6-64)可以表示为如下卷积形式

$$s_n(t) = g_n(t) * b_n(t) \qquad (6-65)$$

式中：$g_n(t)$ 为 $g(t)$ 的一个子频带观察信号。回波信号式(6-65)经接收机下变频处理，数学表达式为

$$s_n(t) \cdot e^{-j\omega_n t} = [g_n(t) * b_n(t)] \cdot e^{-j\omega_n t} \qquad (6-66)$$

对式(6-66)进行傅里叶变换得

$$S_n(\omega - \omega_n) = G_n(\omega - \omega_n) \cdot B_n(\omega - \omega_n) \qquad (6-67)$$

式中：$(\omega - \omega_n) \in [-\gamma T_p/2, \gamma T_p/2]$ 为基带信号频率范围；$S_n(\omega - \omega_n)$ 为发射第 n 个脉冲时接收到的基带信号频谱；$B_n(\omega - \omega_n)$ 为第 n 个发射脉冲的基带频谱；$G_n(\omega - \omega_n)$ 为距离目标函数的第 n 个基带观察信号的频谱。如果对式(6-66)进行第二次变频处理

$$s_n(t) \cdot e^{-j\omega_n t} \cdot e^{j(n-1)\Delta\omega t} = [g_n(t) * b_n(t)] \cdot e^{-j\omega_n t} \cdot e^{j(n-1)\Delta\omega t} \qquad (6-68)$$

式中：$\Delta\omega = 2\pi\Delta f$。对式(6-68)进行傅里叶变换得

$$S_n(\omega - \omega_n + (n-1)\Delta\omega) = G_n(\omega - \omega_n + (n-1)\Delta\omega) \\ \cdot B_n(\omega - \omega_n + (n-1)\Delta\omega) \qquad (6-69)$$

$$\begin{aligned} G_n(\omega - \omega_n + (n-1)\Delta\omega) &= \frac{S_n(\omega - \omega_n + (n-1)\Delta\omega)}{B_n(\omega - \omega_n + (n-1)\Delta\omega)} \\ &= S_n(\omega - \omega_n + (n-1)\Delta\omega) \\ &\cdot B_n^*(\omega - \omega_n + (n-1)\Delta\omega) \end{aligned} \qquad (6-70)$$

式中：$B^*(\omega)$ 为 $B(\omega)$ 的复共轭。$S_n(\omega - \omega_n + (n-1)\Delta\omega) \cdot B_n^*(\omega - \omega_n + (n-1)\Delta\omega)$

表示频域匹配滤波。将 $n=1\sim N$ 个脉冲所得到的 G_n 进行相干合成,得到

$$G(\omega-\omega_1+(N-1)\Delta\omega) = \sum_{n=1}^{N} G_n(\omega-\omega_n+(n-1)\Delta\omega)$$
$$= \sum_{n=1}^{N} S_n(\omega-\omega_n+(n-1)\Delta\omega) \quad (6-71)$$
$$\cdot B_n^*(\omega-\omega_n+(n-1)\Delta\omega)$$

于是,最终获得的一维距离像为

$$g_0\left(\frac{ct}{2}\right) = g(t) = \mathrm{FFT}^{-1}[G(\omega-\omega_1+(N-1)\Delta\omega)] \quad (6-72)$$

上述过程看似复杂,但实际算法过程非常简单。因为第一次变频处理完全由接收机硬件实现,而第二次变频处理也仅仅需要将 $n(n=1,2,\cdots,N)$ 个发射脉冲的回波信号经匹配滤波后的频谱进行搬移即可实现,最后将这 N 个经过频谱搬移后的频谱进行相干累加便得到了距离函数的空间频率域响应。图 6-16 是频谱合成的简单示意图。对合成后的频谱进行逆傅里叶变换便可得到一维距离像。

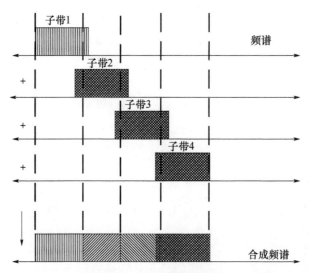

图 6-16　频谱合成示意图

2. 方位向高分辨脉压处理

高分辨率 SAR 成像由于方位分辨率要求合成孔径时间较长,导致大距离徙动现象,常规的成像算法很难适用。大距离徙动要求采用空变的方位向参考函数;其次,菲涅耳近似不成立,这不仅导致了方位向多普勒频率变化的非线性现象,而且使得距离向与方位向之间出现了严重耦合,加大了处理的复杂度和运算量。

波数域算法是一种能通过精确内插自动校正距离徙动的算法,它在二维频域进行方位向处理,解决了耦合问题。在 0.05m 分辨率的情况下,斜距 15km 处,距离弯曲达到 75m,远远大于一个距离单元,不仅弯曲不能忽略。而且距离向和方位向的耦合也不能忽略。基于两维频域的波数域算法可以解耦合,从而有能力处理这种大距离徙动的 SAR 数据。在此基础上,选用基于子孔径运动估计和自聚焦的波数域成像处理算法,由于多普勒频率的失配会严重影响方位向的分辨率,而速度的变化是导致多普勒频率变化的主要原因。根据聚焦深度准则,如果在多普勒频带边缘由失配造成的相位差小于 π/4,则失配是可以忽略的。因此,为防止方位向散焦,子孔径内的速度变化量应该满足

$$\Delta v \leqslant \sqrt{2\lambda R_0}/2T \tag{6-73}$$

式中:T 为合成孔径时间。根据惯导系统可以得到速度变化的大致曲线,从而可以得到子孔径大小的估计范围。

基于距离带宽合成的高分辨 SAR 成像过程,可以有两种方法。其一,先进行子带间的距离带宽合成,再考虑两维成像。在几个脉冲内,可以忽略方位多普勒带来的影响,直接对其进行频谱拼接。其二,先对各个子带对应的子脉冲进行距离粗分辨、方位高分辨成像,再对所成的图像进行方位向的配准,然后进行距离带宽的频谱合成,获得高分辨的距离像。第一种方法忽略了各子脉冲方位多普勒的影响,在合成后可能导致主瓣展宽,副瓣升高,以及脉冲响应函数左右不对称等现象,但其计算量小。而选择第二种方法时,在对各子图像进行配准时,由于各子图像方位相差不到一个像素,所以需要对图像进行插值,此时运算量太大,而利用傅里叶变换对需要对齐的子图像进行时移或者频移可减小运算量。若不进行图像配准直接进行距离合成,会导致方位分辨率的下降,影响图像质量。

为了进行较为精确的成像,一般选用第二种成像方法,即先进行子脉冲成像处理、图像配准,再利用配准后的 N 个子图像,进行频谱的拼接、搬移和相干合成,获得高分辨率的距离像。

3. 运动误差估计和补偿

方位向要实现 0.05m 分辨率的图像,离不开高精度的误差提取和补偿。误差估计可通过 GPS/INS 或 IMU 等多传感器融合技术,获取精度较高的传感器数据,并计算出天线相位中心的视线位移,结合基于回波数据的高精度误差提取技术,来消除残余相位误差,达到高分辨率成像的目的。

平台误差可以分为平移误差和姿态误差。平台平移误差导致 SAR 在方位向产生相位误差;平台的姿态误差导致雷达回波调制发生变化、多普勒中心频

率发生偏移。由于雷达作用距离远,合成孔径的积累时间相对较长,平台的误差也就更加复杂,而这些误差可能导致多普勒谱的畸变,从而降低聚焦精度,影响分辨率和成像质量。为此,高分辨率成像时可采用基于运动传感器的运动补偿和基于回波数据的运动补偿相结合的补偿方法,前端通过运动传感器提供的参数进行粗精度的补偿(包括系统变 PRF 实现方位向空间均匀采样),后端采用 SAR 回波估计补偿实现精确聚焦。由于前端系统通过 PRF 调节来克服速度不稳的问题,并保证了方位均匀采样,因此补偿了平台的运动误差后,可以认为平台沿理想航线直线匀速飞行。

4. 高分辨率成像流程和结果

通过超宽带合成技术,可以获得距离向高分辨率;通过运动误差补偿技术,可以获得方位向高分辨率,图 6-17 给出了超高分辨率 SAR 成像处理框图。利用机载 Ku 波段 SAR 获得了 0.1m 聚束 SAR 图像,如图 6-18 和图 6-19 所示。

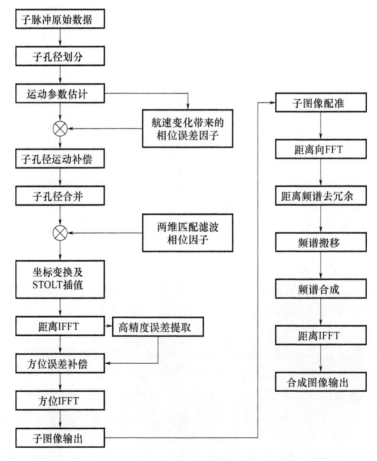

图 6-17 高分辨率 SAR 成像处理框图

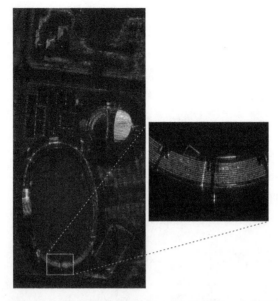

图6-18　某体育场0.1m×0.1m高分辨率SAR图像

图6-19　0.1m×0.1m高分辨率SAR典型图像

6.5.2　GMTI

地面运动目标的信号处理过程主要包括雷达回波的地杂波抑制、动目标提取、单帧动目标信息处理、动目标点迹凝聚、航迹形成和信息提取。其中雷达回波的地杂波抑制是GMTI信号处理比较关键的一环,有效地抑制地杂波可大大提高动目标检测能力。

从接收通道的数量来划分,GMTI 系统可分为单通道 GMTI 和多通道 GMTI。传统单通道 GMTI 系统通常采用高 PRF 获得较大的多普勒清洁区来进行动目标检测。但受系统方位天线尺寸和平台速度的限制,大多数时候很难采用高 PRF,因而获得的清洁区有限,这大大降低了动目标检测能力。多通道 GMTI 较好地解决了天线尺寸、平台速度与高 PRF 之间的矛盾,可以有效提升动目标检测能力。图 6-20 是三通道 GMTI 天线收发工作示意图。全天线孔径发射、接收时天线孔径等分成 3 个子天线孔径,且发射时天线波束展宽,保证收发天线照射区域一致。比较常见的多通道 GMTI 处理技术主要有:偏置相位中心天线(Displaced Phase Center Antenna,DPCA)信号对消处理、顺轨干涉(Along-Track Interferometry,ATI)、杂波抑制干涉处理(Clutter Suppressing Interferometry,CSI)、空时自适应处理(Space-Time Adaptive Processing,STAP)[17-19]等。

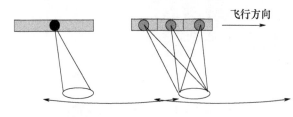

图 6-20 三通道 GMTI 工作示意图

1. DPCA 与 ATI 方法

DPCA 是一种采用多通道接收天线模式的杂波抑制方法,这种方法的基本要求是雷达系统的 PRF 与平台速度之间满足一定关系,利用各通道所接收回波之间的相关性进行主瓣杂波抑制。DPCA 通常有两种处理方法:一种是在图像形成前(即时域)进行杂波对消处理,称为时域 DPCA;另一种是在图像域中进行杂波对消处理,称为频域 DPCA。理想情况下,二者的杂波对消性能并无差别;如果在存在系统误差(如通道间不匹配)时,频域 DPCA 一般具有更好的副瓣杂波对消效果,但运算量及系统的复杂度将增大。

ATI 方法的基本原理是利用安装在同一平台上、沿着航迹向排列的两副天线观测地面同一场景。若目标静止,除了沿航迹向的偏移外,两天线获取的回波信号所生成图像是完全相同的,而运动目标会在对应像素中产生相位偏移,两天线获取的回波信号分别成像后,形成干涉相位图,相位差 $\Delta\Phi$ 与多普勒频移和 Δt 有关,即与径向速度成正比关系。将 $\Delta\Phi$ 与设置阈值 $\Phi_{threshold}$ 比较可以进行动目标检测。

2. CSI 方法

CSI 方法是一种类似频域 DPCA 技术的自适应空时处理技术,其运算量略高于 DPCA,但它不需要满足 DPCA 的约束条件,同时具有较好的杂波对消能力。其基本原理是:首先形成多个通道的子图像,然后进行子图像间的两两对消,这样就改善了动目标的信干比,再利用两个对消后的子图像进行相位干涉,从而提取动目标的多普勒位置和径向速度信息。该方法在常规情况下分为通道均衡、通道子图像生成、通道对消,以及动目标相对定位与测速四个主要步骤[20]。

通道均衡。为了补偿通道之间的不一致,提高各通道信号之间的相关性以利于通道对消,通道均衡是多通道 GMTI 处理中必不可少的一环。首先采集各个通道的测试信号,并对测试信号进行傅里叶变换,然后获得各通道测试信号的幅频和相频特性,并以其中一个通道作为参考基准,获得其他通道的幅相误差,进行幅相补偿。

通道子图像生成。各通道信号经过通道校正后,一般采用条带 SAR 算法进行成像,但是必须补偿各通道因接收天线相位中心位置偏差带来的多普勒偏移。在完成距离脉压和走动校正后,以中间通道为基准,补偿其他通道的多普勒偏移,补偿量为 $\frac{v_a d}{\lambda R}$。其中,v_a 为平台速度,d 为两通道间的天线相位中心距离,λ 为波长,R 为斜距。经过多普勒偏移补偿后,再进行方位压缩,将得到各个通道的多普勒子图像。

通道对消。由于各通道接收天线的相位中心位置不一致,因此通道对消时需要进行通道间相位差的补偿。理想情况下,通道间两两对消时,需要补偿的误差相位为

$$\Delta\varphi(n) = -2\pi \frac{d}{v_a} f_a(n) - \pi \frac{d^2}{\lambda R}\left(1 - \frac{f_{DC}^2 \cdot \lambda^2}{4v_a^2}\right) \quad (6-74)$$

式中:$f_a(n)$ 为多普勒子图像第 n 个单元对应的多普勒频率;f_{DC} 为多普勒子图像的中心频率。

但在实际情况下,由于平台飞行速度的变化以及运动误差的存在,直接进行补偿对消,效果较差。在实际信号处理中需通过各通道子图像复数据自估计的方法提取式(6-74)中的线性项和常数项系数。

动目标相对定位与测速。通道对消后,杂波得到了有效抑制,便于动目标的检测。动目标的检测方法较多,这里不作讨论。检测出动目标后,求出同一动目标在两幅残差子图像中的相位并相减,即可获得动目标干涉相位 $\Delta\Phi$。根据动目标定位原理

$$Y = \frac{\lambda R \cdot \Delta\Phi - \pi d^2}{2\pi d} \quad (6-75)$$

式中:R 为动目标到雷达的斜距。由于这里的动目标干涉相位 $\Delta\Phi$ 存在 2π 周期性模糊,因此,根据式(6-75)算出的动目标方位位置 Y 也存在模糊,对应的方位定位模糊周期为 $\lambda R/d$(m)。若转换成方位角度,即模糊周期为天线波束

宽度 λ/d。如果知道动目标的真实方位后,就可计算出动目标因平台运动产生的多普勒值。将该多普勒值与动目标所在图像多普勒单元对应的多普勒值相减,所得多普勒差值即为动目标径向运动速度 v_r 引起的。因此可得动目标径向速度为

$$v_r = \frac{f_m \lambda}{2} - \frac{v_a Y}{R} \qquad (6-76)$$

式中:v_a 为平台速度;f_m 为动目标所在图像多普勒单元对应的多普勒值。

图 6 – 21 是基于 CSI 的四波束 GMTI 的基本原理框图。图 6 – 22 是利用自适应 CSI 方法对四通道机载广域动目标检测(Moving Target Indication,MTI)模式下实测数据进行处理的结果。

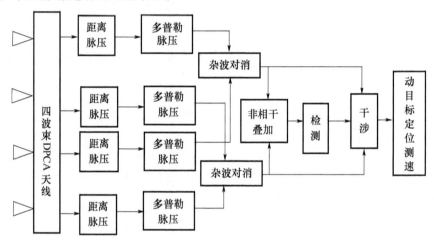

图 6 – 21 基于 CSI 的四波束 GMTI 原理框图

3. 3DT – STAP 法

全空时自适应处理具有最优的杂波抑制性能,但是在实际应用中,计算量和设备量非常惊人,难以实现。为了达到实际应用水平,一般需要降维处理。降维处理可以在空域或其对应的波束域进行,也可以在时域或其对应的多普勒域进行。考虑到目标实际运用中阵元数目一般较少,因此一般采用时域(多普勒域)降维,也就是说一般选择在多普勒域降维。其原因在于固定地物回波的多普勒 f_d 与视角有着确定的对应关系,每一个多普勒通道输出的地杂波被限制在一个很小的角域范围里,不同的多普勒输出相当于将主杂波照射范围分割成很小的角域,每一路多普勒输出所对应的窄的杂波角域是不同的,动目标在其相对应的多普勒通道输出,但由于其径向速度的存在,它在该通道里与杂波所对应的角域是不同的。这样做的目的是每路多普勒输出只是整个杂波谱的一部分,从而使输出的信杂比得到很大的提升。将几个通道的信号各自作快速傅里叶变换的多普勒滤波后,将不同子孔径里统一编号的一对多普勒输出再作空

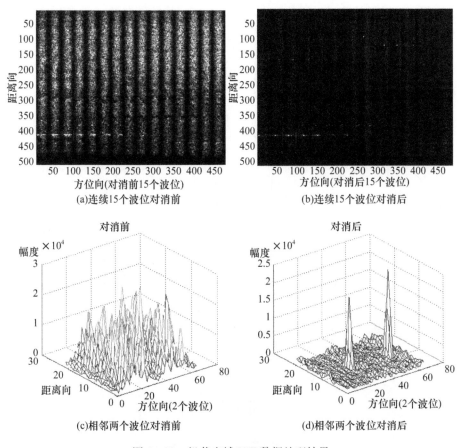

图 6-22 机载广域 MTI 数据处理结果

域自适应处理。下面举例说明在多普勒域降维常用的三多普勒通道 STAP (Three Doppler Transform – STAP,3DT – STAP)法。

对于机载相控阵雷达来说,其杂波在空时谱二维平面上呈带状分布,有较强的空时耦合,一般采用空时二维联合自适应处理能够得到更好的性能。具体地说,它能针对地杂波的具体特性形成斜凹口与杂波更好地匹配,空时二维方法不仅能抑制主瓣杂波,还能对副瓣杂波有一定的抑制作用。由于扫描 GMTI 的相干积累时间比较短,对应的多普勒分辨率比较差,导致主瓣杂波的副瓣覆盖了其他频域范围,不利于目标检测。为此,3DT – STAP 法通常采用相邻的 3 个多普勒通道作为时域自由度,天线子孔径作为空域自由度,并构造空时二维导向矢量,再结合杂波协方差矩阵分解获取相应的权矢量,对空时两维数据进行二维滤波,即可抑制杂波,得到动目标信号。图 6-23 给出了采用 3DT – STAP 的四通道 GMTI 处理示意图,将 4 个通道按相邻 3 个通道组合成两组,分别进行 3DT – STAP 处理。图 6-24 给出了 3DT – STAP 方法的结构示意图。该

方法首先输出各子阵经时域预处理后第 k 个多普勒滤波器的阵列数据矢量,即
$$X_k = [x_{1k}, x_{2k}, \cdots, x_{Nk}]^T \quad (6-77)$$
再取第 $(k-1)$ 和第 $(k+1)$ 通道的数据构成时空数据矢量,即
$$B_k = (X_k^T, X_{k-1}^T, X_{k+1}^T)^T \quad (6-78)$$
那么,杂波协方差矩阵为
$$R_k = E[B_k B_k^H] \quad (6-79)$$
根据线性约束最小方差准则,求如下优化问题的解
$$\begin{cases} \min_{W_k} W_k^H R_k W_k \\ \text{s. t.} \ W_k S_0 = 1 \end{cases} \quad (6-80)$$
式中: S_0 为空时二维归一化导向矢量。最优解为
$$W_{kopt} = \mu R_k^{-1} S_0 \quad (6-81)$$
式中: $\mu = 1/(S_0^{-1} R_k^{-1} S_0)$ 为归一化系数。

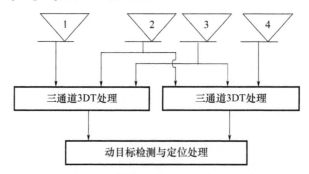

图 6-23 四通道 3DT-STAP 处理示意图

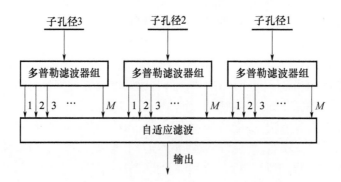

图 6-24 3DT-STAP 方法的结构示意图

4. 几种处理方法的比较

由于 DPCA 和 ATI 的实际应用受条件限制较多,在实际应用中,通常选择 CSI 和 3DT-STAP 两种方法。

一般情况下，CSI 在图像域补偿通道间距引起的包络偏移和相位差异，并进行多通道间的两两对消，一般不需要自适应计算权矢量，运算量较小。当载机飞行稳定性差时，还可以预先通过两两通道间利用杂波测量出相位差后补偿对消，从而克服装载平台运动误差的问题。其缺点是没有充分利用空时自由度信息。此外，该算法对于多普勒混叠部分的杂波，在不满足 DPCA 条件下无法抑制，因此，需要具体考虑平台速度、天线方向图和可选的系统 PRF，考虑多普勒混叠部分带来的影响。

3DT-STAP 采用相邻 3 个多普勒通道作为时域自由度，天线子孔径作为空域自由度，并构造空时二维导向矢量，再结合杂波协方差矩阵分解获取相应的权矢量，对空时两维数据进行二维滤波，即抑制掉杂波，得到动目标信号。在通道数较多的情况下，该方法凹口将比较窄，这有利于地面低速目标检测。其次，由于用了更多的自由度，无论在主瓣区还是在副瓣区都能取得比较好的性能。其缺点是需要提取数据样本自适应地计算权矢量，而样本提取的计算量较大，当动目标密集时，样本选取困难。另外，该算法在 3 个接收通道联合处理的情况下，可以对消多普勒频带一次混叠的杂波，相对 CSI 算法可以降低系统对 PRF 的要求。

5. SAR/GMTI 处理结果

图 6-25 是双通道 GMTI 检测的动目标航迹，图 6-26 是同时 SAR/GMTI 处理得到的动目标与 SAR 图像叠加的结果，图中圆线圈表示动目标的虚假位置，圆点表示动目标的真实位置。图 6-27 是广域 GMTI 模式下，对运动目标长时间实时跟踪形成的地面运动轨迹，采用的是改进的三通道 CSI 技术。

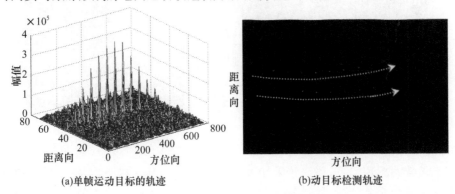

图 6-25　地面动目标检测结果

密集目标和复杂杂波的地表环境下，地面动目标的检测和跟踪难度较大，雷达目标的错批、混批、误跟和丢失目标的概率增大，数据关联计算量与目标密集程度成几何关系倍增。地面目标航迹跟踪连续性问题是 GMTI 模式对地多目标跟踪中重要而又较难处理的问题。联合概率数据关联(JPDA)方法[21]是在密

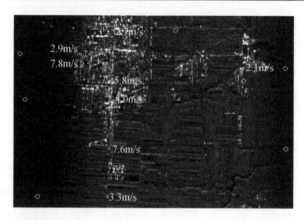

图 6–26　同时 SAR/MTI 模式下动目标与 SAR 图像的叠加结果（见彩图）

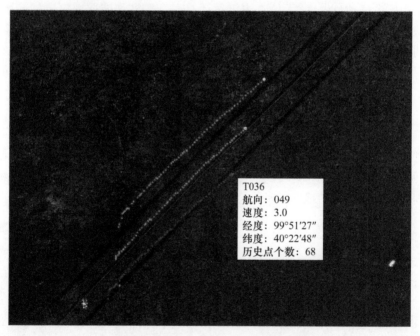

图 6–27　广域 GMTI 动目标航迹图（见彩图）

集杂波多目标环境下，跟踪效果较好的算法之一。其基本原理是：利用数据关联全邻域思想，求取关联门内每一个候选回波的后验概率作为权值，对所有的候选回波进行排列组合，从中选择出有效的联合事件来计算联合概率。将雷达测量得到的其他特征信息引入到 JPDA 算法中，综合使用目标的预测位置、航向、预测多普勒值（目标预测径向速度）和点迹幅度值等信息，对这些信息作加权处理求出综合相关函数值，用融合多因子参数后的关联概率修正 JPDA 算法得到的关联概率，最后利用新的关联概率更新目标的状态。融合多特征信息的 JPDA 方法可有效地解决地面密集目标的数据关联问题,保持航迹的稳定跟踪,很大程度上避免了航迹混批、错批和交叉等情况。图 6-28 为 GMTI 对地跟踪态势图,通过调整波束扫描区域中心,实现对地面运动目标进行连续跟踪,跟踪稳定性、连续性好,主要目标航迹集中分布在交通网络上。

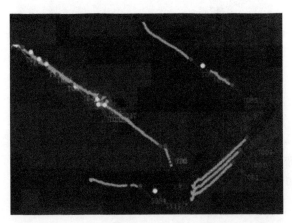

图 6-28 GMTI 动目标跟踪航迹态势图(见彩图)

6.5.3 MMTI

海面动目标检测(MMTI)与 GMTI 的基本原理相同。它们之间比较大的区别是背景杂波特性,在一定对地观测时间内,地杂波特性基本保持不变,而海杂波特性就不一样,它具有时变特性。从长时间来看,不同海情的海杂波特性差别也很大,因此在 GMTI 中常用的方法,在 MMTI 中使用的效果不明显。为了提取出准确的海面目标信息,必须针对海杂波特性来进行海杂波抑制,削弱海杂波对目标检测的影响。抑制海杂波的常用处理方法有两种,一种是采用捷变频非相干处理方法,另一种是采用定频相干的动目标检测(Moving Target Detection,MTD)滤波器组方法。除了上述信号域海面目标检测方法外,还可以采用 SAR 系统通过对海成像和图像域目标检测的方式进行海面舰船目标提取。由于舰船目标具有复杂的运动特性,长合成孔径时间成像比较困难,因此通常采用机载子孔径成像或星载成像来获取海面图像。在 SAR 图像中进行舰船目标检测需要将目标从背景杂波中可靠地分离出来,基本方法将在第 7 章进行介绍。图 6-29 给出的是对某海域航道船只目标检测结果。

1. 捷变频非相干处理方法

海杂波的幅度和相位满足一定的统计分布规律,海杂波的相关性与海况、

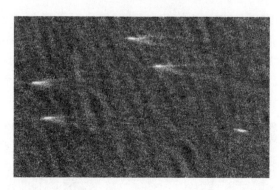

图 6-29 对某海域航道船只目标检测结果(见彩图)

工作频率、极化特性、雷达照射单元等因素密切相关。根据相关特征的不同,又划分为时间相关性、空间相关性和频率相关性。捷变频处理主要是采用载波频率逐脉冲变化的方法降低海杂波的频率相关性。定义 $R(i,j)$ 为第 i 个杂波单元与第 j 个杂波单元之间的归一化相关系数为

$$R(i,j) = \frac{\sin(\pi\tau\Delta f)}{\pi\tau\Delta f} \quad (6-82)$$

式中:τ 为脉冲宽度;$\Delta f = f_i - f_j$ 为第 i 个杂波单元与第 j 个杂波单元对应的雷达发射频率。从式(6-82)可以看出,当载波频率的变化大于 $\frac{1}{\tau}$ 时,海杂波之间基本不具备频率相关性。

采用频率捷变工作时,目标回波由于频率去相关变化为快速起伏的回波,经过积累一定数量的回波脉冲后,目标幅度趋于平均值。而频率去相关之后的海杂波统计特性与接收机噪声类似,幅度值大大减小,因此通过脉冲之间的非相干积累就可以提高信杂比。

2. 定频相干 MTD 滤波器组方法

当雷达系统采用定频点工作时,利用 MTD 滤波器组可以实现对海杂波的有效抑制。其基本原理是:通过利用多普勒滤波器组的通带覆盖一定的频率范围,从各滤波器的输出判断该频率通道内是否有动目标,如果有动目标,同时测算出动目标的相对运动速度。MTD 通常采用均匀排布的滤波器组,每个滤波器带内只通过该频率范围内的杂波,有效降低其他频率的杂波影响,从而达到提高信杂比的目的。但是不同滤波器的改善因子不同,在通带靠近杂波频谱中心的位置,改善因子将会差一些。

实现 MTD 滤波器组的方法通常采用 FFT 频域法或者时域 FIR 滤波器法。从运算量上来说,FFT 实现具有绝对的优势。对于 N 点 FFT,每个点的运算都对应一个带通滤波器,每个滤波器可以采用窗函数加权降低旁瓣电平。但 FFT 的局限性在于滤波器的凹口是固定的,尤其在零频及重频整数倍附近没有凹

口,无法有效抑制静态海杂波。与 FFT 相比,FIR 滤波器组的设计非常灵活,通过自适应调整滤波器系数可以对滤波器组的频谱特性进行优化,对相干脉冲的个数也没有严格的限制。一般情况下,如果相干处理的脉冲数量较多时大多数采用 FFT 处理,当脉冲数量较少且对杂波抑制有特殊要求时,大多数采用优化设计的 FIR 滤波器组。

海面目标运动速度慢,雷达远距离探测时,由于方位分辨率或测角误差的限制,将导致短时间内目标运动规律不明显,这给航迹起始和跟踪的稳定性、连续性带来很大困难。考虑到海杂波影响、海面目标运动特性等因素,MMTI 对海面多目标跟踪通常采用动态多因子参数加权的数据关联方法[22]。其基本原理是:利用局部最近邻方法对观测点迹与航迹进行关联处理,此时多个观测点迹可能与多条航迹关联上,并且都落入目标最佳关联波门;再利用目标的运动特性求得每个观测点与相关航迹动态关联因子参数,确定点迹与航迹最佳关联组合,解除模糊关联关系。一般采用目标的运动特性有位置、航向、速度等信息。

(1) 利用航向来判别观测与航迹的偏离度,取偏离度最小的观测为最佳相关观测。其数学模型为

$$\begin{cases} \mathrm{d}x = |(x_i - x_t)\sin k_t + (y_i - y_t)\cos k_t| \\ \mathrm{d}y = |(x_i - x_t)\cos k_t + (y_i - y_t)\sin k_t| \end{cases} \quad (6-83)$$

式中:(x_i, y_i) 为航迹的观测值;(x_t, y_t) 为航迹的预测值;k_t 为航迹的航向;$\mathrm{d}x$ 和 $\mathrm{d}y$ 为航向在 x,y 方向的偏离度。

(2) 综合使用航迹的位置(预测位置)、航向、速度,对这些信息加权处理,求出综合相关函数值,找到相关最强点。观测值与航迹的相关综合函数值:

$$\delta_i = \rho_1 R + \rho_2 V + \rho_3 K \quad (6-84)$$

式中:$\rho_1 、\rho_2 、\rho_3$ 为权系数,权系数的取值与航迹的特性有关。定义通用函数为

$$f(x) = \begin{cases} 1, & x_1 \geqslant x \\ 1 - (x - x_1)/(x_2 - x_1), & x_1 < x \leqslant x_2 \\ 0, & x > x_2 \end{cases} \quad (6-85)$$

若 $x = r, x = r_1, x = r_2$,式(6-85)即为位置因子函数 $R(r)$;同理,若 $x = v$,$x = v_1, x = v_2$,式(6-85)即为速度因子函数 $V(v)$;若 $x = k, x = k_1, x = k_2$,式(6-85)即为航向因子函数 $K(k)$。其中,$r_1, r_2, v_1, v_2, k_1, k_2$ 是位置、速度、航向的相关波门,每个函数有两个波门。当 $\delta_i \geqslant \varepsilon$ 时此观测点与航迹相关上,最后取 $\delta_i = \max_{i=1 \sim n} \delta_i$ 为与航迹相关上的观测。

图 6-30 为某机载 SAR/MTI 系统对海域船只目标连续稳定跟踪结果,可以看出跟踪航迹稳定、连续。图 6-31 为 MMTI 模式下对海跟踪态势图。

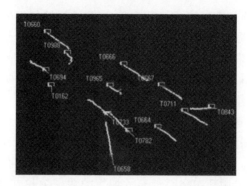

图 6-30　对某海域航道船只目标连续稳定跟踪(见彩图)

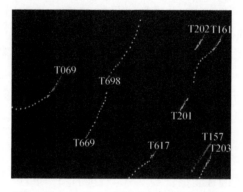

图 6-31　MMTI 对海跟踪态势图(见彩图)

6.5.4　AMTI

SAR/MTI 雷达对空中动目标检测(AMTI)主要集中在机载平台上,主要任务是探测低空小目标。AMTI 模式下的杂波特性与 GMTI 或者 MMTI 模式下的基本类似,但是 AMTI 模式下目标速度范围较大。针对空中动目标的检测,常规有两种方法,一种是脉冲多普勒(Pulse Doppler,PD)处理方法,另一种是空时自适应(Space-Time Adaptive Processing,STAP)处理方法。PD 处理的基本原理是:首先根据雷达回波信号的距离—多普勒二维谱估计出主杂波谱的中心频率;然后利用该中心频率对回波信号进行补偿,将补偿后的信号主杂波位置搬移到零频附近;最后通过设计的滤波器组(或傅里叶变换)滤除主瓣杂波,达到检测动目标的目的。与 PD 处理方法中的一维多普勒滤波相比,STAP 处理是一种基于阵列空间和时域多普勒的二维联合处理。从简单的数学方法上看,基于阵列空间和时域多普勒的二维联合处理的自由度更高,能够区分目标、杂波、噪声的信息更丰富。

由于目标与干扰、杂波相对于雷达的径向速度不同,脉冲回波信号也就具有不同的多普勒频率。利用多普勒频率的区别在频域实现目标与杂波的分离,从强杂波背景中检测出运动目标,并实现目标的精确测速。简而言之,多普勒滤波处理的核心就是一个窄带滤波器组,通过滤除频域干扰及杂波,保留所需检测的目标信号。假设雷达从天线到视频的所有转换过程都是线性的,即接收的运动目标信息在接收机中无畸变地保存到视频级,这样多普勒滤波器组就可以在视频(零中频)实现。与中频滤波相比,视频滤波更易于实现,数字处理在视频级的量化也更容易,所以视频级的多普勒滤波更加简单、可靠。而且,数字式滤波器具有高可靠性、抗电磁干扰、设计简单灵活、实现精度高等优点。数字多普勒滤波器基本原理是利用快速傅里叶变换求取接收回波信号的频谱,从而为目标检测提供回波信号的频谱分布信息。

多普勒滤波的实质是回波脉冲的相干积累,能够提高目标的信噪比,但不能够抑制杂波;而空时自适应处理能够根据空域角度的不同自适应抑制杂波,提高输出信号的信杂比。在实际应用中,为了降低实时处理的难度,一般采用PD处理检测清洁区间的目标,采用STAP处理检测副瓣杂波区域的目标,下面举例说明。

图6-32为空时自适应处理的动目标检测流程。

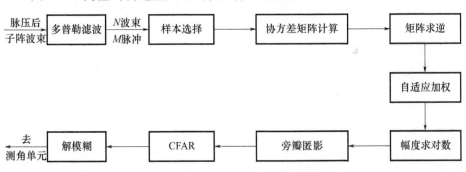

图6-32 空时自适应处理的动目标检测流程

(1) 将脉压后的子阵波束数据(或阵元数据)进行多普勒滤波后,形成波束维、脉冲维(多普勒频道)、距离维排列的三维矩阵。在每一个滤波后的多普勒频道上进行杂波样本选择,样本选择的主要目的是尽量满足样本分布的均匀性,同时剔除疑似目标,避免空域抑制导致的目标对消效应。样本选择的经典方法有广义内积法、对称窗检测法和关联维数法等。

(2) 对训练选择后的样本进行累积平均估计杂波协方差矩阵,杂波协方差矩阵经过矩阵求逆后与目标导向向量相乘得到空时自适应加权向量,用该加权向量对波束—脉冲—距离三维矩阵进行加权滤波,得到空时自适应处理后的距离—多普勒二维谱。

(3) 对多普勒二维谱取幅度对数,经过旁瓣匿影、CFAR检测、距离—多普勒二维解模糊等操作后进行目标和差测角,最后将目标的距离、速度、幅度、角度等信息进行关联平滑。

在对空目标检测模式下,PD 处理相对简单,此处不再赘述。而 STAP 处理一般可以根据设计方式的不同分为波束域多普勒滤波前 STAP 和波束域多普勒滤波后 STAP。简单来说,前者是在多普勒滤波前进行自适应加权,而后者是在多普勒滤波后进行自适应加权。

1. 波束域多普勒滤波前 STAP

设天线阵元总数为 N,相干脉冲数为 M,K_t 和 K_s 分别为脉冲域和空间域降维后的脉冲数、波束数,波束域多普勒滤波前 STAP 处理流程如图 6-33 所示。令 $\tilde{\boldsymbol{\chi}}_p$ 为第 p 组 $K_t K_s \times 1$ 的波束域子相干脉冲间隔(Coherent Pulse Interval,CPI)采样数据,$\boldsymbol{\chi}$ 为天线阵元接收的阵列采样数据,$\tilde{\boldsymbol{G}}$ 为波束形成矩阵,即

$$\tilde{\boldsymbol{\chi}}_p = (\boldsymbol{J}_p \otimes \tilde{\boldsymbol{G}})^{\mathrm{H}} \boldsymbol{\chi} \tag{6-86}$$

式中:$\boldsymbol{J}_p$ 为 $M \times K_t$ 的脉冲选择矩阵,上标 H 为矩阵共轭转置。第 p 组子 CPI 的自适应权值为

$$\boldsymbol{w}_p = \tilde{\boldsymbol{R}}_{\mathrm{up}}^{-1} \tilde{\boldsymbol{u}}_t \tag{6-87}$$

式中:$\tilde{\boldsymbol{R}}_{\mathrm{up}}$ 为根据子 CPI 样本估计的协方差矩阵;$\tilde{\boldsymbol{u}}_t$ 为期望目标的空时导向矢量。

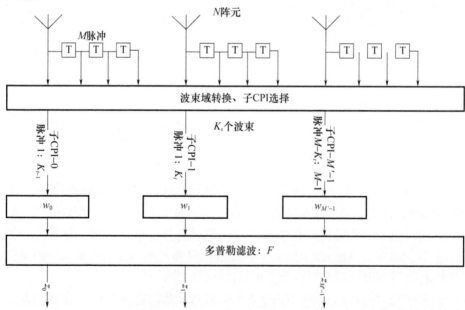

图 6-33 波束域多普勒滤波前 STAP

将子 CPI 的自适应权值重新排列为 $K_s \times K_t$ 的权值矩阵,即

$$\boldsymbol{W}_p = [\boldsymbol{w}_{p,0}, \boldsymbol{w}_{p,1}, \cdots, \boldsymbol{w}_{p,K_t}] \tag{6-88}$$

则经过自适应加权后的子 CPI 输出为

$$y = [(I_M \otimes \widetilde{G})W]^H \chi \quad (6-89)$$

式中:$W = [\text{vec}(W_0 J_0^T), \text{vec}(W_1 J_1^T), \cdots, \text{vec}(W_{M'-1} J_{M'-1}^T)]$。最后将所有子 CPI 的输出经过一个长度为 M' 的多普勒滤波器,滤波器系数为 $F = [f_0, f_1, \cdots, f_{M'}]$,则第 m 个多普勒频道的最终输出结果为

$$z_m = f_m^H y = w_m^H \chi = [(I_M \otimes \widetilde{G})W f_m]^H \chi \quad (6-90)$$

2. 波束域多普勒滤波后 STAP

一般情况下,波束域多普勒滤波后 STAP 处理流程如图 6-34 所示。设 $\widetilde{F}_m$ 为 $M \times K_t$ 的多普勒滤波矩阵,$\widetilde{G}$ 为 $N \times K_s$ 的波束形成矩阵,令 $K = K_t K_s$,$T_m = \widetilde{F}_m \otimes \widetilde{G}$,则经过空时滤波器组后的数据为

$$\widetilde{\chi}_m = T_m^H \chi = (\widetilde{F}_m \otimes \widetilde{G})^H \chi \quad (6-91)$$

第 m 个多普勒频道的空时自适应权值为

$$w_m = \widetilde{R}_{um}^{-1} \widetilde{u}_t \quad (6-92)$$

式中:$\widetilde{R}_{um}$ 为 $K_s K_t \times K_s K_t$ 的样本协方差矩阵;$\widetilde{u}_t$ 为 $K_s K_t \times 1$ 的期望目标。对第 m 个多普勒通道的滤波输出为

$$z_m = w_m^H \widetilde{\chi}_m = [(\widetilde{F}_m \otimes \widetilde{G}) \widetilde{w}_m]^H \widetilde{\chi}_m \quad (6-93)$$

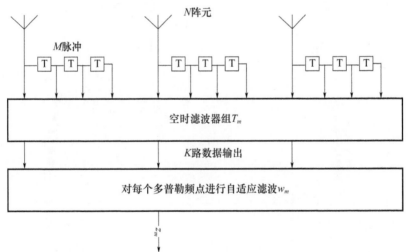

图 6-34 波束域多普勒滤波后 STAP

下面分别通过仿真数据和某机载 SAR/MTI 系统 AMTI 模式的实测数据对比分析 PD 处理和 STAP 处理的性能。仿真参数设置为:雷达工作频率为 3GHz,峰值发射功率为 200kW,发射脉冲占空比为 6%,天线阵元数为 18,发射和接收天线的增益分别为 22dB 和 10dB,接收机带宽为 4MHz,雷达系统损失 4dB,脉冲重频 3000Hz,积累脉冲总数为 20。图 6-35 对形成波束个数 2~6 个的情况进行了仿

真对比,从图中可以看出,随着波束个数的增多,在多普勒较小区域(离主杂波越近)的 SINR 损失越小,对低速目标的检测性能也越好。图 6-36 对比了多普勒滤波器组未加权与加权两种情况下的 SINR 损失。从仿真结果可以看到,未加权的算法虽然在清洁区的损失较小,但在主杂波附近区域的损失明显大于 30dB 加权的算法,因此对多普勒滤波器组进行加权有利于提高对低速目标的检测能力。

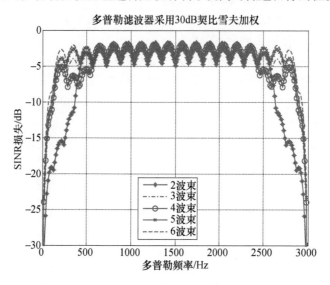

图 6-35 波束域多普勒滤波前 STAP 算法比较

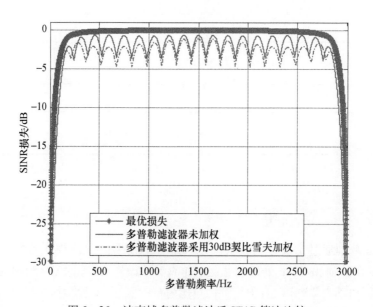

图 6-36 波束域多普勒滤波后 STAP 算法比较

通过某机载实测数据对 PD 处理和 STAP 处理性能进行对比,测试数据位于该批实测数据的第 252105 波序、波位号为 325、CPI 号为 4。图 6-37 为 PD 处理后的距离—多普勒二维谱。从图 6-37 中可以看出,主杂波、副瓣杂波区域的杂波剩余较大,目标检测导致的虚警较高。经过采用波束域的多普勒滤波后 STAP 处理后,可以在局部放大的图 6-38 中看到目标周围的杂波被明显抑制,提高了目标的信杂噪比,也就是杂波剩余大幅度减少,目标突显出来。

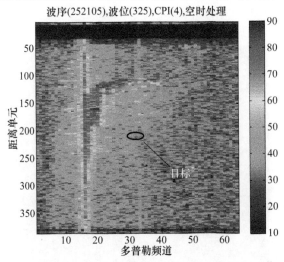

图 6-37　PD 处理后的距离—多普勒二维谱

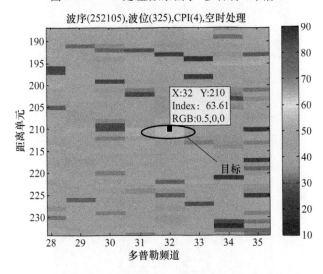

图 6-38　STAP 处理后局部放大的距离—多普勒二维谱

在 AMTI 模式下,对低空目标探测的跟踪处理中,地面回波及地面道路高速目标的影响对低空小目标跟踪稳定性提出很大挑战。通常采用检测前跟踪处理(TBD),其基本思想是:逐帧丢弃大量相关性差的点迹和暂时航迹;利用穷举法对每一个点迹关联多条可能的暂时航迹;累积帧数越长的关联的暂时航迹,维持的时间也越长;根据出现的虚警航迹的多少,自动设置TBD的关联帧数,使得真实目标都能被自动发现,减少虚假航迹。

在跟踪过程中,根据目标特性(速度、航向)、地形、交通网等特征信息区分低空目标和地面目标。图6-39为某机载SAR/MTI雷达对地监视的实际画面,既显示了地面动目标航迹,也显示了四批速度为100m/s左右低空目标的航迹。图6-40是AMTI模式下对空跟踪态势图。

图6-39 对低空小目标的探测航迹态势图(见彩图)

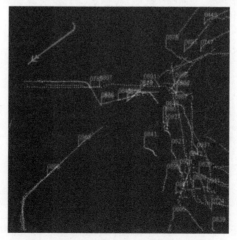

图6-40 对空跟踪态势图(见彩图)

6.6 SAR 信号处理机

相对于常规雷达，SAR 凭借其距离向与方位向的两维高分辨能力可以得到更加丰富的目标信息，也带来了更加海量的处理数据。如何完成对海量数据的实时处理成为信号处理机必须面对的难题。

早期的 SAR 均采用光学处理以获取实时处理结果，其信号处理机采用光学器件构建。由于数字处理相较于光学处理的性能优势，人们一直在致力于降低数字处理的工程实现难度。随着数字信号处理器（Digital Signal Processor，DSP）的出现，数字处理能力的提升突飞猛进。现代 SAR 均采用数字处理以获取实时处理结果。采用高速数字器件构建成的数字信号处理机可以在数秒钟内完成对吉字节量级数据的处理，具备了实时获取 SAR 处理结果能力。如无特殊说明，下面我们所说的信号处理机均指数字信号处理机。

信号处理机是 SAR 系统的处理核心，实现 SAR 多种工作模式下的信号处理、数据处理及系统管理，一般由软件驱动工作。软件通常采用模块化、组件化分层设计的思想，分解系统复杂性，减少系统的耦合性和依赖性，提高内聚性，同时提高系统的可靠性，具备软件任务重构和升级能力。

6.6.1 系统架构

为了满足 SAR 系统众多工作模式的应用要求，信号处理机一般贯彻"物理形态可重组、软件任务可重构"的设计思想，采用模块化和标准化设计，标准化设计可以充分利用货架产品，提高系统稳定性；而模块化设计，模块的增减不影响系统架构、兼容复杂和简单系统的应用；系统基于芯片互连的体系架构，灵活性强，满足不同的应用需求。

信号处理机一般遵循某一现行工业标准（如 CPCI、OpenVPX 等），由标准尺寸模块构成，通过高速背板实现数据交互。处理机内部构建一般包括三种总线，分别是高速数据总线、控制总线和监测总线。以 OpenVPX 标准为例，高速数据总线大多数采用 4×RapidIO，控制总线可采用千兆以太网，监测总线可采用标准系统管理总线 I^2C。系统架构如图 6-41 所示。其中，接口模块用于实现对外各种数据接口，交换模块用于实现单元内部各模块间数据交互。为了减小信号处理机体积和重量，一般将接口模块、交换模块与其他模块功能合并，在单个处理板上实现。

信号处理机硬件体系架构大多数基于交换结构，处理模块内通过内部通信机制完成数据交互，处理模块间通过 FPGA/交换芯片及交换模块完成数据交互。这样可以把软件功能动态部署到不同的处理模块上，而不是集中到某一模块内,这样大大提高系统设计的灵活性。处理模块间数据交互如图 6-42 所示。模式 A 利用背板高速总线实现直接互连,模式 B 利用交换模块的交换芯片互连。与模式 B 相比,模式 A 实现简单、占用资源少,但拓扑架构固定,很难构成网络阵列连接。通常情况下,采用模式 A 与模式 B 互补的方法,可以实现灵活性与占用资源间的合理分配。

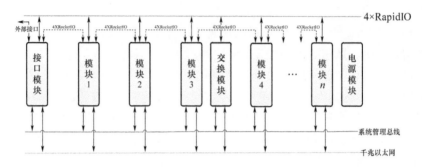

图 6-41 信号处理机系统架构图

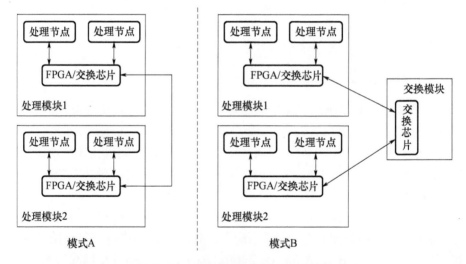

图 6-42 处理模块间数据交互示意图

6.6.2 处理架构

SAR 在多种工作模式下,对信号处理机的处理能力、内存大小、接口数据率性能要求都各有不同,为了提高处理效率,一般要引入虚拟节点技术。虚拟节点是指多个物理处理节点间,通过高速通信链路实现数据交换、数据共享,形成一个包含多个物理处理节点的大型虚拟处理节点。其优势在于结构灵活,实际虚拟方式动态可重构,可以根据系统工作模式自动选择合适的虚拟方式,在系统规模与处理绝对延迟间找到最佳平衡点,实现最优设计。其劣势在于软件编程复杂,与系统硬件架构联系紧密,可移植性差。

在雷达实时信号处理中,处理时延是一个重要的参数,同时,受到系统规模、功耗等的限制,采用虚拟节点技术可以有效地解决这两方面问题。信号处理机采用虚拟节点技术实现多模式下处理性能的最优化配置,根据运算量要求、内存要求、延时要求动态确定配置方法。

根据系统数据流不同,一般分为流水和轮转两种处理架构,如图6-43所示。在流水架构中,各处理节点依次完成整个处理流程中的不同子任务,数据流按任务划分;在轮转架构中,各处理节点单独完成一个完整的处理流程,数据流按时间划分。两种架构的特性比较如表6-1所列。从表6-1中可以看出,轮转架构传输数据链长度较流水架构更短,提高了系统可靠性;轮转架构处理节点一致性较流水架构更高,既可以减少板卡品种,降低维护难度,也可以方便实现热备份,提高系统可靠性;在处理流程灵活性上,轮转架构也比流水架构更高,方便实现雷达多工作模式下系统性能最优化,压缩系统规模。在板卡设计难度上,由于轮转架构各处理节点均需要配备大容量内存,处理板卡设计较流水架构更复杂,设计难度大;在两维数据读写速率上,轮转架构没有专门存储板解决成像处理中的矩阵转置问题,读写效率较流水架构更低。

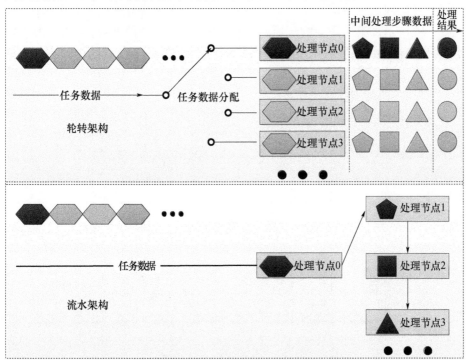

图6-43 系统处理架构框图

表 6-1 两种架构特性比较表

项目	轮转架构	流水架构
传输数据链长度	短	长
处理节点一致性	高	低
处理流程灵活性	高	低
板卡设计难度	高	低
两维数据读写效率	低	高

随着芯片技术及电路板生产制造技术的发展,轮转架构的两点不足也逐步得到解决。利用变长存储器直接访问(DMA,Direct Memory Access)技术可以实现两维数据直接存取。现代处理芯片的存储器接口读写带宽可以达到吉比特/秒量级,单根高速串行总线传输带宽在吉比特/秒量级,即使变长 DMA 带来一定效率损失,其最终读写速率也与板卡间传输速率基本相当。同时,由于 DMA 可以与处理器的处理并行进行,其随着内存芯片集成度的提高,内存颗粒越来越大,单片容量 4Gb 的芯片已经出现。

6.6.3 开发架构

开发架构决定着信号处理机的性能,一般处理平台分为以下几个层次,如图 6-44 所示。第一层为物理层,由模块和背板构成硬件平台;第二层为驱动层,提供各模块的底层驱动,并实现硬件抽象,方便软件开发;第三层为协议层,完成各模块间及模块内部通信接口定义,构建符合协议的标准函数库;第四层为应用层,不同的软件算法在该层实现。对于采用 FPGA 实现 I/O 管理的模块来说,协议层已经固化到 FPGA 固件中,改由驱动层为应用层提供底层通信支持。

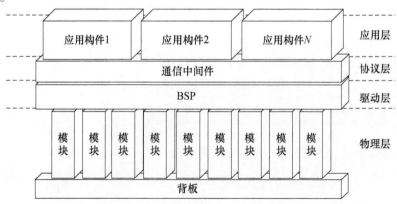

图 6-44 综合处理单元开发体系架构图

6.6.4 处理模块

信号处理机通常由以下模块组成:信号处理、数据处理、任务管理和电源模块。在工程实现中,可以针对不同应用需求选取合适模块独立或共同完成系统任务,充分发挥各模块性能,提高系统的工作效率,减小系统体积和重量。

1. 信号处理模块

信号处理模块通常采用数字信号处理器(Digital Signal Processor,DSP)作为主处理芯片。相较于多核 CPU 与通用计算图形处理器(General Purpose Graphic Process Unit,GPGPU)等处理器来说,DSP 的高性能、低功耗特点使其更适用于 SAR 信号处理。信号处理模块通常由多片 DSP 及大容量内存,共同构成一个高速并行互连多芯片处理网络,满足 SAR 信号处理的大数据量、大运算量要求。

1)处理芯片

目前,典型的处理芯片主要有美国 ADI 公司的 TigerSHARC 系列芯片、美国 TI 公司的 TMS320 系列芯片、美国 Freescale 公司的 PowerPC 系列芯片。近年来,国内也开始推出各种 DSP 芯片,BWDSP100 就是其中的代表。从指令集、体系结构开始,到软件开发环境、高级语言编译器完全自主设计的高性能 DSP,各处理芯片性能比较如表 6-2 所列。从表 6-2 中可以看出,T4240 的标称运算能力最强,但功耗太大;TS201 处理性能较其他芯片落后较多。针对 C6678 处理板及 BWDSP100 处理板各点数快速傅里叶变换实测性能比较如表 6-3 所列。从表 6-3 可以看出,C6678 的运算性能随着快速傅里叶变换点数的增大而下降且实测性能与指标性能差距较大。在点数大于 4096 点以后,即使考虑到内部 8 核因素仍然比 BWDSP100 性能弱。BWDSP100 处理器是一款 32b 静态超标量处理器,采用 16 发射、单指令流多数据流(SIMD)架构。处理器指令总线宽度为 512b;内部数据总线采用非对称全双工总线,内部数据读总线位宽为 512b,内部数据写总线位宽为 256b。该 BWDSP100 器件主要指标参数如下:内部存储单元,28Mb;数据格式,32 位浮点及 16/32 位定点;峰值运算能力,300 亿次 32 位浮点运算指令/s;数据通信能力:8Gb/s。

表 6-2 主流处理芯片性能比较表

比较项目	TS201	BWDSP100	C6678	T4240
生产厂商	美国	中国	美国	美国
内部核/宏	2 宏	4 宏	8 核	12 核
片上 Cache	3MB	3MB + 512kB	(512kB + 32kB + 32kB) × 8 + 4MB	128kB × 12 + 2MB × 3
工作主频	600MHz	500MHz	1.25GHz	2.0GHz

（续）

比较项目	TS201	BWDSP100	C6678	T4240
运算能力	3.6GFlops	30GFlops	160GFlops	240GFlops
1K 点 FFT 时间	15.7ms	2.35ms	5.47ms（单核）	—
功耗	2W	6.5W	约 10W	约 50W
外存接口	SDRAM	DDR2	DDR3	DDR3
温度范围	−40℃~80℃	−55℃~85℃	−40℃~105℃	—

表 6-3 C6678 与 BWDSP100 FFT 性能比较表

时间单位：μs

芯片	512	1024	2048	4096	8192	16384	32768
C6678（主频 1GHz，单核）	7.667	15.304	33.751	79.142	305.654	624.654	1690.898
BWDSP100（主频 500MHz）	1.21	2.352	5.336	10.864	24.822	50.96	114.964
BWDSP100 对应 C6678 核数	6.34	6.51	6.33	7.28	12.31	12.26	14.71

2）模块架构

信号处理模块构成了一个高速并行互连多芯片处理网络。根据总线形式的不同，高速并行互连多芯片处理网络可分为紧耦合与松耦合两种架构形式。紧耦合系统各节点采用时分复用形式共享总线，松耦合则采用独立的分布式总线。

紧耦合系统中的各个处理节点共同使用公共的全局存储器，通过共享存储器进行相互间的通信，由于多个模块通过总线共享同一个传输资源，因此这种互连方式也称为争用总线或时分总线。共享总线系统对总线的访问是直接的，具有速度快、延迟小的优点，在实现数据共享的过程中常常省去了数据传输步骤，从而也节省了宝贵的片内存储器资源。

使用紧耦合方式，构建高速并行系统存在一定的局限性，它具有以下缺点：对总线特别依赖，由于在这种基于共享的总线体系结构中，所有处理单元争用总线带宽，当处理器数目增加、处理器之间数据交换频繁时，每个处理器可用带宽就会减少，影响实际处理性能；紧耦合并行处理系统中通常采用统一编址的寻址方式，这一方面可简化编程，但另一方面也带来可扩展性差等弊端；在基于共享的并行总线上，大量的引脚数目也带来了一定的电气特性和机械特性等问题，使得信号频率以及信号的可传输距离都受到很大程度的制约。

在松耦合系统中，每个处理器节点均配有自己独享的外部存储器，节点间通过高速通信链路互连。这样就可以把用于互连处理器的总线解放出来，从而避免了竞争总线而产生的长时间等待，节约了因为总线频繁切换所浪费的时间。分布式存储的松耦合系统由于具有扩展能力强,支持处理器节点数量多、可构成各种拓扑结构等特点,在大规模并行处理系统中得到了广泛的应用。处理器节点的松耦合互连方式存在多种拓扑结构,主要分为线形或环形、星形或树形以及网络阵列形等结构,它们具有不同的应用特点:线形和环形结构实现的是处理器间的链式串行互连,这种互连结构简单,处理器数量扩展能力强,但处理器间的重构能力有限,并且,不相邻 DSP 间通信需要跨越 DSP,这样需要占用中间 DSP 资源,信息在每个处理器处都会有一个传输延迟,延迟量与处理器数成正比,降低了数据传输速率;星形和树形结构优点在于具有明显的功能层次结构,各级流水段间占用相同或相近的数据传输和处理时间,缺点在于结构较为单一,对软件编程具有一定的局限性,并且每条支路也是简单的线形结构;网络阵列结构可以实现任意处理器节点物理层上的静态全互连,能够实现软件编程的任意重构,局限在于阵列结构的规模和扩展能力取决于处理器互连接口的数量,从而影响了系统的扩展能力。

紧耦合与松耦合架构比较见表 6-4。

表 6-4 紧耦合与松耦合架构比较

比较点	紧耦合	松耦合
结构	多个处理单元共同使用一套数据总线,存储器占用的地址段在各 DSP 中通常是相同的	各处理单元有独立的数据存储器,并通过高速串口互连 DSP
连接方式	单一、线形	线形、树形、星形、网络阵
加速比	运算量远大于通信量时,只能得到准线性加速比	线性加速比
特点	结构简单,当 DSP 数目较少时,可以达到较高的加速比,当处理单元个数较多时,共享总线将造成频繁的总线冲突和等待	只要处理规模增加,系统的处理能力就成比例地增加,适合构建大规模并行系统
适用场合	适合共享数据量很大的情况,可避免分布式结构对各个局部存储器内共享数据进行数据处理	适合多通道和流水线处理,每片 DSP 几乎独立地进行数据处理

2. 数据处理模块

数据处理模块,大多数是由基于 PowerPC 体系结构的高性能嵌入式计算机实现。PowerPC 体系结构是一种精简指令集计算机(Reduced Instruction Set Computer,RISC)体系结构,具有高性能和低功耗的特点,主要应用在嵌入式系统中,可以作为单板计算机,进行高性能计算和图像处理。

在 PowerPC 家族中,目前应用最为广泛的是 G4 系列,G4 对 G3 的重大改进有两个:第一是支持对称多处理器(SMP)结构;第二是 G4 引入了一流的 AltiVec 技术来处理矢量运算。AltiVec 技术是一个 128 位的 SIMD 矢量处理引擎,可以使性能提升到原来的 4.3 倍左右。

数据处理模块一般提供多种对外接口,包括多种网络接口、RS232 串行接口、RS422 串行接口、板上 Serial RapidIO 交换、板上 PCIe 交换。

3. 任务管理模块

任务管理模块一般采用交换芯片+FPGA 的架构形式,其中控制管理功能由 FPGA 实现,数据交换功能由交换芯片实现。任务管理模块还提供多品种、多路对外接口,包括网络接口、光纤接口、全双工 RS422 串行接口、RapidIO 接口等。

6.6.5 信号处理机

SAR 信号处理机通常采用任务管理模块作为信号处理机与外部设备的通信接口,利用商业子卡(Commercial Mezzanine Card,CMC)、后插板等手段进一步丰富接口类型,提高处理机的可扩展性。采用 CPCI、VME 等通用总线实现与外厂货架产品的对接,采用光纤、LINK 等专用链路实现大带宽板间的数据传输。

典型的 SAR 处理模块如图 6-45 所示,处理模块内部框图如图 6-46 所示。

图 6-45　典型的 SAR 处理模块

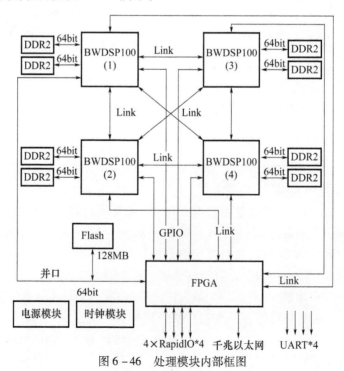

图 6-46　处理模块内部框图

典型 SAR 信号处理机实物如图 6-47 所示，信号处理机组成框图如图 6-48 所示。

图 6-47　典型的 SAR 信号处理机

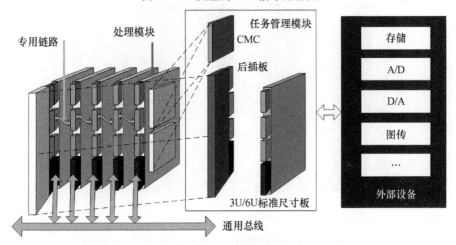

图 6-48　信号处理机组成框图

信号处理机采用标准 6U VPX 架构，由多个功能模块组成，包括信号处理、电源、数据处理、波束形成、光纤接口、任务管理和导航计算机板等。信号处理机对外支持数字接口品种有光纤、429、1553B、异步串口、同步串口、网络、I2C 等，对外接口总带宽超过 230Gb/s，信号处理机内部板间双向通信能力可达 40Gb/s，不包括 FPGA，单元处理能力可达 6TFlops。

图 6-49、图 6-50 分别是实时处理获得的 X 波段 1m 和 0.5m 分辨率的条带 SAR 图像，X 波段 0.3m 分辨率的聚束 SAR 实时处理图像如图 6-51 所示，X 波段 0.15m 分辨率的聚束 SAR 实时处理图像如图 6-52 所示。

随着技术的进步，信号处理机的运算能力显著提高，单个处理模块每秒可达近 10^{12} 次浮点运算的处理能力；通信带宽增长迅速，板间通信带宽可达几十吉字节每秒；集成度提高，单位体积处理能力、存储容量、功耗均大幅提升；单位体积热耗增大，散热形式由风冷向液冷、导冷方向发展。

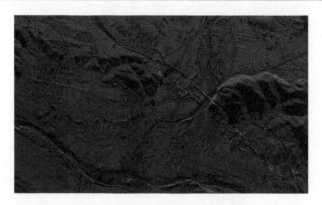

图6-49　1m分辨率条带SAR图像

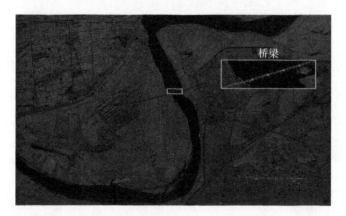

图6-50　0.5m分辨率条带SAR图像

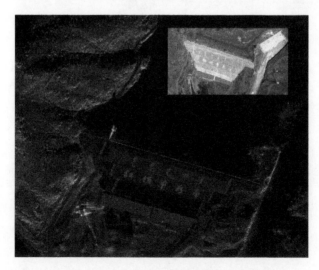

图6-51　0.3m分辨率聚束SAR图像

图 6-52 0.15m 分辨率条带 SAR 图像

参考文献

[1] FREY O, MAGNARD C, RUEGG M, et al. Focusing of airborne synthetic aperture radar data from highly nonlinear flight tracks[J]. IEEE Transactions on Geoscience and Remote Sensing, 2009, 47(6):1844-1858.

[2] YEGULALP A F. Fast backprojection algorithm for synthetic aperture radar[C][S. l.]:Radar Conference,1999.

[3] ULANDER L M H, HELLSTEN H, STENSTROM G. Synthetic-aperture radar processing using fast factorized back-projection[J]. IEEE Transactions on Aerospace and electronic systems, 2003, 39(3):760-776.

[4] ZHU D, ZHU Z. Range resampling in the polar format algorithm for spotlight SAR image formation using the chirp z-transform[J]. IEEE transactions on signal processing, 2007, 55(3):1011-1023.

[5] LANARI R, ZOFFOLI S, SANSOSTI E, et al. New approach for hybrid strip-map/spotlight SAR data focusing[J]. IEE Proceedings-Radar, Sonar and Navigation, 2001, 148(6):363-372.

[6] SMITH A M. A new approach to range-Doppler SAR processing[J]. International Journal of Remote Sensing, 1991, 12(2):235-251.

[7] RANEY R K, RUNGE H, BAMLER R, et al. Precision SAR processing using chirp scaling[J]. IEEE Transactions on Geoscience and Remote Sensing, 1994, 32(4):786-799.

[8] REIGBER A, POTSIS A, ALIVIZATOS E, et al. Wavenumber domain SAR focusing with integrated motion compensation[C][S. l.]:Geoscience and Remote Sensing Symposium, 2003.

[9] CUMMING I G, WONG F H. 合成孔径雷达成像:算法和实现[M]. 洪文, 胡东辉, 译. 北京:电子工业出版社, 2007.

[10] LI F, HELD D N, CURLANDER J C, et al. Doppler parameter estimation for spaceborne synthetic-aperture radars[J]. IEEE transactions on geoscience and remote sensing, 1985 (1):47-56.

[11] CHANG C Y, CURLANDER J C. Doppler centroid estimation ambiguity for synthetic aperture radars[C] [S. l.]:Quantitative Remote Sensing:An Economic Tool for the Nineties, 1989.

[12] BERIZZI F, CORSINI G. Autofocusing of inverse synthetic aperture radar images using contrast optimization [J]. IEEE Transactions on Aerospace and Electronic Systems, 1996, 32(3):1185-1191.

[13] WAHL D E, EICHEL P H, GHIGLIA D C, et al. Phase gradient autofocus——a robust tool for high resolution SAR phase correction[J]. IEEE Transactions on Aerospace and Electronic Systems, 1994, 30(3):827-835.

[14] 曹福祥, 保铮, 袁建平, 等. 用于 SAR 运动补偿的 DGPS/SINS 组合系统研究[J]. 航空学报, 2001,

22(2):121-124.

[15] 邓海涛. UWB 机载 SAR 方位空变误差精确补偿方法[J]. 信号处理,2014,30(2):221-226.

[16] CHAN H L,YEO T S. Noniterative quality phase – gradient autofocus (QPGA) algorithm for spotlight SAR imagery[J]. IEEE Transactions on Geoscience and Remote Sensing,1998,36(5):1531-1539.

[17] 保铮,廖桂生,吴仁彪,等. 相控阵机载雷达杂波抑制的时—空二维自适应滤波[J]. 电子学报,1993,21(9):1-7.

[18] RICHARDSON P G. Analysis of the adaptive space time processing technique for airborne radar[J]. IEE Proceedings – Radar,Sonar and Navigation,1994,141(4):187-195.

[19] 保铮,张玉洪. 机载雷达空时二维信号处理[J]. 现代雷达,1994,16(2):17-27.

[20] 邓海涛,张长耀. 一种机载三通道 GMTI 实时信号处理方法[J]. 电子与信息学报,2009,31(2):370-373.

[21] FORTMANN T,BAR – SHALOM Y,SCHEFFE M. Sonar tracking of multiple targets using joint probabilistic data association[J]. IEEE journal of Oceanic Engineering,1983,8(3):173-184.

[22] 盛勺. 检测中断后机载雷达航迹连续跟踪算法[J]. 雷达科学与技术,2011,9(6):537-541.

第 7 章 图像情报处理系统

7.1 概述

SAR 图像的情报应用需求主要包括目标检测、目标变化检测、目标识别和多源 SAR 图像融合等,这些是 SAR 图像情报处理系统研究的前提。

(1) 目标检测。目标检测确定图像中是否存在感兴趣目标,并提取目标属性信息。不同用户对"目标"的理解不同,如测绘部门关注的主要目标是地表地物,林业部门关注的主要目标是植被,海事部门关注的主要目标是海风、海浪和船舶,地质部门关注的主要目标是岩石和地矿,军事部门关注的主要目标是军事设施、军事装备等。数据源不同、目标不同,从 SAR 图像中提取目标的方法也不尽相同,进而产生了各种各样的目标检测算法。

(2) 目标变化检测。目标变化检测确定多时相图像中感兴趣目标的变化状态。随着海量 SAR 数据的积累,如何从浩如烟海的数据中迅速提取有效信息、摒弃不感兴趣的冗余信息,成为了 SAR 图像人工判读的难点。利用 SAR 图像进行变化检测,自动获取地表地物所发生的变化,自动聚焦于感兴趣的地物与地表目标,可大幅提高判图员效率,能快速实现对目标动态、毁伤效果评估等方面监视情报的获取,有力地提升情报保障能力。

(3) 目标识别。目标识别在目标检测的基础上,通过对目标特征的提取和分析,采用自动或半自动识别的方法,判断该目标的类别或具体型号。在军事领域,目标识别是重要需求,如对海上舰船目标来讲,大类目标识别可分为军用船只和民用船只,细类目标识别可分为航空母舰、驱逐舰、巡洋舰、捕捞船、油轮、货轮等,更细的目标可定位到具体的型号和名称。目标识别一般需要目标数据库的支撑,如果没有数据库,则目标识别的工作难以进行。目标识别方法主要有模板匹配、统计分类和神经网络等。

(4) 多源 SAR 图像融合。多源 SAR 图像融合解决多源 SAR 图像情况下,如何更有效地开展目标检测、目标变化检测和目标识别的问题。对同一场景开展成像时,由于传感器和平台的不同,总能得到不同时相、不同波段、不同极化等多源的 SAR 图像。每种来源的 SAR 图像都是地面特征的局部表示,在充分融合各种数据源特征的基础上,可以更全面地解析地物。融合的方法总体上可以分为像素级、特征级和决策级等三个层次,不同层次又有多种处理算法和策略,具体采用什么方法,由实际应用需求确定。

随着多波段、多极化、多分辨率、多工作模式的 SAR 系统投入运行,全方位对地观测已成为现实,每天都能获得海量的图像数据。由于 SAR 图像与光学图像有很大的差异,并受到相干斑噪声及阴影、透视收缩、顶底倒置等几何特征的影响,SAR 图像情报处理比常规光学图像困难得多。目前,SAR 图像情报处理能力与 SAR 系统的研制能力不相适应,它无法满足实际应用中 SAR 系统获得的海量图像数据的情报处理需求,使 SAR 系统的应用效能没有得到充分体现。

本章从 SAR 图像情报应用需求出发,在 SAR 图像目标检测、目标变化检测、目标识别和多源 SAR 图像融合等方面进行了技术探讨,提出了大量典型目标的情报处理技术思路,并给出了在 SAR 图像数据上的最新情报处理成果。

7.2 目标检测

SAR 图像目标检测的目的是确定图像中目标的存在,并且将目标从背景杂波中可靠地分离出来。由于目标的多样性和 SAR 图像背景杂波的复杂性,目标检测成为极具挑战性的工作。对于强散射目标的检测,恒虚警率(CFAR)检测算法是 SAR 图像目标检测中最常用的方法。对于非强散射目标的检测,如结构性目标(桥梁、机场等),CFAR 检测并不适用,此时需要根据目标的其他特征,如形状特征、统计特征、环境特征等,进行目标检测。目标检测的好坏直接影响后续的目标鉴别、分类和识别工作。

7.2.1 强散射目标检测

强散射目标检测通常采用 CFAR 检测方法。CFAR 检测是一种像素级水平的目标检测方法,其前提是目标相对于背景具有较强的对比度。在实际情况中,目标所处的背景往往比较复杂,不可能使用固定阈值来检测目标,需要自适应地确定阈值。CFAR 检测方法通过单个像素灰度与某一阈值的比较,达到检测目标像素的目的。在给定虚警概率的情况下,检测阈值由杂波的统计特性决定。

假设 $p(x)$ 为杂波分布模型的概率密度函数,分布函数 $F(x) = \int_{-\infty}^{x} p(t)dt$。$F(x)$ 在 $(-\infty, +\infty)$ 上是递增函数。通过求解方程

$$1 - P_{fa} = \int_{-\infty}^{I_c} p(t)dt \qquad (7-1)$$

可以得到阈值 I_c。

式中:P_{fa} 为虚警概率。

CFAR 检测方法分全局 CFAR 和局部 CFAR 两种。利用全部数据计算统

分布参数,称为全局 CFAR;利用局部窗口估计统计分布参数,称为局部 CFAR。全局 CFAR 适用于杂波背景均匀的目标检测,方法较为简单。局部 CFAR 适用于背景杂波不均匀的目标检测,检测一般需要三个滑动窗口——目标窗口、保护窗口、背景窗口,如图 7 - 1 所示。保护窗口是为了防止目标的部分像素泄漏到背景窗口中,造成背景区域统计计算不正确。背景窗口用于背景杂波统计,其尺寸可以根据经验选取。如果两目标的距离太近,此方法可能造成漏检。

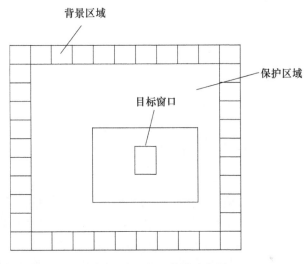

图 7 - 1　CFAR 检测示意图

为了检测不同尺寸和方向的目标,需要选择合适的目标窗口尺寸。如果使用小目标的尺寸作为目标窗口的尺寸,那么对于大目标,许多像素将位于背景窗口,从而增加背景窗口均值和方差,使检测概率减小;如果使用大目标的尺寸作为目标窗口的尺寸,那么对于小目标,均值减小,同样使得检测概率减小。因此,一般取目标窗口尺寸为小目标的 2 倍,保护窗口的尺寸为大目标的 2 倍,背景窗口尺寸 = 保护窗口尺寸 + $2N$,通常 $N=3$。

对应不同的杂波分布模型有不同的 CFAR 检测方法,常见杂波分布模型有高斯(Gauss)分布、瑞利(Rayleigh)分布、指数分布、韦布尔(Weibull)分布、对数正态(Log – Normal)分布、Gamma 分布和 K 分布模型等[1]。根据杂波强度估计方法的不同,CFAR 方法有单元平均恒虚警(CA – CFAR)、选大恒虚警(GO – CFAR)、选小恒虚警(SO – CFAR)、排序恒虚警(SO – CFAR)等[2]。

SAR 图像上,一个目标占有很多的分辨单元。但由于目标表面本身散射的起伏,CFAR 检测后得到的二值图,对应于同一目标的像素一般不能形成连通的区域,所以对检测后的二值图需要进行目标像素聚类处理。

目标像素的聚类需要目标和图像的先验知识,如目标的一般长度 L、宽度 W

和图像分辨率 ΔA 等。事实上,由于 SAR 图像中的目标在成像时,未必所有部分都有很强的散射能量,因此,CFAR 检测出的目标像素的面积 S 小于目标的实际面积,即满足

$$N_0 \leqslant S \leqslant L \times W/(\Delta A \times \Delta A) \tag{7-2}$$

式中:N_0 为目标所含像素的最小值,由经验给出。同时,同一目标区域内的两个像素之间的距离 d 满足

$$d \leqslant \sqrt{L^2 + W^2}/\Delta A \tag{7-3}$$

根据上面的分析,可以建立像素聚类的流程如图 7-2 所示。首先,利用形态学闭运算,将邻近像素进行连接;然后,采用密度滤波器,去除孤立点;最后,根据距离阈值进行像素聚类,将所有距离小于距离阈值的像素归为一个目标,根据面积阈值,消除孤立噪声点和超过目标尺寸的大目标。

图 7-2　目标像素聚类流程

针对海上船只目标检测,大量的研究结果表明,单纯使用 CFAR 检测算法并不能够获得令人满意的结果,其结果通常总是在低检测概率和高虚警概率之间波动。为提高检测率,减少虚警,舰船目标检测前必须对海洋 SAR 图像进行预处理,同时对 CFAR 检测后的结果进行后处理。归纳起来,舰船检测工作包括五个步骤:陆地掩膜、目标增强预处理、目标检测预分割、目标辨识和目标信息提取。具体流程如图 7-3 所示。

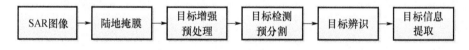

图 7-3　船只目标检测流程

机载 SAR 船只检测是军事上的典型应用,其图像具有更高的分辨率,对小目标具有更好的检测效果,但由于飞机抖动以及成像原因,会导致机载 SAR 图像的幅度不均衡。此外,海浪具有较强的散射,近岸陆地目标强散射副瓣会在海洋区域产生较强的虚影,因此,船只检测需要在高检测率和低虚警率之间进行折中,特别是对于海陆同存的 SAR 图像,如需保证近岸的目标尽量被检测到,就可能引入较多的虚警,如果降低虚警,近岸的目标就有可能被漏检。对于运动船只,由于多普勒效应,船目标呈现拉长效果,不利于船只的参数估计。

针对陆地车辆目标检测,策略是利用综合 CFAR 检测,即先通过全局 CFAR 检测出图像上的高亮像素,然后利用局部 CFAR 去除树冠和建筑物等虚警,对目标区域的像素进行聚类。处理过程主要包括四个步骤:全局 CFAR、局部

CFAR、目标聚类、目标参数提取。具体流程如图7-4所示。

图7-4 车辆目标检测流程

针对机场跑道飞机目标检测,采用跑道区域全局CFAR,但是由于高分辨率图像上,飞机目标的不同部位散射强弱有差别,为了实现对飞机整体的分类和识别,需要对各部分像素进行聚类。机场跑道飞机目标检测流程如图7-5所示。

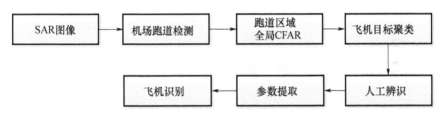

图7-5 跑道飞机目标检测流程

7.2.2 结构性目标检测

本节主要讨论桥梁和机场结构性目标的检测。

1. 桥梁检测

在低分辨率SAR图像上桥梁目标呈现均匀的强散射,与河流背景形成强烈对比,其特征可以概括为:SAR图像中存在大面积易识别的水域,桥梁横跨在水面上;水域的灰度值较低且灰度分布均匀(均方差较小),而桥梁的灰度与陆地接近,其灰度值相对水域较大;桥梁的长度在一定范围内,桥面的宽度也在一定范围内,即同一座桥梁两侧水域之间的间距也在一定宽度内;桥梁两侧是水域,而河岸线一边是水域一边是陆地;桥梁边缘虽然没有很好的双平行线特性,但不会过于弯曲。

在机载SAR数据中,由于分辨率较高,桥梁局部的散射特征更加明显,如桥墩的散射、路灯的散射、栏杆的散射以及多次散射等,这些散射特征,使得桥梁并不呈连续的强散射像素,而是呈间断的强散射点。

如图7-6所示是SAR桥梁检测一般处理流程。首先,对SAR图像进行一定的预处理,主要包括灰度量化、灰度拉伸、斑噪滤波、降分辨率处理等。灰度量化指将原始SAR幅度量化至[0,255]的灰度空间,灰度量化能够降低处理数据量;灰度拉伸是为了调整图像的灰度显示,方便后期进行图像阈值分割;斑噪滤波能够减少噪声对目标检测的影响;降分辨率处理主要是针对机载SAR高分辨率图像而言的;不同图像有不同的预处理需求。其次,进行图像分割。图像分割的目的是将河流和桥梁分开,接着进行形态学处理、删除小空洞、提取桥梁目标点等操作。形态学处理的目的包括连接分段的桥梁、去除小毛刺和孤立噪声;删除小空洞操作是在形态学处理的基础上,继续删除分割图像中的小闭合区间;提取桥梁目标点是利用桥梁和河流的相对位置特征提取桥梁上的像素。最后,利用桥梁目标点,提取桥梁参数信息。

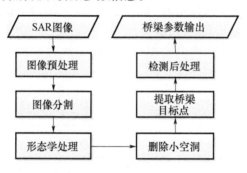

图 7-6 SAR 图像桥梁目标检测的基本流程

2. 机场检测

机场主要由以下部分构成:机场交通道路网(跑道、出租车道、公路)、建筑物和机动目标(飞机、车辆)等。跑道是机场上最显著的特征,在图像上表现为细长的黑色矩形条带。显然,要检测机场区域,应该从检测跑道入手,找到了跑道也就找到机场。但以下原因增大了跑道提取的难度:相干斑的影响;灰度表面的不均匀性;其他目标的干扰。

归纳起来,机场目标一般具有以下特征:跑道的长度在一定范围内,其数学表达式为 $l_1 \leqslant L \leqslant l_2$,其中 L 表示跑道的长度,l_1 和 l_2 分别表示一个常数(l_1 通常为 900m;l_2 通常为 4200m);跑道的宽度在一定范围内,其数学表达式为 $w_1 \leqslant W \leqslant w_2$,式中 W 表示跑道的宽,w_1 和 w_2 分别表示一个常数(w_1 通常为 18m,w_2 通常为 60m)。跑道的长度远远大于跑道的宽度;跑道的表面平均灰度值较低且灰度分布均匀,在图像上呈现为一条狭长的暗区;如果有多条跑道,则跑道呈交叉或平行;机场区域的宽度至少有 4 个跑道宽度,机场区域的长宽比满足一定的阈值范围,一般大于 3。

如图 7-7 所示是 SAR 图像机场检测的基本流程。与桥梁目标检测流程类似,它包括图像预处理、图像分割、形态学处理、删除小空洞、目标检测和辨识等操作。

7.2.3 目标参数提取

在目标检测、辨识的过程中,目标参数的提取是非常重要的,它指导着图像解译工作的开展。主要目标参数包括面积、重心位置坐标、主轴方向角、长宽

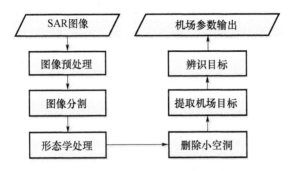

图7-7 机场检测基本流程

比、平均灰度等。面积、重心坐标位置和主轴方向角使用力学中空间矩的概念来计算。

对于离散图像$f(i,j)$，$p+q$阶矩定义为

$$m_{pq} = \sum_i \sum_j i^p j^q f(i,j) \tag{7-4}$$

$p+q$阶中心矩以重心$(\bar{i},\bar{j})$作为原点计算，定义为

$$u_{pq} = \sum_i \sum_j (i-\bar{i})^p (j-\bar{j})^q f(i,j) \tag{7-5}$$

1. 面积

估计目标面积最常用的方法是目标区域像素的总数。但由于CFAR阈值的影响，并不是所有的目标像素都被提取出来，因此，另外一个较好的选择就是将目标区域的最小外接矩形作为目标面积。

2. 重心点位置

目标的重心点$(\bar{i},\bar{j})$用一阶矩和零阶矩的比值来表示，即

$$\bar{i} = \frac{m_{10}}{m_{00}}, \bar{j} = \frac{m_{01}}{m_{00}} \tag{7-6}$$

3. 主轴方向角

在通过目标重心点的轴线中，最长的轴线称为目标的主轴。目标主轴与Y轴(即正北方向)之间的夹角称为主轴方向角

$$\theta = \frac{1}{2}\arctan\left(\frac{2u_{11}}{u_{20}-u_{02}}\right) \tag{7-7}$$

式中：u_{11}为目标像素点坐标相对中心的乘积的均值；u_{20}为目标像素点x坐标相对中心的平方的均值；u_{02}为目标像素点y坐标相对中心的平方的均值。以此可以得到目标的航向为θ或$\theta+\pi$。

4. 长宽比

长宽比是目标的重要参数，此处定义为主轴决定的外接矩形的长与宽之比。

5. 速度提取

在存在船只尾迹的情况下,可以利用船只尾迹来估测舰船的航速。运动船只尾迹的主要特征如表 7-1 所列。

表 7-1　舰船速度分类及特征

海面尾迹特征表现形式		SAR 图像中的表现形式	尾迹成像机理	尾迹角
表面波	布拉格波	窄 V 形亮线	布拉格作用	夹角 <10°
	开尔文尾迹	开尔文臂	倾斜和水动力调制	夹角约 39°
湍流或涡流尾迹		暗调带(伴随亮边缘)	流场和抑制作用	轴线附近
船产生的内波		内波尾迹	流场作用	依赖于船速

利用船只尾迹估计舰船速度的方法大致有三种:

(1) 由于雷达对运动目标成像时存在多普勒偏移,这使得运动的舰船目标在 SAR 海洋图像上会偏离其实际位置,船舶目标偏离其尾迹位置。设船只运动方向与距离方向的夹角为 ϕ。船只沿距离向的速度分量 $V_{\text{ship}} \cdot \cos\phi$ 影响多普勒偏移,从而导致船只目标最终在方位向产生偏移。

在已知偏移量的情况下,可以通过偏移量来计算舰船航速,即

$$V_{\text{ship}} = \frac{d \cdot V_{\text{sat}}}{R \cdot \cos\phi} \quad (7-8)$$

式中:V_{ship} 为舰船速度;d 为舰船目标的方位向偏移量;V_{sat} 为平台飞行的轨道速度;R 为舰船目标与卫星的距离;ϕ 为舰船运动速度矢量与距离向的夹角。从式(7-8)还可以看出,当船只沿距离向向雷达航行时,船只在方位的前进方向成像;当船只沿距离向逆着雷达航行时,船只在方位的后退方向成像。

(2) 在海面较为平静时,可以在 SAR 图像中检测到窄 V 形尾迹,利用窄 V 形尾迹两臂的夹角也可以估算舰船尾迹,即

$$V_{\text{ship}} = \frac{\sin\varphi}{2\tan\alpha}\sqrt{\frac{\lambda g}{4\pi\sin\theta}} \quad (7-9)$$

式中:λ 为雷达波长;g 为重力加速度;θ 为雷达入射角;φ 为雷达侧视方向与舰船航道的夹角;α 为窄 V 形尾迹的半张角。

(3) 在测得尾波的波长之后,可以利用尾波波长的相位速度等于舰船航速这一关系来估算舰船航行速度,即

$$V_{\text{ship}} = \sqrt{\frac{\sqrt{3}g\lambda_w}{4\pi}} \quad (7-10)$$

式中:λ_w 为尾波波长;g 为重力加速度。

7.2.4 典型实例

1. 船只目标检测

本书采用机载高分辨率数据进行船只检测实验。如图7-8所示是三幅SAR图像的检测结果,图像分辨率为2m,其中图7-8(a)和(b)是海洋区域,图7-8(c)是海洋与陆地的图像,图7-8(d)是图7-8(c)的局部放大结果。表7-2是图像的检测结果。对于图7-8(c)图像的检测,在保证足够检测率的情况下,适当放松了对虚警率的控制。实验中平均检测率达90%以上,虚警率10%以下。

(a) 图像1,分辨率2m,列×行:4096×864

(b) 图像2,分辨率2m,列×行:5462×3936

(c) 图像3,分辨率2m,列×行:5419×1512

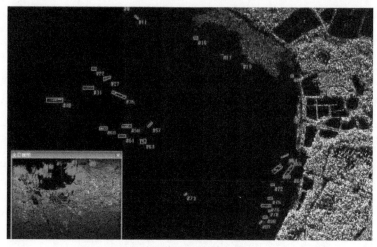

(d) 图像3的局部放大图

图 7-8　机载 SAR 船只检测结果

表 7-2　机载 SAR 船只检测结果参数

序号	实际目标数	检测目标数/检测率	虚警数据/虚警率
图像 1	3	3 / 100%	0 / 0
图像 2	10	10 / 100%	0 / 0
图像 3	91	87 / 95.6%	11 / 11.2%
合计	104	100 / 96.15%	11 / 9.9%

2. 车辆目标检测

相比海上目标的检测而言,陆地目标的检测更为复杂,因为需要考虑复杂背景的影响。如图 7-9 所示是 MSTAR 图像,在该图像上,有房屋、草地、森林,也有独立的树,整个图像的统计分布是 Gamma 分布,如表 7-3 所示,其中 4 辆坦克全部检出,虚警为 0。如图 7-10 所示是国内某机载 SAR 图像,分辨率 0.5m,进行车辆目标检测的结果;在该图中,共有 17 辆大型卡车,10 辆小型车辆,试验中检测目标以大型卡车为对象,可以看到大型卡车检测到 16 辆,另有 2 个虚警,检测率达到 94%,虚警率 11%。

表 7-3　MSTAR 检测目标属性列表　　　　单位:像素

序号	目标类别	中心位置(行,列)	目标长	目标宽	面积	周长	长宽比	方位角/(°)
#1	坦克装甲	(247,1269)	29	14	416.30	87.12	2.07	73.74
#2	坦克装甲	(597,669)	26	11	293.80	74.97	2.36	122.91
#3	坦克装甲	(1353,1274)	27	14	369.12	81.57	1.93	77.47
#4	坦克装甲	(1516,198)	32	12	380.97	87.70	2.67	157.07

第 7 章 图像情报处理系统

图 7-9 MSTAR 数据检测结果

图 7-10 某机载 SAR 图像车辆目标检测结果

3. 桥梁目标检测

针对星载(Radarsat 1)和机载SAR图像,进行桥梁目标检测,检测结果如图7-11~图7-13、表7-4和表7-5所示,这里桥梁目标检测率达到90%以上。

图7-11 星载SAR桥梁图(分辨率约10m)

表7-4 桥梁目标参数信息　　　　　单位:像素

序号	目标类别	中心位置(行,列)	目标长	目标宽	面积	周长	长宽比	方位角/(°)
#1	桥梁	(121,706)	30	5	138.86	69.23	6.00	169.22
#2	桥梁	(189,674)	41	6	242.00	94.20	6.83	140.91
#3	桥梁	(233,661)	61	6	361.66	133.39	10.17	128.93
#4	桥梁	(244,302)	29	11	324.54	80.43	2.64	107.10
#5	桥梁	(261,229)	44	9	388.19	104.93	4.89	129.40
#6	桥梁	(270,433)	31	7	208.14	75.49	4.43	81.03
#7	桥梁	(272,631)	43	8	335.50	101.82	5.38	135.00
#8	桥梁	(288,481)	34	10	352.50	88.33	3.40	83.29
#9	桥梁	(332,199)	26	7	185.00	66.47	3.71	135.00
#10	桥梁	(429,127)	43	10	441.34	105.83	4.30	118.61
#11	桥梁	(481,58)	39	11	431.06	100.18	3.55	93.18

第7章 图像情报处理系统

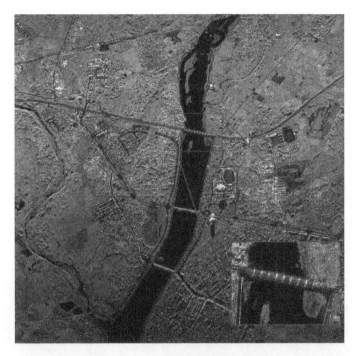

图7-12 机载 SAR 1m 分辨率桥梁图

图7-13 桥梁目标检测结果

表 7-5　桥梁目标参数信息　　　　　　　单位：像素

序号	目标类别	中心位置(行,列)	目标长	目标宽	面积	周长	长宽比	方位角/(°)
#1	桥梁	(1027,1625)	167	17	2877.40	369.68	9.82	168.69
#2	桥梁	(1713,1541)	202	18	3836.35	442.70	11.22	170.13
#3	桥梁	(2213,1335)	167	18	3180.00	373.15	9.28	161.57

4. 机场目标检测

采用四幅机载高分辨率 SAR 图像进行了机场检测实验。实验结果如图 7-14 所示，机场目标都能够提取出来，检测率达到 100%。影响检测速度的因素除了图像大小之外，另一个重要的因素就是图中暗区域的多少，暗区域越多，检测速度越慢。

(a) 分辨率2m

(b) 分辨率1m

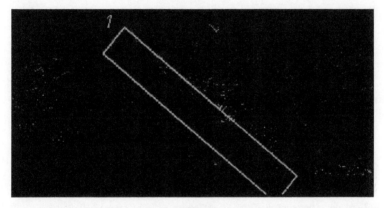

(c) 分辨率1m

(d) 分辨率0.6m

图 7-14 机载 SAR 图像机场检测结果

7.3 目标变化检测

变化检测是根据不同时间、同一地区获取的多幅图像来确定地物变化特征和过程。它主要通过提取和分析图像间光谱特征差异或空间结构特征的差异，来实现识别地物类型的转变或内部条件和状态的变化。最主要表现在灰度值或局部纹理之间的变化,并在此基础上获取感兴趣区域在形状、位置、数量及其他属性的变化情况。

SAR 图像变化检测的流程概括为三个步骤,如图 7-15 所示,分别是图像预处理、差异图获取和差异图分割[3]。在应用背景下,是以历史时刻获取的图像作为基准图像,实时获取的图像作为待检测图像,对基准图像和待检测图像进行配准后,产生初始差异图,再自动地对初始差异图中的像元进行判决、鉴别,生成分类差异图,供判图员判读。通常分类差异图为二值图像,1 代表变化像素,0 代表未变化的像素,即白色代表变化,黑色表示未发生变化。有时分类差异图采用三值图像表示,1 代表增加目标的像素(蓝色),-1 代表减少目标的像素(红色),0 代表未变化的像素(黑色)。

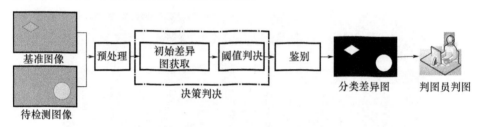

图 7-15　图像变化检测流程图

7.3.1　预处理

图像预处理主要包括图像配准、斑噪滤波、辐射校正、几何校正。图像配准是不同时相 SAR 图像变化检测的前提条件,它保证前后两幅图像的像元尺寸、地理位置一致。配准精度一般要求在 1 个像素以内。很多配准算法都很成熟,而且是非监督操作,在变化检测步骤中可以直接使用,如相关系数法、相干系数法、基于快速傅里叶变换(FFT)的相位相关法、基于不变特征匹配算法等。斑点噪声严重影响 SAR 图像的质量和后期应用,进行斑噪滤波能够有效抑制相干斑,提高图像质量。经过多年发展,已经有多种自适应滤波算法,如均值滤波、中值滤波、基于邻域模型的滤波等。滤波在降低噪声影响的同时,对图像的细节信息也有一定的损坏。尽管如此,斑噪滤波仍然是 SAR 图像变化检测过程中不可缺少的重要步骤。

辐射校正包括相对辐射校正和绝对辐射校正。相对辐射校正是指两幅图像之间强度的相对归一化,而绝对辐射校正则需要利用定标参数,将幅度或强度数据转化到后向散射系数或后向散射截面积。通过比值处理生成差异图,辐射校正过程就可以省略,严格的 SAR 图像几何校正包括距离转换、方向校正、地形校正;图像处理包括重采样、插值、旋转、镜像等。重采样和插值处理不利于对原始数据的特征保持。因此,几何校正过程一般在图像预处理阶段可以忽略,而在变化检测结果得到之后,针对检测结果进行几何校正处理。

7.3.2　差异图获取

SAR 差异图获取是非监督变化检测研究非常重要的步骤,主要的差异图获取方式可以概括为:基于对数比值的差异图获取、基于相关性的差异图获取、基于特征变换的差异图获取和多通道数据的差异图获取。不同的差异图获取方法影响着差异图分割方法的选择。

SAR 图像差异图最直接的获取方式是差值法和比值法。差值法一般要求两时相 SAR 图像经过相对定标和绝对定标,然后通过相减获得差异图,否则变化信息将被淹没在噪声中。比值法并不要求两时相图像事先经过定标处理,直接通过幅度或强度比值得到差异图。通过比值处理不仅能够很大程度上消除乘性噪声的影响,减少定标处理引入的额外误差,而且能够凸现出 SAR 图像上的相对变化区域。

基于相关性进行差异图的提取也是变化检测的重要手段。两幅 SAR 图像相关性的主要指标包括相干系数(Cohrence Coefficient)和相关系数(Correlation Coefficient)。多时相 SAR 影像的相干系数是地物变化检测的重要指标。相干系数是基于单视复数(Single Look Complex,SLC)数据进行计算的。利用相干性来考察 SAR 图像的变化区域是有限制的,这是因为相干系数受到干涉基线的影响。从干涉理论可以得到,干涉基线距离是影响相干性的主要因素之一,基线距离越大,相干性越低,当基线距离超过临界基线距离时,两幅图像将完全不相干。因此,利用相干系数进行变化检测分析是有局限的。相对来讲,相关系数比相干系数更适合进行 SAR 图像的变化检测,相关系数忽略了回波数据中的相位信息,反映了局部空间纹理的相似性。

从本质上来讲,SAR 图像的差异都是特征的差异。如何更好地挖掘 SAR 图像的特征,这成为很多研究人员在进行变化检测研究时的关注重点。除了常用的强度、均值、方差、纹理等特征之外,采用适当的变换获得的特征为变化检测的研究带来了创新,如主成分分析(PCA)变换,独立成分分析(Independent Component Analysis,ICA)变换,离散小波变换(Discrete Wavelet Transform),离散余弦变换(Discrete Cosine Transform)等。通过变换获得的特征能够更好地表征 SAR 图像上的变化信息。此类变化检测的典型流程是先提取特征矢量,然后针对特征矢量进行空间聚类处理。

对多通道(如多波段、多极化)SAR 图像数据来说,为了充分挖掘单通道中的变化信息,需要对各通道数据进行融合。融合的方法有多种,除了前面介绍的 PCA 变换方法之外,还有独立成分分析、统计特征融合、极化似然比和极化特征分解等。

7.3.3 差异图分割

从差异图上进行阈值分割是获取变化图的常用方法。自动阈值分割的算法有很多,如最大类间方差(OSTU)算法、基于最小错误准则的分割算法、K&I 阈值分割算法、CFAR 阈值分割算法、空间聚类分割算法、MRF 统计分割算法等。其中,只有 MRF 统计分割算法充分利用了像素之间的邻域信息,相比其他算法而言,能够获得更精确的变化检测结果。

如果一个像素标记为变化或没有变化的区域,那么它周围的像素极有可能是同样的标记。因此,利用邻域信息将会产生更可靠、更精确的变化检测结果。利用 MRF 来定义像素之间的依赖性,用两个高斯函数来描述发生变化区域和未发生变化区域的像素强度值的统计特性。

定义像元类别标识为 $C = \{C_l, 1 \leq l \leq L\}$,表示差异图中像素所对应的类别,其中 $C_l = \{C_l(i,j), 1 \leq i \leq I, 1 \leq j \leq J\}$,且 $C_l(i,j) \in \{\omega_c, \omega_n\}$。为求解像素的类别标识 $C_l(i,j)$,根据差异图像 X_D,采用贝叶斯理论中的最大后验估计来确定差分图像中的每个像素的分类标记,即使得 C_l 的后验概率分布满足

$$C_k = \arg\max_{C_l \in C}\{P(C_l/C_D)\}$$
$$= \arg\max_{C_l \in C}\{P(C_l)p(X_D/X_l)\} \quad (7-11)$$

求解上面的最大后验概率,等价于求解如下能量函数最小值

$$U(C_l|X_D) = U_{\text{data}}(X_D|C_l) + U_{\text{context}}(C_l) \quad (7-12)$$

式中:U_{data} 为与统计特征相关的似然能量;U_{context} 为像素间类别关系的邻域能量。通过寻找使能量函数最小化的标记 C_l 来实现对差异图的分类。能量最小化的过程可以采用网络流理论中的最大流(最小割)算法来实现[4]。

7.3.4 人工辅助情报分析

在得到差异图的情况下,情报人员可以迅速开展重点目标的情报分析,其中包括目标的辨识与识别、综合情报分析等。人工辅助手段主要有以下几种。

(1) 目标辨识与识别。在前期目标检测或变化检测的基础上,完成了核心区域定位,但是不可避免地存在虚警和漏检,人工辨识的过程就是剔除虚警,保留真正感兴趣的目标区域。在辨识之后,开展目标识别工作。在存在目标数据库支撑的情况下,利用数据库开展目标识别;在缺乏目标数据库支撑的情况下,需要依靠情报人员的经验开展目标识别。在目标辨识和识别的过程中,计算机提供目标特征计算、特征匹配、参数估计、显示操作等功能。

（2）综合情报分析。在重点目标分析的基础上，还需要综合考虑目标周围的环境，如道路网、水网、地貌、植被覆盖等。这些依赖于情报人员的人工分析，需要情报人员具有全局的观念。在综合情报分析过程中，基础地理信息数据作为重要的支撑，保障情报的地理属性。

7.3.5 毁伤评估

通常情况下，目标在遭受打击之后，几何特征和纹理特征会发生较大的变化。毁伤评估是在变化检测结果的基础上，对变化区域内打击前目标和打击后目标的几何特征和纹理特征作进一步分析而完成的。

一般情况下，需要情报判图分析人员参与来提高毁伤评估的质量。

1. 建筑工事打击毁伤评估

建筑工事是掩蔽人员和物质、保存战争潜力的重要设施。

对建筑工事打击的效果评估，主要通过毁伤造成的几何信息的变化来进行。建筑工事打击毁伤评估一般分四级进行。

（1）严重毁伤。根据几何特征进行评估，如果目标几何特征变化较大，则可认为目标毁伤严重；如果几何特征基本不变，但纹理特征变化很大，说明建筑工事内部结构受损较严重，也可认为目标受到严重毁伤。

（2）中度毁伤。根据纹理特征进行评估，如果目标几何特征变化不大，而只有纹理特征发生变化，则可认为目标受到了中度毁伤的攻击。

（3）微弱毁伤。目标几何特征和纹理特征变化都较小。

（4）无毁伤。没有变化发生。

2. 机场打击毁伤评估

对机场跑道进行毁伤评估，主要考虑毁伤后的跑道是否存在满足飞机起飞所需要的一定长度和宽度的矩形区域。这一矩形区域的长度和宽度需要根据 SAR 图像的分辨率转化成以像素为单位的长和宽度。根据跑道目标识别图像和变化检测图像，可以得到毁伤后跑道目标图像，再给出飞机起飞所需要的跑道长和宽，就可以进一步判断是否存在满足飞机起飞所需的矩形区域。

对机场打击效果的评估分四级进行。具体如下。

（1）严重毁伤，无法起飞。机场跑道连续未受打击区域的宽度和长度小于飞机起飞所需的最小起飞跑道范围。

（2）中度毁伤，局部可起飞。机场跑道损毁较重，但是仍有未受打击的局部区域的宽度和长度满足飞机起飞所需的最小起飞跑道范围。

（3）微弱毁伤，大部分区域可起飞。机场跑道发生较小毁伤，大部分区域适合飞机起飞。

（4）无毁伤。机场跑道基本无毁伤，无变化发生。

3. 桥梁打击毁伤评估

桥梁目标与飞机目标有所不同，属于非移动目标，因此对桥梁目标进行毁伤评估，只需识别出毁伤前的桥梁目标，再结合变化检测结果，提取毁伤信息，最后根据毁伤指标参数，确定其毁伤程度。

对桥梁打击毁伤的评估，分三级进行，具体如下。

（1）严重毁伤，无法通行。桥梁横向断裂或横断面毁伤。

（2）微毁伤，局部可通行。桥面有未受打击的局部区域的宽度满足车辆最小通行宽度。

（3）无毁伤，桥面基本无毁伤，无变化发生。

7.3.6 典型实例

1. 水域陆地互相变化的变化检测

变化检测主要应用于洪水淹没、水域缩减、灾害评估等方面。水域陆地相互变化实验采用的数据是某郊区多时相 Radarsat-1 SAR 图像，图像分辨率为 8m。

如图 7-16 所示，两个时相的数据间隔 3 个月。在这 3 个月之间，除了图像本身的水域陆地变化之外，为了更好分析变化检测方法的效果，人工模拟了两块变化区域，如图 7-16(b)所示，长方形框等大小的陆地数据和水域数据进行了互换，数据大小为 40 行×20 列，共 800 个像素。图 7-17(a)是差异图，亮区表示增强的区域，暗区表示变弱的区域。差异图统计分布符合混合高斯模型。图 7-17(b)和表 7-6 是检测结果及统计，从两个试验区的结果来看，检测率达 90% 以上，虚警率优于 10%。

(a) 20050625

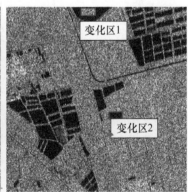
(b) 20050929

图 7-16　某郊区两个时相 SAR 数据 1(512×512)

(a) 对数比值差异图　　　　　　(b) MRF分割变化检测结果

图 7-17　差异图和变化检测结果(G：变强，B：变弱，R：未变)(见彩图)

表 7-6　变化检测结果统计

区域	真实变化像素数	检测变化像素数	检测正确像素数	检测率/%	虚警率/%
变化区1	800	883	799	99.88	9.51
变化区2	800	734	728	91.00	0.82

2. 植被长势的变化检测

植被的不同长势、土壤的水分含量会导致后向散射系数发生较大变化。如图 7-18 所示是 Radarsat-1 两个时相的某郊区图像，间隔约 80 天。在此期间，地表农作物发生了较大变化。通过检测，能够提取变强和变弱的区域。如图 7-19(a)所示是对数比值差异图，如图 7-19(b)所示是 MRF 分割变化检测结果。图 7-20 是人工辨识的一块变弱区域的真实变化检测结果。对这块区域，检测的评估参数如表 7-7 所列，检测率达到 95%，虚警率仅有 5.8%。

 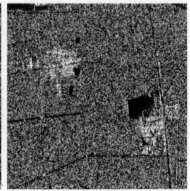

(a) 2005年5月25日　　　　　　(b) 2005年9月5日

图 7-18　某郊区两个时相 SAR 数据 2(400×400)

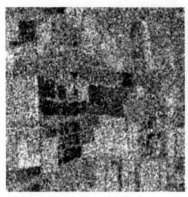 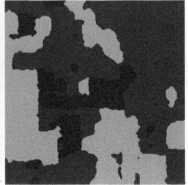

(a) 对数比值差异图　　　　　　(b) MRF分割变化检测结果

图 7-19　差异图和变化检测结果（G：变强，B：变弱，R：未变）（见彩图）

图 7-20　考核区实际变化结果

表 7-7　变化检测结果统计

区域	真实变化像素数	检测变化像素数	检测正确像素数	检测率/%	虚警率/%
考核区	11201	11300	10645	95.04	5.80

3. 城市建筑的变化检测

城市扩张、违建、倒塌灾害评估等是 SAR 图像变化检测的重要应用方向。这里采用两个时相的 SAR 图像进行城市建筑变化的检测，如图 7-21 和图 7-22 所示。图 7-23 是一处考核区的实际变化图，统计结果如表 7-8 所列。总体来讲，检测的变化位置在图像上都能找到相应的变化，说明变化区域的定位是准确的。像素级别的检测精度达到 90%,虚警率小于 10%。

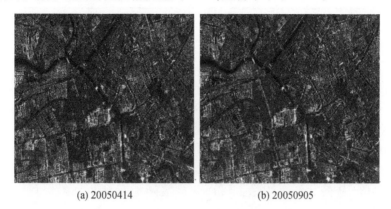

(a) 20050414　　　　　　　(b) 20050905

图 7-21　两个时相 SAR 数据(944×862)

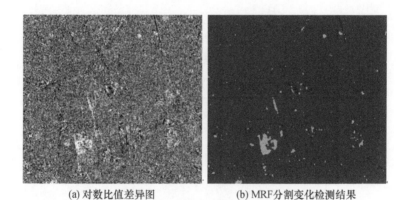

(a) 对数比值差异图　　　　(b) MRF 分割变化检测结果

图 7-22　差异图和变化检测结果(G:变强,B:变弱,R:未变)

图 7-23　考核区实际变化结果

表 7-8　变化检测结果统计

区域	真实变化像素数	检测变化像素数	检测正确像素数	检测率/%	虚警率/%
考核区	5483	5373	4934	90.00	8.14

4. 机场的变化检测

如图 7-24 是机载重复航过某机场区域变化检测的结果。如图 7-25 和 7-26 所示是局部放大图,可以发现,图 7-25 中机场上减少一架小飞机,图 7-26 中机场草坪上角反射发生了移动,同时跑道上新增一辆汽车目标。图 7-27 是机载重复航过另一机场区域变化检测的结果,其中目标是角反射器阵,从变化结果图像上可以非常清晰地看到角反射器目标的前后变化情况。

(a) 变化前

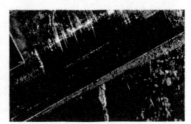
(b) 变化后

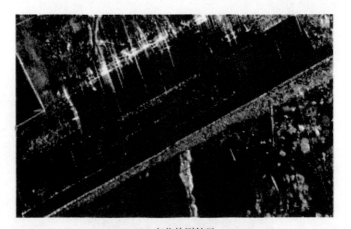
(c) 变化检测结果

图 7-24　某机场目标变化检测

第7章 图像情报处理系统

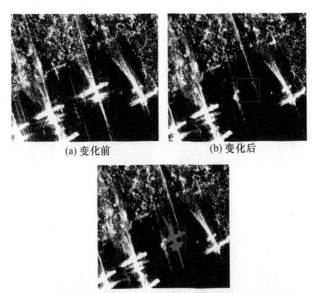

图7-25 局部1:停机坪上少了一架飞机(见彩图)

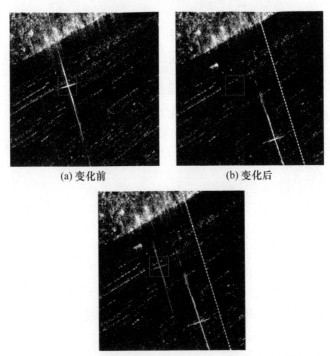

图7-26 局部2:草坪上角反射器移动产生的变化和新增车辆变化(见彩图)

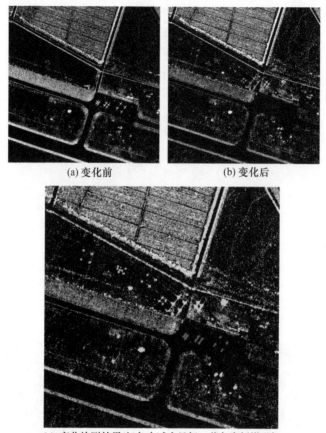

(a) 变化前　　　　　　　　(b) 变化后

(c) 变化检测结果(红色为减少目标，蓝色为新增目标)

图 7-27　某机场角反射器目标变化检测(见彩图)

7.4　目标识别

对 SAR 图像中的目标进行识别时，首先就是 SAR 图像目标有效特征的选择与提取，受到目标特性、SAR 参数和环境因素等运行条件的影响，SAR 图像中的目标具有高度易变性，即目标自身子部件的移动，目标姿态、传感器参数和成像背景的变化都会引起目标 SAR 图像特征的显著变化。显然，这会给目标特征提取造成困难，形成目标描述的易变性差异，导致系统识别性能的下降。因此，不同目标和环境下，要选择不同的特征。

一般来说，纹理特征反映目标的区域特性，多用于对 SAR 图像中不同地物区域分类；极化特征主要针对全极化数据；目标的峰值特征表现了目标的局部极值点的分布；阴影特征能够有效地反映目标的几何形状。

基于特征的目标识别方法,大致可分为基于模板匹配的方法[4]和基于统计模型的方法[5]。基于模板匹配的目标识别方法是将具有相同特征表达的测试目标和先验知识库中的模板目标按某种准则进行匹配的一种目标识别方法。这种方法一般需要海量目标模板的支持,同时在目标存在遮挡、伪装和变形等情况下,识别性能缺乏稳定性。基于统计模型的目标识别方法是利用先验知识和样本数据构建目标或分类器的模型,然后利用目标或分类器模型来实现对目标的识别。这类方法与前一种方法相比,并不需要海量模板数据的支持,同时在伪装、遮挡或是局部形变时,具有一定的鲁棒性。但是这种方法比较复杂,实现相对困难,在使用之前需要进行长时间的训练和实验。

7.4.1 模板匹配识别

基于模板的目标识别技术流程如图7-28所示,主要包括目标模板库建立、目标方位角估计和目标识别三个部分。采用的目标特征是幅度特征,通过计算相关系数进行识别。为了控制模板数量,提高匹配效率,一方面采用一定角度方位建立一个平均模板的方法,另一方面估计目标方位角,使得模板匹配时在一定方位角上的小区域内搜索。

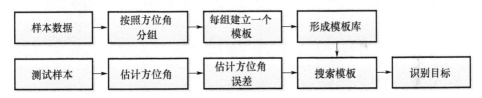

图7-28 基于模板的目标识别技术一般流程

在模板形成及匹配之前都需要对样本做有关的预处理工作,它是雷达目标识别过程中的一个重要环节,其主要任务就是尽量减小各种不确定因素对目标识别性能的影响,如去噪、幅度补偿、能量归一、平移、目标分割和方位角估计等。下面以MSTAR数据[6,7]为例,说明基于模板的目标识别技术流程。

1. 目标分割预处理

在感兴趣目标切片上进行目标分割是目标特征提取的必要步骤。由于斑点噪声的影响,仅仅利用单个像素提供的信息对SAR图像进行分割一般难以得到满意的效果。基于Markov随机场(Markov Random Field,MRF)模型的分割算法充分利用像素的邻域信息,有效减少斑点噪声的影响,通过迭代实现图像的分割,能够取得较精确的效果[8]。

为了保证分割的精度和速度,最好为分割算法提供一个初始分割。在每个目标切片中,一般只含有一个目标。各个图像的明暗可能有较大的差别,但目标和阴影区域所占整幅图像的比率变化不大。将图像切片分成阴影、目标、背

景三部分

$$x = \begin{cases} 阴影, y \leq T_s \\ 目标, y \geq T_t \\ 背景, 其他 \end{cases} \qquad (7-13)$$

式中:x 表示分割后图像;y 表示原图像像素幅度/强度。经过测试,一般选择阈值 T_s 和 T_t,使得

$$\sum_{t=0}^{T_s} p(t) = 0.03 \qquad (7-14)$$

$$1 - \sum_{t=0}^{T_t} p(t) = 0.02 \qquad (7-15)$$

式中:$p(t)$ 为 y 的直方图。将直方图归一化,使得 $\sum_{t=0}^{T_{\max}} p(t) = 1$。阈值 T_s 和 T_t 的选择使得阴影区域占切片图像的 3%,目标区域占切片图像的 2%。获得初始分割后,估计出每一类的均值和方差,然后利用图割法进行 MRF 迭代分割。

2. 峰值特征提取

在 SAR 图像中,根据散射中心的性质可以定义两类峰值特征点:二维峰值点(顶点)和一维峰值点(行顶点和列顶点),行顶点和列顶点分别为目标区域内图像上的行局部极大值和列局部极大值,均为一维局部极大值,而顶点则是图像上目标区域内的二维局部极大值。目标的峰值特征可以通过其邻域内的像素来定义

$$p_{ij} = \begin{cases} 1, \min(a_{ij} - a_{mn}) > \sigma, a_{mn} \in U(a_{ij}) \\ 0, 其他 \end{cases} \qquad (7-16)$$

式中:i 为行号;j 为列号;a_{ij} 为当前像素;$U(a_{ij})$ 为 a_{ij} 的局部邻域;σ 为目标邻域像素标准差;$p_{ij} = 1$ 代表当前像素为目标峰值,$p_{ij} = 0$ 则说明当前像素为非峰值像素。

然而在目标感兴趣区(Region of Interest,ROI)切片中不仅存在着目标的本体,同样也有目标周围的背景杂波,直接根据目标峰值特征的定义提取特征会由于背景杂波的干扰引入大量的错误峰值点。因此,在提取峰值特征时,需要首先进行目标分割,在目标区域提取峰值点。

3. 目标模板库建立

这里采用基于目标区域的相关系数进行配准,在对目标切片进行分割之后,提取目标区域的幅度数据,通过计算其与模板中的目标区域的相关系数来确定目标所属类别。在实验中,设定计算相关的数据窗口为 64×64。虽然切片数据都是以目标为中心,但是并不一定完全配准,所以在 $[-5,5]$ 的范围内搜索最大相关的匹配位置。相关系数计算公式为

$$\rho = \frac{E((x - \bar{x}) \cdot (y - \bar{y}))}{\sqrt{D(x)} \cdot \sqrt{D(y)}} \qquad (7-17)$$

式中：x 和 y 分别为两窗口内的像素幅度；$\bar{x}$ 和 $\bar{y}$ 为幅度均值；$D(x)$ 和 $D(y)$ 为方差。利用区域相关系数方法进行匹配，可以充分利用目标的低频幅度信息和形状信息，保证对目标识别的稳定性。

建立模板库。为了减少模板数量，提高搜索效率，通常按照一定的方位角间隔建立模板库，如每隔 10° 建立一个平均模板，可以建立 36 个模板。建立模板的过程包括目标配准、幅度归一、目标平均等步骤。

目标配准是基于相关系数进行的。假设在角度间隔范围内有 n 个样本 $f_i(x,y), i=1,2,\cdots,n$，则选择一个样本作为标准样本，将其他 $n-1$ 个样本配准到与其相关系数最大的位置。这里标准样本可以随机选择，也可以选择接近中心角度的样本。配准的初始位置是 MRF 分割的目标区域的中心，然后在一定的范围内通过相关系数匹配就能够达到像素级的配准精度。

幅度归一化是为了减小雷达发射机和接收机幅频特性时变带来的影响。这里采用功率归一化方式，即

$$f_i(x,y) = \frac{f_i(x,y)}{\sum\limits_{x,y} f_i(x,y)} \tag{7-18}$$

式中：$f_i(x,y)$ 为 (x,y) 处的像素幅度。

根据配准位置，提取目标周围一定范围的图像进行平均处理，即可以得到目标的角度模板。计算平均模板的公式为

$$\bar{f} = \frac{1}{n} \sum_i f_i(x,y) \tag{7-19}$$

4. 目标方位角估计

SAR 图像中的目标除了受到各种成像参数的影响之外，还受到目标主轴相对于雷达照射波束的方位角影响，方位角不同，目标图像呈现很大差异。在 SAR 图像目标识别时，模板匹配方法是一种重要的识别策略，它通常要在不同方位角模板中搜索匹配模板。因此，如果将 SAR 图像目标方位角估计在一定范围内，那么将大大提高搜索和匹配效率。

这里介绍一种稳健的方位角估计算法[9]。该方法以 MRF 分割的目标、阴影和背景图为基础，根据方位角与目标和阴影离散系数的关系，将方位角估计区间 $(0°,180°)$ 分为三段，分别为 $(0°,20°)$ 与 $(160°,180°)$、$(20°,60°)$ 与 $(120°,160°)$、$(60°,120°)$。然后，在三个区间内分别采用坐标轴投影估计、目标边缘估计拟合以及改进的边缘直线拟合。

定义两个离散系数为

$$R_1 = \frac{\text{std}(\boldsymbol{X}_1)}{\text{std}(\boldsymbol{Y}_1)} \tag{7-20}$$

$$R_2 = \frac{\text{std}(\boldsymbol{X}_2)}{\text{std}(\boldsymbol{Y}_2)} \tag{7-21}$$

式中：R_1 为目标离散系数；R_2 为目标和阴影联合区域的联合离散系数；std(·) 为标准差；X_1 和 Y_1 为目标区域像素的 x 和 y 坐标组成的向量；X_2 和 Y_2 为目标和阴影联合区域像素的 x 和 y 坐标组成的向量。这两个离散系数有共同的性质：当 $R_1 < 0.5$ 时，目标方位角范围为 $(60°,90°)$；当 $R_2 > 2.5$ 时，目标方位角范围为 $(0°,20°)$ 和 $(160°,180°)$。上述性质将有助于使用不同的估计方法来进行不同区间的方位角估计。

上述方位角估计方法存在一定的缺陷，即无法满足 $0°\sim180°$ 范围内所有图像的方位角估计，但是，在特定方位角方位内又具有较好的表现。结合方位角与离散指数之间的关系，制定了图 7-29 的方位角估计流程图。该流程能够保证方位角估计控制在较小的误差范围内。

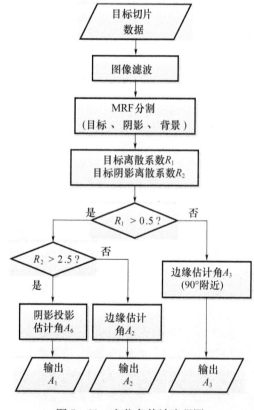

图 7-29　方位角估计流程图

7.4.2　统计模式识别

在不考虑目标方位角估计误差的情况下，可以利用基于 PCA 特征的支持向量机（Support Vector Machine, SVM）分类器对目标进行分类识别。常用的识别流程可以归纳为:首先从检测阶段的目标切片中提取目标区域;然后估计目标主轴方向相对雷达波束的方位角;在模版库中寻找与估计方位角接近的模版或者分类器;通过匹配或者分类识别,得到最终的分类识别结果。在这个流程中,对待识别目标的方位角估计的精度要求较高。否则,将不会找到正确的匹配模板或分类器,进而给出错误的识别结果。而且匹配过程比较费时。由于目标方位角估计很难达到100%的准确,一般只能保证在一定的误差范围内,而且还存在180°的模糊度,所以有必要突破当前按照较小的方位角间隔进行模版或者分类器分组的思路,发展适用性更好的分类器。

SVM是20世纪90年代初发展起来的一种新的模式识别技术[10],它建立在统计学习理论的VC维(Vapnik – Chervonenkis Dimension)理论和结构风险最小原理基础上,适用于训练样本较少情况下的分类问题,具有结构简单、全局最优、泛化能力好、计算复杂度低等特点,而且具有较强的高维样本处理能力。支持向量机主要包括支持向量分类机(Support Vector Classification,SVC)和支持向量回归机(Support Vector Regression,SVR)两方面。

由于SVM分类器在解决小样本、非线性、高维模式以及解的唯一性问题上具有特殊的优势,它在识别和分类领域已经得到广泛应用,如人脸识别、语音识别和手写体识别等。SAR图像目标识别与分类是SAR图像解译的核心组成部分,把SVM分类器引入SAR目标识别和分类中将有助于提高目标的识别和分类率。

统计模式识别关注最多的是用于SVM分类的目标特征选择,进而构建合适的分类模型。PCA特征作为一种统计特征,在SVM中得到了有效应用。本书介绍基于PCA特征的SVM分类器分析方法,在不考虑目标方位角估计误差的情况下,讨论SVM分类器。

1. 技术流程

如图7-30所示是基于SVM分类器的目标识别流程。预处理过程包括目标分割、峰值点提取、幅度归一化。目标分割主要是为了提取ROI切片中的目标区域,进而在此基础上提取峰值点。目标分割可以采用基于MRF随机场进行分割,能够得到较好的目标区域的分割效果。峰值点是目标的重要特征,它表示局部范围内的最大值点。这里提取峰值点的目的是为了提取目标的中心,方便进行目标对准。幅度归一化是为了防止SAR系统功率差异。

在进行上述预处理之后,将训练样本根据真实方位角按照一定的角度间隔进行分组。每组内按照目标峰值点进行对准,提取峰值点周围64×64的图像切片,利用该切片数据进行PCA变换,提取对应的PCA特征,并保存特征向量矩阵。

在PCA特征提取的基础上,建立SVM分类器。按照一对一的方式建立分

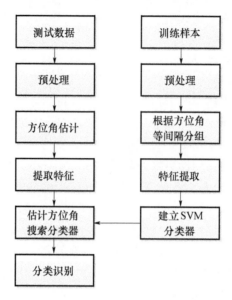

图7-30 基于SVM分类器的目标识别流程

类器,然后按照投票法则进行类别判断。分类器的参数选择对分类精度有重要的影响。采用交叉验证法是常用的获取分类器模型参数的方法,采用交叉验证法获取参数时,尽量保证正确率高,支持向量数目少。

在目标测试阶段,则根据估计的方位角选择合适的分类器。

2. PCA 特征提取

PCA 又称为 K-L 变换,它是以随机变量的统计特性为基础的一种变换,它关心的问题是通过一组变量的几个线性组合来解释这组变量的方差—协方差结构。对 m 个随机变量 $X=[X_1,X_2,\cdots,X_m]$,虽然 m 个成分可以再现全系统的变异性,但大部分变异性常常只用少数 k 个成分就可说明。出现这种情况时,这 k 个主成分中所包含的信息和 m 个原变量所包含的(几乎)一样多。于是,这 k 个主成分就可以用来代表那初始的 m 个变量。

对图像来说,假设一幅 $N\times N$ 大小的图像 $f(x,y)$,图像样本集合为

$$\{f_1(x,y),f_2(x,y),\cdots,f_M(x,y)\} \quad (7-22)$$

式中:M 为表达 $N\times N$ 大小图像样本数量。

式(7-22)是一个统计的整体,它的性质取决于描述图像的样本特征。将任一图像 $f_i(x,y)$ 按列进行排列,组成一个 N^2 维列向量。整个图像集合变成 M 个列向量,每个列向量都有 $n=N^2$ 个元素。则将 M 个随机向量看成是一随机变量 X,在 X 中有 M 个 x_i。考察变量的协方差矩阵,有

$$C = E\{(X-\mu)(X-\mu)^{\mathrm{T}}\} \text{ 或者 } C = \frac{1}{M}\sum_{i=1}^{M}(x_i-\mu)(x_i-\mu)^{\mathrm{T}} \quad (7-23)$$

式中:μ 为样本的平均图向量。

为了求 $N^2 \times N^2$ 维矩阵 C 的特征值和正交归一的特征向量,直接计算是困难的。为此,引入下列定理。

奇异值分解(SVD)定理:设 A 为一秩为 r 的 $n \times r$ 维矩阵,则存在两个正交矩阵

$$U = [u_1, u_2, \cdots, u_r] \in R^{n \times r}, U^T U = I \quad (7-24)$$

$$V = [v_1, v_2, \cdots, v_r] \in R^{n \times r}, V^T V = I \quad (7-25)$$

以及对角矩阵

$$\Lambda = \mathrm{diag}[\lambda_1, \lambda_2, \cdots, \lambda_r] \in R^{n \times r} \quad (7-26)$$

且

$$\lambda_1 \geq \lambda_2 \geq \cdots \geq \lambda_r \quad (7-27)$$

满足 $A = U\Lambda^{1/2}V^T$。其中,λ_i 为矩阵 AA^T 和 A^TA 的非零特征值,u_i 和 v_i 分别为 AA^T 和 A^TA 对应于 λ_i 的特征向量。上述分解称为矩阵的奇异值分解,$\sqrt{\lambda_i}$ 为 A 的奇异值。

在上述定理的基础上,进而有推论

$$U = AV\Lambda^{1/2} \quad (7-28)$$

由于 C 可以表示为

$$C = \frac{1}{M} \sum_{i=1}^{M} (x_i - \mu)(x_i - \mu)^T = \frac{1}{M} XX^T \quad (7-29)$$

式中:$X = [x_1 - \mu, x_2 - \mu, \cdots, x_M - \mu]$。构造矩阵 $R = XX^T \in R^{M \times M}$,容易求出特征值 λ_i 及相应的正交归一特征向量 v_i,进而得到正交归一特征向量 u_i 为

$$u_i = \frac{1}{\sqrt{\lambda_i}} X v_i \quad (7-30)$$

这就是图像的特征向量,它是通过计算较低维矩阵 R 的特征值与特征向量而间接求出的。

将特征值从大到小排序:$\lambda_1 \geq \lambda_2 \geq \cdots \geq \lambda_r$,对应的特征向量为 u_i。这样每一幅图像都可以投影到由 $u_1, u_2, \cdots, u_r$ 组成的子空间中。每幅图像对应子空间中的一个点,同样,子空间中任一点对应于一幅图像。对于任意一幅图像来说,将其向子空间投影,得到一组坐标系数,这组系数表明了该图像在子空间中的位置,从而可以作为目标识别的依据。因此,对任一组识别样本 f,系数向量表示为

$$y = U^T f \quad (7-31)$$

由于 PCA 变换对图像数据进行了压缩,所以可以选择最大的前 k 个特征向量,使得

$$\sum_{i=1}^{l} \lambda_i \Big/ \sum_{i=1}^{M} \lambda_i \geq \alpha \quad (7-32)$$

式中:α 为占总能量的比重。

7.4.3 典型实例

以 MSTAR 17°下的 T72-132、BMP2-9563 和 BTR70-C71 三类数据为模板数据[11],15°下的所有类型数据为测试数据,进行基于模板的匹配识别。按照间隔10°建立一个模板,则三类数据共有108个匹配模板。首先估计目标方位角,然后在一定误差范围内搜索模板,并按相关系数进行匹配。表7-9给出了设置不同方位角搜索范围时的识别率。从表7-9中可以看出,随着搜索范围的不断扩大,精度递增。受到方位角估计精度的影响,在搜索范围大于20°的情况下,识别率基本没有变化。

表7-9 基于三类目标模板库,在不同方位角搜索范围的识别率

单位:%

类型	5°	10°	20°	35°
T72-132	92.36	95.41	98.98	98.98
T72-812	84.10	90.77	92.82	92.31
T72-S7	91.10	93.72	93.72	93.72
BMP2-9563	90.26	98.46	98.97	98.97
BMP2-9566	88.27	92.35	92.35	92.35
BMP2-C21	89.80	93.88	95.92	95.41
BTR70-C71	96.43	97.45	98.98	98.98

在上面的实验中,仅采用了三类目标制作模板。接下来,将所有七类目标都按10°方位角间隔制作模板,共252个模板。这样模板库就包含了所有类型的目标。利用测试数据,将目标识别为三类的混淆矩阵如表7-10所列,其中角度搜索范围[-20°,20°]。

表7-10 七类目标的识别混淆矩阵(方位角误差[-20°,20°])

类型	T72	BMP2	BTR	识别率/%
T72-132	194	0	2	98.98
T72-812	195	1	0	99.49
T72-S7	190	0	1	99.48
BMP2-9563	1	194	0	99.49
BMP2-9566	0	196	0	100
BMP2-C21	3	193	0	98.47
BTR70-C71	1	1	194	98.98

7.5 多源 SAR 图像融合

多源 SAR 图像融合是图像融合的一个重要分支，它主要解决不同时相、不同波段、不同极化等同一区域的图像信息冗余与互补问题。

（1）不同时相 SAR 图像反映了地物变化和目标变化，通过融合处理，可以进行变化检测。多时相图像的变化检测广泛应用在土地利用、城市变迁、目标监视等方面。

（2）高低波段 SAR 图像特征差异较大，高波段植被穿透性较弱，SAR 图像能提供场景表层影像，接近光学图像视觉效果；低波段植被穿透性较强，SAR 图像较黯淡，更多反映强反射地物和植被下景物的影像。如果将高低波段 SAR 图像融合，则提供场景的"立体"景象，这对探测隐蔽目标十分有利。

（3）多极化图像反映了同种地物在不同极化收发状态下的散射特性，通过极化分解手段，提取极化特征，有利于解析目标结构特征，如单次散射、二次散射或体散射等。多极化数据融合有利于地物分类、人造目标检测和识别等。

7.5.1 图像融合方法

图像融合一般分为三个层次，分别是像素级融合、特征级融合和决策级融合。每种层次的融合又有不同的处理方法。

（1）像素级融合是直接在采集到的原始图像上进行的融合，是最低层次的融合。它要求各图像之间精确配准（一般优于 1 个像素）。像素级融合的优点是保留了尽可能多的原始数据和细微信息，缺点是图像数据量大、效率低、稳定性差、抗干扰性差。像素级的融合通常用于多源图像复合、图像增强和理解。常见方法有 IHS 变换方法、PCA 变换、高通滤波法（HPF）和小波变换融合算法等，对于多极化数据来说还有极化分解融合。

（2）特征级融合属于第二层次的融合。它要求各图像源独自完成目标检测和特征提取，然后基于特征矢量进行融合。特征级的优点在于实现了信息压缩，有利于实时处理，并且，由于所提取的特征直接与决策分析有关，因而融合结果能最大限度地给出决策分析所需要的特征信息。特征级融合主要用于图像变化检测、分类、识别等。特征级融合主要方法有聚类分析法、贝叶斯估计法、熵法、带权平均法、表决法、神经网络法等。

（3）决策级的融合是最高层次的融合。它要求每一图像源独自完成决策，然后对所有结果进行融合。它按照一定的准则及每一图像决策的可信度进行协调，做出全局最优的决策。决策级融合的主要优点是实时性好、效率高、具有容错性和开放性。但在决策级融合之前，各图像的独立决策需要较大的运算量和人工判决。决策级数据融合方法主要有贝叶斯估计法、专家系统、神经网络法、模糊集理论、可靠性理论以及逻辑模版法等。

多源 SAR 图像融合的一般步骤如图 7-31 所示。多源 SAR 图像在经过精确配准之后,同一目标在不同图像上的信息依据位置进行关联。然后确定融合应用的目的,如目标增强、目标检测、目标变化检测、目标分类、识别等,应用目的不同,采取的融合处理方法也不相同。

图 7-31　多源 SAR 图像融合的一般步骤

7.5.2　融合效果评估

一般情况下,图像融合效果评估分为定性评估和定量评估两种方式。定性评估主要包括目视比较和算法运算时间效率比较;定量评估则采用图像参数进行评价,如信息熵、平均梯度、相关系数、标准差、边缘保持度等。但是,从 SAR 图像应用的角度来讲,图像融合只是手段,融合效果应提高应用价值,融合效果评估应体现应用效果,如对检测率、虚警率或识别率等。

7.5.3　典型实例

本节介绍多波段多极化图像的融合开展目标检测的处理结果。

1. 多波段穿透植被目标检测

不同频率的 SAR 穿透性不同,频率较低的电磁波对地面目标具有较强的穿透能力,从而可以获得高频率 SAR 数据所不能探测到的地表特征和特殊地物。下面利用 CFAR 检测算法,分别对 P、X、L、Ku 波段影像中的地面目标进行检测,并将检测结果进行比较,分析不同波段获取隐蔽目标的能力。

已知图像中有总计七辆卡车处于行道树的遮蔽之下,同时有三组大角反射器和一组小角反射器,如图 7-32 所示,图中的标注为目视解译结果,平地上圆圈部分为角反射体,道路上圆圈部分为卡车。七辆卡车、三组大角反射器和一组小角反射器布置图如图 7-33 所示。

经 CFAR 检测所得的检测结果如图 7-34 所示。其中图 7-34(a)为 Ku 波段检测结果图像,其中 2、3、4、5 点为角反射体,其他点为检测所得目标。图 7-34(b)为 X 波段检测结果,其中 2、3、4、5 点为角反射体,其他点为检测所得目标。图 7-34(c)为 L 波段,点 2、3 为角反射体,剩余点均为检测所得目标。图 7-34(d)为多波段数据的检测结果,图中点 2、3、4、5、6、7、8、9、19、20、21 为角反射体,11、12 为误检目标。图 7-34(e)为 P 波段检测结果,2 为角反射体,其余点均为检测所得目标。

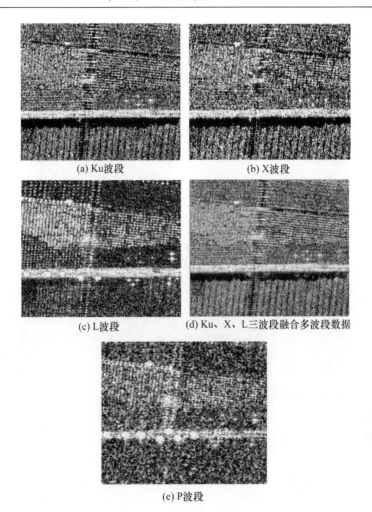

图 7-32 用于遮蔽目标检测的实验图像

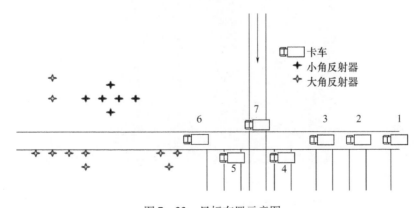

图 7-33 目标布置示意图

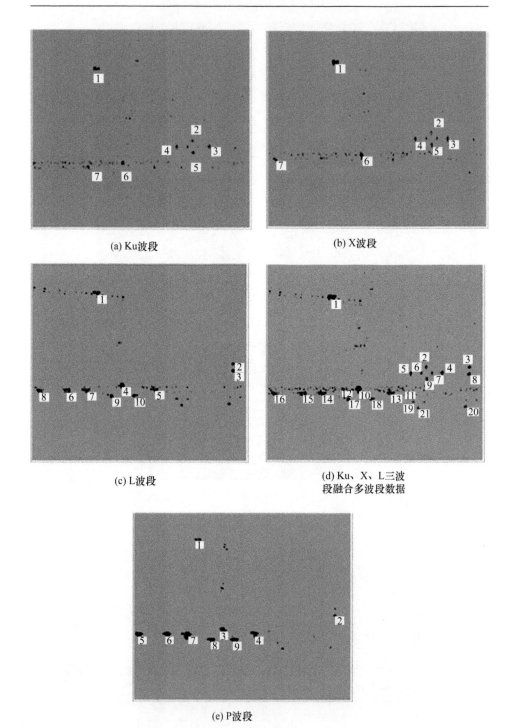

图 7-34 目标检测结果

由如图 7-34 所示结果可以看出,P 波段对卡车的检测效果最好,定位准确,检测清晰,且干扰性的误检目标最少,但对角反射器的检测结果较差,仅有一组大角反射器中一个角反射器被正确识别定位,同组另一个角反射器由于目标不明显被舍弃。L 波段也完整地检测出了所有七辆被行道树遮挡的卡车,但检测结果不如 P 波段清晰,且存在一定数量的干扰点,对角反射器的检测要略优于 P 波段,共有两个大角反射器被精确检测并定位。X 和 Ku 波段的数据均只有两辆卡车被检测出来,但其对角反射器的检测效果较好。而由 Ku、X、L 三个波段融合形成的多波段数据完整地检测出了所有的七辆卡车,如图 7-35 所示。

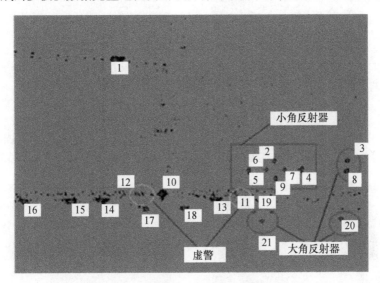

图 7-35 多波段合成数据检测结果分析图

实验结果清楚地表明,多波段数据相比单波段数据而言,具有更丰富的信息,无论是对于暴露目标还是对隐蔽目标都具有较好的检测能力。

2. 多波段草地背景环境检测目标

多波段 SAR 数据为 L,C,X 波段。在该实验区域中有 4 辆厢式车、3 架电线杆,背景区域为草地。目标在不同波段上的强度响应有较大差别,如图 7-36 和图 7-37 所示。在 L 波段图像上,4 辆车和 3 架电线杆都能够突出背景,有较强的信噪比,而在 C 波段和 X 波段图像上,电线杆淹没在背景中,有顶的厢式车没有强散射,但具有较明显的阴影特征。车辆目标信噪比如表 7-11 所列,显然在草地背景下,L 波段目标更加突出。

电线杆在不同波长图像上的散射强度不同的原因在于,在草地背景条件下,短波发生大量漫反射,长波穿透表面草层覆盖之后,在土壤层有较强的镜面反射,再经过电线杆的二次散射之后,形成二面角,如图 7-38 所示。所有二面角反射的像点都凝聚在一点,即电线杆的底部。当电线杆背景不是草地,而是光滑水泥地面或者柏油路面时,电线杆在三个波段上都将形成二面角反射,表现为强亮点。

有顶厢式车在不同波长图像上散射强度不同的原因有两方面(图7-39)。一方面,与电线杆成像相类似,由于草地背景对短波的漫反射作用较强,导致电磁波无法在地面和车厢背面形成二面角反射,而长波则能够形成二面角反射;另一方面,封闭车顶导致打在车顶的电磁波被反射,使其无法像无顶车那样在车厢内形成二面角反射。

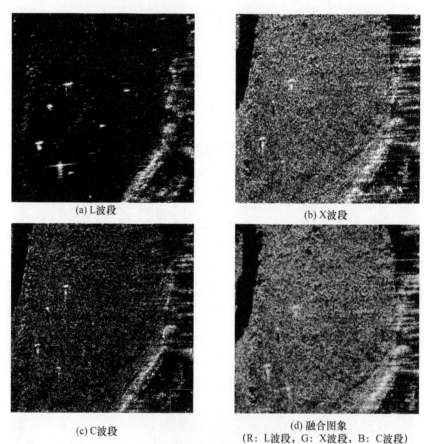

(a) L波段 (b) X波段
(c) C波段 (d) 融合图象
(R: L波段, G: X波段, B: C波段)

图 7-36　多波段特征分析和融合效果(见彩图)

表 7-11　车辆目标信噪比

序号	L波段信噪比/dB	C波段信噪比/dB	X波段信噪比/dB
1	103.27	31.27	47.78
2	160.23	28.79	30.17
3	65.51	4.16	2.57
4	86.73	24.83	22.84

注:各波段信噪比由峰值幅度比上同一背景区域平均幅度

 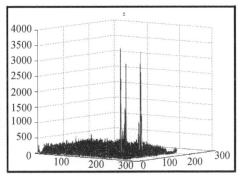

(a) C波段目标图像（左：幅度图，右：三维视图）

 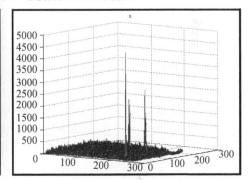

(b) X波段目标图像（左：幅度图，右：三维视图）

图 7-37　多波段 SAR 图像地面目标特征比较

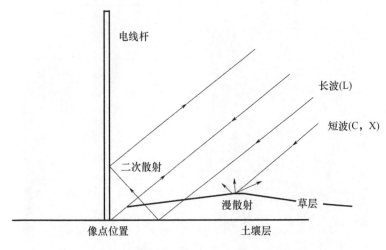

图 7-38　草地背景下不同波段对电线杆成像几何示意图

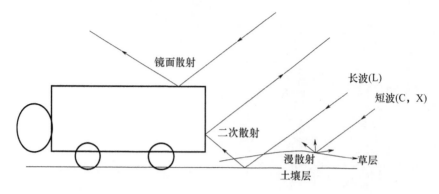

图 7-39　草地背景下不同波段对封顶厢式车成像几何示意图

总结这些图像特征,可以归纳以下结论:草地背景下,L 波段比 C 波段和 X 波段更适合进行硬目标探测,如电线杆、石柱、隐藏车辆目标等。

3. 多波段融合分类分析

多个波段 SAR 图像的伪彩合成图可表征不同地貌对不同波段的响应程度,可以据此进行地物分类。以(R:L 波段;G:X 波段;B:C 波段)三波段伪彩合成为例,红色越强,表明底层散射占主导,地物表面呈固体结构,不容易穿透,或者植被覆盖下有较强的固体目标;绿色越强,表明表层占主导,地物以浅层植被覆盖较多;蓝色越强,表明中层散射占主导,一般以裸土地和沙地为主;在三个波段中都有较强散射的地物,必定为裸露的固体目标,假彩色合成时呈白色。

图 7-40 是植被区域 L,X,C 波段的伪彩合成图,该区域植被茂盛,合成图

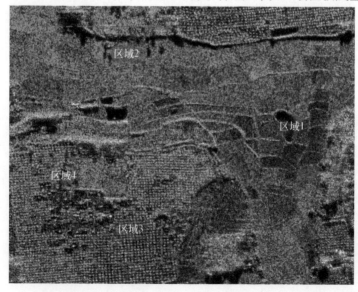

图 7-40　植被区域多波段伪彩合成(R:L 波段,G:X 波段,B:C 波段)(见彩图)

像以绿色为主。区域1中,X波段回波弱,C波段回波较强,L波段有强回波,反映出多种地物特征;区域2中X波段回波占主导地位,植被/庄稼的叶面反射在X波段有强回波;区域3是树林,X/C波段呈现出圆形树冠特征,该区域色调为黄色,说明X/C波段均有强回波,L波段穿透树冠,红色为树冠下的树枝树干和地表信息;区域4的红色强点是L波段呈现出的树下隐藏物。图7-41的实验数据为Ku,L,X单波段SAR图像及三波段融合后的多波段SAR图像。采用伪彩色融合多波段数据,可得融合后SAR图像,如图7-42所示。单波段SAR图像和融合SAR图像分类结果如图7-43所示。

(a) Ku波段SAR图像

(b) L波段SAR图像

(c) X波段SAR图像

图7-41 多波段SAR图像

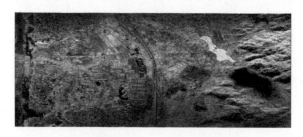

图 7-42 融合后伪彩色 SAR 图像(见彩图)

(a) Ku 波段分类图

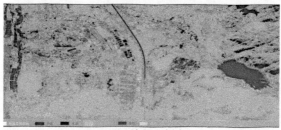

(b) L 波段分类图

(c) X 波段分类图

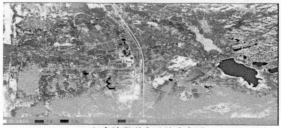

(d) 多波段融合后的分类图

图 7-43 单波段 SAR 图像和融合 SAR 图像分类结果图(见彩图)

对实验 SAR 图像数据进行分类分析,从分类目视效果上看,Ku,L,X 单波段分类结果均次于多波段 SAR 分类结果。

多波段 SAR 图像之所以能得到较好的分类结果,究其原因,多波段数据能提供更多的分类特征信息,多波段数据(N 波段)能提供 N 维的特征信息,而单波段对应数值为 1,同时,多波段数据能提供更多的影像纹理信息。

4. 多波段海面目标检测

多波段 SAR 数据为 L,C,X 波段,如图 7 - 44、图 7 - 45 所示。从同一海域同一时刻不同波段图像可以看出,在 L 波段上的小船,在 X 波段图像上并没有明显的目标像,L 波段比 C 波段、X 波段更能突出舰船目标,提高目标的检测率。

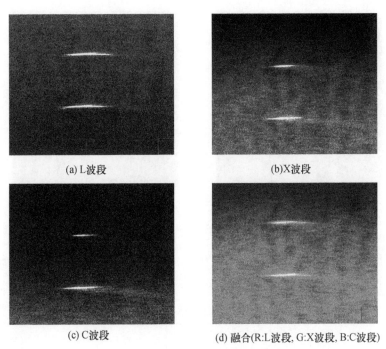

图 7 - 44　多波段 SAR 图像舰船目标比较 1

比较舰船目标的属性参数可知,同一目标在不同波段图像上的尺寸不同,在 L 波段图像上最大,在 C 波段图像上次之,在 X 波段图像上最小。出现这种现象的原因是由于不同天线波束宽度合成孔径后形成的图像,点目标聚焦脉冲数不同,L 波段聚焦时间最长,X 波段聚焦时间最短。由此可见,X 波段图像上目标的尺寸最接近目标的实际尺寸。

通过上述对三个波段舰船目标检测的分析可知,机载情况下,高低波段搭配使用不仅能够提高目标的检测率,而且更能准确估计目标参数信息。

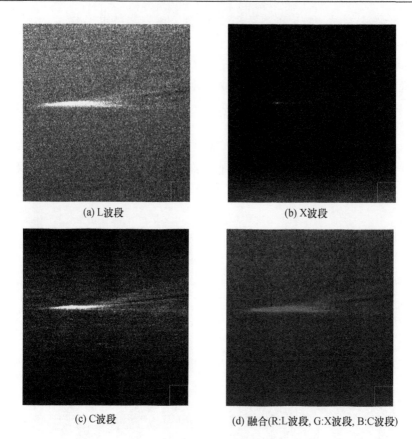

图 7-45 多波段 SAR 图像舰船特征比较 2

对海飞行的五个条带的多波段、多极化数据进行舰船检测实验,并统计全局 CFAR 在幅度纠正图像上的舰船检测结果,如表 7-12 所列。

表 7-12 舰船目标检测参数统计

项目	C(HH)	L(HH)	X(VV)
实际舰船目标数	42	42	42
检测数	41	42	46
正确目标数/检测率/%	40/95.24	41/97.62	40/95.24
虚警数/虚警率/%	1/2.44	1/2.38	6/13.04

从表 7-12 中可以看出,L 波段具有最高的检测率和最低的虚警率;而 X 波段虚警较多,这主要是由于舰船的强散射在副瓣引起的噪声导致的。

5. 多极化建筑目标检测

图7-46为机载X波段1m全极化SAR数据,实验区域为陆地场景。首先进行了多极化图像的像素级融合,即得到全功率图;然后再利用CFAR检测技术进行强散射目标检测。从检测结果可以看到,单通道检测中,目标区域存在大量漏检,而且只有较少的部件被检测到,通过多极化融合后,目标区域几乎全部检测到而且有利于目标形状的完整表现,大大提高了检测率和目标属性参数的求解。

(a) 原始HH通道图像

(b) HH通道亮区检测结果　　　　(c) 多极化亮区检测结果

图7-46　多极化融合建筑目标检测结果

6. 多极化船只目标检测

采用机载全极化数据(其分辨率为2m)进行了船只目标检测。图7-47别给出了实验区域的HH、HV、VH和VV极化图像。高分辨机载极化SAR分辨率对海面的波浪起伏更为敏感,容易增加检测的虚警率,特别是VV通道图像。通过极化全功率图极化融合后,再进行目标检测,船只目标得到准确检测,如图 7－48 所示。

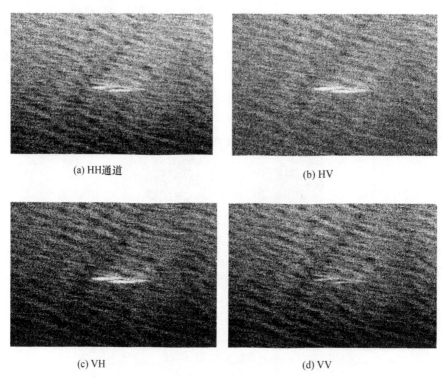

图 7－47　机载全极化 SAR 船只目标图像

图 7－48　多极化融合的船只目标检测结果

7.6　技术展望

　　本章对 SAR 图像情报处理系统进行了讨论,对其中的目标检测、变化检测、目标识别和多源图像融合等技术进行了介绍,给出了相关实验结果。国内有关高校和科研院所也开展了大量研究工作,但是,从当前国内外应用水平来看,SAR 图像情报应用远没有达到实用阶段,还需要进行长期探索和研究。归纳当前的应用瓶颈,有如下几点。

1. 技术还停留在研究阶段,离工程应用还有距离

某些算法在设计上还存在欠缺,只能针对某种数据类型、某种分辨率的图像进行处理,或者没有考虑针对大尺寸图像的处理,或者在非常简单的背景下开展目标检测工作;某些算法过于追求复杂性和创新性,而忽略了算法的稳定性,复杂的算法带来更多的计算量,也有可能出现计算发散,无法得到理想的结果;从实际应用需求来说,自动实时的海量数据的处理能力非常重要,当前大量算法仅考虑针对单幅图像处理,往往算法复杂或者没有考虑并行优化,时间复杂度很大。显然,将技术算法进行工程应用是将来研究的重要发展趋势之一。

2. 目标识别研究缺少数据源

目标识别是高分辨率 SAR 系统的重要目标。各种识别技术都有较成熟的理论,但是在 SAR 领域,目标识别的主要困难是缺少目标样本数据库。一套有效的目标识别系统必定是有充分目标样本支撑的。实际中,目标图像样本采集困难,飞行成本高,效率低,无法满足目标识别系统的训练要求。因此,如何解决目标数据源的问题肯定是将来研究重点之一。

3. 情报应用系统研究不够

当前算法研究较多,但是从应用系统的角度开展研究不够,如海量数据的管理、大数据的计算、结果的展示等。随着 SAR 传感器、地理信息系统、大数据、计算机、人工智能等技术的发展,用户需要一个综合解决方案,整合各种 SAR 图像处理技术,从图像到情报,满足不同应用场景的需求。

综合以上研究瓶颈,这里对其中的三个重要发展方向做简要叙述,分别是算法工程应用研究、SAR 目标图像电磁仿真和智能目标识别研究与 SAR 图像情报处理系统研究。

7.6.1 算法工程应用研究

算法工程应用研究的目的是提高 SAR 图像处理算法的实用化水平,包括三个方面,分别是适应性、稳定性、实时性,因此要开展相应的改进设计,如图 7-49 所示。

适应性改进主要指改进处理算法,使其适应不同数据类型、不同图像大小和不同场景的图像数据处理,保证能够进行正常的计算。稳定性改进主要指改进简化处理流程、采用稳定算法,使目标检测算法能够针对不同类型和背景的图像都能有稳定的输出。实时性改进主要指采取合适的手段,提高算法运行效率,保证对海量数据的连续处理。实时性改进的主要手段包括算法并行化设计和降计算量设计。

7.6.2 目标图像电磁仿真和智能目标识别研究

SAR 目标图像电磁仿真是解决当前目标识别中目标数据缺乏问题的有效

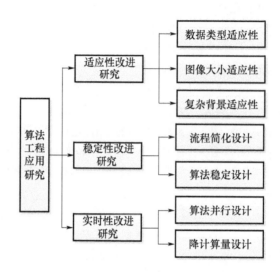

图 7-49　算法工程应用研究方案

手段。该技术在目标高精度三维模型的基础上,采用高频电磁计算的方法(如射线法、物理光学法等),模拟目标回波,然后通过适当的成像算法仿真图像。国外已有成熟的 SAR 目标图像仿真工具,如 Xpatch、GRECO、OKTAL-SE、RadBase 等软件。同时,相关高校和研究所开展了电磁仿真的技术研究,正努力形成具有 SAR 目标图像电磁仿真工具。

SAR 目标图像电磁仿真的一般技术流程如图 7-50 所示。主要的输入参数是目标外形数据和成像参数数据。首先,建立目标和场景的三维模型;然后,在成像几何信息的支持下,估计射线分布信息,并通过射线跟踪器组织场景,依靠加速算法获得射线路径;散射计算模块根据目标的散射特性及衰减特性,求取射线路径的散射贡献;最后,成像模块计算模拟图像。

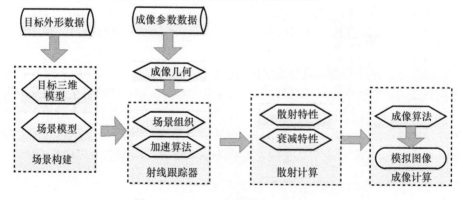

图 7-50　SAR 目标图像电磁仿真流程

在解决数据源的基础上,各种目标识别的算法能够得到充分测试,其中基于深度学习的智能目标识别技术就是当前的一个研究热点。深度学习是机器学习的一个分支领域,通过多层人工神经网络模型,使计算机有能力从大量数据样本中学习出潜在的数据特征,以用来对新的样本进行智能识别。目前,深度学习技术已在语音、文字、图像等识别领域取得良好的应用。在 SAR 图像分辨率越来越高的发展趋势下,深度学习技术在 SAR 图像的目标分类与识别中必将发挥重要的作用。

7.6.3 SAR 图像情报处理系统研究

从 20 世纪 80 年代中期开始,美国麻省理工学院林肯实验室开展了 SAR ATR 的研究。在 1997 年公开报道了 SAIP 系统(半自动图像情报处理系统),如图 7-51 所示,这是由林肯实验室牵头、多家实验室(ERIM 空间实验室、Sandia 国家实验室、Wright 实验室)联合研究的项目,该项目的目标是两个图像分析员和一个管理员在接收到 SAR 图像后 5min 内给出情报。目前,国外已经有成熟的 SAR 图像情报处理系统,配合雷达系统可快速完成作战使命,如美国的 JSTARS(联合监视目标攻击雷达系统),英国的 AS-TOR(防区外监视雷达)等。国内随着 SAR 系统的发展,SAR 图像情报处理系统也在逐步成熟。

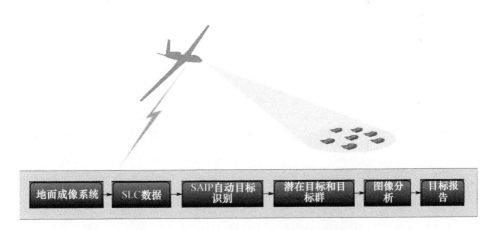

图 7-51 SAIP 系统 SAR 图像情报提取流程

SAR 图像情报应用系统一般在逻辑上由三个层次组成,最顶层是面向用户的应用层;接下来是面向信息处理和管理的服务层;最底层是数据库和网络平台的支撑层面核心数据层。系统软件结构如图 7-52 所示,采用基于 SOA 的体系架构和标准服务接口规范,实现数据层、服务组件层和应用层的高效运行。

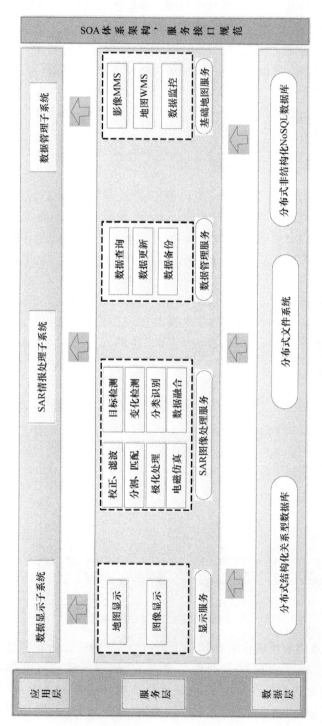

图 7-52 SAR 图像情报应用系统逻辑图

第7章 图像情报处理系统

数据层主要通过分布式关系型数据库、分布式 NoSQL 数据库和分布式文件系统实现对海量图像数据、地理数据的存储和管理。

服务组件层包括各种数据处理服务,如显示服务、图像处理服务、数据管理服务和基础地图服务等。服务层完成核心运算,通过并行计算运算,降低客户端的压力,高效利用服务器资源。随着计算机技术的发展,并行计算在图像处理行业得到广泛应用。针对海量、大尺寸的 SAR 图像数据应用处理来说,并行设计主要从 CPU 多核并行、GPU 并行和分布式并行等三个方面开展。当前主流 CPU 都是多核架构,充分利用多核架构开展图像数据的本地运算,能够大大提高运算效率。GPU 并行充分利用显卡的 GPU 计算资源,将图像数据传入 GPU,利用 GPU 几百个甚至上千个计算核进行并行运算,然后再将计算结果回传到 CPU 进行综合。GPU 并行计算已经成为解决大数据高效计算的常用方式。对于分布式保存的图像数据,采用分布式并行计算的方式进行处理,如采用 MapReduce 并行架构进行大数据的处理。

应用层包括面向用户的各种客户端软件系统,如数据显示子系统、SAR 情报处理子系统、数据管理子系统等。

通过对 SAR 图像情报应用系统的研究,使 SAR 系统的实战能力提升一个台阶,真正发挥 SAR 系统的作用,满足用户的应用需求。

参考文献

[1] OLIVER C,QUEGAN S. Understanding Synthetic Aperture Radar Images[M]. Norood, MA: Artech House,1998.

[2] 匡纲要,高贵,蒋咏梅. 合成孔径雷达目标检测理论、算法及应用[M]. 长沙:国防科技大学出版社,2007.

[3] 吴涛,陈曦,牛蕾,等. 非监督 SAR 图像变化检测研究最新进展[J]. 遥感信息,2013(1):110-118.

[4] 吴涛,阮祥伟,谭剑波. 支持向量机在 SAR 图像解译中的研究进展[J]. 遥感信息,2009,2009(5):90-95.

[5] WU T,CHEN X,RUAN X W,et al. Study on SAR target recognition based on Support Vector Machine[C].[S. l.]:Synthetic Aperture Radar,2009. APSAR 2009. 2nd Asian-Pacific Conference on. IEEE,2009:856-859.

[6] NOVAK L M,OWIRKA G J,BROWER W S,et al. The automatic target-recognition system in SAIP[J]. Lincoln Laboratory Journal,1997,10(2)187-202.

[7] ROSS T D,WORRELL S W,VELTEN V J,et al. Standard SAR ATR evaluation experiments using the MSTAR public release data set[C].[S. l.]:Aerospace/Defense Sensing and Controls. International Society for Optics and Photonics,1998;566-573.

[8] WU T,CHEN X,RUAN X. Segmentation process for SAR imagery based on graph cuts algorithm[C].[S. l.]:Proceedings of 2011 IEEE CIE International Conference on Radar. IEEE,2011;1627-1630.

[9] WU T,RUAN X,CHEN X,et al. A modified method for the estimation of SAR target aspect angle based on MRF segmentation[C]. [S. l.]:Sixth International Symposium on Multispectral Image Processing and Pattern Recognition. International Society for Optics and Photonics,2009:74953U-74953U-7.

[10] VAPNIK V. The nature of statistical learning theory[M]. New York:Springer Science & Business Media,2013.

[11] PATNAIK R,CASASENT D. SAR classification and confuser and clutter rejection tests on MSTAR ten-class data using Minace filters[C]. [S. l.]:Proc. SPIE,2007.

缩略语

ADC	Analog – to – Digital Converter 模数转换器
BITE	Built – in Test Equipment 机内检测设备
BP	Back Projection 后向投影
CAD	Computer Aided Design 计算机辅助设计
CFAR	Constant False Alarm Rate 恒虚警率
CPL	Capillary Pumped Loop 毛细抽吸两相流体回路
CPU	Central Processing Unit 中央处理器
CW	Continuous Wave 连续波
DAC	Digital to Analog Converter 数模转换器
DBF	Digital Beam Forming 数字波束形成
DDS	Direct Digital Synthesizer 直接数字式频率合成器
DLR	German Aerospace Center 德国宇航中心
DMA	Direct Memory Access 存储器直接访问
DSP	Digital Signal Processor 数字信号处理器
EMI	Electro – magnetic interference 电磁干扰
ESD	Electrostatic Discharge 静电放电
FDTD	Finite Difference Time – Domain 时域有限差分
FET	Field Effect Transistor 场效应晶体管
FFBP	Fast Factorized Back Projection 快速因式分解后向投影
FFT	Fast Fourier transforms 快速傅里叶变换
FIR	Finite Impulse Response 有限冲击响应滤波器
FPGA	Field Programmable Gate Array 现场可编程门阵列
GMTI	Ground Moving Target Indicator 地面动目标检测
GPIB	General Purpose Interface Bus 通用接口总线
GPS	Global Positioning System 全球定位系统
HEMT	High Electron Mobility Transistor 高电子迁移率晶体管
HIRF	High Intensity Radiated Field 高强辐射场
HMIC	Hybrid Microwave Integrated Circuit 混合微波集成电路
HRWS	High Resolution Wide Swath 高分辨率宽测绘带

HTCC	High Temperature Co-fired Ceramics	高温共烧陶瓷
ICA	Independent Component Analysis	独立成分分析
IHS	Intensity Hue Saturation	彩色变换
IMU	Inertial Measurement Unit	惯性测量单元
INS	Inertial Navigation System	惯性导航系统
ISAR	Inverse Synthetic Aperture Radar	逆合成孔径雷达
LAN	Local Area Network	局域网
LFM	Linear Frequency Modulated	线性调频
LNA	Low Noise Amplifier	低噪声放大器
LTCC	Low Temperature Co-fired Ceramics	低温共烧陶瓷
LTCF	Low Temperature Co-fired Ferrite	低温共烧铁氧体
LPF	Loop Pass Filter	低通滤波器
MCM	Multichip Module	多芯片组件
MD	Map Drift	子孔径偏移
MIMO	Multiple Input Multiple Output	多发多收
MMCM	Microwave Multichip Module	微波多芯片组件
MMIC	Microwave Monolithic Integrated Circuit	微波单片集成电路
MOM	Method of Moment	矩量法
MRF	Markov Random Field	马尔可夫随机场
MTI	Moving Target Indication	动目标检测
MUX	Multiplexer	多路转换器
NCO	Numerical Control Oscillator	数控振荡器
NESZ	Noise Equivalent Sigma Zero	等效噪声散射系数
NLFM	Non-Linear Frequency Modulated	非线性调频
OSTU	Method of Maximum Classes Square Error	最大类间方差
PCA	Principal Component Analysis	主成分分析
PFA	Polar Format Algorithm	极坐标格式算法
PGA	Phase Gradient Auto Focus	相位梯度自聚焦
PLL	Phase-Locked Loop	锁相环
PRF	Pulse Recurrence Frequency	脉冲重复频率
PRI	Pulse Repetition Interval	脉冲重复间隔
RAM	Random Access Memory	随机存取存储器
RCM	Range Cell Migration	距离徙动
RCMC	Range Cell Migration Correction	距离徙动校正
RCS	Radar Cross Section	雷达散射截面

RD	Range – Doppler 距离—多普勒
RISC	Reduced Instruction Set Computer 精简指令集计算机
RMS	Root Mean Square 均方根
ROI	Regions of Interest 感兴趣区
ROM	Read Only Memory 只读存储器
SAM	Scalable Array Module 可扩充阵列模块
SAR	Synthetic Aperture Radar 合成孔径雷达
SIMD	Single Instruction Multiple Data 单指令多数据
SIMO	Single Input Multiple Output 单发多收
SISO	Single Input Single Output 单发单收
SLC	Single Look Complex 单视复数
SMP	Symmetric Multi – Processor 对称多处理器
SNR	Signal Noise Ratio 信噪比
SOI	Silicon on Insulator 绝缘层上硅
SRC	Secondary Range Compression 二次距离压缩
TOPS	Terrain Observation by Progressive Scans 循序扫描地形观测
TTL	Transistor – Transistor Logic 晶体管—晶体管逻辑
UHF	Ultra High Frequency 特高频
USB	Universal Serial Bus 通用串行总线
VCO	Voltage Controlled Oscillator 压控振荡器
VHF	Very High Frequency 甚高频

内容简介

本书是一部论述 SAR 系统工程技术与设计的专著,以高分辨率成像、动目标检测和系统工程技术实现为重点,是作者及研究团队 20 多年研究与实践的总结。

基于 SAR 原理,本书讨论了 SAR 的特点、应用和新技术,讨论了 SAR 系统成像和动目标模式的信号特征、系统参数和设计核心要素。阐述了 SAR 天线设计分析、阵列分析、天线单元和天线结构等技术。讨论了对发射机与 T/R 组件的基本要求,重点分析了 T/R 组件的基本功能、设计、器件、制造和应用。阐述了直接解调接收(模拟解调、数字解调)、去调频接收、单片混合集成与多波段融合接收等宽带接收技术;集成锁相和直接数字合成等频率综合技术;基于 DDS 直接或并行结构中频产生、基于数字基带多路拼接及子带并发等宽带波形信号产生方法。分析讨论了高分辨率成像、SAR – GMTI、MMTI 和 AMTI 等信号处理方法和研究成果。本书也介绍了 SAR 图像情报处理,对 SAR 图像的情报提取技术进行了重点阐述。

本书可作为从事 SAR 系统技术与电子对抗等研究领域的技术人员学习与参考用书,也可作为高等院校和科研院所 SAR 总体设计、微波天线、信号与信息处理等专业的研究生教学参考书。

This book is a monograph on the Synthetic Aperture Radar(SAR) system engineering techniques and designs, laying emphasis on high resolution imaging, moving target indication, and system engineering techniques. All the achievements presented in the book are the summary of the research and practice experiences of the author and his team over the past twenty years.

Based on the principle of SAR, this book introduces the characteristics, applications, and new techniques of SAR. The signal characteristics, system parameters, and key design factors of SAR imaging and moving target indication modes are discussed. We elaborate the SAR antenna design, array analysis, antenna element, and antenna structure, etc. The basic requirements of transmitter and T/R module are discussed with emphasis on the fundamental function, design, device, manufacture, and application of the T/R module. The book has a discussion on the wide band receiver techniques, including the direct demodulation receiver (analog demodulation and digital demodulation), de – chirp receiver, monolithic hybrid integration and multi – band receiver. The integrated phase – locked frequency synthesizer and direct digital frequency synthesizer are also described. The IF waveform generation based on DDS (Direct or Parallel Structure) is introduced. The wideband waveform generation based on digital baseband multiplex splicing and sub – band concurrency methods are presented. The signal processing methods and research achievements of high resolution imaging, SAR – GMTI, MMTI and AMTI are discussed and analyzed. We also elaborate the SAR image interpretation, processing and intelligence capture, with focus on SAR intelligence capture.

This book is intended for the engineers and technicians who engage in SAR system technique and electronic warfare and can be served as a reference book for the graduate students majoring in SAR system design, microwave antenna, signal and information processing in universities and research institutes.

彩 图

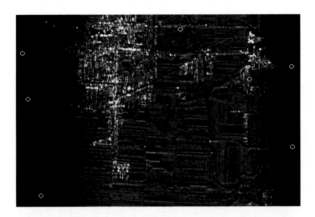

图 6-26 同时 SAR/MTI 模式下动目标与 SAR 图像的叠加结果

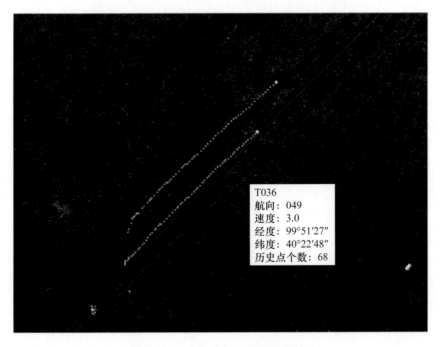

图 6-27 广域 GMTI 动目标航迹图

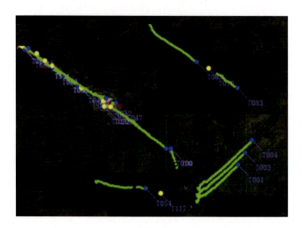

图 6-28 GMTI 动目标跟踪航迹态势图

图 6-29 对某海域航道船只目标检测结果

图 6-30 对某海域航道船只
目标连续稳定跟踪

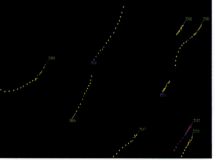

图 6-31 MMTI 对海
跟踪态势图

彩图

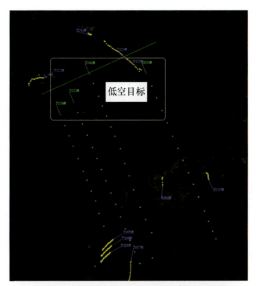

图 6-39　对低空小目标的探测航迹态势图

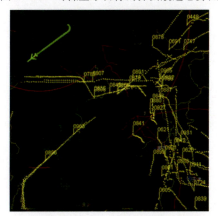

图 6-40　对空跟踪态势图

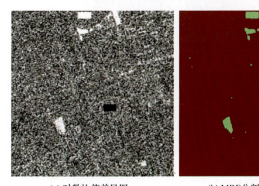

(a) 对数比值差异图　　　　　(b) MRF分割变化检测结果

图 7-17　差异图和变化检测结果（G：变强，B：变弱，R：未变）

 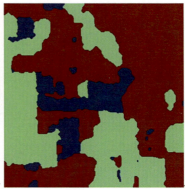

(a) 对数比值差异图　　　　　　(b) MRF分割变化检测结果

图 7-19　差异图和变化检测结果(G：变强,B：变弱,R：未变)

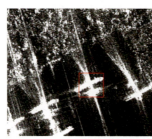 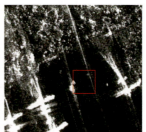

(a) 变化前　　　　　　　　　(b) 变化后

(c) 变化检测结果(红色为减少目标,绿色为新增目标)

图 7-25　局部1：停机坪上少了一架飞机

彩图

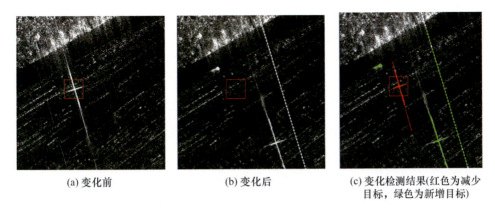

(a) 变化前　　　　　(b) 变化后　　　　　(c) 变化检测结果(红色为减少目标，绿色为新增目标)

图7-26　局部2：草坪上角反射器移动产生的变化和新增车辆变化

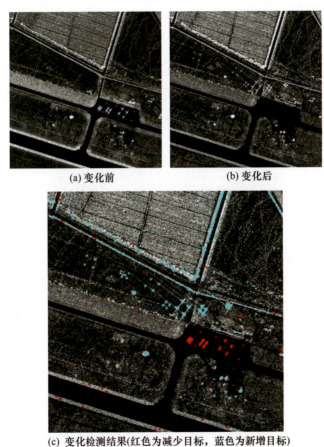

(a) 变化前　　　　　(b) 变化后

(c) 变化检测结果(红色为减少目标，蓝色为新增目标)

图7-27　某机场角反射器目标变化检测

369

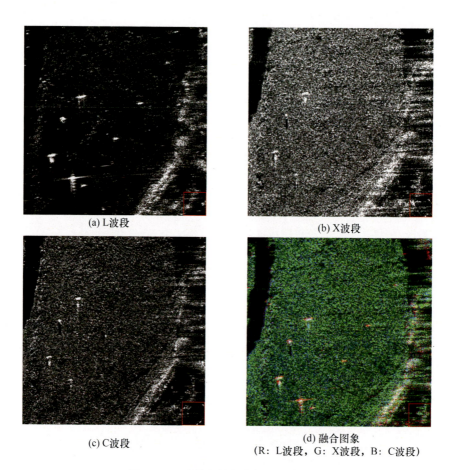

图 7-36 多波段特征分析和融合效果

图 7-40　植被区域多波段伪彩合成(R:L 波段,G:X 波段,B:C 波段)

图 7-42　融合后伪彩色 SAR 图像

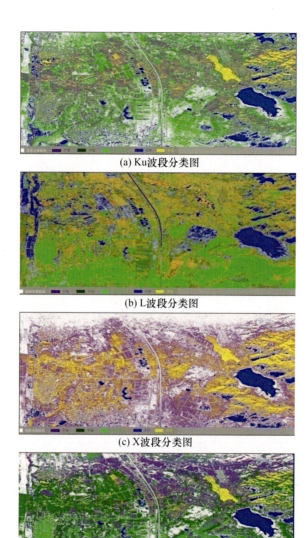

(a) Ku波段分类图

(b) L波段分类图

(c) X波段分类图

(d) 多波段融合后的分类图

图7-43 单波段SAR图像和融合SAR图像分类结果图